우리 옛다리

역사를 잇다

역사와 기술

우리 옛 다리의

HISTORY AND TECHNOLOGY OF OUR OLD BRIDGES

장승필 지음

우리 옛 다리는 당시의 사회·문화상을 나타내는 국가의 귀중한 문화재로서의 가치를 갖는다. 하지만 우리의 교량기술 발전사에서 옛 다리는 외면받고 있다. 이 책은 잊혀져 있는 우리 옛 다리의 공학적 측면을 조망하며 우리나라 교량건설의 발전사를 되짚어보고 있다. 이 책이 토목인들에게 우리 옛 다리의 가치를 소구시키는 계기가 되길 바란다.

이 책은 우리나라 옛 '교량기술' 발전을 염두에 두면서 그 시작 부분인 삼국시대부터 광복 전까지의 옛 다리를 대상으로 집필했으며, 옛 다리들의 현황과 시대별 교량건설기술을 모두 아우르고 있다.

KSCE PRESS
KOREAN SOCIETY OF CIVIL ENGINEERS PRESS

머리말

우리나라의 과거부터 조선시대까지 사용됐던 오래된 옛 다리들은 근대화되는 과정에서 신작로와 현대적 도로들에 묻혀서 현존하는 옛 다리들은 그리 많지 않다. 하지만 적지 않은 언론 매체의 기자와 작가들이 우리 옛 다리들의 문화적 가치를 높게 평가하여 이를 기행문으로 기사화하거나 책으로 펴내고 있다. 우리는 그들의 글에서 옛 다리가 세워질 당시의 사회·문화를 포함한 다양한 내용을 읽을 수 있어 행복하다. 특히 대한민국 문화재청이 우리 문화유산을 보존하고 가치의 창출을 목적으로 옛 다리를 복원하고, 지방문화재로 지정한 귀중한 유산들을 찾아보며 자랑스러워한다. 사회기반시설의 중요한 요소 중 하나이며, 고대 국가의 정치·경제적 목적으로 축조된 다리는 시간이 흐르고 난 지금에 와서는 가설 당시의 사회·문화상을 잘 나타내는 국가의 귀중한 문화재로 가치를 갖게 됐다. 대한토목학회에서 2001년에 발간한 『한국토목사』 제4편을 시작으로 한반도의 옛 다리를 문화적인 면이 아니라 공학적인 측면으로 다룬 글은 몇몇 문헌을 통해 찾아볼 수는 있으나 그리 많은 수는 아니다. 옛 다리를 교량 공학적으로 다룬 기사가 많지 않은 것은 우리나라 옛 다리의 구조가 매우 단순하고, 재료가 돌로 돼있어 공학적 이론보다는 오히려 경험을 바탕으로 건설됐기 때문이라고 생각된다.

6·25 전쟁이 끝난 후 그 당시 우리나라 미래의 운명을 짊어졌던 우리 선배들은 '중화학공업의 육성'만이 대한민국을 살릴 수 있다는 투철한 신념을 갖고 있었던 것 같다. 그분들은 1960년대 초에 '경제개발 5개년 계획'을 시작하여 30여 년 만인 1994년에는 마침내 우리나라의 GDP를 미화 10,000달러에 이르게 만들고, 급기야는 2021년 10월 기준 35,000달러가 넘는 경제 선진국으로 진입하는 방향을 제시했다. 광복 전후에 태어난 세대들은 선대들이 제시한 방향을 향해 지난 60년 동안 숨 가쁘게 달려와서 지금은 팔순을 넘기거나 바라보고 있는 노인이 됐다. 필자도 1961년에 서울대학교 공과대학 토목공학과 입학을 한 후 지난 60년 동안 같은 분야에 종사하는 많은 동료와 함께 '사회기반시설', 특히 교량기술 발전에 온 힘을 쏟아 부었고, 그 결과 2022년 현재 대한민국 교량건설기술을 세계적인 수준으로 끌어올리는 일익을 담당했다고 자부한다.

교량 전문가들은 서구 선진국 엔지니어들이 지난 200년 동안 발전시켜온 현대적 교량건설기술을 단 60년 만에 성공시킨 것이다. 그 모든 과정을 옆에서 지켜본 필자는 몇 년 전 팔순을 바라보면서, 우리나라 교량 기술 발전 과정을 정리하는 작업이 남아있는 나의 삶에 대한 의무라는 생각을 하게 됐다. 그러나 막상 우리 나라 현대 교량건설기술사의 집필을 시작하려고 책상에 앉았을 때 문득 1960년대 이전의 우리나라 교량 역사를 제대로 살펴본 기억이 없다는 사실에 깜짝 놀랐다. 대학에서 로마인들이 세운 멋있는 사진을 보면 서 교량 이론을 공부하는 것을 매우 당연하게 생각하다가 막상 우리나라 옛 다리들에 대해서는 아는 것이 전혀 없는 자신이 교량전문가라고 할 수 있는지에 대한 회의가 심하게 드는 순간이었다. 사실 지난 60년 동안 필자와 동료들은 세계에서 가장 긴 교량, 가장 멋있는 교량을 짓고 싶어 매일 조바심을 냈지, 우리 조 상들이 어떤 다리를 어떻게 만들었는지에 대한 관심을 가질 만한 여유가 없었다. 지금도 현역으로 활동하 는 젊은 동료들이 우리나라 옛 다리에 주의를 기울이기란 쉽지 않을 것이다. 우선 교수들은 옛 다리를 연구 논문 주제로 잡기에는 대상이 너무 한정적이고, 미래 기술도 아니기 때문에 연구비도 나오지 않을 것이며, 이에 따라 학생들에게 외면당할 것이 불을 보듯 하기 때문이다. 그럼에도 불구하고 우리나라 옛 다리는 우 리 중 누군가가 정리해 놓아야 할 분야이기 때문에, 그리고 현장에서 뛰고 있는 전문가들이 전념을 할 수 있는 분야도 아니기 때문에 필자는 1960년대 이후의 "대한민국 현대 교량건설기술 발전사"에 대한 집필을 뒤로 미루기로 하고, 우리 옛 장인들이 지은 모든 다리를 대상으로 하여 우리나라 옛 다리 건설기술에 대해 살펴보기로 결심했다. 그러나 우리나라 옛 문헌에 대한 필자의 부족한 지식으로 집필을 끝낸 이 책의 내용 에는 많은 허점이 노정되었다. 앞으로 옛 다리의 역사에 대해 관심을 가진 후배가 있어 이 허점들을 빈틈없 이 메꾸어 주길 부탁드린다.

필자가 처음 이 책을 준비하면서 우리 조상들이 최초로 나라를 세운 고조선의 국가기반시설, 특히 도시와 이와 관련한 도로와 다리부터 특별한 조명을 해보려 했으나, 우리나라 옛 다리 역사가 실질적으로 삼국시 대부터 시작된다고 봐야 할 것 같아서 옛 다리 역사를 고구려 시대부터 시작하기로 했다. 다만 미래 과학기 술이 더욱 발전돼 기원전 2333년 전부터 시작된 한민족의 역사와 함께 옛 도시, 도로와 다리 유적도 충분 하게 발굴돼 우리나라 옛 다리의 역사를 고조선 시대까지 확장할 수 있기를 기대해본다. 더불어 필자의 역사 지식 부족으로 발해시대의 옛 다리를 기술하지 못한 것에 대해 깊은 책임감을 느낀다. 결국 이 책의 범위는 문헌상 우리나라 역사에서 교량이라는 단어가 처음 등장하는 고구려부터 1945년 광복 전까지의 한반도 남쪽에 실존하는 '한민족 전통교량'으로 결정했다. 그리고 이 책을 읽는 대상을 우리나라 옛 다리에 관심이 있을 만한 모든 계층으로 하려고 했으나 책의 제목에서도 알 수 있듯이 '다리기술'이라는 핵심 단어가 들어가다 보니 글 내용에 어쩔 수 없이 공학적인 서술을 피할 수가 없었다. 따라서 이 책을 읽는 독자층을 공과대학에서 사회기반시설(토목·건설·환경공학)을 공부하는 대학생과 대학원생, 졸업생으로 한정하기로 했다. 놀랍게도 우리는 지금까지 건설 관련 학과의 졸업생들 중 우리나라 옛 다리에 대해 잘 아는 엔지니어들을 만나기가 쉽지 않다. 토목·건설·환경 분야의 전문가로서 다른 분야 사람들에게 본인들의 옛 선배가 만들어놓은 다리에 대해 설명할 수 없다면 이 어찌 쑥스러운 일이 아닐 수 있겠는가. 이 책이 사회기반시설을 다루는 젊은 동료들에게 공학 기술적인 면뿐만이 아니라 인문·사회적 지식도 동시에 제공해줄 수 있기를 기대한다.

필자는 이번 집필을 통해 실제로 교량을 전공하는 공학자들과는 달리 많은 인문학자가 우리나라 옛 다리에 관심을 가지고 연구하고 있다는 사실을 알게 됐다. 특히 문화재청에 종사하는 많은 분에게, 그동안 우리나라 옛 다리들을 문화재 차원에서 발굴하고 복원해주신 노고에 대해 교량을 전공하는 한 사람으로서 심심한 감사의 말씀을 드린다. 동시에 우리나라 옛 다리들을 발굴·조사하는 과정에 직간접적으로 참여할 기회를 가질 수 없었던 필자는 부득이하게 우리나라 옛 다리 건설기술을 논하는 마당에서 전적으로 문화재청의 「발굴조사 보고서」에만 의존할 수밖에 없었다. 이에 대해 문화재청 관계자들께 양해 말씀을 드린다. 필자는 이 책을 고등학교 시절 물리 시간에 배운 역학적 상식을 충분히 갖춘 대학교 토목·건설·환경공학을 전공하는 학생과 졸업생을 대상으로 내용을 정리했다. 책은 모두 제3편 제8장으로 나뉘어 있는데, 제1편 제1장에 옛 다리 건설기술에 대한 이해를 돕기 위해서 현대적 교량설계 개념에 대해 개략적인 설명을 먼저 했다. 제2편 제2, 3, 4장 및 제5장에서는 독자들의 옛 다리들의 현황에 대한 궁금증을 풀어주기 위해 옛 다리의 현장 사진을 통해 관련된 교량기술을 간단하게 정리했다. 제3편 제6, 7, 8장에서는 시대별로 우리나라 옛 다리들의 특색 있는 건설기술들에 대해 문화재청에서 발표한 「발굴조사 보고서」를 인용하여 정리했다.

처음에는 시대별 '건설기술 발전사'에 대해 정리하려 했으나 어떤 교량건설기술은 통일신라시대 이후 조선조 말까지 특별히 더 발전된 정황이 발견되지 않고, 조선의 수도 한양에 지어진 다리에 적용된 기술과 지방에 지어진 다리 건설기술들을 직접적으로 비교하기가 힘들어 이 책에서는 다리의 건설기술을 시대별로 있는 그대로 정리하기로 했다. 한 가지 아쉬운 점은 고려의 수도 개성에는 지금도 많은 고려시대 교량들이 남아있을 것으로 판단된다. 그러나 직접 그곳에 가볼 수도 없고, 옛 교량을 발굴해서 조사한 보고서를 접할 수가 없어서 제한된 정보만으로 고려시대 다리의 건설기술에 대해 정리할 수밖에 없었던 한계를 지적하지 않을 수 없다.

끝으로 전국에 퍼져 있는 우리나라 옛 다리들의 현장을 일일이 찾아다니면서 같이 조사를 해주신 한만엽 교수(아주대), 심종성 명예교수(한양대), 최동호 명예교수(한양대), 이성노 교수(목포대), 방극호 사장, 초은 김양숙 원장, 차수원 교수(울산대), 심창수 교수(중앙대), 김성보 교수(충북대), 이경찬 교수(배재대), 이정휘 교수(단국대)님과 김병국 명예교수(인하대) 여러분께 감사의 마음을 전한다. 또한 이 책의 집필을 처음부터 물심양면으로 도와준 DM엔지니어링 김우종 사장과 이치동 전 부사장님 및 임직원들에게도 깊은 감사를 드린다. 이분들의 지지가 없었다면 책의 집필은 시작조차 하지 못했을 것이다. 곁들여 430쪽이 넘는 원고를 꼼꼼하게 읽고 수정해주신 윤문 작가 박영지 님과 도서출판 '씨아이알' 관계자들, 그리고 KSCE PRESS 전지연 사장님과 함께 이 책의 출판을 위하여 재정적 지원을 아끼지 않은 대한토목학회 김철영 회장께도 깊은 감사를 드린다.

이 책을 건설 분야에 종사하셨던, 그리고 종사하고 계신 모든 분께 바친다.

2022년 11월
관악산 기슭에서
如岩 장승필(張丞弼)

목차

머리말

그림 목차

[제1편] 교량설계

[제2편] 우리나라 시대별 옛 다리 현황

제2장 조선시대 이전의 다리

[제3편] 우리나라 시대별 옛 다리 건설기술

제6장 조선시대 이전 옛 다리 건설기술

부록

제1편

교량설계

제1장

교량설계의 기초개념

우리는 이 책에서 우리나라 옛 다리들의 현황(2022년 현재)과 시대별 교량건설기술에 대해 살펴보고자 한다. 그리고 현재 '다리'와 '교량'이라는 용어를 구별 없이 사용하기 때문에 이 책에서도 두 용어를 같은 의미로 사용한다. 다만 가능하면 옛 다리의 경우에는 우리나라 말인 '다리'를 주로 사용하고, 현대 교량에 대해서는 교량(橋梁, bridge)이라는 용어를 사용하여 옛 다리와 현대 교량의 어감을 강조하기로 했다. 원래 한국어인 '다리'는 치체와어[1]의 tali(long, tall)에서 기원한 것으로 '건널 수 있게 길게 뻗친 것'을 의미하고,[2] 한자인 교량의 '교(橋)'는 '양쪽 언덕 사이를 넘어가는 것'을 뜻한다. '량(梁)'은 '나무를 걸쳐 물을 건너간다'는 뜻이므로 교량의 뜻은 양쪽 언덕이나 물을 건너간다는 의미다.[3] 이와 같은 '다리'와 '교량'의 의미를 종합하여 생각하면 '교량 또는 '다리'의 정의를 "도로, 철도, 수로 등의 운송로상에 장애가 되는 하천, 계곡, 강, 호수, 해안, 해협 등을 건너거나, 또 다른 도로, 철도, 가옥, 농경지, 시가지 등을 통과할 목적으로 건설되는 구조물을 총칭한다"라고 한 것은 합당한 정의라고 판단된다. 필자는 위에서 규정한 내용에 덧붙여 개울 위 담장 밑에 설치한 구조물도 교량으로 취급하는 등 교량의 정의를 '두 곳을 이어주는 사회기반시설'이라고 좀 더 포괄적으로 해석했다.

현대에 사는 우리는 교량을 설계할 때 구조적 안전성, 경제성, 시공성 및 조형성을 핵심 범주로 취하고 있다. 특히 서울시에서는 1970년대 중반 이후부터 새로 건설되는 교량의 설계과정에서 교량과 이들의 주위환경과의 조화로움에 각별히 주의를 기울이기 시작했는데, 그 첫 번째 작품이 한강 상류의 '성수대교'와 하류에 자리한 '성산대교'다. 우리나라 현대사회에서 최초로 '조형성'을 고려하여 설계된 교량이라는 의미에서 성수대교는 1970년대 후반 급속하게 성장한 대한민국의 경제 규모를 상징하는 것이었다. 그러나 불행하게도 준공된 후 15년이 지난 1994년 10월 21일 새벽에 서울시민들은 아침 뉴스를 통해 어처구니없는 성수대교의 붕괴사고(그림 1.1)를 접하게 됐다. 사고의 원인 조사 결과 보고서[4]에 따르면 이 사고의 가장 직접적인 원인은 핵심 부재의 조립과정에서 용접을 철저하게 하지 않은 '구조적 안전성' 결함에 있다고 결론지었다. 동시에 '시공성'이 떨어지게 작성된 설계도면은 현장 용접근로자가 적당하게 일을 처리하게 하는 유혹에 쉽게 빠지게 할 수 있다는 사실도 함께 지적됐다.

1979년 10월 16일에 준공된 성수대교는 서울 영동지역의 신도시 개발에 따른 서울 동부권의 균형 발전을 위해서 계획됐다. 그뿐만 아니라 서울시에서는 한강 이남에서 의정부 방면으로 운행하는 화물차량의 시내 통행을 제한하기 위해 이들의 통행을 새로 준공된 성수대교와 성산대교를 통해 동서로 우회·분산시켰다. 성수대교의 붕괴는 직접적으로는 교량의 설계 및 시공기술력 부족에서 온 것이지만 좀 더 근원적인 사고 원인을 살펴보자. '조국 근대화'를 외치면서 '제4차 경제개발 5개년 계획'을 추진하던 그 당시 정부가 적은 예산과 부족한 공기 및 준비되지 않은 기술력을 고려하지 않고 국가의 사회기반시설인 도로·교통 시스템 확충을 무리하게 시도한 결과라는 것

그림 1.1 성수대교 붕괴사고(1994년 10월 21일 오전 7시 38분경 발생)

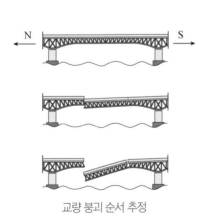

교량 붕괴 순서 추정

교량 붕괴 현장

출처: 서울특별시, 1995, 성수대교 정밀안전진단 보고서

이 전문가들의 의견이다. 성수대교 붕괴사고에서 분명히 알 수 있는 것은 국가 교통 인프라의 핵심 시설인 교량을 공학적으로 인식해야 하는 동시에 국토·교통을 운영하는 국가 통치의 차원에서 바라봐야 한다는 사실이다.

그뿐만 아니라 교량은 한 시대의 사회적 통로 역할도 함께 하기에 동시대 사람들의 시, 소설, 그림 또는 지역 축제 등 문화와 예술작품의 대상이 되기도 하고, 시간이 지나면서 문화유산이 되기도 하는 등 그 시대의 사회상을 그대로 반영하는 거울이다.

이와 같은 관점에서 필자는 이 책『역사를 잇다, 우리 옛 다리』를 지역의 문화적 측면과 공학적인 측면 이외에도 국가를 운영하는 측면에서도 함께 고려하면서 기술했다. 같은 이유에서 이 책에서는 한민족의 역사 속에서 순수 우리나라 선조들의 힘으로 세운 다리만 언급했다.

지금까지 우리나라 옛 다리에 관한 많은 책이 여러 작가를 통해 저술돼 시중에 출간되었다. 그래서 이 책에서는 중복되는 내용을 피하고 우리나라 옛 '교량기술' 발전을 염두에 두면서 그 시작 부분인 삼국시대부터 광복 전까지의 옛 다리를 대상으로 집필했다. 그러나 불행하게도 현재 한반도 북쪽에 있을 옛 다리들에 대한 정보를 접할 수 있는 기회가 매우 적고 또한 정확하지 않기 때문에 이 책에서는 한반도 남쪽에 현존하는 옛 다리들만 통계자료로 삼았다. 이 책의 집필 목적을 '교량기술'이라는 단어에 핵심을 두었기 때문에 자연스럽게 이 책의 독자층을 대학교 토목·건설에 관련된 학과의 교량 전공 재학생과 졸업생 및 현장에서 직접 교량을 설계하고 시공하는 엔지니어들을 대상으로 하게 됐다.

필자가 조사한 것에 따르면 현재 남한에 원형대로 보존 또는 복원된 옛 다리 중에는 돌널다리 67개, 홍예교 40개 그리고 나무다리 6개 등 총 113개의 다리가 남아있고, 배다리 흔적도 7곳에서 찾아볼 수 있다. 이들 중에는 조선시대 다리들이 101개(표 1.1 참조)로 대부분을 차지하고, 신라시대 돌널다리 3개,[5] 홍예교 3개,[6] 나무다리 1개(월정교), 고려시대 돌널다리 5개[7]가 포함돼있다. 신라시대 다리 중 다리 터만 확인된 춘양교, 문천교, 오릉 북쪽 다리 터는 이 통계에 포함되지 않았다. 다만 이 책에서는 필자가 현장을 직접 찾을 수 있고, 또한 복원된 옛 다리라는 확실한 근거가 있는 경우에만 통계자료로 취급했다. 그렇다고 하더라도 지금까지 전문가들 사이에 옛 다리에 대한 명확한 정의가 내려져 있지 않아서 가까운 장래에 문화재청 관계자와 교량 전문가들이 함께 이 주제로 심도 있는 논의가 이루어졌으면 하는 바람이다.

제1장에서 한반도에 지어진 옛 다리의 건설기술을 살펴보기 전에 교량에 대한 독자들의 이해를 돕기 위해 현재 교량 엔지니어들이 다리를 어떻게 설계하는지 교량설계에 관한 가장 기본적인 개념을 먼저 간단히 언급하고자 한다.

표 1.1 조선시대 옛 다리 통계

지역 \ 다리 종류	돌널다리	홍예교	나무다리	배다리 흔적
한양	18	9	1	2
호남	7	13	4	
영남	5	2		
충청	4	2		1
경기	24	4		4
강원	1	5		
제주		2		
총합	59	37	5	7

1.1 교량설계

교량설계에서 지켜야 할 핵심 용어는 '안전성', '경제성', '시공성' 및 '조형미'다. 그중에서도 가장 먼저 지켜야 할 원칙은 교량 설계자가 정해준 사용기간 동안 어떠한 환경 속에서도 안전하게 운영될 수 있는 교량을 설계하는 것이다. 만약 이 기본조건을 만족하지 못하면 1994년 10월에 일어난 성수대교 붕괴사고와 같은 국가적 재난 사고가 발생할 것이다. 교량 엔지니어들은 국민의 세금으로 만드는 국가시설에는 가능한 한 적은 예산을 투입하여 국민이 원하는 매우 튼튼하고 안전하면서 내구성을 지닌 구조물을 지어야 한다. 그러기 위해서는 구조물의 안전을 담보할 수 있는 적절한 정부예산과 충분한 공사 기간이 필요하다.

대표적인 실패의 예가 1994년에 발생한 성수대교 붕괴사고다. 이 비극적 사고는 넉넉하지 못한 예산, 조급한 정부의 공사 기간 단축 시도와 함께 당시 국내 기술자들이 비파괴검사 기술을 확보하지 못하는 등 기본적인 교량기술 부족이 복합적으로 작용한 결과다.[8] 훌륭한 교량건설을 위해서 정부와 발주기관 담당자들에게는 탁월한 기획 능력을, 교량설계 엔지니어들에게는 고도의 공학 기술 수준을 요구한다.

오늘날 우리는 교량의 건설사업을 다음과 같이 크게 세 개의 범주로 구분한다.[9]

1) 교량 사업을 추진하는 단계

   ① 기본 계획단계(project strategy/planning)

2) 교량건설이 결정된 후 교량 구조물이 준공되기까지의 과정

    ① 구매 및 조달(contract/procurement)

    ② 설계엔지니어링(design engineering)

    ③ 시공 기획 및 설계(construction planning/design)

    ④ 시공(construction)

3) 준공 후 교량의 운영(management) 및 유지관리(maintenance)

    먼저 중앙정부나 지방정부가 특정한 지역에 교량을 건설하기 위해서는 우선 이 사업에서 중앙정부의 '국토종합계획'이나 '국가기간교통망계획'에 어긋나는 점은 없는지를 살펴봐야 한다. 만약 국가의 국토계획 차원에서 차질이 없다면 이 사업이 지역의 관광개발 계획과 같은 지자체의 '종합발전계획'의 목표에 부합되는지도 검토해야 하고, 합당하다면 구체적인 설계 작업에 들어가기 전에 먼저 설계에 필요한 자연환경 조사(기상환경, 수리·수문 등)(그림 1.3), 지장물 조사 등 자료수집 및 현황조사를 선행해야 한다. 특히 민원 발생 요인을 미리 예방하기 위해 지역주민의 여론조사를 통한 의견을 수렴하는 작업이 점점 더 중요한 의미를 갖게 됐다. 이러한 과정을 '기본계획단계'라고 한다. 이 과정에서 논의된 '사전조사', '지층분포특성 분석'(그림 1.4) 및 '도로계획' 등을 종합적으로 검토하여 교량의 가설 위치를 먼저 선정하고, 그 후 교통량(그림 1.5)에 근거한 교량의 규모를

그림 1.2 중앙 수직재 상부 파단면

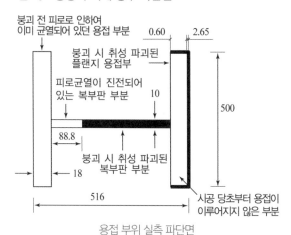

용접 부위 실측 파단면

상부 파단면

출처: 서울특별시, 1995, 성수대교 정밀안전진단 최종보고서

결정한다. 이때 발주처(정부, 도로공사, 철도공사, 수자원공사 또는 지자체 등)는 주위환경과 조화를 이루는 경관설계를 통해 교량의 형태를 선정한다. 이 과정에서 전문가들 이외에 시민들도 참여하는 특별한 '심의위원회'를 조직·운영함으로써 객관성을 담보하기도 한다(그림 1.6).

그림 1.3 자연환경 조사 및 분석

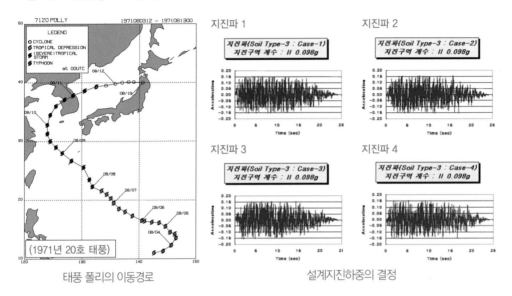

태풍 폴리의 이동경로 | 설계지진하중의 결정

그림 1.4 지층분포 특성 분석

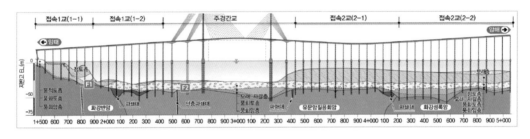

구분	접속1교(1-1)	접속1교(1-2)	주경간교	접속2교(2-1)	접속2교(2-2)
수심(m, 평균해수면 기준)	1~10	24~31	26~28	8~13	12~15
기반암 출현심도(EL. -m)	5~31	27~43	39~52	37~44	38~58
구성암층	화강반암	화강반암, 응회암	응회암	응회암	화강섬록암
지지층의 평균 일축강도/RQD	84MPa/66%	51MPa/20%	70MPa/58%	51MPa/29%	110MPa/70%

검토결과
- 연약지반은 접속1, 2교 구간에만 10~20m 두께로 분포, 전구간에 5~10m 두께의 치밀한 모래·자갈층 분포
- 주경간교 구간은 약 30m의 깊은 수심으로 기반암은 EL. -40~-50m의 심도에서 출현

그림 1.5 교통 현황조사 및 분석

주변지역 도로 및 교통량 현황

• 국도 2호선과 연계, 신안군 관문도로 역할

주변지역 교통량 및 소통 상태 분석

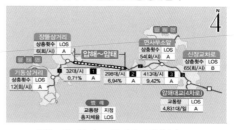

• 주변 교차로 및 가로 소통 상태 LOS"A"~"B"로 양호

해상교통 현황 분석

• 영향권내 4개 도서지역 해상교통 이용객, 총 1,813인/일(차량 781대/일로 조사됨

압해대교 통행 특성

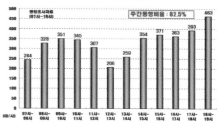

• 주간통행비율은 82.5% → 해상교통 이용시간대에 기인

그림 1.6 주변환경과 조화되는 교량 형식의 선정(예: 1004 대교[10])

▌ Design Keyword
• 상징성 – 다이아몬드 제도 진·출입 교량 상징화
　　　　　1004개의 섬으로 이루어진 신안의 대표 교량 상징
• 조화성 – 해양·섬 경관과 조화되며, 2공구 주탑과 균형미 추구
• 조형성 – 관광자원이 되는 인상적인 교량 디자인

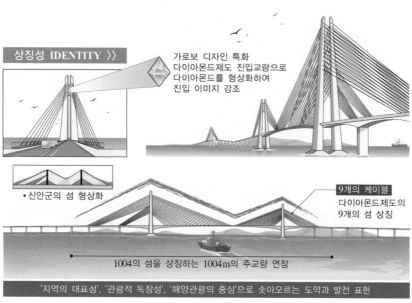

상징성 IDENTITY 〉〉

가로보 디자인 특화
다이아몬드제도 진입교량으로
다이아몬드를 형상화하여
진입 이미지 강조

• 신안군의 섬 형상화

9개의 케이블
다이아몬드제도의
9개의 섬 상징

1004의 섬을 상징하는 1004m의 주교량 연장

'지역의 대표성', '관광적 독창성', '해양관광의 중심'으로 솟아오르는 도약과 발전 표현

그림 1.6 주변환경과 조화되는 교량 형식의 선정(예: 1004 대교) (계속)

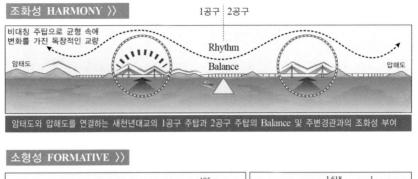

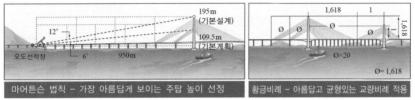

출처: 국토해양부, 익산지방국토관리청, 2010, 압해-암태(1공구) 도로건설공사 실시설계보고서

교량의 '실시설계단계'에서는 교량설계를 전문으로 하는 엔지니어링사가 '기본설계단계'에서 결정된 교량의 형식을 구체화 시키기 위해 '설계기준'을 수립하고 '세부구조계획'을 확립한다. 기본적으로 교량의 실시설계 단계에서 선정된 교량 부재들은 주어진 사용기간 동안 항상 안전하고, 튼튼한, 즉 안전성과 내구성이 담보돼야 한다(그림 1.7). 동시에 이 구조부재들은 경제적인 단면을 가져야 한다. 그러기 위해서는 설계자들은 높은 기술 수준을 지속적으로 유지해야 한다. 충분한 설계 시간을 가지고 많은 고민 끝에 창조해낸 교량은 상대적으로 시공 기간(그림 1.8)도 훨씬 더 줄어들고 경제적(경제성)일 뿐만 아니라, 보다 효율적이고 동시에 아름다운 교량(그림 1.9)이 될 가능성이 매우 크다. 설계과정에서 특히 유의할 점은 설계된 교량의 안전을 최종적으로 담보할 수 있는 사람은 현장 작업 근로자라는 사실이다. 아무리 설계가 역학적으로 잘 이루어졌다 하더라도 현장에서 작업 근로자가 작업하기 어렵게 이루어진 설계는 좋은 설계라 할 수 없다. 따라서 현장에서 사용하는 상세도면은 현장에서의 제작·가설(용접이나 볼팅 등)이 쉽도록 단순·명료하게 제작돼야 한다. 만약 부재중 가장 핵심적인 부재였던 수직재(받침대 역할을 했음)의 제작과정에서 용접을 쉽게 할 수 있도록 설계됐다면 성수대교의 붕괴사고를 방지할 수도 있었을 것이라고 말하는 전문가들도 있다.

그림 1.7 구조 안전성 검토(시공 중 불균형 하중에 대한 안전 검토)

하중재하

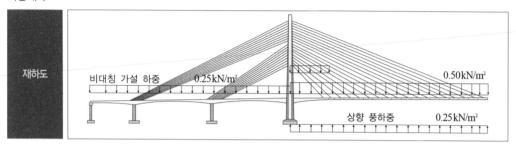

사장교 불균형 하중에 의한 발생 단면력

구분	단면력도	단면력
전단력	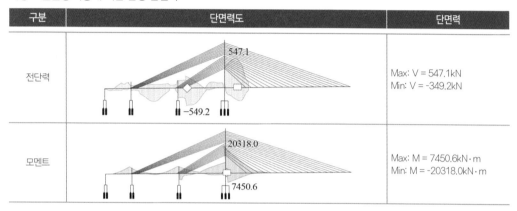	Max: V = 547.1kN Min: V = −349.2kN
모멘트		Max: M = 7450.6kN·m Min: M = −20318.0kN·m

그림 1.8 시공성 검토

가설 조건 분석

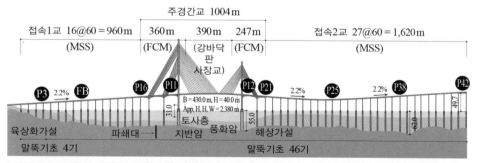

구분	접속1교		주경간 구간	접속2교	기타조건
	A1~P3	P4~P16	P17~P19, PY1, PY2	P20~P47	
수심 조건	조간대 구간	해상 조건	최대수심 31.1m	해상 조건	• 가설 중 통항 안정성 확보 • 최강유속: 1.50m/sec • 최대조차: 498.9cm • 가설공기: 96개월
장비진입 여건	가축도 육상화	해상진입 용이	해상진입 용이	해상진입 용이	
선박통항 여건	-	오도항 인근	주 통항로	-	

그림 1.8 시공성 검토(계속)

주요 공법 선정

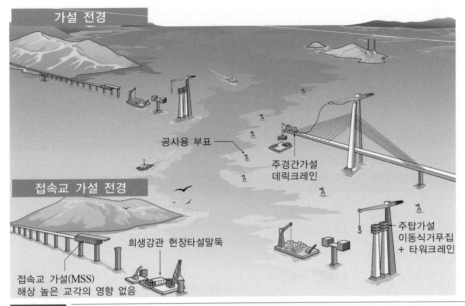

가설 전경

공사용 부표

주경간가설
데릭크레인

접속교 가설 전경

희생강관 현장타설말뚝

접속교 가설(MSS)
해상 높은 교각의 영향 없음

주탑가설
이동식거푸집
+ 타워크레인

검토결과
- 기초: 해상부는 지그재켓을 이용하여 희생강관 말뚝 및 PC House 시공
  조간대는 가축도를 이용하여 육상조건으로 안정적인 가설
- 하부: 이동식 거푸집에 의한 안정적 가설
- 상부: 주경간교는 폼트레블러와 데릭크레인에 의한 단계별 가설
  접속교는 이동식 비계공법(MSS)에 의한 안정적 시공

그림 1.9 조형설계

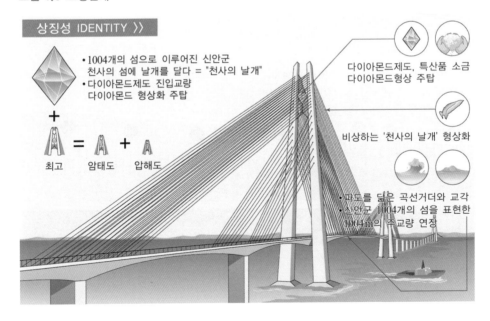

상징성 IDENTITY 〉〉

- 1004개의 섬으로 이루어진 신안군
  천사의 섬에 날개를 달다 = "천사의 날개"
- 다이아몬드제도 진입교량
  다이아몬드 형상화 주탑

최고 = 암태도 + 압해도

다이아몬드제도, 특산품 소금
다이아몬드형상 주탑

비상하는 '천사의 날개' 형상화

- 파도를 닮은 곡선거더와 교각
- 신안군 1004개의 섬을 표현한
  1004m의 주교량 연장

그림 1.9 조형설계(계속)

조형성 FORMATIVE 〉〉

황금비에 입각한
균형감 있는 교량 설계

1.618 1

Ø·20

비대칭 주탑의
아름다운 조형미
창출

조화성 HARMONY 〉〉

Rhythm

1공구   Balance   2공구

지역경관 및 2공구와 조화되는 균형있는 교량경관

관광성 TOURISM 〉〉

문화/휴양관광벨트   목포도심권

해양관광벨트
(다도해 해양관광
복합레저단지)   남해안관광벨트

목포 도심과 서남관광벨트 연계로
다도해관광의 중심 경관자원 창출

1.2 교량을 구성하는 기본 요소

교량을 구성하는 요소 부재는 들보(girder), 홍예(arch), 트러스(truss), 현수 부재(懸垂部材, suspension member) 또는 사장재(斜張材, cable-stayed member) 등으로 대별된다.

교량의 '실시설계'란 교량의 '요소 부재' 또는 '전체 구조시스템'이 교량에 작용하는 외부하중에 대해 얼마나 안전한가를 검증하는 과정이다. 여기서 교량에 작용하는 외부하중이란 교량 자체의 무게(자중)와 시간에 따라 작용하는 하중, 즉 자동차나 기차, 군중 하중(이동하중)과 온도 또는 태풍과 지진 같은 자연환경 하중 및 선박충돌과 같은 특수한 하중들을 일컫는다. 교량의 안전 여부는 외부에서 작용하는 하중에 따라 교량이 파괴될 확률이 적정 수준 이하인지 아닌지에 따라 판단하는데, 이때 파괴확률의 수준은 지난 과거의 교량건설의 경험과 경제성을 고려하여 정한다. 따라서 장래에는 발전된 센싱 기술(sensing technology)과 수집된 자료의 데이터 처리 기술 등의 발전으로, 교량의 설계기준은 경험에만 의존하는 수준에서 벗어나 좀 더 과학적이고 정밀해질 것이다.

교량의 안전성을 이해하기 위해서는 먼저 교량이 어떻게 구성돼있는지 그 구조시스템부터 살펴봐야 한다. 인간이 본격적으로 인공적인 구조물을 만들기 시작한 것은 신석기시대의 취락 생활

을 뒤로 하고 도시 생활을 시작한 기원전 4000년경[11]일 것이라는 의견이 지배적이다. 그들은 그들이 건설한 도시를 방어하기 위해 성곽을 쌓고, 항구를 건설했으며, 주거시설과 경제생활에 필요한 도로와 교량을 건설했다. 그 과정에서 경험적으로 역학(mechanics)에 대한 지식을 터득하고 이를 교량건설에 적용했을 것이다.

구조물을 구성하는 가장 기본적인 부재 형태는 대들보와 같은 '휨 부재' 외에 기둥이나 아치와 같은 '압축 부재'와 현수선과 같은 '인장 부재' 세 가지가 있다. 그리고 이들 부재를 개별적으로 이용하여 설계하든지 아니면 조합하여 트러스교나 사장교와 같은 복합구조물(그림 1.10)로 설계할 수도 있다.

그림 1.10 구조물 복합부재 적용 예

트러스(인장재+압축재): 섬진강 철도교   사장재(케이블+들보): 인천대교

1.2.1 휨 부재

인간이 사용했던 가장 간단한 교량 형태는 우리 조상들이 개울이나 강 또는 계곡을 건너다니기 위해 사용했던 징검다리나 쓰러진 통나무였을 것이다.

통나무와 같이 외부에서 힘(외부하중)을 받으면 자기 몸통을 스스로 휘게 함으로써 하중을 통나무 양 끝에 있는 땅(지반)으로 전달하는 부재를 '휨 부재'라고 한다(그림 1.11 위). 지구상의 많은 구조물이 이 원리를 이용하여 만들어지는 것으로, 1999년 말에 개통한 강원도 횡성의 횡성대교가 그 대표적인 예다. 이 교량은 영동고속도로 원주~강릉 간 신설노선에 7경간 연속 PSC 박스거더교로 가설된 교량으로, 교각의 높이가 92m이고 최대 경간장이 115m나 된다. 횡성대교는 1990년대 우리나라를 대표하는 '휨 부재'를 기본 요소로 하는 들보형 교량이다.

그림 1.11 휨 부재

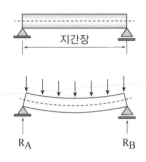

넘어진 통나무

횡성대교

출처: 한국도로공사

1.2.2 홍예 부재

시간이 지나면서 사람들은 통나무보다 더 멀리 하천을 건너다닐 수 있는 홍예(아치, arch)[12]라는 구조시스템을 발견하여 사용하기 시작했다. 기록에 따르면 기원전 약 2700년경에 이집트와 수메리안 사람들은 홍예의 역학적 원리를 이미 알고 있었다고 한다.[13]

홍예의 구조 원리는 부재 내부에 압축력 (compression force)을 발생시켜 외부에서 작용하는 힘을 땅(지반)으로 전달하는 역학 원리로서 우리는 자연에서 그 예(그림 1.12)를 쉽게 찾아볼 수

그림 1.12 미국 유타주 자연 아치

있다. 일반적으로 홍예교(무지개 모양의 다리)는 세계 어느 곳에서나 아름다움을 뽐내는데, 특히 한반도처럼 온화한 선으로 이루어진 지형에서는 무지개 모양의 다리가 주위환경과 잘 어우러지는 조형미를 갖추고 있다. 그림 1.13에 보이는 안동 연속크로스리브 아치

그림 1.13 안동 연속크로스리브 아치교

출처: 국가철도공단

교는 주경간장 120×2＝240m의 '홍예'의 역학 원리를 이용하여 만들어진 매우 아름다운 교량의 한 예이다.

1.2.3 현수 부재

외부에서 작용하는 하중을 부재의 축력에 따라 교량 아래의 지반으로 전달하는 부재는 홍예 외에도 현수 부재가 있다. 다만 홍예의 경우에는 하중으로 인해 단면에 압축력이 생기는데, 이 압축력을 받는 부재(압축재)는 아무 예고 없이 꺾어지면서 파괴되는 '좌굴현상'을 일으키므로 상대적으로 불리한 면이 있다. 반면에 현수 부재의 경우는 단면에 발생하는 저항력으로 인장력이 발생하여 단면 선정에 유리한 면이 있기는 하지만 바람과 같은 수평으로 작용하는 하중에는 매우 취약하다는 약점이 있다. 현수 부재의 역학적 거동을 처음 수학적으로 표현한 분은 티베트의 스님 (Thang-stong rGyal-po, 1385~1464)으로 알려졌다.[14]

그림 1.14 남해대교(우리나라 최초로 현수선을 사용한 장대교량, 1973년 6월 22일 개통, 길이 660m) 오른편으로 제2 남해대교 건설현장이 보인다.

그림 1.15 현수선의 원리[15]

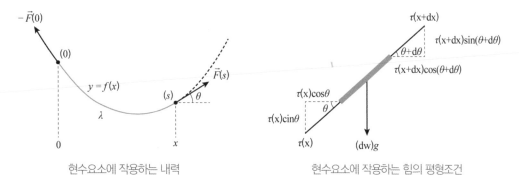

현수요소에 작용하는 내력   현수요소에 작용하는 힘의 평형조건

인간은 현수구조를 매우 오래전부터 알고 있었고, 또한 교량으로 사용해왔을 것으로 생각되지만 본격적으로 현대적 교량설계에 적용한 것은 19세기에 들어와서다. 현수교가 비교적 늦게 현대적 교량으로 적용된 것은 이 교량 시스템이 바람에 쉽게 흔들려서 파괴될 수 있었기 때문이었다. 그 대표적인 예가 미국의 워싱턴에 가설됐던 타코마교(Tacoma Bridge) 붕괴사고다(그림 1.16).

그림 1.16 미국 타코마교(Tacoma Bridge)의 붕괴사고

타코마교 붕괴사고는 1940년 11월 7일 미국 서부 워싱턴에 운영 중이던 한 현수교가 초속 19m/s의 소형급 계곡바람에 지속적으로 몸체를 비꼬는 진동을 일으키면서(비틀림 발산 진동) 약 2시간 반 만에 붕괴가 된 사건이다. 이 교량 사고를 계기로 항공 산업에만 도입됐던 풍공학 기법이 교량 설계에도 전 세계적으로 도입되기 시작했다.[16]

현재 지구상에 건설된 모든 구조물은 앞에서 정리한 세 가지의 기본 요소 부재(휨부재, 홍예 및 현수선)들의 역학적 성질을 이용하여 설계했는데, 현재 우리나라에서 그 대표적 예는 잠실 롯데타워(그림 1.17)와 소금산 출렁다리(그림1.18)이다.

그림 1.17 잠실 롯데 타워

출처: 롯데홍보팀

그림 1.18 소금산 출렁다리

출처: 케이블브릿지

1.3 힘의 평형이론

앞에서 논의한 교량 구조시스템을 현실화하기 위해서는 먼저 외부에서 작용하는 하중과 교량 부재 내부에 발생하는 저항능력(耐荷力) 사이의 역학적 관계를 이해할 필요가 있다. 따라서 이 절에서 '힘의 평형이론'을 간략하게 다루고자 한다.

지구상에 뿌리를 둔, 사람이 만드는 모든 구조체는 그 대상이 무엇이든 뉴턴의 운동법칙에 따라 설계된다. 그중에서 기본적으로 뉴턴의 제3법칙인 '작용–반작용의 원리'를 적용하여 설계한다. 교량역학에서는 뉴턴의 제3법칙을 '힘의 평형이론'으로 이해한다. 먼저 '힘의 평형이론'을 이

그림 1.19 강풍에 옆으로 휘면서 흔들리는 가로수

해하기 위해 갑자기 부는 태풍 때문에 크게 휘는 제주도의 가로수를 관찰해 보자. 가로수는 바람에 뽑혀 옆으로 넘어지지 않기 위해 우선 자기의 몸통을 스프링처럼 옆으로 휘게 한다(그림 1.19). 나무들은 그렇게 함으로써 그들에게 작용하는 바람 하중(횡 하중)을 뿌리까지 전달할 수 있다. 이때 땅속으로 깊게 내려간 뿌리는 줄기에서 전달되는 바람 하중을 땅속으로 분산시킨다. 즉, 가로수들은 그들의 줄기 또는 뿌리의 단면에 바람과 세기는

그림 1.20 태풍 사라에 의해 넘어진 나무

같고 방향은 반대인 저항력(내력)을 만들어 외부에서 작용하는 힘에 맞서는 것이다. 힘의 평형이 깨지면 그림 1.20 에서 보는 것처럼, 나무의 뿌리까지 꺾인다. 이렇게 외부에서 작용하는 힘과 부재 내력과의 역학관계를 규명하는 학문을 '구조역학(構造力學)'이라고 한다.

출처: naver-포스트 사진 유튜브랭킹모아 데일리라이프, '한국에 피해를 준 역대 태풍 10'

1.4 설계하중

교량설계는 외부에서 작용하는 힘과 교량을 구성하는 부재의 저항력 사이에 '힘의 평형'을 찾는 과정이다. 그러기 위해서는 먼저 교량에 작용하는 하중들을 정의할 필요가 있다.

교량 엔지니어들은 계획된 사용기간(일반적으로 75~120년) 동안 그 형태와 기능이 유지되기를 원하는 발주처(국가, 공공기관)의 요구(안정성, 경제성, 시공성, 조형성)를 만족시킬 수 있도록 구조물을 설계하고 시공한다. 이때 제일 먼저 고려해야 할 사항은 외부의 하중에 의해 구조물이 붕괴되지 않도록 하는 구조물의 안전성 확보에 있다.

외부에서 교량에 작용하는 외부하중은 장기적으로 영향을 주는 '지속하중'과 작용시간의 함수인 '변동하중'으로 구별할 수 있다. '지속하중'에는 교량구조물 '자체의 무게'나 교량구조에 영향을 주는 '토압'(흙에 의한 하중) 등이 포함되고, '변동하중'에는 교량 위를 지나가는 '사람,

그림 1.21 2016년 9월 12일 오후 7시 44분과 8시 33분 발생한 경주지진

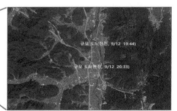

자동차 또는 궤도차량들이 속한다. 특히 '변동하중'에는 태풍과 같은 '풍하중', '경주지진'(그림 1.21)과 같은 '지진하중'과 '선박충돌' 등 예상하지 못한 하중도 있는데, 이들은 '특수한 하중'으로 설계에 고려된다.

1970년대 이전까지만 해도 설계하중의 크기는 연륜이 많은 몇몇 천재 공학자들의 논문을 기초로 한 토론과 합의로 정해졌다. 즉, 과거에는 교량의 설계하중이 경험에 근거하여 몇몇 교량 전문가에 의해 정해졌으나 1970년대 이후부터는 현장에서 계측된 데이터의 통계 분석과 이를 기반으로 하는 '신뢰성이론'을 적용하여 결정한다.[17]

김부식 『삼국사기』
779년 4월, 신라 혜공왕
경주의 땅이 흔들리고 민옥이 부서져 죽은 자가 100여 명이나 되었다.

출처: 한국자원지질 연구소

1.5 건설재료

교량설계에 적용하는 설계하중은 국가에서 고시한 '도로교설계기준'의 값을 강제적으로 사용하고 있어서 더 과학적인 근거를 대지 못하는 한 마음대로 다른 값을 사용할 수 없다. 반면에 교량엔지니어들은 더 합리적이라고 판단하면 건설에 사용하는 재료를 본인들의 판단에 따라 임의적으로 선정할 수 있다. 따라서 교량 사업의 예산 규모는 엔지니어들의 재료 선택에 많은 영향을 받는다.

오늘날 교량에 사용되는 건설재료로는 강재(鋼材)와 철근콘크리트 또는 콘크리트와 강선(鋼線)을 조합해서 쓰는 프리스트레스트 콘크리트(presressed concrete)가 대세를 이룬다. 미래의 건설재료로는 합성수지가 유망하게 보인다. 그러나 고대로부터 얼마 전까지만 해도 인간들은 주거시설이나 그 이외의 시설물을 건설할 때 주위에서 쉽게 얻을 수 있는 흙, 나무와 돌을 건설자재로 오랫동안 사용했다. 우리나라의 경우는 다리를 건설할 때 목재와 석재를 주로 사용하였다. 고대 왕조 중 신라와 고려 초기를 제외하면 몽고의 침략 후 거의 지난 800년 동안 우리는 수비적인 국방정책을 취했기 때문에 한반도 내의 도로기술은 통일신라 수준에서 더 이상 발전하지 않았다. 더불어 도로의 시설물인 교량기술도 그 재료가 목재든 석재든 간에 더 이상 발전할 여력이 없었다. 그러한 이유로 건설재료 기술 발전도 통일신라 이후부터 특별히 더 이루어진 것이 없어 보인다.

한반도에서 교량구조가 획기적인 근대화를 시작한 것은 조선조 말 일본인들이 만주 침략 정책을 수립하고 이에 입각한 철도교가 건설된 후부터다. 이 시기에는 짧은 철근콘크리트 교량들도 전국적으로 작은 하천 위에 많이 세워졌다. 우리나라에서 프리스트레스트 콘크리트가 교량의 재료로서 국제 수준에 맞게 시작된 것은 1981년 10월 27일 서울 한강의 원효대교가 준공된 이후다.[18]

그림 1.22 원효대교

1.6 설계개념

교량을 설계할 때 가장 우선적인 목표는 교량의 안전성 확보에 있다. 그러나 국가가 영구히 쓸 수 있는 사회공공시설 구축을 위해 무한정으로 재정을 투입할 수는 없기 때문에[19] 국회는 정부의 재정지출 예산에 수정을 가하기 마련이다. 국가는 국민의 인명과 재산의 손실을 최소화하기 위해 더 많은 재정을 투입하든지 아니면 재정지출을 최소화하여 이로 인한 구조물의 품질 저하 때문에 발생하는 국민의 인명피해와 재산손실을 감수하든지 해야 하는 행정적인 딜레마에 빠지고는 한다. 이러한 딜레마를 해결하기 위해 교량을 다루는 전문가들은 교량의 설계수명[20]을 먼저 정하고(통상적으로는 75~120년 사이) 이 동안에는 국민이 시설물은 안전하게 사용할 수 있도록 하중과 부재의 내하력 사이의 관계를 수학적으로 정립하여 이를 교량설계의 기준으로 삼는다. 우리는 교량의 안정성과 경제성의 조화를 모색하는 것을 '교량의 설계개념'이라고 정의한다.

삼국시대부터 조선조 말까지 우리나라에서 건설된 사회기반시설은 국가의 특별한 설계기준 없이 그 당시의 대목수들이 경험으로 쌓아온 지식에 의해 축조됐다. 유일하게 예외적인 사례가 정조 때 배다리를 짓기 위해 공표된『주교사진주교절목(舟橋司進舟橋節目)』이다. 이『주교사진주교절목』은 한반도에서 만들어진 최초의 교량설계·시공에 관한 공사 일반지침서이다. 다만 정조의 배다리는 두 달 정도 되는 짧은 기간 동안 만 사용되는 구조물이기 때문에 이 지침서에서 현대적인 의미의 교량 설계개념을 찾아볼 수 없다는 사실이 아쉽다면 아쉬운 대목이다. 한반도에서 근대적 교량 설계개념이 도입된 시기는 1900년 한강철교가 놓일 때까지 100년 이상 기다려야 했다. 교량의 설계개념[21]은 '허용응력설계법', '강도설계법' 그리고 '신뢰도 기반 설계방법'의 순서로 발전됐다.

1.6.1 허용응력설계법

허용응력설계법은 20세기 초부터 체계화된 설계개념으로, 임의의 부재 단면 내에서 특정 크기(항복강도) 이상의 응력이 발생하면 전체 교량이 더 이상 견디지 못한다는 설계개념이다. 이때 설계에 적용하는 허용응력은 사용 재료의 탄성한계(Hooke의 법칙이 지배하는 한계)인 항복강도를 안전율 γ(일반적으로 $\gamma=1.7$)로 나누어서 정한다. 세상의 모든 탄성체는 외부에서 힘을 받으면 물체 내부에 탄성변형을 일으켜 외부의 힘과 크기는 같고 작용 방향은 반대인 저항력을 만들어 외부 힘과 평형을 이루는데, 이 단위 면적당 내부 저항력을 응력(stress)이라고 정의한다. 1960년대까지 세계적으로 사용됐던 허용응력설계개념은 식 (1.1)과 같이 표현할 수 있다.

$$\sigma_{\max} \leq \sigma_a = \sigma_y / \gamma \tag{1.1}$$

여기서, $\sigma_{\max}$ = 실제 부재 단면에 발생하는 최대 응력(그림 1.23 참조)

σ_y = 재료의 항복강도(그림 1.24 참조)

γ = 안전율. 일반적으로 교량구조의 안전율은 경험값 1.7로 취한다.

σ_a = 재료의 항복강도를 안전율 γ로 나눈 값

그림 1.23 휨 응력도

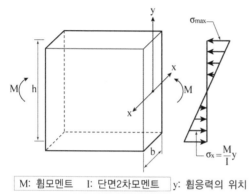

| M: 휨모멘트 | I: 단면2차모멘트 | y: 휨응력의 위치 |

여기서 M: 휨모멘트, I: 단면2차모멘트, y: 휨응력의 위치

그림 1.24 완전 탄성체의 응력(σ)–변형도(ϵ) 곡선

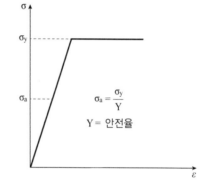

1.6.2 강도설계법

허용응력설계법은 후크(Hooke)의 법칙이 적용되는 강재를 사용하면 상당히 정확하게 구조물의 거동을 모사할 수 있다. 그러나 콘크리트와 같은 건설재료는 처음부터 후크의 법칙을 따르지 않기 때문에 제2차 세계대전이 끝난 후 독일 뮌헨공과대학교 콘크리트 연구실의 뤼쉬 교수(Prof. Ruesch)를 중심으로 설계개념을 응력(stress) 개념에서 강도(strength) 개념으로 발전시킬 것을 제안했다. 강도설계법이란 임의의 단면이 저항할 수 있는 최대 저항력(極限强度, strength)에 해당하는 외부 극한하중의 크기를 계산한 후 이 극한하중의 값이 실제로 외부에서 작용하는 사용하중에 안전율을 곱한 외부하중 값보다 더 크면 교량은 구조적으로 안전하다고 판단하는 설계개념이다.

$$\gamma P \leq P_u \tag{1.2}$$

여기서, $\gamma =$ 허용응력설계법에서 사용하는 경험값인 안전율

$P =$ 설계하중

$P_u =$ 주어진 단면이 받을 수 있는 극한하중

만약 허용응력설계개념을 확장하여 단순 지지된 들보 단면의 극한하중(그림 1.25 참조)을 계산하면 다음 식과 같다.

$$\gamma P = P_u = \frac{2}{3}\left(\frac{bh^2}{L}\right) \cdot \sigma_y \tag{1.3}$$

그림 1.25 허용응력설계개념으로 산정하는 극한하중

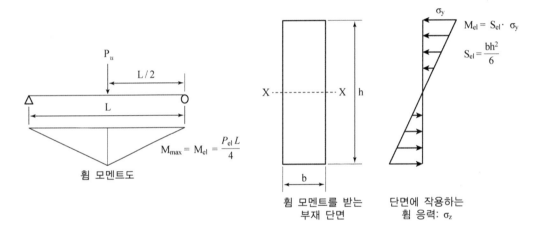

여기에 비해 강도설계개념을 적용하여 강재 단면의 극한하중을 계산하면 식 (1.4)와 같다.

$$M_{pl} = C \cdot \left(\frac{h}{2}\right) = S_{pl} \cdot \sigma_y$$

$$S_{pl} = \left(\frac{1}{4}\right)bh^2 \tag{1.4}$$

$$P_u = P_{pl} = \left(\frac{bh^2}{L}\right) \cdot \sigma_y$$

식(1.4)에 의하여 계산된 극한하중 값은 허용응력설계개념에 따라 정해지는 단면의 극한하중 $P_u = (2/3)\sigma_y \times (bh^2)/L$ 보다 1.5배 크게 계산된다. 즉, 강도설계개념으로 설계하면 허용응력법에 따른 설계보다 주어진 단면을 더 효율적으로 이용할 수 있다는 것을 알 수 있다.

참고로 그림 1.26(b)에서 보이는 단순 지지된 들보의 철근콘크리트 단면 극한휨모멘트(극한강도) M_u는 식 (1.5)와 같다.

$$M_u = \frac{P_u\, L}{4} = C \cdot z \tag{1.5}$$

여기서, $C = \int f_{cd} = f_y \cdot = T$ f_c = 콘크리트 단면에 발생하는 압축응력

           f_{cd} = 콘크리트 설계압축강도 A_s = 철근의 단면적

           f_y = 철근의 항복강도 f_{yd} = 철근의 설계항복강도

           z = 철근이 콘크리트보다 먼저 항복하는 조건으로 구한 중립축의 깊이 비

그림 1.26 강도설계개념에 의한 부재 단면의 평형조건
(a) 강재 단면의 평형조건 ｜ (b) 콘크리트 단면의 평형조건

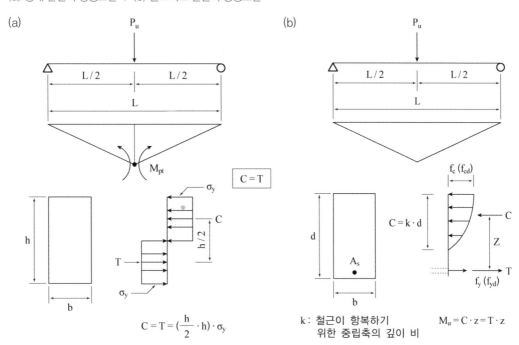

따라서 철근콘크리트 단면의 극한하중 P_u는 식 (1.6)과 같다.

$$P_u = 4M_u/L \geq \gamma \cdot P \tag{1.6}$$

여기서 하중의 형태와 들보의 형태가 바뀌면 식 (1.6)은 다르게 표현된다.

1.6.3 한계상태설계법

강재의 경우보다 재료의 비선형성이 강한 콘크리트재료의 경우는 '강도설계법'이 '허용응력 설계법'보다 개선된 설계 방법이지만 강도설계법에서 적용되는 안전율이 재료의 불확실성에만 의존하는, 즉 기존의 경험에서 얻어진 값이기 때문에 하중의 변동성을 함께 고려하기에는 개선할 점이 많다. 이러한 강도설계법의 약점을 보완하기 위해 1970년 이후에는 급속도로 발전한 컴퓨터의 계산능력을 수단으로 뮌헨공과대학교 교수들을 포함한 여러 나라 교수들이 구조물의 안전율 개념에 확률이론과 신뢰성이론을 도입하여 수학적으로 접근하기 시작했다. 이 연구를 바탕으로 1995년 미국에서는 'AASHTO LRFD Bridge Design Specification'을 제정하였고, 유럽에서도 2002년에 한계상태설계법인 'Eurocode 0'를 제안하였다. 우리나라에서도 2012년에 '도로교설계기준(한계상태설계법)'을 제정하여 지금까지 사용하고 있다.

'한계상태설계법'이란 '신뢰도'를 기반으로 하는 설계 방법으로, 교량 외부에서 작용하는 여러 하중을 어떠한 조합으로 섞어 계산하더라도 교량이 파괴되는 확률은 같아야 한다는 개념을 토대로 설계하는 설계개념이다. 예를 들어, 태풍이 부는 상황에서 교량 위에 자동차가 지나가는 경우의 교량 파괴확률과 교량 위에 자동차만 지나다닐 때의 파괴확률이 같아야 한다는 설계개념이다. 이처럼 작용하중들의 교량의 파괴확률이 모든 조합에서 서로 같도록 계수들을 조절하여 교량을 설계하는 개념을 '한계상태설계법' 또는 '신뢰도 기반 설계방법'이라고 한다.

식 (1.7)은 현재 우리나라에서 사용하고 있는 교량설계 식이다.

$$\sum_{i}^{n} \eta_i \gamma_i \, Q_i \leq \phi R_n \tag{1.7}$$

여기서, η_i = 하중수정계수: 연성(延性), 여용성(餘用性), 구조물의 중요도와 관련된 계수

γ_i = 하중계수: 하중효과에 적용하는 통계적 산출계수

Q_i = 하중효과 ϕ = 재료계수 R_n = 재료의 기준강도

식 (1.7)에서 좌측 항은 설계에 고려한 모든 하중의 조합이고, 우측 항은 선택한 재료가 최대한 저항할 수 있는 능력이다. 좌측 하중 항에서 i 번째 외부하중을 $\eta_i \gamma_i$ 배만큼 늘리고, 우측 항 부재의 저항력은 ϕ 배만큼 줄여서 파괴에 대한 확률을 키움으로써 우리가 원하는 교량의 안전성을 확보하는 것이 '한계상태설계법'의 근본 취지이다.

1.7 교량의 구조상세와 역할

이제 우리 민족이 고대·근대에 만들었던 옛 교량의 구조를 이해하기 쉽도록 현재 사용되는 교량의 구조(그림 1.27) 상세(詳細)와 그 역할에 대해서 알아보기로 한다.

그림 1.27 일반 들보형 교량구조

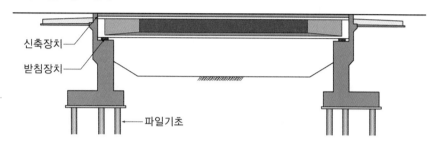

한반도 옛 교량의 형식은 일반적으로 징검다리, 들보교, 홍예교, 배다리(舟橋) 등으로 구분할 수 있다. 교량을 만들기 위해 건설재료로는 대부분 나무나 돌을 주로 사용하였지만, 교량의 바닥판을 구성하는 부재로는 칡넝쿨, 떼(잔디) 등을 사용하기도 했다.

교량을 구성하는 핵심적인 구조는 '상부구조'와 '하부구조'로 나누어 설명할 수 있다(그림 1.28). 교량의 '상부구조'란 다리 위에 자동차나 사람이 지나가도 아래로 빠지지 않도록 하는 바닥판과 이 바닥판을 지지하는 교량의 길이 방향 또는 횡 방향으로 설치하는 들보 시스템을 말한다. 즉, 교각이나 교대 위에 설치하는 구조체 전부를 상부구조라 칭한다.

일반적으로 교량의 명칭은 상부구조의 형태에 따라 정해진다. 이에 비해 교량의 '하부구조'란 '상부구조'로부터 지반으로 전달되는 하중을 받아내는 교각(橋脚)과 교각을 받치면서 위에서 내려오는 하중을 지반(흙이나 암반)으로 전달해주는 기초(基礎) 그리고 교대(橋臺)로 구성돼있다. 여기서 교대란 교량의 상부구조의 양 끝단과 본래의 도로 지반을 자연스럽게 연결하고, 그 연결 부분 주위의 흙들이 무너지지 않도록 축조되는 구조물을 말한다(그림 1.28 맨 오른쪽).

들보형 돌다리 외에도 조선시대에는 무지개다리인 홍예교(虹蜺橋)(또는 홍교(虹橋)라 칭한다)가 많이 나타나는데, 이러한 형태의 다리를 지금의 용어로 아치교(arch bridge)라 부른다. 아치형 다리의 형태는 상로 아치교, 중로 아치교 및 하로 아치교라 정의하는데, 자동차 길이 아치 위에 있으면 상로 아치교(그림 1.29 위), 아치의 중간에 있으면 중로 아치교(그림 1.29 가운데), 찻길이 아래에 있으면 하로교라고 한다(그림 1.29 아래).

그림 1.28 들보형 교량구조의 명칭

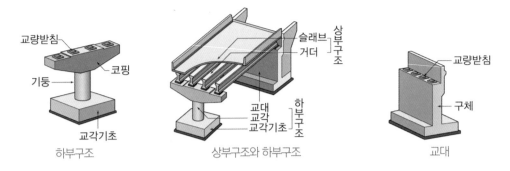

하부구조 상부구조와 하부구조 교대

그림 1.29 아치교의 종류

상로교

중로교

하로교

출처: DM 엔지니어링 공모작

이와 같은 정의에 따르면 우리나라 옛 홍예교는 모두 지금의 상로 아치교에 해당한다(그림 1.30).

홍예교에서 들보교의 기초에 해당하는 장대석을 지대석(地臺石)이라고 하고, 그 위에 원형으로 홍예석(虹蜺石)을 쌓아서 홍예를 만든다. 이 첫 번째 홍예석과 지대석 사이에, 한 면은 지대석 위에 잘 얹힐 수 있게 지대석 평면에 맞추고, 다른 면은 말굽 모양의 홍예석 면과 서로 잘 붙어있게 경사진 선단석(扇單石)을 지대석 위에 먼저 얹어 놓는다. 그런데 실제로 이 구분이 잘 되는 다리도 있고 그렇지 못한 경우도 있다. 왕궁에 고급스럽게 건설된 홍예교의 경우에는 지대석, 선단석 및 홍예석이 분명하게 구별되는데, 지방에 놓인 홍교 중에는 지대석과 선단석을 구별하기가 애매한 경우도 있다. 예를 들어, 그림 1.30의 영산 만년교의 경우에는 지대석이 물 위로 2단 올라와 있고, 그 위에 선단석이 한 단 있으며, 또 그 위로 홍예석을 쌓아 올린 것으로 보인다. 그러나 사실 지대석이 3단으로 쌓였고, 그 위에 선단석이 올려 있다고 봐도 무리는 아니다.

그림 1.30 경남 창녕 영산 만년교

이마돌

선단석

지대석

1.8 우리나라 옛 다리 용어

1.7절에서 오늘날 설계하고 있는 교량구조에 대해서 살펴봤다. 한편 선조들이 사용했던 다리의 용어에 대해서 미리 알아두면 이 책에서 다루는 우리나라 옛 다리들의 거동을 이해하는 데 도움이 될 것이다. 따라서 이들 용어에 대해 간단하게 설명해봤다.

1.8.1 들보형 돌다리(돌널다리)

먼저 들보형 돌다리(앞으로는 돌널다리라 부름)에 사용된 용어에 대해 수표교를 예를 들어 용어해설을 하기로 한다.

- 교각: 다리발인 다리 기둥과 멍에를 연결하여 만드는 문짝 모양의 구조로, 지대석과 더불어 다리의 하부구조를 구성한다.
- 귀틀석(귀틀보): 옛 다리의 멍에 위에 다리 길이 방향으로 설치하는 들보를 귀틀보라 하는데, 돌널다리에서는 이 들보의 재료가 돌로 되어 있기 때문에 귀틀석이라 부르기로 한다. 귀틀이 우리나라 말이라 귀틀돌이라고 해야 할 것 같은데, 관용적으로 귀틀석으로 사용해 오고 있어서 이 책에서도 귀틀석으로 부르기로 했다.
- 난간엄지기둥(교명주): 다리의 시작부와 종점부의 난간 끝에 세워지는 다리 기둥으로, 난간의 역할을 하면서 난간이 다리 길이 방향으로 밀려나는 것을 방지하는 역할도 한다.
- 다리 기둥(석주): 멍에를 받치는, 지대석 위에 설치된 돌기둥
- 돌란대(回欄臺, 난간대): 회란대라고도 하는데, 난간 맨 위에 건너지르는 긴 부재
- 동자기둥(童子柱): 엄지기둥과 난간기둥 사이, 또는 난간기둥과 난간기둥 사이에 세워서 돌란대(회란대)를 받치는 기둥
- 멍에(멍에석, 멍에돌): 돌널다리 지대석에 세워진 기둥 위에 가로질러 기둥과 함께 교각을 만드는 부재. 현재 존재하는 멍에들은 대부분 돌로 만들어졌기 때문에 멍에석 또는 멍에돌이라고도 한다.
- 멍에틀: 일반적으로 교각을 만드는 데는 한 층의 평면상에 멍에가 필요한데, 교각 간의 간격이 넓을 경우에는 다리의 지간장을 줄이기 위해 멍에를 한 개의 평면이 아니라 여러 층의 평면에 멍에틀을 만들어 들보의 지간 길이를 줄임으로써 단면에 발생하는 휨모멘트를 줄인다. 이 책에서는 통일신라 월정교 복원과정에서만 취급된다.
- 법수(法首): 난간의 엄지기둥의 머리를 꾸민 부분을 말한다.
- 연석(緣石, 欄干地臺石): 난간이 놓인 위치에 다리 길이 방향으로 돌바닥보다 약간 높게 설치한 돌 부재. 한옥의 하인방 역할을 한다.
- 지대석(기초석): 단단하게 다져진 지반 위에서 다리 기둥을 받치기 위해 설치한 다리의 기초석을 말하는데, 한옥의 초석이나 석탑의 기단석과 같은 의미로 쓰인다.
- 청판석(廳板石): 돌다리에서 귀틀석 사이에 깔아 다리 바닥을 만드는 넓은 판 돌을 말한다.

그림 1.31 돌널다리 용어 해설

수표교 바닥판 명칭

돌다리 난간 부재 명칭

수표교 하부구조 명칭

1.8.2 홍예교(虹蜺橋)

현대에 와서 서양으로부터 도입된 아치교 형태의 교량을 우리 선조들은 무지개다리, 즉 홍예교 또는 홍교라고 칭했다. 우리나라에서는 왕궁에 건립됐던 홍예교와 지방에 설치됐던 홍예교의 형태가 약간 차이가 있는 부분이 있어서 한양 창경궁 옥천교와 흥국사 홍예교의 예를 들어 용어를 풀이했다.

- 귀틀석: 홍예교 바닥을 만들기 위해 다리 길이 방향으로 설치하는 돌 부재. 이 부재는 보의 형태를 띠고 있지만 홍예교에서는 휨을 받지 않는다.
- 난간하엽(欄干荷葉): 난간동자 위에 연꽃잎으로 조각하여 난간두겁대를 받치는 장식. 여기서 난간두겁대는 난간동자 위에 가로대는 돌난간을 말한다.
- 돌란대: 난간의 손잡이 구실을 하는 부재. 회란대 또는 회란석이라고도 한다.
- 동자주: 들보 위에 세우는 짧은 기둥. 난간 구조에서는 엄지기둥 또는 난간석주 사이에 세우는 짧은 기둥을 말한다.

- 멍에(멍에돌, 멍에석): 귓틀석을 받치고 있는, 바닥의 횡 방향으로 놓인 보이다. 홍예교에서는 특별한 역학적 역할 없이 단순히 귓틀석과 같은 다리의 바닥구조를 튼튼하게 만드는 역할만 담당한다.
- 무사석(武沙石): 네모반듯한 돌로 층을 지어 높이 쌓아 올린 돌이다.
- 선단석: 지대석 위에서 홍예를 구성하는 부재 중 제일 아래 부재를 말한다.
- 이마돌(頂石): 홍예의 이마에 끼워놓은 돌. 홍예구조의 역학적 성질을 특성 짓는 돌이다.
- 잠자리무사(蜻蜓武砂): 홍예와 홍예를 잇대어 쌓은 뒤, 벌어진 사이에 맨 처음으로 놓는 역삼각형의 돌
- 지대석: 단단한 지반 위에 홍예교의 기초 역할을 하는 하부구조
- 풍혈: 바람구멍
- 홍예: 홍예석으로 쌓아 올려 만든 무지개 모양의 구조체
- 홍예교: 홍예를 기반으로 만든 다리
- 홍예석(虹蜺石, 무지개돌): 홍예를 만드는 데 쓰이는 돌

그림 1.32 홍예교 용어 해설

창경궁 옥천교 홍예교 부재 명칭

흥국사 홍예교 부재 명칭

미주

[1] 아프리카 말라위의 모국어이다.

[2] 임환영, 2015, 『아리랑 역사와 한국어의 기원』, (주)세건엔터프라이즈, '징검다리'의 어원 문자분석

[3] 문지영, 2012, 「조선시대 교량의 문화경관 해석」 서울대학교 박사학위 논문

[4] 서울특별시, 1995, 성수대교 정밀안전진단 최종보고서

[5] 신라시대 돌널다리: 사천왕사지 석교, 옥천 청석교, 발천 석교

[6] 불국사 칠보교는 현재 그 형태가 보이질 않아, 신라시대 홍예교는 청운교, 백운교, 연화교 3개만 통계에 취급했다.

[7] 진천 농다리, 함평 고막천석교, 창원 주남 돌다리, 청주 문산리 석교, 청주 남석교

[8] 대한토목학회, 성수대교의 붕괴사고 원인 조사 보고서, 1995

[9] 산업통상자원부, 한국공학한림원 공저, 2020, 『한국산업기술 발전사: 건설』, 진한엠앤비, 484쪽

[10] 전라남도 목포시와 신안군 도서지역을 연결하는 국도 2호 선상에 놓인 세계적 수준의 아름다운 교량으로 2020년도 세계교량 및 구조공학회(IABSE) 최우수 교량 후보 선정 작품이다(설계: DM Engineering, 시공: 대우건설).

[11] 주종원 등, 1998, 『도시구조론』, 동명사, 3~4쪽

[12] 홍예는 서양에서 들어온 것으로 우리나라 홍예에 해당하는 용어는 '아치'이다. 그러나 우리나라에서는 '홍예'라는 전문용어를 오래전부터 사용하고 있었으므로 이 책에서는 특별한 경우를 제외하고는 '아치'라는 용어 대신에 '홍예'를 사용하기로 한다.

[13] David J. Brown, 1996, *BRIDGES(Three thousand Years of Defying Nature)*, Reed International Books Ltd. p. 19.

[14] H. Max Irvine, 1981, *Cable Sructures*, MIT Press.

[15] 현수요소에 작용하는 힘의 평형조건과 기하적 변위의 관계로부터 현수선에 작용하는 힘과 현수선의 변위의 관계식을 얻을 수 있다.

[16] 우리나라에서는 국내 기술자(권순덕 현 전북대학교 교수 등)에 의해 처음으로 내풍설계기법이 영종대교(2000. 11. 21. 준공)에 성공적으로 도입된 바 있다.

[17] 이해성, 2019, 『신뢰도기반 하중 – 저항계수』, 기문당

[18] 원효대교 이전에도 프리스트레스트 콘크리트 교량이었지만 프리스트레스트 콘크리트 이론을 정확하게 이해한 전문가가 설계한 현대적 교량으로는 원효대교가 최초다.

[19] 구조물은 공사비를 많이 투입하면 할수록 더욱더 튼튼하고 안전하게 만들 수 있다.

[20] 교량의 설계수명이란 교량 건설 후 중대한 보수 없이 사용자가 안심하고 사용할 수 있는 교량의 수명이다. 일반적으로 75~120년 사이로 정하지만 이는 경험적인 관행이고, 앞으로는 발주처에서 좀 더 확률적인 데이터를 기반으로 200~300년의 교량 설계수명을 선택할 수 있다. 예를 들어 한강의 고덕대교 설계수명은 200년으로 정했다.

[21] 이해성, 2019, 『신뢰도기반 하중 – 저항계수』, 기문당, 1~6쪽

제2편

우리나라 시대별 옛 다리 현황

2.1 삼국시대의 다리

2.1.1 한민족 국가의 형성(고조선)

『삼국유사(三國遺事)』의 「단군신화(檀君神話)」에 따르면 환인(桓因)의 아들 환웅(桓雄)이 3,000명의 무리를 이끌고 태백산(太白山) 신단수(神壇樹) 아래에 내려와 역사적으로는 한민족 최초의 도시인 신시(神市)를 건설했다고 한다. 환웅의 아들 단군왕검(檀君王儉)은 중국의 하(夏)나라 요(堯)임금이 즉위한 경인년(庚寅年, 기원전 2311년)에 평양성(平壤城)에 도읍을 정하고 국호를 조선(朝鮮)이라 했다. 그러나 고려시대의 문인 이승휴의 『제왕운기(帝王韻紀)』에는 단군의 건국 시기를 서기전 2333년으로 기록하고 있고, 대한민국 국사편찬위원회에서는 여러 가지 역사적 사실을 근거로 단군조선의 건국 시기를 기원전 2333년으로 정하고 있다.

『삼국유사』에서는 단군왕검이 평양에 도읍지를 정했다고 하는데, 여기서 '평양(平壤)'이라는 지명은 고구려의 수도인 현 북한의 평양 이외에도 만주 지방 여러 곳에서 발견되고 있어 북한 정부도 1970년 이전에는 단군조선의 수도 평양을 중국의 '랴오닝성(遼寧省)'이라고 주장하기도 했다.

『삼국유사』를 저술한 일연(一然) 스님은 단군조선과 위만조선을 구별하기 위해 '고조선'이라는 용어를 사용했는데, 오늘날에 와서는 서기 1392년 이성계가 건국한 조선과 구별하기 위해 위만조선까지를 포함하는 한민족 고대국가를 고조선이라고 통일해서 부른다. 우리나라의 고대국가인 고조선은 기원전 2333년에 중국 랴오닝성과 지린성(吉林城) 및 한반도 북부지역에 자리 잡고, 청동기문화를 가진 외래 세력과 토착 세력 간의 연맹왕국(聯盟王國)의 형태를 갖춘 것으로 추측한다.

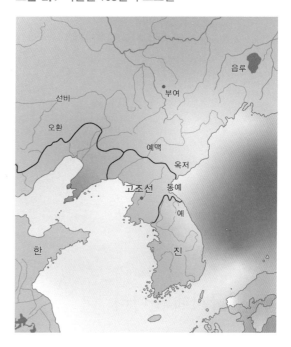

그림 2.1 기원전 108년의 고조선

고조선은 기원전 109부터 2년간 중국 한나라 무제와의 전투에서 패배함으로써 기원전 108년에 멸망했다. 한나라는 고조선의 옛 땅에 낙랑군(樂浪郡)·임둔군(臨屯郡)·진번군(眞番郡)·현도군(玄菟郡)의 네 개 군을 설치했으나 이 중 임둔군과 진번군은 오래가지 않아 낙랑군과 현토군에 흡수됐고, 현토군 역시 원래 설치된 곳에서 요동 쪽으로 물러나게 돼 사실상 기능을 상실했다. 결국 고조선의 중심지에 설치됐던 낙랑군만이 오랜 기간 변군(邊郡)으로서 기능을 유지하였다.

2.1.2 삼국시대의 개막

한나라가 설치한 한사군(漢四郡)이 부침을 계속하는 사이에 우리나라의 고대국가인 고구려, 백제, 신라의 왕국이 형성되면서 삼국시대가 개막됐다. 이때부터 도시의 발달과 함께 도로와 다리가 본격적으로 건설됐다. 여기서 삼국시대란 고구려, 백제, 신라 등 삼국이 국가의 형태를 갖추기 시작한 기원전 1세기부터 신라가 삼국을 통일한 676년까지의 기간을 말한다.

사람들이 이웃과 왕래를 위해 다니다 보면 길이 생기고 이 길이 개천이나 계곡 또는 넓은 강을 건너다보면 자연스럽게 다리가 생겼을 것이다. 따라서 다리는 그 건설 당시의 사회적 환경, 특히 길의 건설과 밀접한 관계가 있다는 사실은 누구나 쉽게 짐작할 수 있다.

한반도의 지형을 살펴보면 삼국시대에는 만주와 한강 사이의 고구려, 한강 이남 소백산맥을 중심으로 서쪽 지방의 백제 동쪽 경주를 중심으로 신라가 삼분되어 있었다. 결국 통일신라 이전까지 중국과 세력 다툼을 해야 했던 고구려는 후방으로부터 위협이 되는 백제와 신라를 견제하기 위한 도로를 건설했을 것이다. 또한 백제와 신라는 고구려의 침략으로부터 방어하기 위해 각각의 구역에서 도로를 만들고 다리를 건설했을 것으로 추측된다. 특히 조령(鳥嶺)과 죽령(竹嶺)을 넘어 한강으로 진출하려 했던 신라는 도로 정책에 상당한 공을 들였다. 우리나라 역사서에 최초로 기록된 고갯길은 신라의 '계립령(鷄立嶺)'으로 서기 156년 4월에 개척됐다(그림 2.2).[1]

그림 2.2 신라 계립령

계립령 지도

계립령 유허비

출처: 네이버 블로그 대한민국 민본주의 블로그

고구려에서는 평양을 중심으로 대동강 등에 다리를 놓고, 백제는 공주와 부여를 중심으로 금강에, 신라는 경주를 중심으로 경주 내 남천, 서천 및 북천에 다리를 세울 필요성이 있었을 것이다.

2.1.3 고구려 시대 옛 다리

기원전 37년에 주몽(朱蒙)이 부여(扶餘)로부터 탈출하여 비류강(沸流江) 유역으로 유추되는 졸본부여(卒本扶餘)에 도읍을 정하고 고구려를 건국했다. 여기서 비류수(沸流水)는 중국 요녕성(遼寧省)과 길림성(吉林省)의 접경지대를 흐르는 강으로, 현재 이름은 부이강(富尒江)이며 압록강의 한 지류인 혼강

(渾江)의 지류이다. 『삼국사기』에 졸본이 요동의 경계(遼東界)에 있다고 명기돼있고, 요녕성 동쪽에 있는 초산(楚山)부근에서 압록강으로 유입하는 혼강(渾江)을 끼고 있는 지리적 위치와 혼강 하류 지역에서 광개토대왕비(廣開土大王碑), 태왕릉(太王陵), 장군분(將軍墳) 등 고구려 초기 유적 발굴 성과로 미루어 현 학계에서는 고구려의 최초 도읍지를 환인(桓仁) 지방으로 비정(比定)하고 있다.[2]

제2대 유리왕(琉璃王)은 유리왕 3년(22)에, 졸본성(오녀산성)이 비록 외부의 침략을 방어하기에는 유리하지만, 국가의 세력을 확장하는 데는 한계가 있었기 때문에 졸본에서 국내성(國內城)으로 수도를 옮겼다. 중국의 정치가 혼란한 틈을 이용하여 국력을 키운 고구려 장수왕은 장수왕 15년(427)에 좁은 국내성을 떠나(그림 2.3) 대동강 북쪽의 대성산성(大城山城)과 그 산기슭에 있는 안학궁(安學宮)을 구축하고 평양성(平壤城)으로 천도했다(그림 2.4). 그 후 국력이 더욱 신장되자 서기 552년에 현 평양지역에 대규모 장안성(長安城)을 건설하고 그로부터 34년이 지난 후 평원왕(平原王) 28년(586)에 고구려는 장안성(長安城, 지금의 평양)으로 수도를 옮겼다.

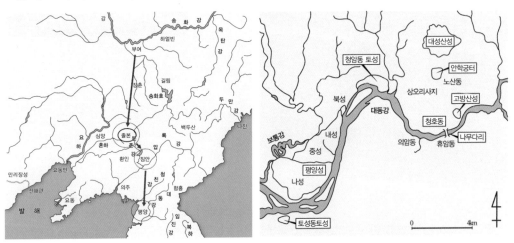

그림 2.3 고구려 천도 과정

그림 2.4 대성산성과 장안성

장안성 구제궁(九梯宮)[3] 앞에는 통한, 연고, 청운, 백운의 4개의 다리가 있었다고 전해진다.[4] 그러나 해동지도에 묘사된 구제궁이나 일제강점기에 찍은 영명사(永明寺) 사진(그림 2.5)에는 영명사가 궁이 아닌 산중의 절이라는 사실로 미루어보아 다리가 있었다면 아주 작은 다리였을 것이다.

그림 2.5 영명사

해동지도에 묘사된 영명사

일제강점기의 영명사

　한편 최근 북한의 보고서에 따르면 5세기 초의 것으로 추정되는 고구려 시대 대동강 다리 터가 현재 평양시 안학궁 앞쪽에서 1981년에 발굴됐다.[5] 이 다리는 우리나라 최초의 나무다리로 오늘날 평양시 대성구역 청호동과 사동구역 휴암동을 연결하는 나무다리였다고 한다(그림 2.6, 2.7).

그림 2.6 고구려 나무다리 위치

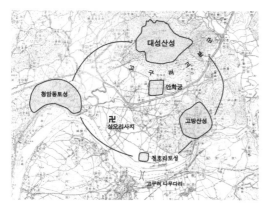

그림 2.7 고구려 나무다리 유구

출처: 동북아 인터넷

　고구려가 장수왕 15년(427)에 평양 대성산 아래 안학궁으로 천도한 것을 보면 고구려 대동강의 나무다리는 장수왕의 평양 천도와 거의 같은 시기에 축조됐을 가능성이 크다. 보고서에 따르면 고구려 나무다리는 총길이가 375m, 너비가 9m나 되는 매우 큰 다리로, 물이 들락날락하는 입구에 서 있는 교각은 큰 각재로 귀틀을 짜고 홍수에 떠내려가지 못하게 그 속에 충분한 크기의 돌을 넣으면서 기둥을 세웠을 것으로 추측된다고 한다. 이 다리는 못이나 꺾쇠 같은 쇠붙이를 하나도 쓰지 않고 크고 작은 모든 이음새들을 사개물림[6]하는 방법으로 튼튼하게 연결했다고 알려졌다.

그렇게 설치한 두 개의 기둥들 사이에 횡 방향으로 멍에를 얹었다. 이때 멍에에는 단면의 너비가 380mm, 높이가 260mm, 길이가 8~10m의 굵은 각재가 사용됐다. 다리의 너비가 9m이므로 멍에의 길이는 9m 이상이어야 하므로 발견된 유구[7] 중 9m보다 짧은 각재는 본래의 길이보다 짧아졌을 가능성이 크다. 먼저 멍에가 설치되면 다리의 길이 방향(세로방향)으로 이웃한 멍에 사이에 여러 개의 들보를 설치하고 나서 다시 그 위에 가로(횡방향)로 가로보를 설치했을 것이다. 그 위에 두꺼운 판자를 깔아 대동강 나무다리를 완성했을 것으로 추측하고 있다. 어떤 근거로 기술한 것인지는 확실하지 않지만 북한 보고서에 따르면 다리에 난간이 설치됐다고 한다. 발굴된 유적을 기초하여 고구려 나무다리의 모습을 추정해보면, 다리의 입구 부분을 부챗살 모양으로 하고 깔판을 빼곡히 깔아 다니기 편하게 했을 것이다(그림 2.8, 2.9). 또한 고구려 나무다리의 입구 부분 동쪽에서는 단단하게 다진 바닥 위에 동서 1.12m, 남북 1.54m 크기의 귀틀 모양으로 짜 올린 등간 터가 발견됐는데, 밤이면 여기에 등불을 켜서 길을 밝혔을 것이다.[8]

그림 2.8 부챗살 모양 다리 입구

그림 2.9 고구려 나무다리가 있었던 곳(추정)

2.1.4 백제 시대의 옛 다리: 웅진나루터

『삼국사기』「백제본기(百濟本紀)」에 따르면 비류(沸流)와 온조(溫祚)는 남쪽으로 내려와 한산(漢山)에 이르러 부아악(負兒嶽)에 올라 살 만한 땅을 찾았다. 여기서 '부아악'이란 삼각산(三角山, 북한산)의 인수봉(그림 2.10)이 엄마가 어린아이를 업고 있는 형상이라고 하여 붙여진 이름이라고 한다. 온조 일행이 현재의 일반 산악인들도 등반하기가 쉽지 않은 인수봉 정상에 올랐다기보다는 아마도 백운대 정상이나 만경대 능선(그림 2.11)에서 도읍지를 찾았을 것으로 추측된다.

그림 2.10 부아악(인수봉)

어린아이 업은 모습

그림 2.11 삼각산(백운대, 인수봉, 만경대)

백운대

인수봉   만경대

　온조의 형 비류가 신하들과 의견이 맞지 않아 미추홀(彌趨忽, 인천)로 돌아가자 온조는 기원전 18년에 하북위례성을 쌓았고, 이후 하남위례성으로 천도했다. 백제 하북위례성은 한강 북쪽 어디엔가 있을 것으로 추측되는데, 지금까지 그 유적이 발굴되지 않아 위치가 알려지지 않고 있다. 한편 조선 왕들은 백 년 동안『삼국유사』를 근거로 위례성을 충북 직산(稷山)으로 인식하고 있었다. 심지어 세조 11년에는 직산현에 온조의 사당을 세우고 제사를 지냈다.[9]『신증동국여지승람(新增東國與地勝覽)』에 따르면 위례성은 성거산(聖居山, 높이 579m)에 있었다. 성거산 바로 옆에는 위례산(慰禮山, 523m)이 있고 정상에는 위례산성(慰禮山城)이 있다. 이를 근거로 직산시에서는 역사 바로 세우기 운동이 벌어지고 있다. 475년 백제 21대 개로왕이 고구려의 장수왕과의 전쟁에 패해 한성을 뺏겨 한강 일대의 세력을 잃고 사망하자 그의 아들인 백제 22대 문주왕은 475년 음력 10월에 웅진(熊津)으로 천도했다. 웅진은 북으로는 차령산맥과 전라북도 무주군, 장수군에서 발원하여 공주읍의 북방을 돌아 서남 방향으로 흐르는 금강(錦江)을 방어선으로 하고 있고, 동쪽으로는 계룡산(鷄龍山)이 버티고 있어 고구려와 신라의 침략에 방어할 수 있는 매우 훌륭한 자연 요새이다(그림 2.12).[10]

그림 2.12 공주목(고종 9년, 1872)

『삼국사기』「백제본기」동성왕편(498)에는 이 금강(백마강)에 웅진교(熊津橋)를 가설했다는 기사가 나온다. 아마 백제시대에도 금강 변에 웅진나루가 있었던 듯하다.

옛날에는 공주를 곰나루라고도 불렀고 한자로는 웅진(熊津)이라 썼는데, 이 이름은 고마나루에 살던 한 암곰에 관한 전설에서 유래됐다고 한다. 곰나루 강변에는 아직도 곰사당, 웅진단터 등 곳곳에 전설의 흔적이 남아있다. 그러나 웅진교의 유구가 발견되지 않았기 때문에 그 위치나 규모, 다리의 형태에 대해 지금으로써는 아는 바가 없다. 다만 웅진교의 가설이 국가기반시설의 정비사업으로 필요했을 것이라는 사실에 대해서는 현재 학자들 간에 합의가 이루어진 듯하다. 필자의 의견으로는 공주로 천도한 동성왕(東城王)이 국가의 운영상 강을 건너 옛 수도인 하남위례성이 있는 북쪽 방면으로 교통로를 확보해야 할 필요성을 느꼈을 것이다. 그러한 측면에서 본다면 현재 공산성 주위에서 금강철교 하류가 모래섬이 생길 정도로 유속이 많이 줄어드는 곳이므로 이 부근이 웅진교의 가설 장소(그림 2.13)로 가장 적합했을 것으로 판단된다. 백제시대 웅진교는 상황상 나무다리로 가설됐을 가능성도 충분히 있다. 그러나 한반도의 특성상 여름 장마나 가을 태풍이 불면 큰 물이 일어 다리를 쉽게 무너뜨릴 수 있으므로 나무다리가 아닌 배다리 건설도 생각해볼 수 있다.

그림 2.13 금강철교 하류 웅진교 추정지

그림 2.14 배다리와 금강철교

실제로 현 금강철교가 건설되기 전까지 그 위치에 배다리를 가설해서 사용했다는 기록이 있는 걸 보면(그림 2.14) 백제시대에도 배다리를 운용했을 수 있다는 추측이 가능하다. 그러나 이는 어디까지나 가정일 뿐 백제의 웅진교의 종류와 가설 위치, 크기는 지금으로서는 알 수가 없다.

무열왕이 죽은 후 왕위를 계승한 백제 26대 성왕은 성왕 16년(538)에 비좁은 웅진성에서 지금의 부여지역인 사비성(泗沘城)(그림 2.15)으로 수도를 옮기면서 최성기를 이루었다. 사비도성은 현재 부여군에 위치했는데, 북서남 3면이 금강에 둘러싸여 있어서 자연적인 해자(垓子) 역할을 해준다. 동쪽 방면의 방어를 목적으로 동쪽 분지를 둘러싸고 있는 표고 120m 내외의 구릉을 따라서 토성(土城)이 축조됐고, 이 토성은 산성 서북쪽 모퉁이에 축조돼있는 부소산성(扶蘇山城)으로 연결했다. 사비성은 약 5만 명 정도의 주민이 살았던 큰 도성으로 추정되고 도로의 체제도 잘 정비됐던 것으로 보인다. 그러나 공주와는 달리 백마강에 다리를 건설했다는 기록은 보이지 않아 큰 다리의 건설은 없었던 것으로 판단된다. 다만 백제 토목기술자인 로자공(路子公)이 일본에 건너가 현재 일본의 3대 기물인 오교(吳橋)를 만들었다는 『일본서기(日本書紀)』이 고천왕(推古天王) 20년(612)의 기사로 미루어보아 그 당시 백제인의 다리 축조기술은 상당한 수준이었을 것이다.

그림 2.15 부여현(대동여지도)

출처: 서울대학교 규장각

국립문화재연구소는 백제 다리에 대한 최초의 유구가 백제 미륵사지에서 발굴됐다고 발표했다. 다리 규모는 교각 간격 2.8m, 폭 2.8m, 총길이 14m의 회랑식(回廊式) 다리로, 이 미륵사지 옛 다리는 매우 귀하지만 백제 전체의 교량기술 역사 측면에서 어떤 위치를 차지할지는 앞으로 연구가 더 필요하다.

2.1.5 신라시대 옛 다리

기원전 57년 박혁거세(朴赫居世)에 의해 경주에 건국한 사로국(斯盧國)은 진한(辰韓)의 12개 부족국가 중 하나로 연맹체 성격을 지니고 있었다. 5세기에 들어 영남지방과 강릉 일대 동해안 지역에 이르기까지 영토를 확장하면서 서기 503년 지증왕 때 국호를 신라(新羅)로 정하고, 중앙집권체제를 정비한 후 세력을 크게 키워 죽령을 넘어 한강 유역까지 진출했다. 한강 유역을 점령한 신라는 중국의 수·당(隨·唐)과 활발한 무역을 했다. 신라 상인들은 경주에서 죽령을 넘어 충주까지는 육로를 이용하고, 충주부터는 남한강을 이용하여 남한강과 북한강이 만나는 두물머리(양수리)를 지나 한강 하류의 인천만으로 나가 중국 산동반도(山東半島)까지 배를 타고 이동했다.

2.1.5.1 평양주대교

신라인이 가설한 최초의 다리에 대한 기록은 『삼국사기』 「신라본기」의 실성이사금조(實聖尼師今條)에 실성왕 12년(413) 8월에 평양주대교(平壤州大橋)가 가설됐다는 기사로부터 시작한다. 하지만 이 평양주대교는 긴 다리일 것으로 추측할 뿐 어떤 형태의 다리인지에 대한 정보도 남아있지 않아 우리를 안타깝게 한다. 학자 중에는 평양주대교가 현 양주 부근이라고 주장하는 사람도 있고, 서울 지역일 것이라는 주장도 있다. 고구려 장수왕이 475년에 3만 군사로 한성을 함락하고 북한산군(北漢山郡)을 설치한 후 이 지역을 남평양(南平壤)이라 불렀다. 고구려가 신라와 백제의 연합군에게 이 지역을 빼앗길 때까지 백제와 신라의 침입에 대비하기 위해 아차산, 봉화산, 용마산 등에 보루를 쌓았다는 역사적 사실을 감안한다면 신라 진흥왕이 한강 유역을 차지하기 훨씬 전인 413년에 막대한 국가적 재정 지원이 필요한 큰 다리를 어떤 정치·경제적인 목적으로 한강 이북에 세웠나 하는 궁금증이 생긴다. 남평양의 위치는 현재 중랑천 변의 평야 지대인 광진구 일대로 보는 것이 일반적이다.[11]

2.1.5.2 경주 시내의 옛 다리들

사로국(斯盧國)의 수도 경주(慶州)는 태백산맥 남단의 지맥인 동대(東大)산맥과 주사(朱砂)산맥이 남북으로 주행하여 경주의 동쪽과 서쪽의 경계를 이루고, 형산강 지구대(地溝帶)와 영천~경주 간의 지구대가 교차하는 지점에 이루어진 형산강 유역의 화강암으로 이루어진 침식분지(浸蝕盆地)에 위치한다. 이 옛 도성지를 둘러싸고 있는 주변은 동쪽에 명활산(明活山, 265m), 토함산(吐含山, 745m)이, 북쪽에는 소금강산(小金剛山, 243m), 서쪽에는 옥녀봉(玉女峰, 214m), 선도봉(仙桃峰, 380m)이 있으며 남쪽에는 남산(南山, 金鰲山 495m) 등 구릉성 산봉이 둘러싸고 있어 이곳에 축성한 남산성(南山城), 명활산성(明活山城), 선도산성(仙桃山城) 등 산성들은 신라의 도성을 방비하는 천연의 요새지 역할을 했다. 특히 울산광역시 울주군에서 발원하는 미역내가 북류하여 경주 서쪽을 남쪽에서 북쪽으로 흐르다가 반월성을 싸고도는 남천과 합류하여 서천(西川)을 이룬 후 시가지 북쪽으로 흐른다. 이 하천은 시가지 북쪽을 서류하는 북천(北川)과 합류하여 형산강 본류가 된 후 영일만(迎日灣)으로 흘러 들어간다. 즉, 옛날 경주 시가지 외곽으로 이동하려면 이 하천을 건너야 했기 때문에 이 하천에는 자연스럽게 여러 개의 다리가 놓였을 것이다(그림 2.16).

그림 2.16 경주 시가지와 옛 다리 위치

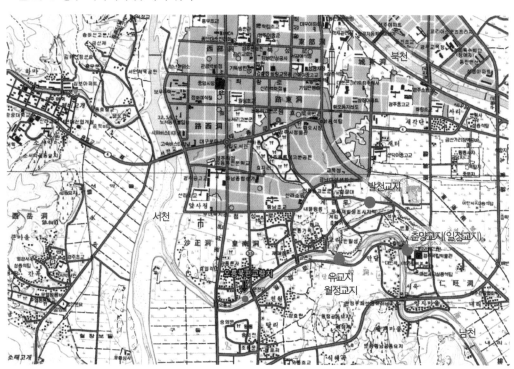

출처: 국가경주문화재연구소, 2002, 경주 오릉 북편 교량지 발굴조사 보고서 수정 인용

옛 문헌 기록에 따르면 경주 남천과 서천에는 금교(金橋), 귀교(鬼橋), 유교(楡橋), 월정교(月淨橋), 춘양교(日精橋), 누교(樓橋), 대교(大橋), 굴연천교(掘淵院橋), 신원교(神元橋), 남정교(南亭橋), 효불효교(七星橋) 등의 다리가 있었다고 한다.[12]

1) 금교(金橋)

『삼국사기』아도기라(阿道基羅)에 따르면 "금교의 동쪽에 천경림(天鏡林)이 있고, 금교는 서천교(西川橋)이며, 속어로 송교(松橋)라고도 한다"라는 기록으로 보아서 금교는 서천에 놓였던 다리였을 것이다. 이것이 21대 소지왕(炤智王) 때의 설화니 기록상으로는 가장 오래된 다리 이름이다. 그러나 현재까지 어떤 형태의 다리인지 확실한 유구가 발견되지 않았다.

2) 궁남누교(宮南樓橋)

『삼국사기』원성왕 14년(798) 3월 궁남누교에 화재가 있었다는 기사가 있다. 이 기사로 봐서 왕성 남쪽에 있던 다리에 불이 났다는 이야기인데, 이 다리가 월정교인지 아니면 다른 누교가 있었는지는 분명하지 않다.

3) 대교(大橋)

『동국여지승람(東國輿地勝覽)』경주부 교량조에 따르면 대교가 문천에 있었다는 기록이 있다. 여기서 언급된 대교가 어느 다리를 말하는지는 알 수가 없다.

4) 효불효교(孝不孝橋)

『동국여지승람』경주부 교량조에 따르면 효불효교는 부의 동쪽 6리에 있었다고 한다. 전해져 내려오는 말에 따르면 신라시대에 아들 7형제를 둔 과부가 강 넘어 남쪽에 사는 정인을 만나기 위해 아들들이 잠든 틈에 강을 건너다녔다고 한다. 이를 눈치챈 아들들이 상의해 어머니가 쉽게 강을 건널 수 있도록 다리를 만들었는데, 이 다리가 어머니 편에서 보면 효(孝) 다리요, 아버지 편에서는 불효(不孝) 다리이므로 다리 이름을 '효불효교'라 했다고 전해진다. 이 기사의 내용으로 봐서 효불효교는 문천에 놓였던 다리는 아닌 것 같고『동국여지승람』이 발간된 성종 17년(1486)까지는 실존했던 것으로 보인다.

5) 굴연천교(掘淵川橋)

『신증동국여지승람』에 따르면 굴연천교는 도성 밖 북쪽으로 20리에 있었다고 한다. 굴연천교는 일명 광제원교(廣濟院橋)라고도 하는데, 『동경잡기(東京雜記)』에 따르면 1845년 홍수 때문에 경주부 북쪽 15리로 위치를 옮겼다고 한다.

6) 남정교(南亭橋)

『동경잡기』에 따르면 남정교는 경주부 남쪽 5리에 있었다고 전해진다. 남정교는 다리 이름이 『신증동국여지승람』[13]에 처음 등장하는 것으로 미루어보아 조선시대 다리인 것으로 추정된다.

7) 귀교(鬼橋), 일명 신원교(神元橋)

『삼국유사』 권1 기이1 '도화녀와 비형랑조'[14]에 따르면 제26대 진평왕은 집사(執事) 비형(鼻形)에게 그와 매일 밤 같이 놀던 귀신들을 부려 신원사(神元寺) 북쪽 황천(荒川) 동쪽 도랑에 다리를 놓으라고 명했다. 이 명을 받은 비형은 그의 무리를 시켜 하룻밤 사이에 큰 돌다리를 놓았다고 하는데, 이 다리를 귀신들이 만들었다고 하여 '귀교'라 부른다. 현재 학계에서는 경주 오릉(五陵)의 북서쪽을 신원평(神元坪)이라고 하며 이곳을 『삼국유사』에 나오는 신원사 터로 비정하기도 한다(그림 2.17).[15]

경주시 탑동 '경주 오릉' 북편 남천 하상에는 다리 축조에 사용되는 많은 석재가 노출돼있어 문화재 전문가들은 오래전부터 이곳을 옛 다리 터(橋梁址)로 추정하였다.

그림 2.17 추정되는 신원사지와 귀교지

그림 2.18 경주 오릉 북편 다리 터 발굴조사 전 전경

서쪽에서　　　　　　　　　　　　　　　　　　　　남쪽에서

출처: 국립경주문화재연구소

　　실제로 '경주문화재연구소'는 1997년 현 문천교(경주시 황남동 오릉 북쪽) 하류 100m 지점에서 오수 배수관로 매설 작업 중에 발견된 교량 터 유구(遺構)를 발굴했다(그림 2.19).[16] 처음에는 귀교의 유구라고 추정하기도 했으나 발굴 결과 오릉 북쪽에서 발견된 유구들이 귀교의 것이라고 단정하기에는 무리가 있어 지금은 이 옛 다리를 '오릉 북편 교량'으로 규정하고 있다.

그림 2.19 신라 귀교로 추정된 오릉 북편 다리 터 발굴 현장(1997)

발굴 현장　　　　　　　　　　　　　　　　교각 아래 놓인 초석(주춧돌)

출처: 국립경주문화재연구소

　　1997년 '경주문화재연구소'의 발굴조사가 완전히 끝난 것이 아니었기 때문에 경주시에서는 1999년 '월정교복원기본계획 및 타당성 조사' 과업을 수행하던 '한국전통문화연구소'로 하여금 1999년 11월 1일부터 2000년 5월 10일까지 109일 동안 오릉 북편 다리 터에 대한 재조사를 의뢰했다. '한국전통문화연구소'가 2006년 8월에 경주시에 제출한 최종보고서에 따르면 다리 기초 주춧돌은 길이 1m 내외 사각형 또는 원형으로 일부 상면이 바르고 안정된 상태로 남아있었다. 이 주춧돌은 동서로 1.6~2.0m, 남북으로 2.5~3.0m 간격과 거리로 비교적 일정했다. 이와 같은 발굴조

그림 2.20 경주 오릉 북쪽 돌다리 구조도(추정)

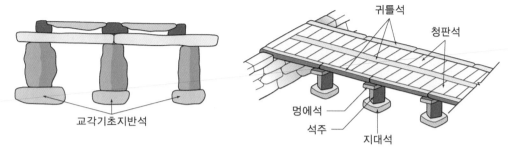

출처: 경주시·한국전통문화학교, 2006, 월정교 복원 기본계획 및 타당성 조사 최종보고서

사를 바탕으로 조사 연구팀은 오릉 북편 다리 터에 세워진 다리는 먼저 남북 방향(길이 방향)으로 11열, 동서 방향(횡 방향)으로 3열로 총 33개 기둥을 33개 주춧돌 위에 세웠을 것으로 결론 내리고 그림 2.20과 같이 추정된 다리 횡단면과 다리 전체 구조를 각각 제시했다.

'한국전통문화재연구소'는 연구결과를 통해 오릉 북편 다리의 길이는 30m 이상, 다리 너비는 3m 내외 그리고 높이는 약 2.0m로 추정했다. 오릉 북편에 축조된 다리는 월정교와는 동시대 다리가 아니라는 판단을 내리고, 이 다리는 조선시대에 축조된 '남정교지'로 보는 것이 타당하다는 견해를 제시하였다. 그러나 오릉 북편 다리 터가 신라시대 '귀교지(鬼橋址)'인지, 아니면 조선시대 '남정교지'인지는 앞으로 학술적으로 더 밝혀야 할 문제이다. 다만 필자는 제2차 발굴 조사팀에서 제시한 우물마루 형태의 돌다리가 고려 말에 나타난다는 사실에 근거하여 '오릉 북편 다리'는 조선시대 다리일 가능성이 크다고 생각한다. 그러나 한편으로 오릉 북쪽에 귀교가 있었다는 기록 역시 분명하기 때문에 옛 귀교지에 훗날 '남정교'가 다시 세워졌는지는 앞으로 문화재청이 교량 전문가와 함께 밝혀내야 할 과제이다.

그림 2.21 현재 오릉 북쪽 다리터 모습(2022)

8) 문천교(蚊川橋), 일명 유교(楡橋)

　세간의 관심을 많이 끄는 다리는 원효대사와 얽혀있는 전설이 전해 내려오는 문천교다. 이 다리는 느릅나무로 지어졌다고 해서 일명 '유교'라고도 부른다. 『삼국유사』 권4 원효대사조(元曉大師條)에 따르면 어느 날 원효[17]가 길거리에서 [누가 자루 빠진 토끼를 빌려 주려는가? 내가 하늘을 받들 기둥을 찍어 내리라(誰許沒柯斧 我斫支天柱)]라고 노래를 부르면서 다녔다고 한다. 이를 전해들은 태종 무열왕(武烈王)이 [대사가 귀부인을 얻어 슬기로운 아들을 낳고자 하는구나(此師殆欲 得貴婦産賢子謂)]라고 말하며 신하에게 원효를 찾아서 데리고 오라고 명했다. 이 신하는 원효를 문천교 위에서 만났는데, 우연히 물에 빠진 원효의 옷을 말린다는 핑계로 문천 바로 옆에 있는 요석궁(瑤石宮)으로 데려갔다. 스님은 옷이 마르는 며칠 동안 요석궁에 묵었다. 그 후 무열왕의 둘째 딸 요석공주가 잉태하여 설총(薛聰)을 낳았다. 이렇게 하여 전설이 된 문천교가 20세기 말에 다시 세상에 모습(그림 2.22)을 드러냈다.

그림 2.22 월정교 하류 목교지(유교지 추정)

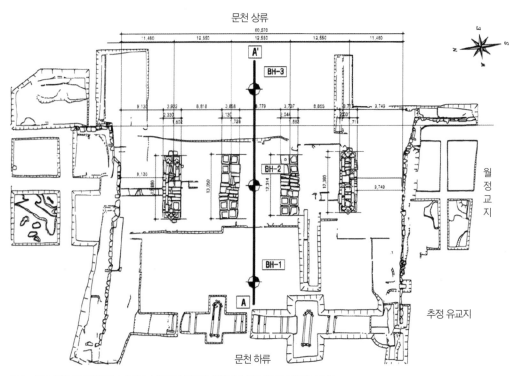

출처: 경주시한국전통문화학교, 2006, 월정교 복원 기본계획 및 타당성 조사 최종보고서

그림 2.23 목교지(추정 유교) 제6호 교각[18]

출처: 경주시·한국전통문화학교

월정교 복원을 위해 발굴조사를 하던 문화재 조사 담당관이 1986년 2월에 월정교 2호 교각 하류 약 19m, 하상 아래 2m 지점 모래층에서 원효대사 설화에 나오는 바로 그 문천교의 목조교각 기초 부분을 발견하였다(그림 2.24). 문천(蚊川, 현 남천)은 경주의 남쪽으로 흐르는 남천의 옛 이름이다. 신라 궁궐인 반월성을 휘감아 흐르는 문천은 경주시 구정동에서 발원해 불국동, 평동, 남산동, 탑정동 등을 거쳐 사정동에서 형산강으로 흘러 들어간다.

경주에는 옛날부터 경주의 큰 자랑거리로 여기는 금자(金尺), 옥적(玉笛), 화주(火珠)의 삼기(三奇)와 남산부석(南山浮石), 문천도사(蚊川倒沙), 계림황엽(鷄林黃葉), 백률송순(柏栗松筍), 압지부평(鴨池浮萍), 금장낙안(金丈落雁), 불국영지(佛國映池), 서산연모(西山煙幕) 등 팔괴(八怪)가 전해져온다.

그 팔괴 중 하나인 문천도사는 이곳 모래가 얼마나 부드러운지 물의 흐름을 따라 아래로 내려가지 않고 위로 거슬러 올라가는 것처럼 보인다고 하여 붙여진 기담이다.[19] 지금도 월성교지 부근에서 바라보는 문천의 물결은 마치 역으로 흐르는 것과 같은 착각을 일으킨다. 이 전설적인 문천에 신라 때 세워진 옛 월정교의 복원 기본계획 및 타당성 조사를 맡았던 '한국전통문화연구소'는 월정교 복원 중에 발견한 문천교가 발굴 당시 출토된 유물과 교각 기초부의 연관 관계로 미루어보아 신라통일 이전, 기록상으로는 문천에 가장 먼저 세워진 다리로서, 남산에서 신라 도성으로 들어오는 월성 서편의 중요한 교통로였을 것으로 판단하고 있다. 조사팀은 이 다리가 태종 무열왕(654~661) 때 원효대사와 요석공주가 인연을 맺었던 문천교(유교)라고 비정하고 또한 상류에 세워진 월정교보다 앞선 시기에 건설된 것으로 추정하고 있다.

발굴 결과 노출된 목조 가구(架構)는 단면 200~300mm 정도되는 각재를 사용한, 너비 1.64m, 길이 7.7m 크기의 긴 오각형 귀틀 구조로 돼있다. 오각형 외곽 틀 안에는 직경 200~400mm 정도되는 호박돌을 채워 넣었다. 오각형 마름모꼴 꼭짓점을 상류를 향하도록 설치했으며 하류 쪽은 직사각형 형태로 결구해놓았다(그림 2.23).

교각 간의 중심거리는 대체로 4.9m 간격으로 12개 유구가 남천을 건너지르며 바로 상류에 있는 월정교와 나란히 배치돼있어 그 길이가 63m를 넘을 것으로 추정된다. 문천교를 유교(楡橋)라고 부르는 것은 이 다리가 버드나무로 만들어졌다고 해서 지어진 이름이라고 하나 연구팀이 밝혀낸 바로는 다리 교각 기초 목재는 그 수종이 버드나무가 아니라 잣나무로 밝혀졌다.

2.2 통일신라시대의 다리

신라와 당나라가 연합하여 백제와 고구려를 멸망시키고, 신라 30대 문무왕 6년(676)에 금강하구 '기벌포'에서 당나라 수군과의 전투에서 완승하여 당나라 세력을 한반도에서 완전히 몰아낸 때부터 고려에게 멸망한 931년까지의 신라시대를 통일신라시대라고 한다. 『삼국유사』 권1 진한조에 따르면 신라의 전성기 경주에는 17만 8,936호가 있었다고 한다.

新羅全盛之時 京中十七萬 八千九百三十六戶

한 집에서 같이 사는 사람을 5명으로 가정하면 적어도 80만 명 이상이 경주에 살았다고 추정할 수 있다. 통일신라시대인 7세기 후반에 중국의 장안성의 인구가 100만 명이었고,[20] 14세기 파리의 인구가 약 10만 명이었으며, 영국의 런던은 고작 4.5만 명, 독일의 쾰른은 약 4만 명에 불과했었다고 하니 통일신라시대 서라벌이 얼마나 큰 도시였는지 짐작할 수 있다.

2.2.1 사천왕사지 돌다리

국립경주문화재연구소(소장 소재구)는 2006년부터 실시한 경주 사천왕사지 학술발굴조사 중에 절 남쪽 귀부(龜趺) 주변에서 통일신라 때 것으로 보이는 폭 0.6m, 깊이 0.5m 내외 배수로 위에 설치된 돌다리를 발견했다(그림 2.24 왼쪽). 국립경주문화재연구소에 따르면 이 돌다리는 널다리 형식으로, 귀틀석, 청판석, 엄지기둥으로 구성돼있다(그림 2.24 오른쪽). 너비는 2.9m로 길이 1.2m보다 치수가 크다. 청판석 3개로 구성된 다리 바닥은 가운데 부분은 약간의 홍예를 이루며 만들어졌으나 양단은 편평한 모습이다. 귀틀석은 길이 1.3m, 너비 0.3m의 돌 1개로 만들어졌고 가운데 부분이 약간의 무지개 모양을 이룬다. 돌다리의 귀틀석은 3개를 사용했는데, 가장자리 귀틀석 남북 양 끝에는 엄지기둥이 위치했던 홈이 있으며, 부러진 8각 엄지기둥 1매가 배수로에서 확인됐다.

그림 2.24 경주 사천왕사지 돌다리 유구

사천왕사지 남쪽에서 발견된 도랑과 돌다리

돌다리 상세

출처: 국립경주문화재연구소

사천왕사는 경주 낭산(狼山) 남쪽에 세워진 통일신라 초기의 호국 사찰이다. 쌍탑 배치가 처음 등장한 신라 절터로 신문왕릉 옆 선덕여왕릉 아래에 있다(그림 2.25). 신라 문무왕 14년(674)에 중국 당나라는 신라가 도독부(계림 도독부)를 공격한다는 핑계로 50만 대군을 일으켜 신라를 공격하려 했다. 이에 문무왕이 명랑법사에게 적을 막을 계책을 구하자, 신유림에 사천왕사를 짓고 부처의 힘을 빌리도록 했다. 그러나 당의 침략으로 절을 완성시킬 시간이 없어 비단과 풀로 절 모습을 갖춘 뒤 명승 12명과 더불어 밀교의 비법인 '문두루비법'[21]을 썼다. 그러자 전투가 시작되기도 전에 풍랑이 크게 일어 당나라 배가 모두 가라앉았다는 전설이 전해지고 있다. 그 후 5년 만에 절을 완성(679)하고 사천왕사라 했다.[22]

그림 2.25 경주 사천왕사지 안내판

사천왕사 길 안내판

사천왕사지 안내판

2.2.2 옥천 청석교(靑石橋)

청석교에는 고려시대 강감찬 장군이 이 고을을 지나다가 그곳 백성들이 극성스러운 모기에 몹시 시달리는 것을 보고 호통을 쳐서 모기를 쫓아 보내 마을 백성을 편하게 해주었다는 전설이 전해 내려오고 있다. 청석교(그림 2.26)는 충청북도 옥천군 안내면 장계리 산 7-1 옥천군 향토전시관 경내 연못에 전시돼있는, 충청북도 유형문화재 제121호인 다리다.

옥천 청석교는 신라 문무왕 (661~681) 때 만들어진 것으로 전해지고 있으며, 본래는 군북면 증약리 마을 앞 경부선 철도 자리에

그림 2.26 옥천 청석교

그림 2.27 증약리 마을 입구에 있던 옥천 청석교

있었는데, 철도공사를 하면서 증약리 마을 입구로 옮겼다가(그림 2.27) 그 후 수해로 인해 2001년 4월 옥천 향토전시관 경내로 이전했다.

청석교는 길이 9.3m, 너비 2.2m, 높이 1.75m의 돌다리로, 단면의 크기가 약 1자(尺, 약31cm)가 되는

그림 2.28 청석교 상판 구조

정방형(정사각형) 돌기둥을 4개를 세우고 그 위에 2개의 멍에를 얹어 다리의 하부구조를 만들었다. 그 위에 9~10자(약3m)가 되는 넓고 긴 판석을 멍에 사이에 얹어 다리 상부구조를 완성했다(그림 2.28).

이 다리가 있던 증약리는 조선시대 찰방역(察訪驛)이 있던 곳으로, 옛날에 서울을 내왕한 많은 사람들이 이용했을 것으로 보인다.[23]

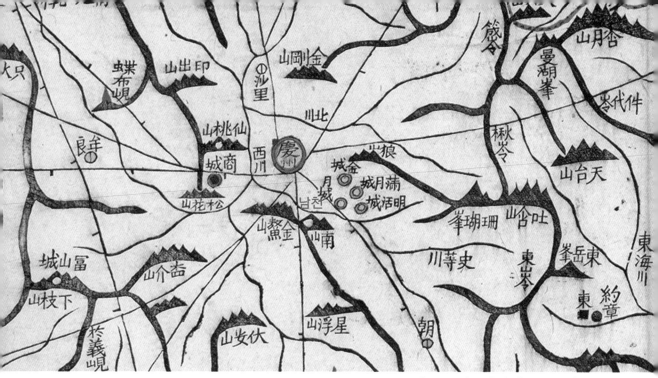

그림 2.29 경주 옛 지도(대동여지도)

2.2.3 춘양교(春陽橋), 일명 일정교(日精橋)

신라의 수도 경주는 지리적으로 동·서·남에 산으로 둘러싸인 분지 지형이다. 또한 서천(西川), 남천(南川), 북천(北川)이 삼면에 둘러싸여 있어 자연적인 방어 역할을 하고 풍부한 수량을 제공하여 신석기시대부터 사람들이 거주하였다. 신라는 삼국을 통일하고 당나라 군대를 한반도에서 모두 몰아낸 문무왕 16년(676) 이후 신라의 전제왕권의 절정기에 다다른 경덕왕 19년(760) 2월에 월성을 바로 끼고 도는 남천의 남단에 월정교를 그리고 동북단에 춘양교(후에 일정교라 부름)를 세웠다.[24] 춘양교지(春陽橋址)는 월성에서 남동쪽으로 220m 떨어진 남천 하상에 있다(그림 2.29). 조선시대 『신증동국여지승람(新增東國輿地勝覽)』에는 "일정교는 부(府)의 동남쪽에 있고"라고 적혀 있어 월정교가 조선시대에는 일정교라 했음을 알 수 있다. 한동안 일정교와 효불효교가 서로 혼동되어 알려지기도 했는데, 『신동국여지승람』에 일정교지는 "부(府) 서남쪽 문천상에 있으며 효불효교지는 부(府)에서 동쪽으로 6리(里) 떨어져 있다"라고 기록돼있어 두 다리는 서로 다른 다리로 확인됐다. 이는 1930년 일본인 후지 시마 가이지로(藤島刻治郞)가 '신라왕경복원도'를 그리면서 잘못 작성한 것으로 판명됐다.

옛날 경주 도심에서 외곽지역으로 나가기 위해서는 반드시 경주시를 싸고 있는 남천(일명 蚊川), 서천 및 북천(일명 閼川)을 건너야 했을 것이기 때문에 이들 하천 위에는 많은 다리가 건설됐을 것이나 현재 그 유지(遺址)[25]를 확인할 수 있는 다리 터는 '춘양교지', '월정교지', '유교지' 그리고 조선시대 축조됐다고 생각되는 '오릉 북편 교량지' 등이 있다. 경주시는 남천 상류에서 무단 방류되는 오·폐수 문제를 해결하기 위해 남천 하상을 따라 오수관 매설 계획을 수립했다. 문화재청은 문화재 보존을 위해 경주시의 오수관 매설 계획에 동의하고 국립경주문화재연구소(소장윤근일)로 하여금 2001년 1월부터 2003년 4월까지 춘양교지에 대한 발굴조사를 실시하고 '춘양교지 발굴조사 보고서'를 2005년 4월에 발간했다.

춘양교지(春陽橋址)는 궁(宮)의 동남쪽 220m 떨어진, 월정교 700m 동쪽 상류에 현 경주국립박물관 옆에 있다. 유적은 동서 교대지 2곳과 길이 14~14.8m, 너비 3.0~3.7m인 배 모양 석재교각 기초 3개소가 남아있다(그림 2.30). 3개의 석재 교각은 14.45m, 14.5m 등 거의 등 간격으로 설치돼있고, 동편 교대와 제1호 교각 사이의 중심거리는 12.50m, 서편교대와 제3호 교각 사이의 중심거리는 11.80m이므로 춘양교(일정교) 전 길이는 53.3m 이상이고 너비는 12m 이상이 됐을 것으로 추정한다.[26] 학술 조사팀은 다리 높이를 양쪽 교대 현존하는 지반의 높이를 기준으로 최소 6m 이상이었을 것으로 추측하고 있다. 교각 기초(지대석)는 월정교와 마찬가지로 물 흐름 방향을 따라 길게 네모난 모양으로 구축돼있다(그림 2.31).

그림 2.30 춘양교지[27]

춘양교지 발굴 현황

춘양교지 2022년 현황

그림 2.31 춘양교지 제1호 교각(교각 순서는 동쪽으로부터)

2.2.4 월정교

월정교에 대한 기록은 춘양교와 마찬가지로 『삼국사기(三國史記)』「신라본기(新羅本紀)」제9대 경덕왕(景德王) 9년(760) 2월에 "宮南蚊文川之上 起月淨·春陽二橋"라는 기사가 처음 나온다. 월정교의 유구는 경주 월성의 남쪽 끝 문천(蚊川) 위에 있었다.

월성교에서 상류로 약 800 m 올라간 월성 동북쪽 끝단에 춘양교의 유구가 있다. 춘양교와 월정교는 신라시대 왕성이었던 월성 남쪽에 흐르는 문천상의 다리로, 월성교 바로 아래 있던 유교와 더불어 월성에서 남쪽 지방과 동북쪽 외곽으로 나가는 중요한 통로였음을 알 수 있다.

기록에 따르면 월정교는 1280년까지는 남아있었으나[28] 『동경잡기(東京雜記)』교량조에는 월정교에 대한 기사가 없고, 다만 "대교(大橋)가 문천 위에 있었는데, 지금은 없어졌다"라는 기사가 있다. 여기서 언급된 대교가 월정교인지는 확실하지 않으나 『동경잡기』가 조선 현종 10년(1669) 민주면(閔周冕)이 경주 선비 이채(李埰)와 더불어 동경지(東京誌)를 보완·수정한 책이므로 1669년에는 이미 월정교가 없어졌다는 사실은 분명하다. 월정교 복원 과정에서 꼭 필요한 월정교의 다리 형태와 관련된 기록은 고려 19대 명종(1170-1197) 때 시인 김극기(金克己)의 시(詩)에 유일하게 기록되어 있다. 『신증동국여지승람』21권 경주부 고적조에 수록된 이 시에서 따르면 월정교는 무지개 모양의 홍교(아치교)로 보인다. 김극기의 시 내용은 다음과 같다.

그림 2.32 『삼국사기』월정교, 춘양교 기사

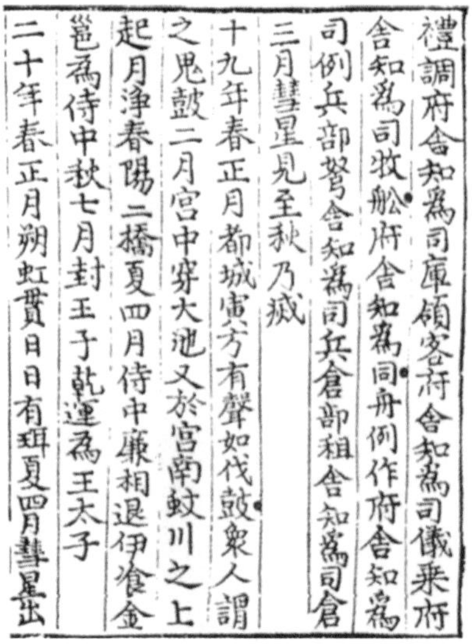

二十年春正月朔虹貫日日有珥夏四月彗星出
十九年春正月都城寅方有聲如伐鼓衆人謂之鬼鼓二月宮中穿大池又於宮南蚊川之上起月淨春陽二橋夏四月侍中廉相退伊飡金
三月彗星見至秋乃滅
禮調府舍知爲司庫領客府舍知爲司儀乘府舍知爲司牧船府舍知爲同舟例作府舍知爲司倉部租舍知爲司倉
例兵部弩舍知爲司兵

출처: 『삼국사기』「신라본기」권9 경덕왕조

半月城 南 兎領邊 虹橋 倒影照蚊川　　　　　(반월성 남 토령변 홍교 가영조문천)

蜿蜒騰 韓尾垂地 蟒蝀飮河腰跨天　　　　　(완연등 한미수지 체동은하요과천)

手斬蒼蛟 周處勇身成 白鶴令威　　　　　(수참창교 주천용신성 백학령위)

惜賢逸迹皆 驚俗悲愧 區區數往還　　　　　(석현일적개 경속참괴 국구소왕환)

반월성의 남쪽 토령가에 무지개다리가 그림자를 거꾸로 문천에 비추었네.

용이 꿈틀거리며 은하수에 오르니 꼬리는 땅에 드리우고

무지개가 하수(河水)를 마시매 허리는 하늘에 걸치었네.

손으로 푸른 이무기를 베었으니, 주처(周處)의 용맹이요

몸이 백학으로 됐으니 정령위(丁令威)의 신선이네.

옛날 현인들의 숨은 자취는 모두 세속을 놀라게 하는데,

구구하게 자주 왕래하는 나 자신이 부끄럽구나.

　　그러나 1984년 11월부터 1987년 6월까지 3차에 걸친 국립경주문화재연구소의 월정교지 발굴조사 결과에 따르면 홍예교의 유적은 발견되지 않았다. 현재 길이 약 61.15m, 너비 12m의 목교라고 추정되는 월정교는, 그 옛날 문천 상류 춘양교와 함께 신라 귀족들과 백성들이 남산에 있는 부처님의 기도처로 가는 바로 그 시발점이었을 것이다.

　　2004년 경주시에서는 통일신라의 영광을 재현하고자 '경주 역사문화도시 조성기본계획'과 함께 일정교(춘향교)와 월정교의 복원 계획을 수립하고, 한국전통문화연구소에게 '월정교 복원 세부계획 수립 및 기본설계'의 대행 사업을 위탁하여 2005년 1월 3일부터 연구에 착수하였다. 여러 가지 정황을 살펴보면 경주시와 복원사업에 관계했던 많은 연구단체는, 우리나라 역사 중 가장 부유하게 살았던 통일신라시대의 문화 수준에 초점을 맞추어 과학적 근거에 기반을 두고 월정교를 복원하기보다는 오히려 현 대중의 입맛에 맞는, 화려한 다리를 새로 만들기 위해 중국이나 일본에서 월정교 복원 모델을 찾기로 마음을 정한 것같이 느껴진다. 경주시는 이를 위해 현존하는 청나라 시절 누교(樓橋)들을 실측하도록 2차에 걸쳐 중국 남부지방의 절강성 영경교와 호남성 합룡교 등을 방문하게 했다(그림 2.35).

그림 2.33 복원된 월정교 전경(2022), 문천의 물결이 아름답다

그림 2.34 월정교지 일대 항공사진

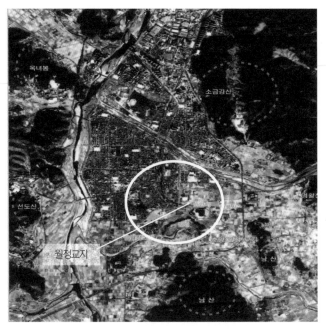

출처: 경주시·국립경주문화재연구소, 2005, 춘양교 발굴조사 보고서

그림 2.35 중국 절강성 영경교와 교각 위 멍에틀

　　사실 경주시는 2004년 '월정교 복원 세부 계획 수립 및 기본설계'를 발주하기 훨씬 전인 1975년에 이미 경주사적관리사무소로 하여금 월정교지의 교대 및 교각을 실측하고, 지표도 함께 조사하게 했다. 그 후 1984년에도 복원 설계를 위한 두 차례의 석재 조사와 세 차례에 걸친 발굴·조사가 있었다.

　　다리의 교각 주변 하상에는 발굴 조사 전부터 사용됐던 석재들이 많이 흩어져 있었다. 교각 중 맨 남쪽과 북쪽에 남아있는 교각 기초 지대석 위에는 교각 장대석이 한 단까지 남아있었고, 하천 가운데 있는 두 교각은 유실이 심해 교각 기초 지대석만 침하 또는 이완된 상태로 남아있었다(그림 2.36).

그림 2.36 월정교 발굴 당시 교각 전(1987)(북쪽에서)

1호 교각

출처: 경주시·한국전통문화학교, 2006, 월정교 기본계획 및 타당성 조사 보고서

교각의 중심 간 거리는 12.55m로 세 경간 길이가 모두 같고, 교대와 교각 사이는 11.46m로 남쪽과 북쪽이 모두 같았다. 따라서 남측 교대와 북측 교대 간 거리는 60.57m로 추정되어 다리 전체 길이는 61.15m로 추정된다(그림 2.37).

그림 2.37 월정교지 현황 배치도 및 횡단면도

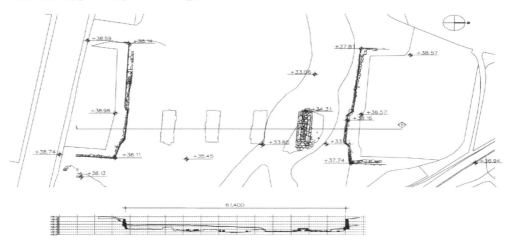

그림 2.38은 2013년 복원된 월정교의 전경을 보여준다. 월정교의 복원이 발표되자 많은 전문가는 '복원'이라는 용어에 이견을 표명했다. 심지어 KBS는 복원된 월정교가 18세기 중국 호남성에 있는 청나라 다리를 모방했다는 의혹까지 제기하고 나섰다.[29]

그림 2.38 2013년 1차 복원된 월정교

경주시는 월정교의 복원을 위해 많은 중국의 교량 사례를 연구했다. 특히 실무진들은 교각 상단 받침돌 위에 얹힐 멍에틀의 설계를 해결하기 위해 중국 절강성과 호남성에 있는 청나라 누교를 집중적으로 연구했다. 그들이 중국에서 실측한 누교 멍에틀(교각 위 단순 멍에 대신에 짜올린, 나무로 만든 멍에 시스템)의 구성 방법은 석재만으로 받침대를 구성한 방법, 석재와 목재를 혼용하여 구성한 방법 및 목재만을 사용하여 내민보를 구성한 방법 등의 세 가지 방법이 있었다.

이들 중 경주시에서는 중국 태순헌에 있는 영경교(永康橋)에서 취한 석재와 목재를 혼용한 방법을 월정교의 멍에틀 모델로 택한 것으로 풀이된다. 그렇게 된 결정적인 계기는 그림 2.39에서 볼 수 있는 받침돌의 발견이었을 것으로 판단된다. 그러나 실제 복원 과정에서는 이 멍에틀의 받침석 개념이 100%까지 적용되지는 않았다.

그림 2.39 월정교 멍에틀의 받침석으로 추정되는 유구

받침목 Φ600

765

화강석정다듬마감

경주시에서 2013년에 복원한 월정교(月淨橋)에 대한 쟁점은 두 가지다. 그중 첫 번째는 '지금으로부터 약 1,300년 전에 지었던 통일신라시대 다리인 월정교를 복원하기 위해 겨우 150년 정도밖에 안 된 청나라 호남지방의 다리를 모델로 삼는 것이 타당한가?'라는 것이고, 두 번째는 '월정교라는 옛 다리를 복원했는데, 그 결과는 옛 다리가 복원된 것이 아니라 매우 독창적

그림 2.40 청나라 시대 지어진 회룡교 교각 멍에틀

인 21세기의 새 누각(樓閣)이 만들어진 것이 아닌가?' 하는 것이다. 우선 첫 번째 논쟁 대상과 관련하여 우리나라에서는 어느 시대에서든 이중 처마를 설계한 누교를 찾아볼 수 없으니 복원된 월정교의 이중 처마는 두고두고 논란거리가 될 것으로 예측된다. 필자는 첫 번째보다 두 번째 쟁점에 더 관심이 간다. 사실 필자의 의견으로는 자료의 부족 때문에 월정교지에서 발굴된 유구만으로 월정교를 복원한다는 것은 불가능에 가깝다. 어쩌면 처음부터 현재처럼 옛 월정교의 복원이 아니라 새로운 월정교 건설에 목표를 세우는 것이 옳았을 것이다. 가장 먼저 눈에 띄는 것은 교각 위에 설치된 '멍에틀'이다. 청나라 시대 호남성 등지에 지어진 많은 목교로 된 누교의 경우에, 다리를 구성하는 주 부재는 그림 2.40의 회룡교에서 보는 것처럼 그 하중 경로가 매우 단순한 통나무 들보로 돼있다. 다리의 바닥판도 매우 단순하게 통나무 들보 위에 얹혀있다.

이렇듯 다리의 구조시스템은 하중 전달이 확실하고 단순한 방향으로 설계되는 것이 원칙이다. 이에 비해 복원된 월정교의 구조시스템은 일반적인 다리 구조와는 달리 훨씬 더 한옥 구조에 가깝다. 우선 월정교 교각 위에 설치된 멍에틀과 회룡교의 멍에틀을 비교해보자.

그림 2.40의 회룡교 멍에틀을 구성하는 종 방향 들보는 단순한 통나무로 돼있고, 이 통나무는 쉽게 취급할 수 있어 교량 건설에 매우 자연스럽게 선택될 것이다. 그러나 그림 2.41에서 보면 복원된 월정교의 멍에틀에 사용된 목재 단면은 정방형(정사각형) 내지는 구형(직사각형) 모양을 취하고 있다. 통나무를 그대로 사용하는 것과 비교하면 상대적으로 훨씬 더 많은 품이 들어갈 뿐만 아니라 역학적으로 큰 의미가 없어서 다리 건설에 채택되기 쉽지 않다. 우리는 이러한 시스템을 주로 한옥의 '주상포' 구조에서 어렵지 않게 찾아볼 수 있다(그림 2.42).

그림 2.41 복원 월정교의 멍에틀 횡단면

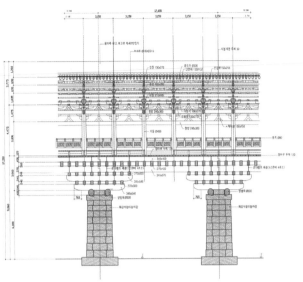

구조실험체 1/5 내민보 모형

멍에틀 횡단면도

    한옥에서는 귀포나 주상포[30]를 설치하여 지붕하중을 받는 들보나 종보에 발생하는 단면력을 적절한 수준으로 줄여 집을 짓는다(그림 2.42). 그러나 귀포나 주상포만 가지고 보에 발생하는 단면력(예를 들어 휨모멘트)을 줄이는 것은 한계가 있으므로 한옥을 크게 짓는 데는 어려움이 따른다. 이러한 사실을 감안하면 1,300년 전 도끼와 자귀 또는 끌과 같은 간단한 건설 도구를 가지고 현재 복원된 월정교의 멍에틀에 사용된 그 많은 부재를 실제로 다듬는 게 가능한가 하는 의문이 자연스럽게 생긴다. 그다음 복원된 월정교의 바닥틀 구조는 교량의 바닥틀로서는 매우 이례적이고, 훨씬 더 한옥에 적용되는 바닥 구조에 가깝다. 옛 우리 조상들이 사용했던 다리의 바닥판은 귀틀보(세로보)와 귀틀보 사이를 잇는 단순지지된 1방향 판구조로 돼있다. 이에 비해 한옥에서는 바닥판을 장귀

그림 2.42 태안사 능파교 주상포(붉은 원 안)

틀(가로보)과 동귀틀(세로보) 사이에 넣는 2방향 판구조로 만든다. 다시 말하면 교량구조에 비해 한옥구조로 설계하면 보의 개수가 거의 두 배로 늘어난다. 이러한 이유로 복원된 월정교를 짓기 위해서 많은 들보가 필요할 수밖에 없었을 것이다. 이것은 월정교를 다리로 복원하지 않고 누각으로 복원했기 때문에 발생한 문제이다. 옛 월정교가 어떻게 생겼는지 확정할 수 있는 사람은 아무도 없다. 그래서 지금 복원된 월정교가 옛 월정교가 아닐 것이라고 100% 주장할 수는 없다. 그렇다고 '옛 월정교를 그대로 복원했다'라고 자신을 가질 수 있는 전문가 또한 없을 것이다. 다만 필자는 교량을 전공하는 학자로서, 복원된 월정교가 우리나라의 옛 다리로서의 전통을 이어받았다고 생각하지 않는다. 사는 동안 21세기에 경주시가 애써서 만든 창의적이고 독특한 21세기 월정누각을 감상하는 것으로 만족해야 할 것 같다.

2.2.5 경주 발천(撥川) 제1·2 교량

현 경주시 월성 북쪽 계림(鷄林)과 첨성대(瞻星臺) 사이에는 발천이라는 작은 개천이 흐르는데, 이 개천은 보문들에서 내려와 황룡사지 앞으로 흘러 안압지 북쪽을 돌아서 월성과 월성교지 사이에서 남천으로 흘러 들어간다. 이 개천은 신라시대부터 있었던 것으로 판단된다.[31]

경주시가 1989년 월정사적지 정비공사의 일환으로 발천 호안 석축 공사를 하던 중 첨성대 동남쪽에서 약 200m 떨어진 하상과 그곳으로부터 약 55m 떨어진 곳에서 같은 통일신라시대의 것으로 추정되는 두 곳의 다리 터를 확인했다. 이 정비 사업을 책임진 한국전통문화연구소는 두 곳에서 모두 나무다리 유구와 돌다리 유구를 동시에 발견했는데, 이들은 나무다리들이 먼저 만들어졌다가 파손되고 그 후에 같은 자리에 돌다리가 새로 지어진 것으로 판단하고 있다.

1) 발천 제1 나무다리

한국전통문화연구소에 따르면 발천 제1 목교지는 발천 제1 석교지 남측 교대 석축에 접하여 원형 나무기둥 4개가 바닥에 묻힌 상태로 출토됐다고 한다. 이들 나무기둥은 석교 이전에 있었던 나무다리의 일부로 추정되나 부식과 결실이 심해 교량의 규모나 형태는 정확하게 알 수 없다고 한다(그림 2.43 왼쪽).

그림 2.43 경주 발천 제1, 2 다리터 발굴 현황

제1 다리터 노출 현황

제2 다리터 노출 현황

2) 발천 제1 돌다리

발천 제1 돌다리는 양쪽 교대 사이 하상에 놓인 기초 판석 위에 네모난 돌기둥 교각을 3개소에 세운 두 칸짜리(2 경간) 들보형 돌다리다(그림 2.44). 남북으로 조성된 양측 교대 간 거리는 약 4.7m로, 교대 양쪽으로 교대 장대석과 같은 크기의 날개벽도 쌓았다. '발천 제1 돌다리' 발굴 현장에서는 교대를 만들 때 썼던 큰 돌들이 외에도 난간 지대석, 돌란대, 엄지기둥 등 난간 설치에 필요한 많은 유구가 같이 출토됐다. 이를 근거로 경주시에서는 발천 제1 돌다리는 세 개의 돌 교각 위에 멍에를 깔고 그 위에 다리 길이 방향으로 귀틀석을 3줄 설치한 후 그사이에 청판석을 깐 '우물마루' 돌다리인 것으로 추정하고 있다. 그림 2.44는 '월정교 기본조사 및 타당성 조사' 팀이 제시한 '경주 발천 돌다리 추정도'를 보여주고 있다.

그림 2.44 발천 제1 돌다리(추정)

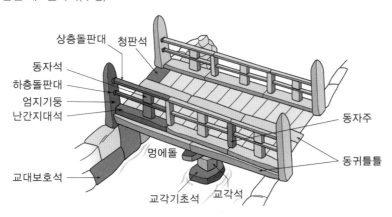

*진회색은 확인된 부재이다.

경주시에서는 이를 근거로 1989년 길이 5.7m, 너비 3.4m, 높이 1.6m인 우물마루 돌다리로 복원했다(그림 2.45). 이 복원된 돌다리는 현재 첨성대 동남쪽 200m 되는 장소에 있는, 잘 정비된 발천에서 볼 수 있다.

그림 2.45 복원된 경주 발천교

그러나 언제부터 나무다리가 돌다리로 대체됐느냐 하는 문제는 아직도 풀어야 하는 과제이다. 이 문제가 우리나라에서 우물마루 돌다리의 역사를 규명하는 핵심적 과제이기 때문이다. 지금까지는 우물마루 돌널다리의 시작이 고려시대부터인 것으로 알려졌다. 만약 발천 제1 돌다리와 제2 돌다리가 통일신라시대의 교량으로 확인되면 우리나라 우물마루 돌다리의 역사를 통일신라시대로 올려야 할 것이다.

3) 발천 제2 나무다리

발천 제2 나무다리 터는 1992년에 발천 제1 교량 터로부터 하류(계림 방향) 55m 떨어진 곳에서 확인됐다. '월정교 복원 기본계획 및 타당성 조사 최종 보고서'에 따르면 조사팀이 발천 제2 나무다리의 기초판재를 발굴함으로써 나무다리를 추정하였으나 유구의 부식과 결실이 너무 심해 규모나 형태를 정확하게 알 수 없다고 한다. 그림 2.46은 발천 교량지 발굴조사팀이 그들의 조사 결과를 바탕으로 추정해본 발천 목교의 복원도이다.

그림 2.46 발천 제2 나무다리 복원 추정도

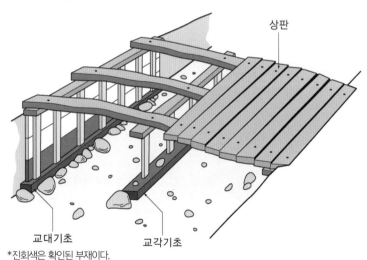

상판

교대기초

교각기초

*진회색은 확인된 부재이다.

출처: 경주시·한국전통문화학교, 2006, 월정교 복원 기본계획 및 타당성 조사보고서

4) 발천 제2 돌다리

발천 제2 돌다리 터는 1992년 발천 제1 돌다리 터에서 서편(개천 하류) 55m 지점에서 발견됐다. 이곳에서도 발천 제1 돌다리 터에서와 마찬가지로 같은 장소에 나무다리가 먼저 만들어졌다가 세월이 지나 크게 훼손되자 이를 돌다리로 대체한 것으로 보인다. '월정교복원계획 및 타당성 조사' 조사팀은 연구 결과 발천 제2 돌다리에서 발견된 교각과 교대의 축조수법과 출토된 다리 부재들이 발천 제1 돌다리에서 출토된 부재들과 그 종류, 크기와 석질 그리고 가공수법까지 같아서 이 두 교량은 같은 시기에 같은 규모와 형식으로 축조됐을 것으로 추정한다.

그림 2.47 경주 발천 제2 돌다리터 북쪽 교대기초

북쪽 교대 기초 상세

2.3 고려시대의 다리

서기 918년에 태봉의 궁예를 몰아내고 태봉국의 수도 철원에서 임금 자리에 오른 왕건은 국호를 고려(高麗)라 하고 919년에 수도를 철원에서 송악으로 옮긴 후 송악군을 개주(開州)로 승격시켰다.

개성(開州)은 북쪽의 천마산(762m)에서 시작하여 개성의 주산인 송악산(495m)을 지나 동남쪽에 자리한 진봉산(310m)까지 뻗어 내려가는데, 개성 내부는 북쪽에 송악산, 서쪽의 오공산, 남쪽의 용수산, 동쪽의 자남산으로 둘러싸여 있어 산들로 첩첩이 둘러싸인 구릉지대에 위치한다(그림 2.48). 개성은 한강과 예성강의 하류에 형성된 개성 분지에 위치하기 때문에 하늘에서 내려다보면 동남쪽으로 열려있는 형세다.

그림 2.48 해동지도(海東地圖) 송도(松都, 18세기)

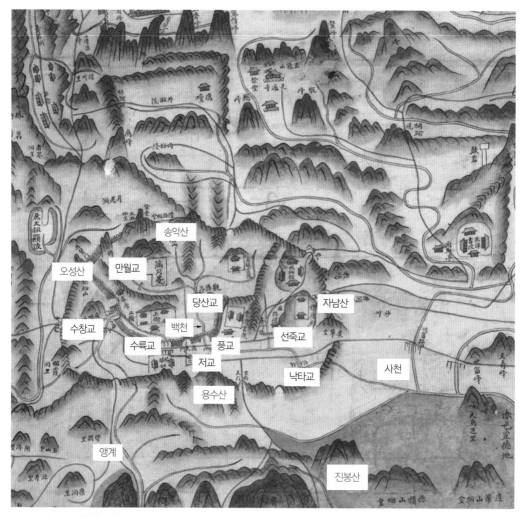

오성산

송악산

만월교

당산교

자남산

수창교

백천→

선죽교

수륙교

풍교

저교

사천

낙타교

용수산

앵계

진봉산

　개경 내부를 흐르는 물줄기(水界)로는 송악산에서 발원하는 백천과 서쪽 오공산과 남쪽 용수산에서 발원하여 동쪽으로 흘러가는 앵계(鶯溪)가 있다. 송악산에서 발원한 물줄기들이 흥국사 터 부근에서 합류하여 백천(白川)을 이루고 앵계(鶯溪)의 옥천과는 남대문 부근에서 합류한다. 그 후 다시 남으로 내려와 선죽교 방면으로부터 흐르는 물과 한 번 더 합류한 후 장패문수구를 지나 사천(沙川)이 돼 흐르다 임진강으로 들어간다.

　도성 안의 공간은 산세의 영향을 받아 서북쪽에 궁궐과 관아가 배치돼 자남산을 중심으로 동서 경계가 구분됐으며, 선의문–십자가–숭인문(宣義門–十字街–崇仁門)으로 관통하는 도로를 경계로 도시가 남북으로 형성됐다. 개경 북쪽에 있는 동서 관통대로는 황성을 중심으로 광화문과 남대문을 지나 회빈문까지 이어지는 남북대로와 남대문 부근에서 십자로를 이루어 도성 교통축을 이루고 있다. 궁성 북쪽으로는 통덕문에서 탄현문으로 이어지는 도성 북로가 축조됐다. 도성 남북대로는 남대문 남쪽에서 장패문으로 나가서 남쪽으로 향한다.

도성 안에는 국왕이 행차할 때 필요한 전용도로인 가도(御街)가 조성돼있고, 도성 안의 물길인 백천(百川)과 도성 밖의 사천(沙川)을 건너기 위해 많은 교량이 건설됐다. 백천에 건설됐을 것으로 추정되는 교량은 병부교(兵部橋), 금오위남교(金吾衛南橋) 등 궁궐과 연결되는 중요 교량이었으며, 노군교(勞軍橋), 당상교(堂上橋), 피정교(皮井橋) 등 역시 도성 중앙에 위치하여 광화문과 남대문을 잇는 고려 왕도의 중요한 기반 시설이었다. 만월대 남쪽에는 만월교(滿月橋)가 있고, 그 동쪽에 중대교(中臺橋), 광화교(廣化橋), 입안교(立岩橋), 부산교(扶山橋), 동대문교(東大門橋), 정지교(貞芝橋), 성동교(城東橋), 황학교(黃鶴橋), 또 그 남쪽에는 현학교(玄鶴橋)가 있었다고 한다.[32] 남대문 밖 백천에는 풍판교(風板橋)가 축조돼있었고, 앵계의 물길에는 옥장교(玉粧橋), 십천교(十川橋), 수륙교(水陸橋), 궐문교(闕門橋, 壽昌橋), 저교(猪橋)가 축조돼 사용됐다. 또 자남산 동쪽 개울가에 선죽교(善竹橋)가 있고, 옛날에는 보정문 앞에 만부교(萬夫橋)라고도 불리던 낙타교(棄駝橋)가 있었다.

2013년에 발표한 국립문화재연구소의 「고려도성 기초 학술연구 I」에 따르면 앞에서 언급한 다리 이외에도 백금석교(白金石橋), 북진교(北辰橋), 산석교(傘石橋), 선인교(仙人橋), 성균관향교(成均館香橋), 순군남교(巡軍南橋), 순군북교(巡軍北橋), 영의서교(永義署橋), 조은교(助隱橋), 주교(舟橋, 수륙교 남쪽 서소문안), 주천교(酒泉橋), 중상동교(中常洞橋), 태조동교(太廟洞橋), 태평교(太平橋) 등이 있었다고 한다.

고려 초에는 수도 개경에 많은 다리가 축조됐고, 다리의 중요성을 생각하면 이들이 돌다리였음을 쉽게 짐작할 수 있다. 그러나 불행하게도 그 다리들에 대한 기록이 자세하지 않아 어떤 다리가 돌다리였는지는 직접 확인할 길이 없다.

역사 기록[33]에 따르면 몽고 침략 이후 고려시대의 임금들은 백성들에게 크게 원망을 살 도로나 다리 건설과 같은 토목사업에 매우 소극적이었다. 국가의 무관심 속에 고려 중기 이후에는 사찰이나 일반 백성들이 스스로 가설했던 다리도 꽤 있던 것으로 파악되는데, 목재로 만들어진 대부분 다리는 현재 남아있는 것이 없고, 지금까지 남아있는 지방 돌다리는 고려 원종 15년(1274)에 고막대사가 지었다는 함평의 고막천석교와 고려 혜종 때 권신인 임연(임연)장군이 가설했다는 진천의 농교(籠橋) 등 6개가 있다. 아래 대표적인 고려시대 돌다리를 기술했다.

2.3.1 선죽교

수도인 개경에 설치된 다리를 살펴보면, 모두 32개 정도인 것으로 조사된다. 그중에 가장 잘 알려진 다리가 길이 9.35m, 너비 3.96m인 선죽교다(그림 2.49). 그러나 불행히도 선죽교의 건설 시기를 확실하게 알 수 없어 우리나라 기록상 현존하는 고려시대에 가장 오래된 돌다리는 진천의 농다리인 셈이다.

그림 2.49 개성 선죽교

2.3.2 진천의 농다리(籠橋)

진천의 농다리는 진천군 문일면 구곡리 굴티마을 앞 세금천(洗錦川)에 축조된 전설적인 다리로서, 『상산지(常山誌)』와 『조선환여승람(朝鮮寰與勝覽)』에 기록돼 있다. 상산은 진천의 옛 이름이다. 현재 진천 농다리는 지방 문화재 28호로 지정돼 있다. 1932년 편찬된 진천 향토지 『상산지』에 따르면 "농교(籠橋)는 진천읍에서 남쪽으로 10리 떨어져 위치한 세금천과 가리천이 합류하는 굴치(屈峙) 앞에 있는 다리이고, 지금부터 900년 전 고려 초 굴치 임씨(林氏) 선조인 임 장군이 처음 축조한 것"이라고 기록돼 있다. 여기서 언급한 임 장군은 고려 제2대 혜종(943~945년) 때 병부령을 지낸 진천지역 호족인 임희를 의미하는 것으로 보인다. '굴치'는 굴티 마을의 옛 이름이다.[34]

또 다른 전설에 따르면 농다리는 고려 고종(1213~1259) 때 권신이었던 임연(林衍) 장군이 그의 고향인 구산동(龜山洞, 지금의 구곡리)에 인접한 세금천(지금의 미호천(美湖川) 상류)에 지었다는 설이 전해온다. 이 두 가설 외에도 삼국시대 김유신 장군의 부친 김서현 장군이 군사적 목적으로 축조했다는 설도 전해지고 있어 다리의 축조연대는 확실하지 않으나 이 책에서는 『상산지』의 내용을 따르기로 한다.

그림 2.50 진천 농다리 원형 복원 사적비

『상산지』에 따르면 원래 임 장군은 농다리를 하늘의 28숙(宿)에 상응하는 28칸짜리로 만들었다. 장마철에는 냇물이 넘쳐 농다리 위로 몇 길에 이르고, 노한 파도와 놀란 물결이 그 사이에서 소리를 내었다고 한다. 일찍이 하나의 돌도 달아나지 않았지만, 세월이 흘러가면서 네 칸이 매몰돼 1932년에는 24칸만 남아있었다. 다행히 2008년 28칸으로 복원하는 사업이 진행돼 2022년 현재 28칸으로 보존되고 있다. 다리는 총 28마디의 지네 모양을 하고 있어 '지네 다리'라고도 부른다(그림 2.51). 옛날에는 어른도 서서 다리 밑을 통과할 만큼 높았다고 하나 지금은 하천 바닥이 많이 높아져 원래의 모습을 확인하기 어렵다. 농다리는 고려시대 임 장군이 자줏빛 나는 돌로 음양을 잘 배합하여 지었다고 한다. 실제로 농다리는 자주색을 띤 석재를 물고기 비늘처럼 쌓아 올려 교각을 만든 후 그 위에 긴 판석을 얹어 만들었다(그림 2.52).

그림 2.51 진천 농다리(지네다리)

그림 2.52 진천 농다리 교각과 돌판

다리의 총길이는 93.6m, 너비 3.6m 그리고 교각 높이는 약 1.2m이고, 교각과 교각 사이의 간격은 약 0.8m 정도다. 교각에 대체로 300×400mm 정도 되는 자연석을 쌓아서 만들었는데, 이때 생기는 틈새는 작은 돌로 메웠다. 교각의 위·아래쪽은 흐르는 물의 압력을 줄이기 위해 유선형 구조로 만들었다(그림 2.53). 교각 위에는 길이 1.7m, 너비 800mm, 두께 200mm의 장대석 1개 또는 길이 1.3m, 너비 600mm, 두께 160mm의 장대석 2개를 얹어 상부구조를 구성했다(그림 2.53).

그림 2.53 진천 농다리 상판 구조

장대석은 다리 들보 역할과 다리의 바닥판 역할을 동시에 한다.[35] 기본적으로 농다리는 징검다리와 들보형 형교의 중간 형태의 다리로 홍수 때는 물에 잠겨 잠수교의 원조 격이다.

2.3.3 함평 고막천석교(일명 떡다리)

함평읍에서 나주 방향으로 약 6.9km 떨어진 고막천에 고려시대 고막천석교(전라남도 함평군 학교면 고막리 113-1)가 있다.『신증동국여지승람』(1458)과『여지도서』(1575)에 따르면 이 다리는 고려 원종 14년(1273)에 무안 법천사의 고승 고막대사(古幕大師)가 놓았다고 전해진다. 고막대사가 도술을 부려 지었다고 전해지는 고막천석교는 일명 '떡다리'로 알려져있는데, 예전에 고막리 고을 주민들이 만든 떡을 이 다리를 건너 '나주'나 '영산포'로 팔러 다녔다고 해서 붙여진 이름이라고 한다.

예전에 고막천석교가 있던 곳은 고막포(古幕浦)로 불리던 고막마을의 포구(浦口)였고,[36] 1960년대 말까지 소금과 젓을 나르던 배가 드나들었다. 조선조 말까지 목포, 무안 등 호남 서남쪽에서 고막포에 위치한 고만천교를 통해 나주, 광주 등 내륙으로 지나는 옛 도로는 우리나라 옛 도로 중 매우 중요한 위치를 차지하고 있었다. 지금은 광주와 목포 간 4차선 1번 국도가 고막천석교 약 500m 하류에 건설됐고, 호남선 철도도 국도와 나란히 건설돼 함평지역의 학교역(鶴橋驛)과 고막원역(古幕院驛)을 지나고 있어 옛날 도로들도 그 시대적 사명을 끝내게 됐다.

앞에서 살펴보았듯이 고막천석교는 고려시대뿐만 아니라 조선시대까지도 호남지방에서 매우 중요한 교통시설이었음이 분명해 보이고, 왜 지방에 놓인 이 다리가 조선 초 경복궁에나 놓일 만한 고급 다리인 '우물마루 널다리'로 가설됐는지가 설명된다. 고막천석교는 1978년 9월 전라남도 유형문화재 제68호로 지정됐다가 그 역사적 가치를 재평가받아 2003년 3월 14일에 대한민국 보물 제1372호로 지정됐다.

2.3.4 경남 창원 주남 돌다리

경남 창원 주남 돌다리는 '주남 새다리'라고도 부르는데, 지금으로부터 약 800여 년 전 고려 말에 강 양쪽 주민들이 정병산 봉우리에서 길이 4m가 넘는 돌을 옮겨와 다리를 놓았다는 전설이 전해 내려오는 경남 창원시 의창읍 대산면과 고등포 마을 사이를 흐르는 주천강에 놓인 돌다리다(그림2.54). 주남 돌다리를 '새다리'라고 부르는 이유는 이 다리가 주천강 사이를 잇는 다리, 즉 '사이다리'가 줄어 '새(間)다리'가 된 것이라고 한다.[37] 예로부터 주남 돌다리는 주천강을 건너는 사람들이 많이 이용했던 다리인데, 일제강점기에 이 다리에서 200m 떨어진 곳에 근대식 주남교가 세워지면서 그 기능을 상실했다. 1969년 집중호우로 대부분이 부서진 것을 1996년 복원하였다. 다리를 세운 정확한 시기나 경위 등은 알려지지 않았으나, 다리는 3개의 넓은 돌 널판으로 독립기초를 4m 간격으로 조성하고 그 위에 장대석을 쌓아 올려 교각을 만든 뒤 그 교각 사이를 너비가 약 1.9m 되는 평평한 돌을 걸쳐 다리 바닥판을 완성했다(그림 2.54).

그림 2.54 창원 주남 돌다리

주남 새다리 바닥판

주남 새다리 입면 사진

2.3.5 충북 청주 문산리 석교

청주 문산리 석교의 원래 명칭은 '청원 문산리 돌다리'였는데, 2014년 7월 청주시 행정구역 변경에 따라 현재 명칭으로 변경됐다. 청주 문산리 돌다리는 대청댐 수몰 전에는 문의초등학교 정문에서 남쪽으로 100m 전방에 있던 것인데 1980년 대청댐 건설로 문의면 미천리에 문산관과 함께 이전했다가 2002년 3월 문의문화재단지로 재이전되었다(그림 2.55).

그림 2.55 문산리 석교

문산리 석교와 유물전시관

문산리 석교 전경

이 돌다리에 대한 기록은 조선 헌종 초기에 편찬된『충청도읍지(忠淸道邑誌)』에 처음 나온다. 축조 시기는 고려시대로 추정되는데, 교각 내에 을묘이월(乙卯二月)이라는 각자(刻字)가 남아있다. 다리의 하부구조는 높이 1.3m의 통으로 된 돌을 사용하여 기초와 교각의 역할을 동시에 하고 그 위에 멍에 돌을 얹어 구성했다. 다리의 상부구조는 단순지지 된 두 칸짜리 들보교의 형태를 띠고 있고 2.5m×300~900mm 제원을 갖는 화강석 장대석(長臺石) 10개로 구성됐다. 이 10개의 돌 들보는 다리 상판의 역할을 동시에 수행한다.

2.3.6 청주 남석교(南石橋)

청주 남석교는 충청북도 청주시 상당구 석교동에 있었던 돌다리로 청주시의 향토유적 제47호로 지정됐다.『조선환여승람(朝鮮寰輿勝覽)』청주군편 교량조에 따르면 "남석교는 청주군의 남문 밖에(그림 2.56) 있는데, 한(漢)나라 선제(宣帝) 오봉(五鳳) 원년(元年)에 가설됐다"라고 기록돼있다. "남석교가 한선제 오봉 원년에 건설됐다"라는 이야기는 조선 정조 19년(1795) 을묘년 청주목사 안정탁(安廷鐸)이 남석교와 제방을 고쳐 쌓고 세운 '남석교수성수축사적비(南石橋水城修築事蹟碑)'에서 비롯했다는

그림 2.56 고지도 청주(제작연대 미상)

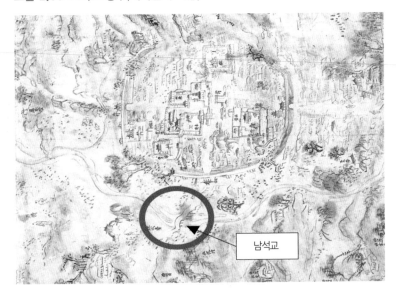

남석교

데 이 비는 오늘날에는 전하지 않는다. 이 비에 따르면 남석교의 창건연대가 기원전 57년이라는 이야기인데 그 신빙성은 크지 않다. 남석교 축조 시기와 관련해서는 『낭성지(琅城誌)』에 용두사(龍頭寺) 스님이 세웠다는 기록이 있다. 이 기록에 따르면 청주 읍성 터에는 원래 용두사가 있었는데, 절터를 폐하고 이 자리에 청주 읍(邑)을 세우는 과정에서 읍 바로 남쪽에 개울이 있어 읍을 개설하지 못하자 용두사 스님이 이 남석교를 창건했다고 한다.

이 기록에 나오는 용두사는 통일신라시대의 사찰로 추정되나 이 절의 철 당간(幢竿)의 건립연대가 고려 광종 13년(962)임을 고려하면 청주 읍성은 고려시대 초에 축조됐을 것이다.[38] 남석교가 청주 읍성의 축조와 밀접한 관련이 있는 다리라고 볼 때 이 다리가 고려시대에 세워졌다는 것이 전문가들 사이의 정설이다.[39]

남석교는 그 길이가 80.5m나 돼 조선시대 이전에는 우리나라에서 가장 긴 돌다리였다(그림 2.57). 그러나 1932년 일제가 무심천(無心川)의 유로를 현재와 같이 변경하면서 현재는 그림 2.58에서 보이는 청주 육거리 시장 한복판에 매몰돼 육상에는 실존하지 않는다. 청주시는 육거리 중앙시장 한가운데 묻혀있는 청주의 보물을 보고 싶어 하는 청주시민들의 여망에 따라 2001년 청주대학교 박물관에 청주읍성과 남석교에 대한 학술조사를 의뢰했다. 2004년 12월에 마친 청주대학교 박물관의 발굴조사 결과에 따르면 남석교는 3행 26열의 석주로 총길이는 80.85m로 확인됐고, 남석교의 평면은 현 청주 육거리 시장 주도로의 도로선과 거의 일치한다(그림 2.58 오른쪽).

그림 2.57 1915년 및 일제강점기 시기의 청주 남석교[40]

그림 2.58 청주 육거리 시장과 남석교가 묻혀있는 위치

청주대학교 발굴팀에 제작한 남석교 모형(그림 2.59)에서 볼 수 있는 것처럼 다리의 형식은 전형적인 들보 구조형식으로 3개의 교각 기둥 위 2개의 멍에석을 얹었다. 그 위에 3줄의 귀틀석을 올려놓

그림 2.59 청주 남석교 모형 제작 현장

고 사이에는 청판석을 깔아 바닥을 구성했다. 멍에 위에는 양 측면에 L자형, 가운데에 구형(矩形) 단면을 갖는 3줄의 귀틀석을 놓았으며 귀틀석 위에는 폭 450~550mm, 길이 1.55m 크기 청판석을 1구간에 5~6개, 2열로 깔아 바닥을 구성했다. 3개의 교각 기둥 아래에는 멍에와 거의 같은 크기의 띠 기초를 680× 520mm 단면 크기 지대석으로 만들었다. 청주대학교에서는 발굴조사 결과를 토대로 교각 간 종방향 간격은 2.91m이고 다리 너비는 3.7m가 된다는 것을 알아냈다. 청주 남석교는 고려 초기에 건설된 다리

임에도 불구하고 우물마루 널다리의 형태를 갖추었다는 사실이 매우 놀랍다. 청주대학교 박물관에 보관됐던 이 청주 남석교 모형은 안타깝게도 청주 백제유물전시관 기획전시 후 폐기됐다.

2.3.7 고려시대 배다리(주교, 舟橋)

고려의 수도 개경에는 백천을 중심으로 중요한 다리들이 많이 건설돼있었다. 백천과 더불어 개경의 지형을 구성하는 앵계의 물길에도 옥장교(玉粧橋), 십천교(十川橋), 수륙교(水陸橋), 궐문교(闕門橋), 저교(猪橋) 등의 다리가 축조됐는데, 수륙교 남쪽 서소문 안쪽에 배다리도 있었다고 한다.[41] 이로써 고려시대에도 배다리의 건설은 우리나라에서 매우 익숙한 다리의 형태인 것을 알 수 있다.

2.3.7.1 임진나루 배다리

고려시대 도로는 삼국시대와 통일신라시대에 등장했던 역참제를 통해, 역로(驛路)로서 더욱 조직적으로 발전됐다. 고려 역참제는 수도 개경을 중심으로 전국에 걸쳐 주요 지점마다 역참이 마련됐다. 고려 중앙정부는 세원(稅源)을 확보하기 위해 삼남지역, 특히 경상도와의 교통을 원활하게 해야 했기 때문에 고려 도로망은 북쪽보다 개경 이남으로 더욱 발전했는데, 그 도로가 바로 청교도(靑郊道)였다. 청교도는 개경 동쪽 청구역에서 출발하여 장단-파주-교하-고양-양주(長湍-坡州-交河-高陽-楊州)를 거쳐 남경(南京, 현서울)까지 이어진다. 고려 중기 남경이 설치된 이후 한강 횡단지점은 광나루를 대신한 사평나루가 됐다. 사평나루는 현재 서울 한남대교 위치에 있었다. 사평나루는 광나루에 비해 한강 하류에 위치하여 남경에 설치된 현 서울 4대문 일대와 가까운 지정학적 이유로 기존의 광나루보다 접근성에서 유리하다는 장점이 있다. 이처럼 고려 중기 광나루의 쇠퇴와 사평나루의 성장[42]은 한강 이북 지역에서 장단나룻길을 대신한 임진나룻길의 성장과 더불어, 남경 건설로 인해 발생한 한강 유역 일대 간선교통로의 중대한 변화를 보여준다.

개성에서 장단을 거쳐 파주로 내려오는 길은 지도상으로는 개성에서 도리산리를 거쳐 마정리로 들어와서 파주시로 오는 길이 합리적일 것 같다. 그러나 그림 2.60처럼 고려 초기에 사람들은 개성에서 장단나룻길(현재 高浪津)을 지나 적성면을 통과한 후 양주시-의정부를 거쳐 아차산과 광나루(광진)를 건넌 다음 광주(廣州) 일대에서 경상도 방면과 전라도 방면으로 갈라졌다. 그러나 고려 중기 남경에 설치되면서 사람들은 개성에서 임진나루를 지나 파주시-고양을 거쳐 남경(지금의 서울)을 거친 다음 사평나루(지금 제3 한강교)를 지나 양재역까지 와서 양재역의 남쪽으로는 낙생역(현 경기 성남시 분당구 백현동)을 거쳐 기흥에 이르렀다. 기흥은 용인현과 인접했으며, 용인현에서 서남쪽으로는 청

그림 2.60 고려 중·후기 송도와 남경(서울) 사이 주요 교통로

• 장단나루길: 개성-장단읍- 장단나루-파주시 적성면-고양 • 임진나루길: 개성-파주- 고양 - 서울

그림 2.61 경강부임진도

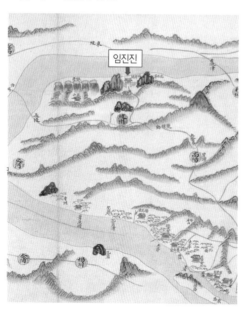

호역(오산) 등을 거쳐 전라도 방면으로 향하는 교통로가 분기됐고, 동남쪽으로는 김형역(용인) -안성-청주로 향하는 길을 택하게 됐다. 경강부임진도(그림 2.61)[43]에 따르면 조선시대의 임진나루와 현재의 임진나루는 같은 위치에 있는 것이 확실하고(그림 2.62), 고려시대 임진나루도 조선시대 임진나루가 같은 위치에 있었을 것으로 추측된다.

파주에서 남경까지 내려오는 길은 현재 지도상으로는 고려 초기 남경이 설치되기 이전에 사용했던 파주-법원리-광적면-양주-의정부-노원역[44]-광나루-광주 길과 남경이 설치된 이후에 많이 사용했던 파주-교하-고양-영서역(迎曙驛)[45]-남경-청파역(靑坡驛)[46]으로 통하는 두 길이 있다.

따라서 고려시대에 청교도가 개경-장단-파주-교하-고양-양주-남경으로 기록돼있는 것은 개경 동쪽 청구역에서 남경으로 오는 두 길을 모두 지칭한 것으로 판단된다.[47]

우리나라에서 배다리 건설은 앞에서 기술한 고려 청교도와 관련하여 『고려사(高麗史)』 「세가(世家)」에 고려 10대 국왕 정종(靖宗) 11년(1045) 2월에 담당관(有司)에게 명하여 부교(浮橋)를 가설하도록 했다는 기사에서 시작한다. 즉, 이 기사가 한반도에서 배다리 가설에 대한 최초의 공식 기록이다. 내용인즉,

先是津無船橋(선시진무선교)   爭渡多致陷溺(쟁도다치함익)
命有司作浮橋(명유사작부교)   自此人馬 如履平地(자차인마 여이평지)

이전에는 나루터에 선교가 없어서 먼저 건너려고 다투다가 많은 사람이 물에 빠졌다.
유사에게 명하여 부교를 만들도록 했더니 인마가 평지 가듯 강을 건너갔다.

그림 2.62 파주시 임진나루와 화석정

고려시대에 배다리가 가설됐던 곳으로 추측되는 지금의 임진나루터는 현재 육군 제1사단 영내에 속해있어 일반인들의 출입이 엄격히 제한되고 있다(그림 2.63).

그림 2.63 임진나루 진서문터

| 조선시대 진서문 그림 | 진서문 터 | 임진나루길 끝 육군 제1사단 철문 (철문 뒤쪽으로 진서문터가 있음) |

조선시대에도 이 임진나루는 한양에서 평안도로 나아가는 매우 중요한 길목 역할을 했다. 특히 임진왜란 때 선조가 빗속에 의주로 피난 가던 중 율곡이 미리 소나무 광솔로 지어놓은 화석정(그림 2.62 아래)을 불태워 길을 밝혔다는 전설이 내려온다. 1755년 영조는 임진나루에 방어의 목적으로 임진진(臨津鎭)을 설치하고 성벽 중간에 길이 7.4m, 너비가 4.5m인 임진진 '진서문'을 세웠다(그림 2.63). 6·25 전쟁 중에도 임진강에 부교를 놓고 임진나루터 부서진 진서문을 통해 미군들이 행군하는 사진들이 있는 것을 보면 이 진서문은 6·25전쟁 중에 소실되었다.[48]

2.3.7.2 고려 말 이규보의 사평나루 배다리

고려시대에 배다리와 관련된 또 다른 도로는 광주도(廣州道)인데, 이는 서울에서 죽주-충주 방면으로 연결되는 도로로서 광나루를 건너는 길과 또 다른 하나는 영서역(은평구)에서 시작하여 한남대교 부근의 사평도(沙平渡)(그림 2.64)를 넘어 과천(果川)-양재역(良才驛)-용인-죽산-음성-괴산-문경으로 연결되는 도로였다.

고려는 전국적으로 역참제(驛站制)를 체계적으로 운영하기 위해 역과 원을 설치했는데, 임진강에 설치된 임진도와 더불어 한강을 건너기 위해 설치된 대표적인 나루가 사평도 또는 사평리진

(沙平里津)이다. 사평도가 설치됐던 사평리(沙平里)는 현재 한남대교 부근의 신사동 지역으로 알려졌다. 이곳은 고려 남경에서 남부지방으로 왕래하는 교통의 요지였다. 고구려의 광개토대왕과 장수왕이 남진 정책을 위해 이 나루터로 내려왔다고 하고, 신라가 삼국을 통일하기 위해 북진할 때도 이 나루를 건넜을 것이다. 신라 때 이 나루는 북독(北瀆)이라고 칭했고, 조선시대에는 한강진(漢江津)이라 불렀다. 12~13세기경 고려인들은 사평도에서도 배다리를 건설하여 운영했던 사실을 아래에 이규보(李奎報)의 「제사평원루(題沙平院樓)」[49]라는 시(詩)를 통해 알 수 있다.

瘦馬行過路阻脩(수마행지로조수)　馴鞍柳復此淹留(사안로부차염류).
征驂滿道初嫌鬧(정추만도초혐뇨)　獨鶴號林始愛幽(독학호림시애유)
萬丈飛虹江燎尾(만장비교홍료미)　千艘列舸駕彌頭(천소역가익병두)
[時列舟爲梁](시열주위량)
江山滿目吟難狀(강산만목음난상)　煙月無心望自愁(연월무심망자수)
沙逐人歸何日盡(사축인귀하일진)　水朝海去甚時休(수조해거심시휴)
故人不見增惆愴(고인불견증추창)　落日茫茫幕倚樓(낙일망망막의루)

여윈 말은 더디고 갈 길은 머니, 말안장을 풀고 여기서 묵어가리다.
달리는 말길에 가득하여 분주함이 싫더니, 외로운 학이 숲에서 울자 그윽하여 좋았네
무지개처럼 뻗친 다리는 만 길이나 솟았고, 뱃머리 나란히 하고 천 척 배 늘어서 있네
[배들은 나란히 열 지어 다리를 만들었네.]
눈에 가득한 강산 풍경 읊어내기 어렵고, 무심한 경치는 볼수록 수심에 젖게 하네.
이 모랫길 거쳐 가는 사람 언제나 그치겠으며, 바다 향해 흐르는 물 언제나 쉬려나.
옛 친구 만나지 못해 시름만 더하거니, 석양의 누대 위에 멍하니 서지 말라.

그림 2.64 사평나루(강남문화원)

2.3.7.3 고려 말 이성계의 위화도 배다리

우리나라에서는 고대부터 배다리를 자주 사용했던 것으로 생각된다. 특히 전쟁 시에는 많은 군인을 한꺼번에 도강시켜야 하므로 일일이 배로 나르는 것은 매우 시간 낭비인 작전이었다. 그런 이유에서 고려 말 이성계도 명나라를 치기 위해 위화도를 건널 때 배다리를 사용했다는 기사가 『태조실록(太祖實錄)』에 나온다. 즉, 『태조실록』 1권 「총서」의 49번째 기사에는 아래와 같이 기록돼있다.

太祖以親兵一千六白人 至義州 造浮橋 渡鴨綠江 士卒三日畢濟

禑次平壤 督徵諸道兵 作浮橋于鴨綠江

태조가 친히 사병 1600명을 데리고 의주에 도착해서 부교를 만들어
압록강을 건너 사병들이 3일 만에 도강을 완료했다.

이때 우왕(禑王) 또한 평양에 머물면서 각 도에서 군사들을 징발하여 압록강에 부교를 만들도록 독려하였다고 한다.

미주

[1] 『삼국사기』에 따르면 신라 아달라(阿達羅) 이사금(尼師今) 재위 3년(156) 4월에 계립령 길을 열었고, 158년 3월에는 죽령을 개척하여 삼국통일의 기초를 마련했다.

[2] 한국민족문화대백과사전

[3] 구제궁은 평양 중구역 금수산 동쪽 청류벽에 있는 사찰로, 서기 393년에 고구려 광개토대왕이 지었다는 9개의 사찰 중 하나로 여겨진다. 김시습의 『금오신화』「취유부벽정기」에서 영명사가 동명왕의 구제궁이라고 소개했는데, 그 이름은 '사다리 9개를 이은 것과 같은 크기의 건물'이라는 뜻이라고 한다.

[4] 윤장섭, 1972, 『한국건축사』, 동명사, 제2장

[5] 평화문제연구소, 2008, 『조선향토대백과』, '고구려 대동강 나루터'

[6] 사개물림: 상자 등의 모서리를 여러 갈래로 나누어 서로 물리게 하는 것

[7] 옛날 토목건축의 구조와 양식을 알 수 있는 실마리가 되는 자취

[8] 한국민족문화대백과사전

[9] 『신증동국여지승람』 제16권 충청도 직산현(稷山縣)조

[10] 윤용혁(2013.10.30.), '고지도로 보는 공산성', 국립공주박물관 세미나

[11] 서울특별시사편찬위원회, 2009, 『서울의 길』, 36쪽

[12] 국립경주문화재연구소, 2002, 경주오릉북편교량지 발굴조사 보고서

[13] 『신증동국여지승람』은 조선 문신 이행·윤은모 등이 『동국여지승람』을 증수하여 1530년에 편찬한 지리서이다.

[14] 『삼국사기』 권1 기이 1 '도화녀 비형랑조'

[15] 진성규·이인철, 2003, 『신라의 불교사원』, 백산자료원

[16] 경주문화재연구소, 1997, 「경주 교동 귀교지 현장조사」 『년보』 제8호, 152쪽,

[17] 원효: 기원후 617~686년, 속성(俗姓: 승려가 되기 전의 성 씨)은 설(薛) 씨이다.

[18] 경주시·한국전통문화학교, 2006, 월정교 복원 기본계획 및 타당성 조사보고서

[19] 『경북일보』(2020년 12월 6일자), '물결은 부서져 옥가루가 되고 펼쳐진 모래는 비단 같구나'

[20] 『중앙일보』(2013년 6월 29일자), '당나라 때 수도 장안의 인구 100만 명'

[21] '문두루비법(文豆婁秘法)'은 선덕여왕 4년(635)에 처음으로 신라에 전해진 비법으로 불설관정복마봉인대신주경(佛說灌頂伏魔封印大神呪經)에 의한 것이다. 이 경에 따라 불단(佛壇)을 설치하고 다라니 등을 독송하면 국가적인 재난을 물리치고 국가를 수호하여 사회를 편안하게 할 수 있다고 한다.

[22] 문화재청, 국가문화유산포털

[23] 한국민족문화대백과사전

[24] 『삼국사기』「신라본기」 제9권에 따르면 '신라 35대 경덕왕(景德王) 19년(760) 2월에 "궁중에 큰 못을 파고 궁성 남

쪽 문천(蚊川)상에 월정, 춘양(月精, 春陽) 두 교량이 기공됐다(宮南 蚊川之上 起月精 春陽二橋)"라는 춘양교 기사에 처음 등장한다.

[25] 遺址: 옛 다리 터

[26] 경주시, 2006, 월정교 복원 기본계획 및 타당성 조사 보고서, 181쪽

[27] 경주문화재연구소, 2005, 춘양교지 발굴조사보고서

[28] 『경주선생안』에 '상서 노경륜이 경진년(고려 25대 충렬왕 27년(1280))에 월정교를 보수하고 같은 해 상경했다(尙書 盧景倫 戊寅到任 庚辰 月精橋造排 同年 上京)'라는 기록이 있다.

[29] kbs 뉴스 9(2019년 1월 16일 보도), [현장K] '천년고도' 경주 신라시대 다리 청나라식으로 복원?

[30] 정영호 감수, 1999, 『그림과 명칭으로 보는 한국의 문화유산』, 시공테크, 148~156쪽

[31] 한국전통문화연구소, 2006, 월정교 복원 기본조사 및 타당성 조사 최종보고서

[32] 대한토목학회, 2001, 『한국토목사』, 517쪽

[33] 고려사 목종 5년(1002) 5월의 기사, 문종 2년(1048) 3월의 기사 참조

[34] 『한국 NGO신문』(2016년 12월 23일자), '천년의 역사를 씻어온 '진천 농다리(籠橋)"

[35] 농다리 전시관 팸플릿

[36] 『신증동국여지승람』권35 나주목 교량조 「고막교재 고막포(古幕橋在 古幕浦)」, 산천조 「고막포재 주서삼십리(古幕浦在 州西三十里)」, 역원재 「고막원재 현동삼십리(古幕院在 縣東三十里)」

[37] 디지털 창원문화대전

[38] 청주시·청주대학교 박물관, 2005, 남석교 발굴조사 및 복원기본계획 수립을 위한 학술연구용역 보고서, 26~29쪽

[39] 한국학중앙연구원-향토문화전자대전

[40] 청주시 청주 백제유물전시관 기획전시(2018.10.25.~12.16.), '땅에 묻은 고려의 보물 남석교 80.85'

[41] 국립문화재연구소, 2013, 『고려도성 기초학술연구 I』, '松都志', (松京廣攷), (中京誌)

[42] 한국역사연구회, 2009, '고려시대 남경의 설치와 간선교통로의 변화 (3)'

[43] 서울대 규장각에 소장된 19세기 중반 제작된 동국지도 중 한강과 임진강 사이를 표시한 지도

[44] 노원역(盧原驛): 도봉구 수유리 고개 못 미쳐 설치된 역참

[45] 영서역(迎曙驛): 현 응평구에 설치됐던 역참

[46] 청파역(靑坡驛): 현 용산구 청파동에 설치됐던 역참

[47] 『중부일보』(2015년 3월 8일자), '전국 525개 역도·22개 고려간선도로구축 국가대동맥 이어지다'

[48] 『경기일보』(2019년 8월 25일자), '임진나루 '진서문' 원형사진 70년 만에 빛본다'

[49] 이규보의 『동국이상국집(東國李相國集)』 제10권의 소재로 삼은 사평원(沙平院)은 고려 이후 조선시대까지도 국가가 관료 및 길손들의 편의를 위해 설치한 관영 숙박소였다(한국고전번역원, 고전번역서 『동국이상국집』, 1980, 번역 참고)

제3장

조선시대 한양
지역 다리들

조선 태조 이방원은 태조 3년(1394)에 한양으로 천도하여 태조 5년에 도성 축조를 완료했다(그림 3.1). 경복궁으로 상징되는 한양은 북쪽에 한양의 진산(鎭山)인 북한산(北漢山, 810.5m), 동쪽에는 외청룡인

용마산(龍馬山, 348m), 서쪽에는 외백호인 행주의 덕양산(德陽山, 124.8m), 남쪽에는 한양의 조산인 관악산(冠岳山, 629.1m) 등 외사산(外四山)과 경복궁 바로 북쪽의 주산(主山)인 백악산(白岳山, 342m), 동쪽의 내청룡 낙산(駱山, 125m), 서쪽의 내백호(內白虎) 인왕산(仁王山, 338.2m) 그리고 남쪽은 안산(案山)인 남산(262m) 등 내사산(內四山)으로 둘러싸여 풍수지리상 큰 길지가 틀림없어 보인다. 인왕산에서 남으로 뻗은 산줄기는 남대문을 지나 남산로

그림 3.1 18세기 도성도(都城圖)

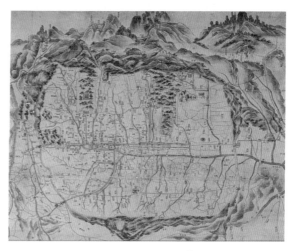

출처: 규장각 한국학연구원

이어지는데, 남대문을 분수계(36.6m)로 하여 동으로는 청계천(淸溪川)이 흘러 중랑천과 합류하고, 서에서 흐르는 갈월천은 한강으로 바로 흐른다. 청계천은 인왕산 남사면에서 발원하여 북악산 남사면을 흐르는 청운천, 중학천, 대학천 및 성북천과 남산의 북사면을 흐르는 장춘천과 필동천과 합류한 후 다시 하류에서 정능천, 월곡천 및 전농천과 합류해서 중랑천으로 유입한다. 청계천은 뚝섬 근처에서 한강으로 흘러 들어간다. 서울은 이렇듯 사방이 산으로 둘러싸인 분지형으로 많은 언덕과 하천이 산재해있는 지형이다(그림 3.1).

이러한 지형에서 사람과 마차가 통행하기 위해서는 도성 내에 많은 도로의 건설이 필요하였고, 필연적으로 하천 위에 많은 다리가 가설됐다(그림 3.2). 다리의 건설을 체계적으로 계획·설계 및 유지관리를 위해 조선조 초기부터 『경국대전(經國大典)』의 공조(工典)에 규정을 정하여 건설을 추진했다. 개국 초기에는 여러 부처에서 다리 건설에 관여했는데, 예를 들어 공조는 재정을 지원하여 도로와 다리를 건설하고, 호조(戶曹)는 도성의 다리와 도로를 관리하도록 했다. 또 병조에는 성곽에 놓이는 다리들을 별도로 관리한 것처럼 보인다. 그러나 시간이 갈수록 법 집행에 혼선이 생기자 세조 때부터는 공조가 다리건설의 주무 관청이 됐다.

그림 3.2 김정호가 1860년대 그린 동여도(東輿圖) 중 〈경조오부(京兆五部)〉 (한양 도성 안팎 주요 가로망)

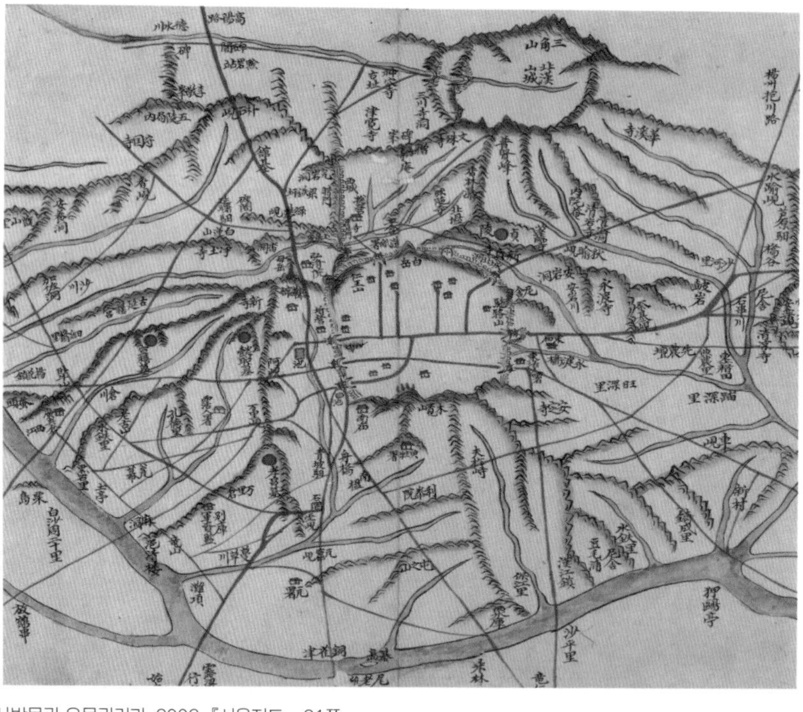

출처: 서울역사박물관 유물관리과, 2006, 『서울지도』, 21쪽

조선시대의 다리 형태는 크게 궁궐과 왕릉 금천교 및 도성 안의 다리와 한강에 놓였던 배다리, 절에서 주관하여 만든 사찰 교량으로 분류할 수 있는데, 그 이외에도 지방의 민간들이 건설한 지방의 다리들과 군사 목적으로 건설한 성곽 다리들도 찾아볼 수 있다.

조선왕들은 천도 후 궁성(宮城)을 조성하면서 경복궁의 영제교(永濟橋), 창덕궁의 금천교(錦川橋) 및 창경궁의 옥천교(玉川橋)와 같은 조선시대를 대표하는 석재로 만든, 아름다운 홍예교(무지개다리)들을 축조했다. 도성 안에는 청계천을 중심으로 여러 다리가 가설됐는데, 그 대표적인 다리로는 현재 무교동에 복원된 광통교(廣通橋)와 청계천 준설과 수위를 측정했던 수표교(1406)가 있다. 광통교와 수표교는 정월대보름에 널리 유행했던 답교(踏橋)놀이의 중심지이기도 했다.

그 이외에 청계천 하류에 세종 2년(1420)에 착공하여 성종 18년(1483)에 완성된 살곶이다리(箭串橋), 국방 및 하천 홍수관리를 위해 1715년에 가설된 홍지 수문교(弘智 水門橋), 수원 화홍교(華虹橋) 및 1867년 고종 때 가설된 경복궁 내의 향원정(香遠亭)의 취향교(醉香橋) 등이 있다.

성종 12년(1481)에 작성된『신증동국여지승람(新增東國輿地勝覽)』의 교량조(橋梁條)에 따르면 조선 전기의 전국 교량 수가 516개소인 것으로 나타나고 있는데, 우리나라 다리는 이때부터 체계적인 이름을 갖게 된 것으로 보인다.

고종을 전후하여 작성된『한경식략(漢京識略)』,『수선전도(首善全圖)』 등의 사료를 조사한 바에 따르면, 조선 후기의 한성에 있던 다리는 성안에 76개소, 성 밖에 10개소 등 86개소가 있었다고 한다.[1] 또한『대동지지』에 따르면 고종 2년(1865)에 서울 이외 지방에 놓여있던 다리의 수는 542개로 나타나므로[2] 조선 말에 우리나라에 남아 있던 다리의 수는 대략 628개에 달한다.

표 3.1 조선 전기 다리 현황(신증동국여지승람)

지역별	교량 수	지역별	교량 수
한성부	18	경기도	9
개성부	15	충청도	39
경주부	5	경상도	30
함흥부	1	전라도	158
평양부	14	황해도	26
		강원도	4
		함경도	64
		평안노	133
총계			516

원래 조선의 지방도로망 축은 중국과의 교역로였던 의주-한양 축과 한양으로부터 상공업이 발달된 영남지방을 연결하는 한양-동래의 영남대로 축이 주축이었다(그림3.3). 그러나 조선 중기에 들어와서 특히 임진왜란과 병자호란 이후 영남지방의 인구가 급속하게 감소하였고, 경상도 지방의 지역산업이 크게 위축되면서 정부의 재정(財政)을 호남지방의 쌀 생산에만 의지할 수밖에 없었다. 따라서 호남지역의 도로와 많은 교량을 건설할 필요가 있어서 조선 중기 이후에는 서울-천안-호남의 도로망이 정부의 중요한 국가적 관리 대상이 됐다. 정부는 서울-호남 도로망상에 있는 큰 하천을 건너기 위한 많은 큰 다리들이 필요했을 것으로 보이는데, 실제로는 호남 주요 간선도로상에 옛 다리가 축조됐던 다리 터가 쉽게 발견되지 않는다. 우리나라 하천 특성상 여름에 발생하는 홍수 때문에 큰 하천에 영구 구조물을 건설하기가 어려웠던 것으로 추측된다.

그림 3.3 조선시대 전국 간선도로망(대동지지의 10대로 기준)

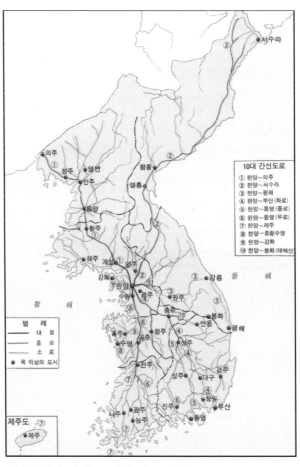

박태권, 2017, 조선시대 도로역사를 되돌아보며, 한국도로학회, 제19권, 제2호, 44쪽

그림 3.4 경복궁 영제교

3.1 왕궁 내의 다리들(돌널다리 13개, 홍예교 6개, 나무다리 1개)

조선은 한양에 경복궁, 창덕궁, 창경궁, 경희궁 및 덕수궁 등 5개의 궁성을 갖고 있었다. 이 5곳의 궁성에는 모두 크고 화려한 금천교(禁川橋)를 세워졌다.

3.1.1 경복궁(돌다리 3개, 홍예교 1개, 나무다리 1개)

1) 영제교(永濟橋)

영제교는 태조 4년(1395) 조선 초에 경복궁이 창건될 때 경복궁 금천 위에 만든 다리다. 경복궁 금천은 북악산에서 발원하여 경복궁 안 향원지와 경회루(慶會樓)를 지나면서 방향을 바꾸어 홍예문과 근정문 사이를 가로질러 동십자각 옆 수구(水口)로 나간다. 태조 때 축조된 금천교는 처음에는 석교(石橋)라고 불리다가 세종 때 '영제교'(그림 3.4)라는 이름을 갖게 되었다.

영제교는 선조 25년(1592) 임진왜란으로 경복궁이 폐허가 돼 고종 2년(1865)에 경복궁을 중건할 때까지 방치돼있다가 고종에 의해 중건돼 궁궐의 금천교 역할을 했다.

그림 3.5 영제교(과거와 현재)

영제교 모습 옛 모습

2022년 영제교 모습

출처: 『조선고적도보』

그러나 일제강점기인 1915년에 '시정 5주년 기념 조선물산공진회'가 경복궁에서 열리면서 흥례문과 주변 행각이 헐릴 때 영제교도 같이 철거되고, 1년 후 영제교가 있던 자리에 조선총독부 청사가 지어지면서 1990년까지 영제교는 여기저기 옮겨 다녔다. 처음에는 영제교 부재를 조선총독부 박물관 근처에 모아 두었다가 광복 이후 1950년대에는 임시로 수정전(修政殿) 앞에 설치했다. 1970년대에는 다시 경복궁 동문인 건춘문(建春門) 안쪽으로 옮겨놓았다. 영제교는 일제강점기 이후 이렇게 여러 번 옮겨 다니면서 원형이 많이 훼손됐다(그림 3.6). 영제교는 1990년대 경복궁 복원사업의 일환으로 조선총독부 청사가 철거되고, 흥례문 일원이 중건되면서 드디어 원래 자리에 복원됐다.

그림 3.6 복원 전 근정전 동행각 앞에 있었던 영제교

출처: MBC 아카이브

영제교는 길이 43자(약 13m), 너비 33자(약 10m)의 두 칸짜리 연속 홍예교로 다리 노면과 홍예석 사이에는 판축 다짐으로 채웠다. 그리고 선단석 밑에 지대석(地臺石)을 두어 기초를 더욱 튼튼하게 했다(그림 3.5 오른쪽). 영제교 도로면은 4줄의 귀틀석을 설치하고 이웃한 귀틀석들 사이에 청판석을 깔아 바닥판을 구성했다. 여느 궁궐 금천교에서와 마찬가지로 가운데는 양측 바닥면보다 높게 하여 어도(御道)로 만들고, 그 양쪽 길은 신하들이 다니는 길로 사용했다. 다른 궁궐의 금천교에서와 같이 다리 종단면에서 중앙을 약간 높여 빗물이 노면 위를 잘 흘러 내려가도록 했다. 다리 길이 방향으로 설치된 맨 외측 귀틀석 위에는 돌난간을 설치했는데, 난간 양측 끝

에 세운 법수는 용을 조각하여 앉히고, 엄지
기둥 사이에는 동자기둥을 설치하지 않고
다만 13개의 난간기둥을 세웠다. 그 위에 단면
이 8각형인 돌란대를 얹어 난간을 완성했다.

금천 축대 사방에는 네 마리의 천록상이
있는데, 이 중에서 서북쪽에 있는 메롱 천록
상(그림 3.7)이 가장 유명하다. 여기서 나오는
천록은 『후한서』 「영제기」에 나온 상상의
동물로, 요사스럽고 나쁜 것을 뿌리치는 벽사(辟邪)의 능력이 있다고 한다. 우리 선조들의 매우 해
학적인 면을 볼 수 있는 장면이다.

2) 경회루 석교

경회루는 경복궁 근정전 서쪽에 있는 누각(그림 3.8)으로, 왕이 신하들과 연회를 베풀거나 사신을
접대하고, 가뭄이 들면 기우제를 지내는 등 국가 행사에 사용하던 건물이다. 조선 태조 4년(1395)
경복궁 창건 때 연못을 파고 누각을 세웠으나 지대가 습하여 건물이 기울자 태종 12년(1412)에 못
을 더 크게 파고 그 가운데 섬에 누(樓)를 세워 8개월 만에 경회루를 완공했다. 경회루는 1592년 임
진왜란 때 불타서 273년간 폐허로 남아있다가 고종 4년(1867)에 흥선대원군에 의해 재건됐다.

경회루로 들어가는 돌다리가 3개 있는데, 그중에서 가장 남쪽에 있는 이견문(利見門) 앞에 주로
임금이 전용으로 사용한, 길이 약 10m, 너비 약 4.7m인 세 칸짜리 우물마루 돌다리가 세워져있다

그림 3.8 경회루 옛 모습

출처: 『조선고적도보』

(그림 3.9). 가운데 함홍문(含弘門) 앞
에는 육지에서 경회루로 들어가
는 두 번째 돌널다리(그림 3.10)가 세
워져있는데, 이 다리로는 세자와
종친만 출입이 가능했다. 이 다리
가 우물마루 형식을 취한 것은 이
견문 앞 돌다리와 축조 방식과 같
으나 그 너비가 약 3m로 이견문
앞 다리보다는 너비가 좁다.

그림 3.9 경회루 이견문 앞 돌다리

경회루 이견문 앞 돌다리	이견문(利見門)	이견문 앞 돌다리 어로

그림 3.10 경회루 함홍문(含弘門) 앞 돌다리

함홍문	함홍문 앞 석교

경회루 입구 가장 북쪽 자시문 앞에는 신하(문신, 무신)나 그 이외에 신분이 낮은 사람들이 출입했던 자시문(資始門) 돌다리가 있다(그림 3.11). 이 북쪽 돌다리는 네 칸짜리 돌널다리로 돌기둥 3개와 두 개의 멍에로 한 개의 교각을 구성하고, 이 교각을 길이 방향으로 3줄 세운 다음 그 위에 12개의 귀틀석을 얹고 귀틀석 사이에 청판석을 깔아서 다리를 완성했다. 경회루 자시문 앞 돌다리는 함홍문 앞 돌다리와 크기와 축조 방식이 모두 같게 건설됐다.

그림 3.11 경회루 북쪽 자시문 앞 돌다리

경회루 자시문	자시문 앞 돌다리 바닥판과 난간	자시문 앞 돌다리 교각 배열

경회루를 출입하는 세 개의 돌다리 모두 영제교에서 사용됐던 형식의 난간 형식을 가지고 있다. 다리 양측 끝단에 서 있는 엄지기둥에는 서수(瑞獸)상이 얹히고, 그 기둥 사이에는 하엽난간기둥을 줄지어 세우고 기둥 위에 돌란대를 설치했다(그림 3.11 가운데).

3) 경복궁 향원정 취향교

조선시대 몇몇 남아있지 않은 나무다리 중에는 서울시 경복궁 향원정 취향교가 있다. 건국 후 태조 4년(1395)에 창건된 경복궁은 조선 정궁으로 조선 수도 한양의 상징이자 정치 문화 중심지였다. 임진왜란 이후 오랫동안 훼손되고 황폐화한 경복궁은 조선 26대 왕인 고종 2년(1865)에 대대적으로 재건 공사가 이루어져 예전 정궁으로서의 면모를 갖추게 됐다. 고종은 재위 10년(1873) 되던 해에 경복궁 후원에 연못을 개축하고 연못 한가운데 '향원정'이라는 정자를 만들고 임금의 거처인 건청궁에서 정자로 나가기 위해 '취향교'를 가설했다. 그 '취향교'는 1910년 조선을 침탈한 일제에 의해 경복궁과 더불어 계획적으로 훼손돼 제 모습을 잃어가고 있다가 그마저도 6·25 전쟁 중 파괴됐다. 정부는 1953년에 관광객들을 위해 고증도 거치지 않고 새로운 취향교를 향원정 남단에 임시로 가설했다(그림 3.12).

이러한 문제점을 인식하고 '국립강화문화재연구소'는 '경복궁 제2차 1단계 복원사업'의 일환으로 취향교의 원위치 파악과 잔존 유구를 탐색한 결과보고서를 2018년에 발표했다. 문화재청은 이 발굴조사보고서를 기초로 2019년에 취향교 복원을 완료했다(그림 3.13).

그림 3.12
6·25 전쟁 이후
임시로 설치된 취향교

그림 3.13 경복궁 향원정 취향교

일제강점기 취향교(유리건판 사진)(상한 연대: 1873)　　　　　2019년 복원된 취향교 전경

3.1.2 창덕궁(돌널다리 6개, 홍교 2개)

1) 창덕궁 금천교

　창덕궁은 태종 5년(1405) 이궁(離宮)으로 창건된 궁궐로 임진왜란 이후 경복궁이 흥선대원군에 의해 중건될 때까지 200여 년간 조선왕조의 정궁 역할을 한 매우 중요한 궁궐이다. 창덕궁 안에 있는 금천교(錦川橋)는 태종 11년(1411)에 조성된 서울의 석교 중에는 가장 오래된 다리로 창덕궁 경내로 진입하는 초입에 위치하며 진선문과 동시에 건립됐다. 그러나 1907년 이후 순종이 창덕궁으로 이어(移御)했을 때 차량 통행에 불편함이 발견돼 다리를 약간 북쪽으로 옮겨 설치했다.

　창덕궁 금천교는 의장(儀仗)을 갖춘 국왕의 행차 때 노부(鹵簿)[3]의 폭에 맞도록 길이 12.9m, 너비가 12.5m인 정사각형에 가까운 다리로 다른 금천교에 비해 폭이 상당히 넓다.

　그림 3.14에서 보는 것처럼 다리 홍예 위쪽에 다리 축 방향으로 4줄의 귀틀석[4]을 깔고 양변의 귀틀석 위에 각각 2개의 엄지기둥과 4개의 동자기둥 등 총 12개의 기둥을 설치했다. 엄지기둥의 머리 부분 법수에는 상서로운 징조를 나타내는 동물 조각상을 올려놓았고, 동자기둥의 머리 부분은 연화보주형(蓮花寶珠形)으로 장식했다. 금천교의 각 기둥 사이 간격은 2.5m이고 높이는 약 1.1m 정도되는데, 기둥 사이마다 판석을 세우고 하엽동자기둥(荷葉童子柱)을 중심으로 두 개의 풍혈을 눈 모양으로 뚫어놓았다.

　홍예의 구조는 하천 바닥의 중앙과 물가에 놓인 지대석을 토대로 홍예를 2개 튼 형식으로 돼 있다. 홍예 위에 크고 넓적한 돌들을 깔아 바닥을 고르고 그 위에 다리 축 방향으로 4줄의 귀틀석을 설치하여 바닥을 세 칸으로 나누고 가운데 왕이 지나다닐 길과 양옆으로 신하들이 다닐 길을 확실하게 구분해놓았다. 귀틀석 사이에는 청판석을 고르게 깔아 바닥판을 구성하면서 다리의 상면

그림 3.14 창덕궁 진선문 앞 금천교

은 불룩하게 곡면으로 만들어 빗물이 자연스럽게 흐르도록 했다. 창덕궁 금천교에는 멍에를 따로 설치한 것 같지는 않고, 다만 각 동자기둥 밑에는 멍에 역할을 하는 장대석을 귀틀석 밖으로 빼내어 그 끝단에 천록(天禄)을 조각했다(그림 3.15 오른쪽). 천록은 중국 고사에 나오는 상상의 동물로 요사스럽고 나쁜 것을 물리치는 벽사(辟邪) 능력을 가졌다고 한다.

  홍예 사이 벽에는 귀면형(鬼面形) 잠자리무사가 부조돼있고, 그 아래쪽의 지대석 위에는 남쪽에는 해태, 북쪽에는 거북이 조각상을 배치하여 외부의 잡귀를 막는 상징적인 경계인 금천의 분위기를 생생하게 나타내고 있다.

그림 3.15 창덕궁 금천교 쌍홍예

1930년대 창덕궁 금천교

2022년 모습

출처: 『조선고적도보』

2) 창덕궁 후원 돌다리

① 연경당 장락문 앞 돌다리

　연경당은 순조 말에 대리청정을 맡은 효명세자가 아버지 순조와 어머니 순원황후의 존호를 올리는 의식을 치르기 위해 후원 진장각(珍藏閣) 옛터에 세운 연회장이다. 연경당은 고종 2년(1865)에 새로 증축·신축 이후 심하게 훼손 없이 오늘에 이르고 있다고 하니, 연경당 석교도 순조 28년(1826)에[5] 지어진 이후 지금까지 옛 모습을 그대로 간직하고 있다고 생각된다(그림 3.16).

그림 3.16 연경당 장락문 앞 석교

 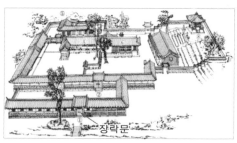

장락문과 돌다리　　　　　　　　　　　　　　연경당과 장락문

② 연경당 부근 두 개의 돌다리

　현재 연경당 장락문 인근에 두 개의 돌다리를 더 찾을 수 있는데(그림 3.17), 두 다리에 관한 역사적 기록이 눈에 띄질 않는다. 그러나 겉보기로는 두 다리 모두 영경당 장락문 앞을 흐르는 개울을 가로지르고 있고, 사용된 재료가 장락문 앞에 있는 석교 바닥판 석재와 흡사하게 보여 조선시대 만들어진 다리라는 생각은 들기는 하는데, 문화계의 좀 더 확실한 고증이 이루어지기 전까지는 조선시대 돌다리 수에는 포함하지 않았다.

그림 3.17 연경당 인근 돌다리(장락문을 정면으로 보고)

장락문 왼편에 있는 돌다리　　　　　　　　　장락문 오른쪽에 있는 돌다리

③ 존덕정(尊德亭) 홍교

궁궐지에 따르면 존덕정은 인조 22년(1644)에 지었다고 한다. 첫 이름은 '육면정(六面亭)'이었다가 훗날 '존덕정'으로 고쳐 불렀다고 한다(그림 3.18).

그림 3.18 옛 지도에 나타나는 존덕정[6]과 홍예교

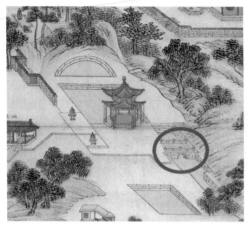

「동궐도」에 그려진 존덕정(1825~1830)

『조선고적도보』에 그려진 존덕정(1931)

존덕정 동편으로 흐르는 시내 위에 길이 3.5m, 너비 1.83m인 무지개다리(홍교)를 세웠다(그림 3.19). 이 다리는 가장 기본적인 단홍교의 형식을 취하고 있는데, 홍예 양옆과 위쪽으로 무사석을 쌓아 올려 다리 바닥판의 기초를 만들었다. 그 위에 다리 양옆으로 귀틀석을 깔아 난간의 하인방 역할을 하게 하고 그 위에 양쪽으로 각각 3개씩 기둥을 세웠다. 다리가 작아서 엄지기둥과 난간기둥은 구분하지 않았다. 이웃한 돌기둥 하단에는 판석을 끼우고, 그 위에 하엽동자기둥을 두어 난간을 조성했다(그림 3.19 왼쪽).

그림 3.19 존덕정과 홍예교

홍예교 정면(남쪽에서)

홍예교 바닥면(동쪽에서)

④ 취한정(翠寒亭) 돌다리

　　창덕궁 후원 존덕정을 지나 언덕을
올라가 다시 북쪽으로 내려가면서 옥
류천과 만나는 부근에 취한정이 있다.
이 정자는 사방으로 푸른 소나무 숲으
로 둘러싸여 있고, 옥류천을 따라 내려
오는 계곡의 시원한 바람 때문에 이곳
을 지나가던 임금이 옥류천 우물에서
약수를 마시고 돌아가면서 잠시 쉬어
가도록 만들어졌던 정자라 한다. 조선
19대 숙종(1674~1720) 때 건립된 것이라
고 추정하고 있다. 그림 3.20에는 동궐

그림 3.20 「동궐도」의 취한정과 돌다리

도에 나오는 취한정과 6개의 들보로 된 취한정 다리가 그려져 있다.

　　그림 3.21에 보이는 취한루 앞 다리는 마치 나무다리같이 그려져 있는데, 지금 우리가 보는 돌
다리는 옥류천 위에 6개의 장대석으로 세워진, 마치 왕릉의 금천교와 같은 느낌을 주는 매우 단순
한 돌다리다.

그림 3.21 취한루 앞 돌다리

현 취한정(2022)

『조선고적도보』의 취한정(1931)

⑤ 소요정(逍遙亭) 돌다리

소요정은 인조 14년(1636)에 창덕궁 후원 옥류천 위에 지어진 정자다. 처음에는 탄서정(歎逝亭)이라고 불렀다가 그 후 소요정이라 이름을 바꾸었고, 정조 14년(1790)에 장마로 훼손됐다가 수리된이후 지금까지 유지하고 있다고 한다. 소요정은 취한정에서 태극정 쪽에서 올라가는 중간에 지어져 있는데, 소요정 동쪽으로 흐르는 옥류천 위에 있다(그림 3.22).

그림 3.22 옛 그림 속의 소요정[7]과 돌다리

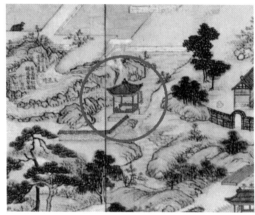

「동궐도」 소요정(1825~1830)

「조선고적도보」 소요정(1931)

소요정 돌다리는 가운데 놓인 교각 위에 멍에를 올리고 그 위에 장대석을 깔아 바닥판을 구성한 매우 단순한 돌널다리다. 교각은 마름모꼴로 설치하여 장마 때 교각이 받는 수압을 줄였다(그림 3.23).

그림 3.23 소요정 동쪽 돌다리

현 소요정과 돌다리

소요정 돌다리 전경

⑥ 창덕궁 태극정(太極亭) 돌다리

소요정을 지나 북쪽으로 조금 위로 올라가면 옥류폭포가 나오고 그 바로 그 위쪽으로 우리는 태극정을 만난다(그림 3.24).

태극정은 인조 14년(1636)에 지었는데, 처음에는 운영정(雲影亭)이라 했다가 태극정으로 바꿔 불렀다. 150년 전에는 태극정으로 들어가는 다리가 3개가 있었으나 그중 두 다리는 현재도 그 자리에 그대로 있는 것으로 보이지만 세월이 지나면서 태극정 옆을 지나가는 물길이 바뀌어 그림 3.24에 보이는 옛날 옥류폭포 바로 위에 있던 다리가 현재 그림 3.25에서 보이는 붉은 원 안

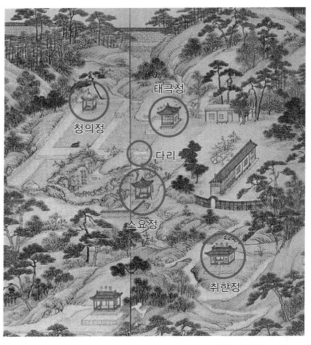

그림 3.24 태극정 입구 정자들

출처: 「동궐도」 부분도

에 있는 다리인지는 확인하지 못했다. 그러나 사용된 석재의 상태로 봐서는 이 다리가 조선시대 다리같이 보이지 않는다. 현재 태극정에는 다리가 4개가 있는데, 그중 2개의 다리는 신설된 것으로 판단된다.

⑦ 창덕궁 청의정(清漪亭) 돌다리

창덕궁 후원에서 가장 북쪽에 위치한 정자가 청의정이다(그림 3.26). 헌종 때 지은 『궁궐지』에 따르면 청의정은 태극정과 같은 시기인 인조 14년(1636)에 지어졌다고 한다.

그림 3.25 현존하는 태극정 다리들(북서쪽에서)

그림 3.26 옛 그림 속의 청의정

「동궐도」 속의 청의정과 태극정

「조선고적보도」 속의 청의정

청의정 정자 앞에는 백성들에게 농사의 소중함을 일깨워주기 위해 논을 가꾸고 벼농사를 지었다. 가을에는 수확한 볏짚으로 정자의 지붕 잇게 했는데, 이는 농사의 소중함을 백성들에게 일깨워주기 위함이었다고 한다. 정자에는 북쪽으로만 출입할 수 있는데, 정자가 섬 안에 있어서 돌다리를 놓아 드나들 수 있게 하였는데, 교각은 없고 작은 돌판 위에 올려놓은 돌 상판만 있다. 옛 그림(그림 3.26)과 근자에 찍은 사진(그림 3.27)을 비교해보면 지금 현존하는 청의정 돌다리는 일제강점기 청의정 돌다리와 같은 다리임을 알 수 있다.

그림 3.27 청의정 돌다리

현 청의정 전경

현 청의정 입구 돌다리

3) 창덕궁 서쪽 옆문 앞 돌다리

창덕궁 금천교는 창덕궁이 태종 5년(1405)에 처음 세워지고 6년 후인 태종 11년(1411)에 축조됐다. 금천교 밑을 흐르던 금천은 북악산에서 발원한 '북영천(北營川)'이다. 경복궁 금천교에서 북쪽으로 조금만 올라가면 옛날 궁녀들의 북영천 빨래터로 알려진 곳에서 옛 다리의 흔적을 볼 수 있다.[8] 겉보기에는 조선조 후기에 지어진 돌다리라고 생각된다(그림 3.28).

그림 3.28 옛 빨래터 다리(추정)

3.1.3 창경궁(돌널다리 4개, 홍예교 1개)

1) 옥천교

창경궁 옥천교(그림 3.29)는 창경궁 정문인 홍화문(興化門)으로 들어가서 명정문(明政門)으로 가는 길에 창경궁의 금천(禁川)인 옥류천(玉流川) 위에 놓여있다. 여기서 언급된 옥류천은 창덕궁 후원의 옥류천과 같은 개울이다. 옥천교는 성종 14년(1483)에 조모인 정희왕대비, 모후인 소혜왕후, 양모인

그림 3.29 1931년 창경궁

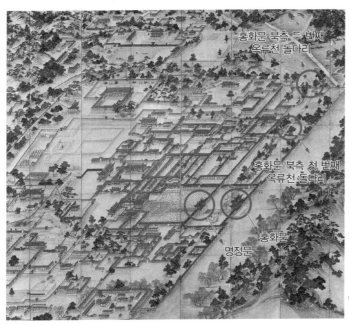

홍화문 북측 두 번째 옥류천 돌다리

홍화문 북측 첫 번째 옥류천 돌다리

홍화문

명정문

* 그림에 붉은 원 안에 있는 옥류천에는 다리가 필요했던 곳으로 추측됨

출처: 조선고적도본

안순왕후를 모시기 위해서 옛날 태종이 머물던 수강궁 자리에 창경궁을 창건할 때 지어졌다. 선조 25년(1592) 임진왜란에도 돌로 된 이 다리는 피해를 입지 않고 살아남았다.

창경궁 옥천교는 길이가 약 9.9m, 너비가 약 6.6m의 두 칸짜리 홍예교로 경복궁 영제교나 창덕궁 금천교와 같은 개념으로 축조된 다리다(그림 3.30). 이 다리는 다른 두 다리에 비해 그 규모가 작은데, 그 이유는 경복궁과 창덕궁은 왕이 거처하던 곳이지만 창경궁은 대비들의 궁으로 지어졌기 때문이라고 한다. 홍예는 장대석으로 만들어진 지대석(기단석(基壇石)) 위에 선단석(扇單石)을 세우고 그 위에 양쪽으로 각각 두 개의 홍예석을 쌓고 홍예 정수리에 이마돌(頂石)을 끼워 넣는 전형적인 홍예교로 축조됐다. 두 홍예 사이 중앙 벽면에는 삼각형 모양으로 귀면(怪面, 잠자리무사)을 부조하여 잡귀를 물리치게 했다. 옥천교는 다른 궁궐 어느 교량보다도 아름다워 이 다리만 유일하게 보물 제385호로 지정하였다.[9]

그림 3.30 명전문 앞 옥천교

옥천교(1931)

옥천교(2022)

출처: 『조선고적도보』, 창경궁 옥천교 수리보고서

다리 바닥은 정전(正殿)에 이르는 삼도형식(三道形式)을 취하여 귀틀석으로 경계를 삼아 셋으로 구분하고, 바닥은 우물마루 바닥판 구조를 했다. 다리 중앙부를 약간 높여 빗물이 잘 배수되도록 했다. 난간은 양쪽 끝의 엄지기둥을 두 개씩 그리고 그 사이에는 양쪽에 각각 4개씩 모두 8개의 동자기둥을 하인방 역할을 하는 귀틀석 위에 설치했다(그림 3.31). 난간은 창덕궁 금천교(錦川橋)의 난간과 같은 방식으로 기둥과 기둥 사이에 하엽동자기둥을 부조한 풍혈판(風穴板)을 끼워 넣고, 그 위에 돌란대(일명 회란석(廻欄石)[10]이라고도 함)를 얹어 돌난간을 만들었다. 난간 양쪽 끝에 서 있는 법수는 상서로운 짐승으로 조각했다(그림 3.31 아래).

그림 3.31 창경궁 옥천교 상세

귀면   쌍홍예

법수와 풍혈판

2) 통명전 지당(池塘) 석교(통명전 보물 818호)

통명전은 내전의 중심 건물로 왕과 왕비 그리고 대비(大妃)들이 사용했던, 명정전 서북쪽 창경궁 안 가장 깊은 곳에 자리 잡은 공간이다(그림 3.32). 성종 15년(1484)에 지어졌으나 임진왜란 때 소실되고 광해군 때 다시 세운 건물로 정조 14년(1790)에 다시 불타 없어졌다. 현재 남아있는 건물은 순조 34년(1834) 창경궁 전각 대부분을 재건할 때 새로 지은 것이다.

그림 3.32 창경궁 통명전 정면

통명전 서편 마당에는 남·북 길이 12.8m, 동·서 너비 5.2m인 화강석으로 조성된 통명전 지당(池塘)이라는, 아름다운 연못이 있다. 이 연못의 북쪽 4.6m 떨어진 동그란 샘에서 샘물이 흘러나와 돌로 만든 수로를 통해 이 연못으로 떨어져 들어왔다가 다시 남쪽으로 흘러나가도록 물길이 나 있다. 그림 3.33 왼쪽 그림의 이 물길 위에는 길이 약 4.2m, 너비 약 2.6m, 바닥에서 귀틀석 아래 면까지의 높이가 약 1.25m 되는 간결한 우물마루 돌다리가 동·서로 놓여있다(그림 3.33 오른쪽). 이 다리가 단순하면서도 주위환경과 잘 어울리는 통명전 돌다리인데, 이 돌다리와 돌연못 그리고 돌수로들이 어울려 환상적인 통명전 정원이 연출되고 있다.

그림 3.33 통명전 지당과 석교

통명전 서편 샘과 지당(연못)

통명전 지당 석교

3) 선인문(宣仁門) 석교

창경궁 정문인 홍화문(弘化門)에서 남쪽으로 조금만 내려가면 조정 대신들의 출입문인 선인문이 나온다. 이 다리 앞에는 예전 궐내 각사가 있던 곳으로 그 중심에는 군사 업무를 총괄하는 도총부(都摠府)가 있었다. 그 이외에 그 주변에는 여러 복합시설이 들어서 있었는데, 일제강점기에 이들을 헐고 이곳에 동물원을 세웠다. 광복 후 한참 시간이 흐른 뒤에도 이곳은 서울 시내 유원지로서 역할을 하다가 1980년대 일제강점기 잔재 청산의 움직임이 강하게 일어나 1984년 창경원 동물원을 서울대공원(과천)으로 옮기고 선인문 석교 앞에 있었던 전각과 편각들을 복원하여 1986년에 일반에게 공개됐다.[11]

선인문 돌다리는 동·서 방향으로 놓인 다리로, 옥류천 중앙에 기둥을 세우고 그 위에 멍에를 얹은 후 3줄의 귀틀석과 이 귀틀석 사이에 청판석을 깔아서 만든 우물마루 바닥으로 다리를 완성한 돌다리다(그림 3.34).

그림 3.34 옥류천에 놓인 선인문 석교

선인문과 돌다리

선인문 돌다리 교각

선인문 돌다리 측면

선인문 석교 남쪽 사람 눈에 잘 띄지 않는 옛 돌다리가 놓여있는데, 이 다리에 대한 기록을 찾을 수 없어 고증이 이루어질 때까지 조선시대 다리로 취급하는 것을 보류하기로 했다(그림 3.35).

4) 홍화문 북쪽 첫 번째 돌다리

홍화문에서 북쪽으로 행각을 조금 지나면 삼거리가 나온다. 그 삼거리에서 통명전으로 가는 길목 옥류천 위에 길이가 9.3m이고 전체 너비가 4m인 전형적인 우물마루 형식의 넓은 돌다리를 건널 수 있다(그림 3.36). 이 다리는 옥류천에 단면이 네모난 기둥을 마름모꼴로 세워 수압을 줄이고 그 위에 멍에석을 얹은 후 귀틀석을 설치했다. 바닥판은 귀틀석 사이에 너비 방향으로 장대석을 깔아 완성했다. 한 가지 특이할 사항은 맨 바깥쪽 귀틀석의 높이는 바닥판의 윗면에 맞추고 나머지 귀틀석들은 속으로 숨겨 밖으로 나타나지 않게 했다. 이 다리는 기록에 나타나질 않아 다리의 이름을 알 수가 없고 언제 세워졌는지도 알려지지 않았지만 지도를 놓고 살펴보면 궁 구조상 반드시 있어야 하는 다리이므로 창경궁 건설 당시부터 있었을 것으로 추측되나 현 다리가 그때의 다리인지는 좀 더 고증이 필요하다.

그림 3.35 선인문 석교 남쪽에 남아있는 돌다리

그림 3.36 홍화문 북측 첫 번째 옥류천 돌다리

5) 흥화문 북쪽 2번째 돌다리

창경궁 흥화문으로 들어가 우측으로 걸음을 옮겨 행각을 지나면 바로 통명전 등 내원으로 통하는 삼거리가 나오고 좀 더 북쪽으로 걸어가면 내원 쪽으로 향하는 오솔길이 나온다. 그 길 초입에 있는 옥류천에서 매우 단순한 우물마루 형식의 돌다리를 만날 수 있다(그림 3.37). 이 돌널다리는 가운데 기둥 없이 양쪽 교대에 바로 3개의 돌로 된 귀틀석을 얹고 그 사이를 창판석으로 깔아 다리를 구성했다. 이 돌다리 역시 기록에는 나타나지 않지만 사용된 석재나 형식이 조선 말 다른 다리들의 형식과 매우 흡사해서 조선시대 축조됐을 것으로 추측되나 이 다리가 그림 3.29의 붉은 원 안에 있는 두 번째 다리인지는 앞으로 고증을 거쳐 다리의 역사를 확정지어야 할 것이다.

그림 3.37 흥화문에서 옥류천을 따라 북쪽으로 두 번째 돌널다리

6) 창경궁 춘당지 근처 돌다리

흥화문에서 옥류천을 따라 춘당지(春塘池) 쪽으로 걸어가면 춘당지 길 안내판이 나오고 그 근방에 다리의 형식은 옛 조선 말 돌다리와 같은데, 사용된 석재는 창경궁에 있는 다른 다리들과 다르게 느껴지는 두 개의 돌다리를 만날 수 있다(그림 3.38).

또 바로 춘당지 부근 창경궁 대온실(예전 창경원 식물원) 앞 옥류천이 춘당지로 들어가는 입구에서도 1개의 돌다리를 더 만날 수 있다(그림 3.39). 이들 세 다리 모두 조선 말기의 돌다리 형식을 취하고 있지만, 겉보기에는 1909년 일제가 만든 창경원 식물원을 정부와 서울시가 1983년 12월부터 복원공사를 하면서 새로 만든 다리들로 추측된다. 앞으로 좀 더 고증이 필요하다.

그림 3.38 춘당지길 안내판 부근 돌다리들

춘당지 부근 돌다리 1   춘당지 부근 돌다리 2

그림 3.39 창경궁 대온실 앞 춘당지 부근 돌다리

3.1.4 덕수궁(홍예교 1개)

1) 금천교

　덕수궁은 원래 왕가의 별궁인 명례궁이었으나 임진왜란 이후 광해군 때 정식 궁궐로 승격하여 경운궁이 됐고 대한제국 때는 '황궁'으로 불렀다. 1895년 을미사변[12]으로 신변의 위협을 느낀 고종은 건양 원년(1896) 러시아공사관으로 거처를 옮겼다. 그 1년 뒤인 건양 2년(1897) 궁으로 돌아갈 때 고종은 기존의 경복궁, 창덕궁이 아닌 근처의 경운궁을 선택하고 1897년에 이곳으로 거처를 옮기면서 덕수궁은 황궁으로서 면모를 갖추게 됐다.

이때 금천을 파고 금천교도 경운궁 정문인 인화문과 중문인 돈례문 사이 지금의 중화전 마당에 세웠다. 그러다 광무 6년(1902)에 제대로 된 정전(正殿)이 필요하여 인화문을 헐고 사람들의 통행이 잦던 동쪽의 대안문을 정문으로 사용하면서 이 대안문과 조원문 사이에 금천을 새로 파고 금천교 (그림3.40)를 지금의 자리에 놓았다. 이때 전에 있던 금천교를 옮긴 것인지 또는 새로 지은 것인지 는 확실하지 않다. 그 후 조선총독부가 차량 통행을 위해 흙으로 덮은 것을 1986년에 발굴하여 원래 자리에 복원했다. 경운궁이 덕수궁으로 이름을 바꾼 것은 고종황제가 퇴위한 1907년 이후 일이다.

그림 3.40 덕수궁 대한문 앞 금천교

금천교 밑에 흐르던 덕수궁 금천은 '정릉동천(貞陵洞川)이다. 인화문이 정문이던 시절에도 정릉 동천을 금천으로 사용했다. 금천 역시 일제가 금천교와 함께 묻었다가 문화재관리국에서 1986년 에 복원했다. 덕수궁 금천교도 다른 궁궐의 금천교와 같이 선단석 위에 쌍홍예를 튼 무지개다리 다. 지금 땅속에 묻혀 나타나지는 않지만 지대석 위에 선단석을 얹고 그 위에 홍예석을 쌓아 올린 후 이마돌을 끼워 넣어 홍예의 안정을 꾀했을 것이다. 그림 3.41에서는 땅속에 묻힌 지대석은 보 이지 않고 선단석만 땅 위에 반만 보인다. 홍예와 홍예 사이에는 삼각형 모양의 잠자리무사를 끼 워 넣었다. 홍예석 위에는 장대석으로 만든 무사석(武砂石)을 쌓아 올려 다리 바닥의 만들기 위한 평 면을 만든 뒤에 다리 길이 방향으로 4줄의 귀틀석을 설치하고 그 사이사이에 청판석을 깔아 세 개

의 돌길을 만들었다. 금천교의 길이는 약 8.4m로 짧은 편이지만 너비는 약 10.1m로 마차 2대가 지나갈 정도로 넓다. 임금이 다니는 어도(御道)를 가운데에 높이 두고 그 양옆으로 신하들이 다니는 길을 만들었다.

그림 3.41 정릉동천과 덕수궁 금천교

난간은 다리 양측에 설치된 귀틀석을 하인방으로 사용하여 다리 양 끝에 엄지기둥을 세우고, 그 사이에 하엽동자기둥 7개를 설치한 후 그 위에 돌란대를 설치하여 구성했다. 덕수궁 금천교 난간은 다른 궁궐의 금천교 난간과 비교하여 지나칠 정도 검소하게 만들어졌다.

3.1.5 경희궁(홍예교 1개)

1) 금천교

경희궁은 조선 후기 숙종과 영조가 장시간 머물렀던 이궁(離宮)으로 도성 서쪽에 있다고 하여 서궐(西闕)이라고도 불렸다. 경희궁은 광해군 9년(1636)에 창건하여 광해군 12년(1637)에 완공했는데, 처음에는 경덕궁(景德宮)이라 했다가 영조 36년(1760)에 경희궁으로 고쳐 불렸다.

경희궁의 금천은 경희궁 안에서 발원한 도랑이라 따로 이름이 없고 통칭 '경희궁 내수'라 부른다. 경희궁 금천교(그림 3.42)는 이 금천(禁川)에 놓였던 다리로 광해군 10년(1618)에 경희궁을 조성하면서 축조됐다.[13]

이 다리는 1860년 고종이 경복궁을 재건할 때 대부분의 경희궁 건물들을 헐어서 이를 경복궁 중건에 쓰려고 가져갔던 때도 살아남았으나 일제강점기 이후 경희궁 터에 경성중학교가 들어서면서 파묻혔다가 2001년 발굴·복원됐다. 이런 이유로 복원된 금천교에는 옛 석재들이 사용된 흔적은 많지 않고 주로 새로 제작된 부재들이 많이 눈에 띄어 이 다리가 정말 옛 다리인가 하는 의심을 갖게 된다. 경희궁 금천교는 창덕궁 옥천교와 거의 같은 구조를 하고 있다. 그림 3.43에서 볼 수 있는 것처럼 경희궁 금천교도 창덕궁 옥천교와 같이 쌍홍예로 이루어진 홍예교이다. 홍예 바닥에는 박석을 촘촘히 깔아 세굴을 방지하고 그 위에 지대석과 선단석을 얹고, 홍예석과 머릿돌을 끼어 홍예를 완성했다. 홍예와 홍예 사이에 있는 잠자리무사에는 도깨비 얼굴을 부각하여 악귀를 대궐 밖으로 쫓아 보내는 역할을 했다. 홍예 위에 무사석을 쌓아 다리 바닥기초를 만들고 그 위에 귀틀석을 다리 길이 방향으로 4줄을 설치한 후 다시 그

그림 3.42 서울역사박물관 앞에 전시된 경희궁 금천교

사이에 청판석을 깔아 다리의 바닥을 만들었다. 바닥판은 3줄로 만들어 가운데 왕이 지나가는 어도(御道)는 양 옆길보다 조금 높여 서열을 분명하게 했다. 다리 양쪽 난간 끝에는 엄지기둥을 2개씩 설치하고 그 머리에는 천록을 조각하여 얹었다. 엄지기둥 사이에는 양쪽 난간에 각각 4개씩 동자기둥을 세우고, 그 사이는 하엽동자기둥(荷葉童子柱)으로 두 구간으로 나누어 구간마다 풍혈을 뚫었다. 모든 다른 왕궁의 금천교에서처럼 다리 종단면에서 가운데 부분을 약간 높여 빗물이 자연스럽게 흐르게 했다. 경희궁 금천교 복원과정에서 궁금한 점은 일반적으로 홍예교에서 바닥 지대석은 홍예 벽면 밖으로 돌출시켜 그 위에 해태나 거북 등 동물상을 얹는 것이 일반적인데, 오직 경희궁 금천교 홍예 남쪽 면에는 지대석을 밖으로 돌출시키지 않았다는 사실이다(그림 3.43 왼쪽). 그러나 그림 3.43 오른쪽 그림에서 홍예 잠자리무사 밑에 있는 지대석은 밖으로 나와 있어 경희궁 금천교의 복원 과정에서 옛 다리 부재를 찾지 못한 것은 아닌지 의심해본다.

그림 3.43 경희궁 금천교

경희궁 금천교(남측에서)

경희궁 금천교(동북측에서)

3.2 청계천 다리(돌다리 2개[14])

태종은 1411년 12월에 개천도감(開川都監)을 설치하여 백운동(白雲洞)에서 시작하여 한성의 중심을 흐르던 자연 하천의 바닥을 파내어 넓히고, 양안에 돌로 둑을 쌓는 개천공사(開川工事)[15]를 일으켜 청계천(淸溪川)을 만들면서 광통교와 혜정교 등 다리를 건설했다. 그 후 세종은 청계천 지천 정비에 노력을 기울여 종로의 시전행랑(市廛行廊) 뒤편 도랑을 파서 물길을 하천 하류에 바로 연결하여 홍수에 대비하였다. 그리고 1441년에는 마전교 서쪽에 수표를 세워 수위를 측정할 수 있도록 하여 하천 범람에 대비하였다. 이후 이 다리 이름을 수표교라 했다.[16] 임진왜란 이후 한양의 인구가 갑자기 늘어나고 주위 산에서 심해진 벌목으로 인해 장마에 흘러내린 흙이 청계천에 계속 쌓였으므로 영조는 1760년 2월 개천을 준설하고, 1773년에는 백운동천과 삼청동천이 합류하는 현 청계광장 지점에서 오간수문 근처까지 양안에 석축을 쌓으면서 청계천을 직선화했다. 영조 27년(1751)에 제작된 한성의 지도, 도성삼군문분계지도(都城三軍門分界之圖)[17]에는 한성 청계천에 세웠던 다리는 영도교, 마전교, 효경교, 하랑교, 수표교, 장통교, 대광통교, 모전교 및 송기교 등으로 나타난다(그림 3.44).

그림 3.44 청계천 다리들(「도성삼군문분계지도」 중 청계천 다리 부분도)

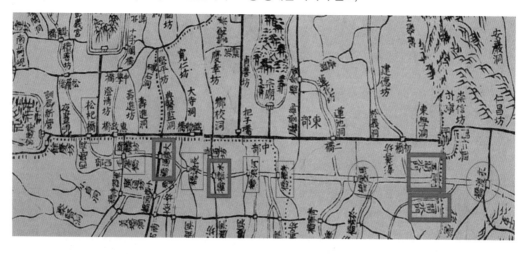

1) 영도교(永渡橋)

영도교는 조선 태종 때부터 있었던 유서 깊은 다리로, 원래 이름은 '왕심평대교(旺尋坪大橋)'라 했다. 현재 복원된 영도교는 숭인동 234번지와 왕십리동 748번지 사이 동묘 남쪽에 있다. 영도교란 이름은 단종이 왕위를 빼앗기고 영월로 귀양을 갈 때 그의 비인 정순황후 송(宋)씨가 이곳까지 나와서 이별했다 하여 '영이별다리', '영영 건넌다리'라고 전해지면서 그 이름을 한문화하여 '영도교(永渡橋)'라 불렀다고 한다. 조선시대에 흥인지문을 나서서 왕십리로 가려면 반드시 이 다리를 건너야 했으므로 교통량이 많았다. 그래서 성종은 다리를 개축할 때 영도교 근처 사찰 스님들을 동원해서 돌다리를 건설하고 직접 '영도교'란 교명을 새겨두었다. 조선 말 흥선대원군은 경복궁을 중건할 때 영도교 석재를 헐어서 궁궐 공사에 재사용하고, 그 자리에는 나무로 다리를 만들어놓았으나 장마마다 무너져서 나중에는 징검다리를 놓아 건너다녔다고 한다. 일제강점기 1933년에는 콘크리트로 새로 만들었으나 1960년 청계천 복개 공사 때 사라졌다가 2005년에 서울특별시의 청계천 복원공사 사업의 결과로 새로 지어졌다(그림 3.45).

그림 3.45 영도교

옛 영도교 모습   현재 영도교 전경

출처: 서울특별시

2) 마전교(馬前橋, 馬廛橋)

마전교란 이름은 조선 초기부터 다리 옆에서 소와 말을 판매하는 마전(馬廛)이 있었기 때문에 붙은 이름이다. 태종 때에는 창선방교(彰善坊橋)라 불렀고, 성종 대에는 태평교(太平橋)라고도 불렀다고 한다. 오늘날 서울특별시 종로5가와 을지로5가 사이에 청계천에 놓여있던 다리다(그림 3.46).

그림 3.46 청계천 복원 시 새로 지은 마전교(종로5가와 을지로5가 사이 청계천에 위치)

3) 효경교(孝經橋)

효경교는 종묘의 정남 방향에 자리했으며, 종로에서 남산으로 가는 도로상에 청계천의 하량교(河良橋)와 마전교(馬廛橋) 사이에 있었다. 『신증동국여지승람』에는 영풍교(永豐橋)라고도 했는데, 다리 인근에 장님이 많이 살았다고 하여 '소경다리', '맹교(盲橋)', '새경다리'라는 이름도 갖고 있었다. 현재는 효경교가 있던 자리엔 효경교 안내 동판만 길 위에 박혀있다(그림 3.47).

그림 3.47 현 세운교 하류 청계천 산책길 위에 설치된 효경교 안내 동판

4) 하랑교(河浪橋)

하랑교는 부근에 하랑위(河浪尉)의 집이 있었기 때문에 붙여진 이름이다. 현재 세운상가 상류 산책길 위에 하랑교지(河浪橋址)로 추정되는 곳에 하랑교지 안내 동판이 설치돼있다(그림 3.48).

그림 3.48 세운상가 상류 산책길 위에 설치된 하랑교지 안내 동판

5) 수표교(水標橋)

개성에서 한양으로 수도를 옮긴 조선 정부에게는 매년 장마를 대비하기 위한 수리시설 확보가 수도(首都) 정비를 위한 매우 시급한 정치 과제였다. 한양은 그 주위에 인왕산(仁旺山), 백악산(北岳山), 낙산(駱山), 목면산(南山) 등으로 둘러싸여 있어 이곳에서 발원한 자연 하천들은 한양을 서에서 동으로 중심을 관통하고 있고, 민가와 시전행랑(상가)이 이들 주위에 있었기 때문에 우기마다 큰 피해가 발생했다. 이를 고민하던 태종은 태종 11년(1411) 12월에 개천도감(開川都監)을 설치하고 다음 해 1월 중순부터 2월 중순까지 한 달간 약 5만 3,000명의 인부를 동원하여 한양의 하수를 동대문으로 빠져나가게 하는 지금의 청계천을 축조했다.

청계천은 태종 이후 지천(支川) 정비사업에 힘을 기울인 세종에 의해 세종 16년(1434)에 완공됐다. 그러나 수표교는 개천이 완공되기 14년 전 세종 2년(1420)에 이미 세워져 있었다. 특히 세종 23년(1441)에는 마전교(馬廛橋) 서쪽 하천 가운데 수위(水位)를 측정할 수 있도록 나무 기둥에 눈금을 새긴 수표(水標)를 세워 홍수에 대비하도록 했다. 이 수표목(水標木)이 세워진 후 수표 동쪽에 있던 마전교는 수표교(水標橋)라 불리게 됐다. 수표교는 우리나라 수문학 발전사에 큰 의미를 갖는 교량이다. 처음에는 나무 수표를 세웠으나 나무 기둥이 쉽게 망가져 성종 때 돌기둥으로 바꾸었다(그림 3.49 위).

이 청계천 위에는 도성 내 남북 도로들을 잇는 여러 다리가 건설됐는데, 1760년 영조 준천 당시에는 송기교, 모전교, 광통교, 장통교, 수표교, 하랑교, 효경교, 마전교,[18] 오간수문, 영도교 등 여러 다리가 있었다고 한다. 그중 수표교는 광통교(廣通橋)와 더불어 매년 정월대보름날 그 위에서 답교놀이와 연날리기 등 국가적인 연례행사가 치러졌던 조선의 중요한 민속놀이 터이기도 했다. 성종 때 만들어진 수표는 몇 차례 보수가 이루어졌고, 순조 때 와서는 수표를 새로 만들어 세웠다. 그 이후 1958년 청계천 복개공사로 1959년에 장충단 공원으로 옮겨지기 전까지는 순조 33년(1833)에 제작된 새 수표가 비교적 완벽하게 남아있었다. 이 수표는 장충단으로 이전됐다가 다시 동대문구 청량리동에 있는 세종대왕기념관으로 이전됐다. 이 수표석 돌기둥 양면에는 1자부터 10자까지 눈금을 새겨 넣었는데(그림 3.49 아래 그림 우측), 석신 하부부터 개석(盖石)[19] 상부까지의 전체 높이는 약 3.2m 정도 된다. 석신 하부에는 '계사경준(癸巳更濬)'이라고 각자 돼있다. 또한 높이 3·6·9자(주척 1자(척)=21.875cm)[20] 되는 위치에 동그란 구멍을 파서 각각 갈수(渴水), 평수(平水), 대수(大水)라고 표시하여, 수위가 대수(약 1.97m)에 이르면 미리 청계천 범람을 대비하도록 했다(그림 3.49 아래 그림 좌측).

그림 3.49 수표교와 수표

수표(연대 미상)

세종대왕기념관 소장
수표(2022)

그림 3.50 난간 없는 수표교(수표교 뒤로 보이는 다리가 장통교이다)

조선 초 청계천은 인구 10만 명 정도까지의 하수처리 능력이 있었다. 그러나 임진왜란(1592)과 병자호란(1636) 두 전란을 겪으면서 많은 유민이 한양으로 몰려들어 현종 10년(1669)에는 서울의 인구가 19만 명으로 늘어나 생활하수 시설이었던 개천의 용량을 훨씬 많이 초과했고, 또한 유민들이 개천 변에 채소밭을 경작함으로써 배수에 많은 지장을 주었을 뿐만이 아니라 이들이 인근 산에서 나무를 베어 땔감을 조달했기 때문에 장마마다 모래들이 쓸려 내려와 개천을 천정천(天井川)으로 만들었다. 준천이 불가피해진 상황에서 영조는 영조 35년(1759)에 준천사(濬川司)를 설치하고, 영조 36년(1760) 2월에 총 20만 명의 인력을 동원하여 57일간에 걸쳐 청계천 준설을 마쳤으며, 영조 39년(1773)에는 개천 양안이 석축을 완성함으로써 개천 정비를 완수했다.

수표교 한쪽 귀틀석에 정해개조(丁亥改造) 또는 '무자금영개조(戊子禁營改造)'라는 글자가 새겨져있는 것을 미루어보아 고종 24년(1887) 정해년(丁亥年)과 그다음 해인 고종 25년(1888) 무자년(戊子年)에 수표교에 보수가 이루어졌다는 사실을 알 수 있다. 현재 장충동 수표교 교각에는 영조 때의 '경지지평'이 새겨져있고, 귀틀석에는 고종 때의 '정해개조'와 '영개조(營改造)'가 새겨져있는 것을 보면 1959년 청계천 복개 공사 중 '무자금'이 새겨진 귀틀석이 유실된 것으로 보인다.[21]

영조가 청계천을 준설할 때까지도 수표교에는 난간이 없었다고 한다. 그러나 「승정원일기」에 따르면 고종 2년(1887) 정해년 4월 7일부터 10월 19일까지 친군광복영(親軍廣謗營)에서 수표교 돌난간을 보수했다는 기록[22]이 있는 것으로 미루어보아 1887년 이전에 이미 돌난간이 설치돼있었던 것으로 보인다. 그러나 1890년대 초에 어떤 이유에서인지 사진에서 난간이 없어졌다가 1890년대 다시 새롭게 난간이 설치된 사진이 보인다.

현재 옛 수표교 자리에는 나무로 만든 임시 수표교가 서 있다(그림 3.51).

그림 3.51 옛 수표교 자리에 서 있는 임시 수표교

6) 장통교

장통교는 장통방에 있었다고 해서 붙여진 이름이다. 장통방은 북악산, 인왕산에서 흘러 내려오는 물줄기와 남산에서 흘러 내려오는 물줄기가 합쳐지는 언저리로 현재 중부 장교동(長橋洞) 일대를 말한다.

장통교가 처음 지어진 시기는 알려지지 않았다. 다리 서쪽 기둥에 '신미개조(辛未改造)와 기해개조(己亥改造)'란 글자가 새겨져있었다는 것을 보아 2번에 걸쳐 보수했음을 알 수 있다. 단, 신미년과 기해년이 언제인지는 알 수 없다. 일제강점기인 1929년 7월 12일 홍수로 가운데 두 칸이 유실됐고(그림 3.52 왼쪽) 그 후 1858년에 복개되면서 다리가 완전히 사라졌다. 2000년대 진행된 청계천 복원공사 때 재건됐지만 원래 자리보다 약간 동쪽으로 옮겨져 세워졌다. 현재 장통교의 치수는 길이 22m, 너비 11.8m, 높이 3.7m로, 재질은 모두 화강암으로 돼있다. 장통교의 특색은 다리 폭 밖으로

그림 3.52 장통교

1950년대 장통교 옛 모습

현 장통교(2022)

나온 멍에 위에 난간 주석을 세우고 난간 주석에 돌란대를 설치하여 난간 구조를 만든 것이다. 그러나 이러한 난간 구조는 우리나라 옛 다리의 난간 구조과 많이 다른 양식이다.

7) 광통교

광통교는 조선시대 육조거리(종로)와 숭례문(남대문)으로 이어지는 도성 안 중심 통로였으며, 주변에 시전(市廛, 시장)이 있어 도성에서 사람들의 왕래가 가장 빈번했던 도로에 설치된 다리였다. 광통교란 이름은 광통방[23]에 있어 붙여진 이름이었으며, 실제로도 길이보다 너비가 더 넓은 다리다.

광통교의 축조 년대는 확실하지 않으나, 조선 초 도성건설과 함께 흙으로 만든 다리가 홍수로 유실되자 태종 10년(1410)에 현재와 같은 석재로 다시 건설했다. 원래 신덕황후를 몹시 사랑한 조선 태조(이성계)는 그녀가 죽자 지금의 중구 정동 일대 취현방 북쪽 언덕에 능을 조성하고 정릉이라 이름 지었다. 그러나 쿠데타에 성공한 이방원(태종)은 도성 안에 있던 신덕황후의 묘를 지금의 성북동 정릉으로 이장했다. 태종 10년 8월에 큰비가 내려 흙으로 만든 광통교가 유실되자 태종은 도성 안에 있던 신덕왕후 정릉 석물들을 뽑아 광통교를 돌다리로 만들기 시작하여 태종 12년(1412) 2월에 완성했다(그림 3.53).

광통교 교각석 중 북측 하류 쪽 첫 번째 교각에는 '경진지평(庚辰地平)'이라는 각자가 새겨져 있다(그림 3.54). 영조는 영조 36년(1760) 경진(庚辰)년에 대대적인 청계천 준설공사를 했다. 이때 개천 바닥을 준설 한계표시로 '경진지평' 각자 하부에 굵게 음각한 선을 그어놓았다.

그림 3.54 북쪽 교각 첫 번째 교각에 새겨진 '경진지평' 각자

그림 3.53 광통교 위를 지나는 어가행렬(1890년대)

남측 하류 쪽 첫 번째 교각에는 '계사

경준(癸巳更濬)', '기사대준(己巳大濬)'이라는

각자가 새겨져 있는데, 전자는 각각 순

조 33년(1833)에 준천사 주관으로 대역사

를 했다는 표시이고, 후자는 1869년 고

종 6년(1869)에 청계천 준설(浚渫) 때 교각

에 새겨 넣은 것으로 생각된다. 광통교

가 본격적으로 훼손되기 시작한 것은

1923년 남대문 통에 오수관을 부설하는 과정에서 광통교 신장석 위로 오수기 쏟아지기 시작하면

서부터였다(그림 3.55).

특히 청계천에 놓인 옛 돌다리들은 1937년에서 1938년까지 청계천을 정비하면서 많이 훼손됐다.

그 이후 광통교는 1958년 청계천 복개 공사로 완전히 땅속에 묻혔다가 2003년에 청계천 복원공사를

하면서 2005년 원 위치에서 상류로 150m 떨어진 곳에 새로 세웠다(그림 3.56).

광통교의 다리 규모는 길이가 12.3m, 너비 14.37m, 높이 3.756m인 돌널다리다. 남북으로 교대가

놓여있고, 교대와 교대 사이에는 2열의 교각이 각각 8개 세워져 있다. 교각은 상하 두 개의 기둥으

로 만들어졌다.

그림 3.56 2005년 복원된 광통교

8) 모전교(毛廛橋)

　현재 중구 무교동 사거리지점인 서린동 148번지 부근에 과일가게인 과전(果廛)이 있었다. 이 과전을 다른 말로 모전(毛廛)이라고도 했으며, 모전교란 이 다리가 모전 근처에 있다고 해서 붙여진 이름이다. 모전교는 태종 12년(1412)에 처음 건설됐다. 처음에는 '신화방동구교(神和坊洞口橋)'라 했는데, 영조 연간에 작성된 「도성삼군문분계지도(都城三軍門分界地圖)」에는 모전교로 기록돼있다. 모전교는 일제강점기였던 1937년에 조선총독부가 청계천을 태평로로부터 무교동 사거리까지 복개하면서 없어졌다가 서울특별시가 청계천을 복원하면서 2005년 9월에 다시 현재 위치에 생겼다(그림 3.57).

　현재 모전교는 길이가 19.5m이고 너비는 23m, 높이가 3.7m인 화강암으로 돼있다.

그림 3.57 2022년 현재 모전교

9) 송기교(松杞橋)

　현재 광화문 네거리 서북쪽 세종문화회관 뒤편으로 청계천 본류가 시작되는 곳에 송기교가 있었다. 이 일대에는 가죽 파는 가게인 송기전(松肌廛)이 있었다고 하여 송기교라 했다. 「수선전도」에는 송교(松橋)라고 표기돼있기도 하다. 영조 경진년 준천공사 때 하랑교에서 송기교까지를 3구간으로 나누어 준천 공사를 시행했음을 알 수 있다. 송기교는 1925년 콘크리트 다리로 한때 개수됐으나 복개공사로 인해 사라졌다.[24]

3.3 도성 성곽 수문교(홍예교 3개)

1) 오간수문(홍예교)

오간수문은 현재 청계천 6가에 남북으로 통하는 흥인문로와 청계천로가 교차하는 사거리에 있었다. 이곳은 원래 흥인문(동대문) 남쪽으로 조성된 한양 성곽 수문이 있었던 자리로, 청계천 물을 성 밖으로 흘려 내보내기 위해 성벽 밑에 5칸의 홍예를 틀고, 이곳을 통해 외적이 쳐들어오지 못하도록 5자(尺)이나 되는 철책을 설치했다.

청계천 오간수교 축조는 태조 5년(1396) 2월 28일(병진)의 기록에 "수구(水口)에는 구름다리(雲梯)를 쌓고 양쪽에는 석성(石城)을 쌓았는데, 높이는 16자(尺), 길이는 1,050자(尺)다"라는 기록으로 미루어 보아 오간수문은 도성 축조 1차 공사 때인 1396년 이전에 건설됐음을 알 수 있다.

시간이 가면서 토사가 쌓여 오간수문을 여닫을 수 없게 되자 영조는 1760년 경진년(庚辰年)에 당시 쌓인 토사를 모두 제거하고 철문을 새로 교체하여 수문이 1907년 대한제국 중추원에 의해 헐릴 때까지 사용했다(그림 3.59). 오간수문은 1961년 청계천 복개 공사 때 완전히 사라졌다.

그림 3.58 준천시사열무도[25] 중 수문상친임관역도(水門上親臨觀役圖)

서울대학교 규장각 소장

홍예의 상단에는 외부에서 쳐들어오는 적들과 대치하기 위한 성곽 여장 앞 3.5m 정도의 공간이 필요하여 가운데 세 칸은 2단의 장대석을 더 올려 쌓고, 가장자리 두 칸은 홍예 머리돌 위로 3단의 장대석을 쌓아 올려 회곽로(廻郭路) 공간을 확보했다. 회곽로 바닥은 장대석 사이사

그림 3.59 청계천 오간수문 전경(상상도)[26]

이에 돌로 채운 다음 그 위에 일정한 두께의 흙을 덮어 마감했다. 조성에서는 일반 백성들이 청계천을 편히 건너다닐 수 있도록 오간수문 상류에 홍예의 지대석을 더 길게 밖으로 내고 그 위에 들보형 긴 석재를 2줄로 나란히 걸쳐 편하게 청계천을 건널 수 있도록 배려했다.

2) 이간수문(二間水門)

이간수문은 한양 도성 성곽의 일부로 현재 서울특별시 중구 을지로 281 '동대문역사문화공원' 내에 있다(그림 3.60).

한성 이간수문은 조선 태조가 태조 5년(1396) 한양 도성을 축조할 때 같이 지었을 것으로 추정되나 확실한 건립연대는 알려져 있질 않다. 이 수문은 두 칸짜리 홍예로 이루어져 있어 이간수문이라 부른다. 확실한 것은 조선 초부터 남산 남소문동천에서 흐르는 물을 도성 밖 청계천으로 흘려 내려보냈던 시설이었다.

그림 3.60 발굴 당시 이간수문

서울특별시

남북 두 홍예 사이에는 물가름돌을 두어 홍수 때 수문이 받는 거센 수압을 줄이는 역할을 하게 했다(그림 3.61 왼쪽). 수문 양옆에는 하천물을 수문으로 유도하기 위한 날개 모양의 석축을 쌓았고, 바닥은 세굴을 방지하기 위한 바닥돌을 깔아 다져놓았다. 이간수문의 전체 길이는 7.4m에 너비는 두 칸으로 모두 3.3m로 같으며, 홍예문의 높이는 약 4m로 확인됐다.

이간수문은 일제강점기 때 경성 운동장의 건립으로 파괴된 채 오랜 시간 땅속에 묻혔다가 2009년 동대문 디자인플라자(DDP)의 건립을 추진하면서 현재 모습으로 복원됐다.[27]

그림 3.61 한성 이간수문

복원된 이간수문과 물 가름돌

수문 목책

3) 홍제동 홍지문(弘智門)과 오간수문(五間水門)

서울특별시 서대문구 홍제동 산 4-4에 있는 홍제동 오간수문은 숙종 45년(1719)에 한양의 도성과 북한산성을 연결하여 세운 탕춘대성의 성곽 일부로 건설됐다(그림 3.62). 탕춘대성은 도성과 북한산성 사이 사각지대인 지형에 맞게 두 성 사이를 이어 성벽을 만든 일종의 관문성(關門城) 성격을 지녔다. 홍지문은 홍예 위에 정면 세 칸 측면 두 칸짜리 문루로 지어졌는데, 그 홍지문 옆으로 이어진 오간수문은 높이 5.23m가 되는 5칸짜리 홍예를 틀어 만들었으며, 홍제천 물이 흐르는 수문(水口)

그림 3.62 홍지문과 오간수문

120년 전 홍지문과 오간수문

2022년 현재 홍지문과 오간수문

출처: https://www.pinterest.co.kr

으로 사용했다. 홍제동 오간수문은 1921년 홍수 때 홍지문과 함께 무너졌는데, 1977년 탕춘대성의 성벽을 보수하는 과정에서 홍지문과 함께 새로 건설됐다.

3.4 도성 외곽 다리와 인왕산 돌다리(돌다리 3개, 배다리 흔적 2개)

1) 서울 살곶이다리

살곶이다리는 한양대학교 남쪽에 성동구 왕십리와 뚝섬 사이로 걸쳐진 다리다(그림 3.63). 이 살곶이다리는 조선시대 모든 길의 시발점인 한양 돈화문에서 출발하여 흥인문을 나와 광진간로(廣津間路)를 이용해서 강원도 강릉으로 가거나, 송파-용인을 지나 충주로 가는 광주로(廣州路)의 길목에 있다. 살곶이다리는 조선시대에 가설된 가장 긴 석교로 알려져 있으며, 1967년 사적 제160호로 지정돼 관리되다가 2011년 보물 제1738호로 변경·지정됐다. 조선을 건국한 이성계는 정도전의 도움으로 강씨 부인 아들을 세

그림 3.63 제반교

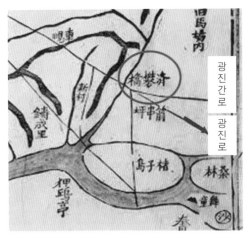

출처: 대동여지도 경조오부도, 19세기 중엽

자로 세웠는데, 이에 불만을 품은 이방원이 왕자의 난을 일으켜 정도전을 제거하고 왕위에 오르니, 태조 이성계는 함흥으로 내려가 은둔했다. 태종과 신하들의 간곡한 청으로 함흥에서 돌아오던 길에 태종이 태조를 중랑천에서 맞이하게 됐는데, 왕위를 찬탈한 자기 셋째 아들을 보자마자 화가 난 태조가 태종을 향해 화살을 쏘았다. 이를 미리 짐작한 태종이 몸을 피하는 바람에 화살이 빗나가 땅에 꽂혔다고 한다. 이때부터 이 지역을 '화살이 꽂힌 곳'에서부터 '살곶이'라는 지명을 갖게 되고 이곳에 놓인 다리도 지명을 따라 '살곶이다리'라 불렀다고 한다. 태종은 말년에 미리 세종에게 왕위를 물려준 후 이곳에 궁을 짓고 왕궁에서 나와 지냈는데, 세종은 자기 아버지에게 문안을 드리기 위해 자주 왕래했다. 현 살곶이다리 이전에 이곳에는 나무다리가 놓여있었는데, 홍수에 자주 유실되자 세종은 세종 2년(1420) 5월에 제대로 된 돌다리 공사를 시작했다.[28] 그런데 백성들의 노고를 생각한 태종이 장마가 오기 전까지 끝내야 하는 공사를 중단시키고 그해 가을에 공사를 다시 하도록 하교했다. 그해 가을 다시 공사를 시작했는지는 문헌에 나타나 있지 않다.

그 후 성종 6년(1475) 9월에 병조판서 이극배(李克培)의 건의에 따라 성종은 성종 6년(1475)에 살곶이다리를 다시 착공하여 성종 14년(1483)에 완공했다. 성종과 연산군 때 관직에 있었던 성현(成俔)의 「용재총화(慵齋叢話)」에 따르면 성종 14년에 "한 스님이 설곶이다리를 놓으니 그 탄탄함이 반석(盤石)과 같다"하여 성종이 제반교(濟盤橋)라 어명(御名)한 것으로 기록돼있다.[29] 그 후 지명에 연유하여 살곶이다리(箭串橋)라고 다리 이름이 바뀐 것으로 추측된다. 살곶이다리가 있는 성동구 일대는 조선시대 한성부 성저십리 이내의 지역으로 국왕의 사냥터가 있던 곳이다. 넓고 풀과 버들이 무성하여 조선 초부터 국가의 말을 먹이는 마장(馬場)과 군대 열무장(閱武場)으로 사용됐던 곳이기도 하다(그림 3.64).

그림 3.64 1957년 살곶이다리 전경

출처: 성동구청, 서울역사박물관

그림 3.65 방치된 살곶이다리

출처: 한양대학교박물관

조선 말 흥선대원군이 경복궁을 중건할 때 이 다리 석재를 가져다 썼기 때문에 다리의 일부 손상됐다는 이야기가 전해지고 있다. 1925년 을축(乙丑)년 대홍수에 다리 일부가 물에 떠내려갔고, 1938년 5월 다리 옆에 성동교가 가설되자 살곶이다리는 훼손된 채로 방치되다가(그림 3.65) 1971년 박정희 대통령 특별지시에 1971~1972년 보수공사가 이루어졌고, 1972년에 서울시가 무너진 다리를 원래의 모습대로 복원하는 과정에서 하천의 폭이 원래보다 넓어져 있었기 때문에 다리 동쪽에 27m 정도의 교량을 잇대어 증설함으로써 원래의 모

그림 3.66 1972년 복원 후 살곶이다리 전경

출처: 성동구, 한양대학교 박물관, 2012, 서울 살곶이다리 발굴조사보고서

양과 다소 차이를 보이게 됐다(그림 3.66).

그 이후에도 1985, 1989, 1990, 1997년 등 몇 차례에 걸쳐 보수공사가 이루어졌는데, 1987년에는 북쪽의 제방 도로가 확장되고, 그 아래의 천변에는 자전거도로와 산책로가 개설되면서(그림 3.67) 북측교대 일대가 매몰됐다가 2017년 5월에 복원됐다(그림 3.68).

그림 3.67 자전거도로 설치 후 살곶이다리

출처: 성동구청

그림 3.68 발굴조사 후 살곶이다리 전경(북서에서)

출처: 성동구청

2) 석파정 석교

석파정 석교는 서울특별시 종로구 부암동 201번지 석파정 서울미술관 안에 있다. 석파정은 원래 안동 김씨 세도가였던 김흥근의 별서 '삼계동정사(三溪洞精舍)'였으나 고종 즉위 후 흥선대원군 이하응에게 소유권이 넘어갔다.

인왕산 북쪽 자락에 자리 잡은 별장에서 바위산의 영험한 기운을 느꼈던지 흥선대원군은 자신의 호를 '석파(石坡)라 짓고 별서의 이름도 '석파정(石坡亭)'으로 바꾸었다고 한다.

현재 석파정 서울미술관 권역 안쪽에는 석파정 정자가 세워져 있는데(그림 3.70), 이 정자를 김흥근

그림 3.69 석파정 안에 있는 '삼계동' 각자

이 청나라 장인을 시켜 지었다는 설이 있으나 확실하지 않다. 백운동천 계곡이 흐르는 곳 위에 벽돌을 사용하여 4짝의 홍예를 틀고 홍예석 위에 벽돌 무사석을 쌓아 기단을 조성했다. 청나라 양식을 택했기 때문에 석파정의 문살과 난간 모양이 이색적이다.

석파정 입구에 있는 석파정 석교는 기존의 조선 돌다리와 축조기술에서는 약간의 차이점을 보인다. 다리 교각을 세우고 멍에를 얹은 뒤 귀틀석을 설치하는 과정은 기존 조선 다리의 조성과정과 같으나, 전통적인 다리에서는 이웃한 귀틀석 사이에 청판석을 깔아 바닥을 완성하는 것에 비해 석파교 석교에서는 긴 돌 널판을 멍에와 멍에 사이에 바로 깔아 바닥을 구성하는 일반 돌다리 형태를 취했다. 필자의 입맛으로는 조선 전통교량에 비해 격이 떨어진다고 느껴진다.

3) 서울 인왕산 수성동 돌다리

우리나라에는 양질의 화강암을 전국 어디서나 쉽게 구할 수 있어 옛날부터 소규모 돌다리는 전국적으로 널리 퍼져 건설됐다. 현재 찾아볼 수 있는 돌널다리는 전국적으로 약 66개 정도 있는데, 서울 인왕산 수성동 기린교(그림 3.71)처럼 산속에 있거나, 또는 평지에 있더라도 아직 고증되지 않은 옛 다리[30]들을 모두 찾아내려면 아직도 시간이 더 필요할 것으로 생각된다.

그림 3.70 석파정 석교

석파정 석교 입구

석파정 석교 하부 구조

그림 3.71 서울 인왕산 수성동 돌다리

현 인왕산 수성동 돌다리

겸재 인왕산 수성동 기린교(간송 미술관 소장)

4) 청파동 배다리

조선왕조는 수도를 한양으로 정함에 따라 전국의 도로망을 고려시대의 개성 중심에서 한양 중심으로 개편했다.[31] 조선시대에는 한양 밖 서남쪽 방면으로 나가 한강을 건너가려면 우선 숭례문을 나와 배다리(舟橋)과 청파역(靑坡驛)을 지나 석우참(石隅站)까지 가야 한다. 이때 지나가야 하는 청파동의 배다리는 조선시대 때 서계동에 있었던 만초천(蔓草川)에 놓였던 다리다(그림3.72). 이 배다리

그림 3.72 청파동 옛 배다리 터

청파 배다리터

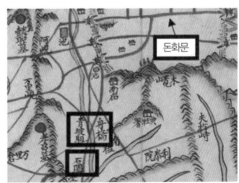
청파 옛 배다리터 옛 지도

로 인해 조선시대에는 서계동이 배다리골 또는 주교동이라 불렀다고 한다.[32] 조선 초기의 청파동 배다리는 일제강점기에 들어와서는 배다리 형태가 아닌 목교 형태로 유지되다가 만초천 복개 직전에는 돌다리(石橋) 형태였던 것으로 판단된다.

5) 정조 배다리

임금이 궁궐 밖으로 나가는 것을 고려시대에는 배봉(陪奉)이라 했다. 이를 조선 세종 즉위년(1418) 11월에 행행(幸行)이라 고쳤다. 이 행행 중에는 조선시대 왕이 선왕릉(先王陵)에 참배하는 능행(陵行)이 으뜸이다. 이 능행로 중에는 우리에게 잘 알려진 태조 건원릉(健元陵), 태종 헌릉(獻陵), 성종 선릉(宣陵)과 정조 화성(華城) 능행 등이 있는데, 태조 건원릉(健元陵) 길은 돈화문-흥인문-미아리(정릉)-천장산(동대문구 회기동에 있는 산) 북쪽을 지나 묘동(노원구)과 망우리를 거쳐 능으로 행하는 길이고, 태종 헌릉(獻陵) 길은 돈화문을 출발하여 영도교(숭인동 청계천)-광진-은행정(양천구 신정동 천호대교)-삼전도 남쪽을 지나 율헌을 거쳐 능(陵)으로 행하는 길이다. 성종 선릉 길도 돈화문에서 출발하여-청파역-서빙고진을 건넌 후 압구정을 지나 지금 강남에 자리한 능으로 향하는 길이다. 조선시대에는 전국적으로 도로가 잘 닦여있지 않았기 때문에 길 상태가 매우 열악했으나, 왕이 선왕릉으로 참배하러 갈 때는 수행원이 대규모로 이동하므로 자연히 길을 닦고 다리를 놓거나 혹은 보수를 하게 돼 치도(治道)의 부수적인 효과가 있었다. 88올림픽이 끝난 후 서울의 사회기반시설이 획기적으로 확충된 것과 같은 이치이다.

이러한 능행 중에 가장 유명한 것이 정조의 화성능행(華城陵幸)이었다. 1776년 왕위에 오른 정조는 아버지 사도세자의 무덤을 양주 배봉산(현 서울시립대학교) 근처에 있던 영우원(永祐園)에서 수원으로 옮겨 현릉원(현 융릉(隆陵))이라 했다. 수원에 화성을 조성한 정조는 자주 이곳으로 행차했는데, 수원으로 가는 길은 원래 돈화문을 나와 숭례문을 거쳐 배다리로 동작진에서 한강을 건넌 후 지금의 남태령을 넘어 과천을 지나 인덕원을 거쳐 수원으로 가는 과천로(果川路)가 있었다. 그러나 정조는 1795년 행행 때 과천로를 피하고 새로이 시흥로(始興路)를 택했다. 시흥로는 노량진의 배다리를 건너 지금의 장승백이-대방동-시흥-안양-의왕을 지나는 길이다. 정조가 과천로 대신 시흥로를 택한 이유는 당시 남태령(南泰嶺) 길을 닦는 것이 매우 어려웠던 반면 시흥로는 언덕이 적은 편이어서 길을 내기가 쉬웠기 때문이라는 이야기와 함께, 과천을 거쳐 인덕원으로 가는 도중에는 찬우물점을 거치게 되는데, 이곳에 노론(老論)의 우두머리로서 장헌세자의 죽음에 깊이 관여한 김상로(金尙魯)의 형 김약로(金若魯)의 무덤이 있어서 정조가 그곳을 지나치는 것을 싫어했다는 야사가 전해지고 있다.[33]

정조도 처음에는 용주(龍舟)를 타고 한강을 건넜다. 이때는 선창(船艙, 부두)을 만들기 위해 뱃사람들을 동원해야 했으므로 그들에게 큰 고통을 주었다. 또한 연산군이 청계산에서 사냥하기 위해 전국적으로 800백 척의 배를 징발하여 배다리를 만들었으므로 백성들로부터 많은 원성을 들었던 것을 익히 알고 있었던 정조는 백성의 고통을 줄여주기 위해 정조 13년(1789) 12월에 한강의 배다리 건설을 주관하는 주교사(舟橋司)를 설치했다. 주교사에서 가설하는 배다리는 아무때나 지나다닐 수 있는 매우 큰 장점이 있었다. 그러나 강원도 영월에서 출발하여 서울 마포(麻浦)까지 목재를 나르던 뗏목꾼들에게는 노량진에 설치된 배다리는 이들의 생계에 큰 타격을 주어 원망이 컸었다는 주장도 있기는 한데, 실제로 배다리 설치 기간이 그리 길지 않아 크게 문제가 되지는 않았을 것이다. 정조는 어머니 혜경궁 홍씨의 회갑연을 계기로 정조 19년(1795) 양력으로 2월 13일에 시작하여 양력 2월 24일까지 단 12일 만에 노량진에 배다리 가설(그림 3.73)을 성공적으로 완성했다.[34]

그림 3.73 한강주교환어도(漢江舟橋還御圖)

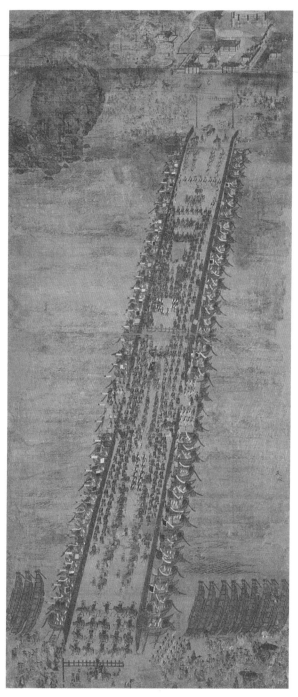

국립중앙박물관 소장

미주

[1] 서울특별시, 1988, 『한성의 다리』, 38쪽; 대한토목학회, 2001, 『한국토목사』, 519쪽

[2] 정치영, 2014, 「지리지를 이용한 조선시대 교량 특성 연구」 『역사민속학』 46호, 164~167쪽

[3] 노부(鹵簿): 고려·조선 시대에, 임금이 나들이할 때 갖추던 의장(儀仗)제도 또는 의장을 갖춘 거동의 행렬

[4] 이 책에서 귀틀보는 들보의 의미로 사용했고, 귀틀석은 돌로 만들어진 귀틀보를 뜻한다.

[5] 『궁궐지』

[6] 「동궐도」: 순조 24년(1824)에서 순조 30년(1830) 사이에 제작됐다고 추정한다. 고려대 소장분과 동아대학교 소장분이 있다.

[7] 고려대학교 소장 「동궐도」

[8] 확실한 고증이 없어 조선시대 돌다리 데이터에 추가하지 않았다.

[9] 문화재청

[10] 회란석(廻欄石): 난간의 손잡이 돌, 돌로 만든 난간의 돌란대 (회란대라고도 한다)

[11] 문화재청(창경궁 선인문 앞 안내문)

[12] 1985년 8월 20일 일본인 낭인들이 명성황후를 시해한 사건

[13] 문화재청(경희궁 금천교 안내문)

[14] 수표교, 광통교

[15] 개천공사: 자연하천을 파내고 정비하는 토목공사

[16] 수표교의 전 이름인 마전교는 현대 있는 마전교와 다른 다리다.

[17] 「도성삼군문분계지도」: 조선 영조 27년(1751)에 도성의 수비에 관해 내린 구두 명령과 법률과 규정(節目)을 기록한 어제수성윤음(御製守城綸音) 가운데 수록된 수도 한성의 지도. 여기서 삼군이란 훈련도감(訓鍊都監), 어영청(御營廳) 및 금위영(禁衛營)을 뜻한다. 도성 동쪽 대부분은 어영청, 남서쪽은 금위영, 북서쪽은 훈련도감의 관할 구역이었다.

[18] 청계천 5가에 있는 마전교는 이름은 같지만 수표교 전신인 마전교와 전혀 다른 다리다.

[19] 개석: 덮개석

[20] 서울특별시, 2005, 수표교 정밀 계측 및 기본설계 보고서

[21] 서울특별시, 2005, 수표교 정밀 실측 및 기본설계 보고서

[22] 『승정원 일기』 고종 24년 4월 6일
　　　親軍海防營啓曰 水標橋添補 今初七日 始役之意 敢啓 傳曰 知道
　　　(친군광복영계왈 수표교첨보 금초7일 시역지의 감계 전왈 지도)
　　　『승정원 일기』 고종 24년 10월 19일

親軍海防營戶曹啓曰 水標橋添補石欄 又小石橋三處改築 今已竣役之意 敢啓 傳曰 知道

(친군광복영호조계왈 수표교첨보석란 우소석교삼처개축 금이준역지의 감계 전왈 지도)

[23] 광통방(廣通坊): 1394년 한양으로 천도한 이태조는 1396년에 한성부의 행정구역을 5부(동부, 서부, 남부, 북부, 중부) 52방(坊, 동네)으로 했는데, 광통방은 남부 11방에 하나다.

[24] 서울역사편찬원

[25] 濬川試射閱武圖: 조선 영조 36년(1760) 왕의 명으로 청계천 준천을 완성한 후 그 과정과 포산행사를 그림으로 남긴 4첩의 채색 기록화, 서울대학교 규장각 소장

[26] 서울특별시, 2005, 청계천 발굴유적 실측 및 설계보고서 III, 오간수문 실측조사 보고서

[27] 서울특별시

[28] 『세종실록』 2년 5월 16일 첫 번째 기사

[29] 『성종실록』 59권 성종 6월 9일 무신조(戊申條), 한창도, 1967, 「전곳교(살곳이 다리)에 대해」, 『향토서울』 30호, 서울특별시사편찬위원회

[30] 손광섭, 2008, 『천년 후, 다시 다리를 건너다 II』, 전양문화

[31] 서울특별시사편찬위원회, 2009, 『서울의 길』, 72쪽

[32] 서울 지명 사전

[33] 서울특별시사편찬위원회, 2009, 『서울의 길』, 92~93쪽

[34] 『원행을묘정리의궤』

4.1 호남지방(돌다리 7개, 홍예 13개, 나무다리 4개)

4.1.1 전라남도(돌다리 6개, 홍교 12개, 나무다리 4개)

4.1.1.1 단운교와 쌍운교

진도 남도진성의 단운교(單雲橋)와 쌍운교(雙雲橋)는 전남 진도군 임회면 남동리 149에 세워진 다리로 문화재 자료 제215호로 지정됐다. 이 두 다리 옆에 있는 진도 남도진성(그림 4.1)은 조선시대 왜구를 대비한 해안 방어기지로 삼별초군이 용장성과 더불어 이 성을 대몽 항쟁의 근거지로 삼았다고 하나, 오늘날 남아있는 성벽은 세종 20년(1438) 정월 남포부에 만호부(萬戶府)를 파견한 이후에 지어졌을 것으로 추정하고 있다.[1]

단운교와 쌍운교는 남도진성 남문 밖에 흐르는 세운천에 세운 2개의 무지개다리로 단운교는 길이 4.5m, 너비가 3.6m이고 홍예의 높이가 약 2.7m인 작은 규모의 단칸짜리 홍예교이다(그림 4.2). 마을 사람들끼리 만들었다는 이 다리는 그림 4.3에서 볼 수 있듯이 인근 마을 근처에서 쉽게 구할 수 있는 얇은 판석을 다듬지 않고 그대로 홍예석으로 사용했다.

그림 4.1 남도진성 남문

　이 다리의 특징은 홍교에서 일반적으로 사용하는 이마돌을 따로 두지 않고 여러 개의 쪼갠 돌을 홍예 이마에 끼어 이마돌(頂石) 역할을 하게 했다는 점이다(그림 4.4). 홍예가 완성되면 다리의 바닥을 고르기 위해 납작한 판석들로 높이를 맞추고 그 위에 진흙과 잔디를 깔아 다리 바닥을 완성했다. 단운교가 세워진 시기는 1870년 이후인 것으로 추정되나 정확한 기록은 없다.

　단운교에서 세운천 상류로 약 40m 떨어진 곳에 쌍운교(그림 4.5)가 있는데, 이 다리도 1930년경 주민들이 세웠다고 한다. 이 쌍운교 한 개의 홍예 너비는 약 2.5m가 되고, 선단석 아래부터 홍예 이마돌 바깥까지의 높이는 대략 2.0m 정도 된다.

　쌍운교의 축조방식은 단운교와 유사하나 세운천의 너비가 넓어져 가운데 교각을 세운 두 개의 홍예로 다리를 세웠다. 다리 가운데 교각 아래에는 지대석을 따로 설치하지 않고 주위에서 쉽게 구할 수 있는 돌들로 축대 쌓듯 막돌 기단(基壇)을 쌓아 올린 후(그림 4.5 오른쪽) 그 위에 절묘하게 선단석(扇單石) 역할과 홍예석 역할을 동시에 하는 쪼갠 돌로 무지개 모양으로 쌓아 올려 다리를 만들었다.

그림 4.2 단홍예 전경(동에서 서로)　　　**그림 4.3** 동네 집 담장

특히 감탄스러운 점은 단홍교와 마찬가지로 쌍운교에서도 홍예교의 특징인 이마돌이 따로 없이 여러 개의 얇은 돌판으로 그 역할을 하게 한 장인의 솜씨다.

그림 4.4 북측 교대 쌓기와 홍예석

4.1.1.2 담양 소쇄원(瀟灑園) 다리들[2] (돌다리 1개, 나무다리 2개)

전라남도 담양군 가사문학면 지곡리에 세워진 소쇄원(담양군 역사문화 명승 제40호)은 양산보(梁山甫, 1500~1557)가 중종 때 벌어진 기묘사화(己卯士禍)로 자기 스승인 조광조(趙光祖)가 죽임을 당하자 출세에 뜻을 버리고 이곳에서 자연과 더불어 살았던 원림(園林)이다. 소쇄원은 대나무 숲으로 둘러싸여 있으며, 소나무, 느티나무, 단풍나무 등 여러 종류의 나무와 화초들이 풍성하게 정원을 이루고 있다. 정원의 계곡을 따라 맑은 시냇물이 흐르고 있고, 계곡 위에는 외나무다리가 있어 아름다운 경치의 매력을 한층 더하고 있다. 소쇄원은 기능과 공간의 특색에 따라 애양단구역(愛陽壇區域), 오곡문구역(五曲門區域), 제월당구역(霽月堂區域), 광풍각구역(光風閣區域)으로 구분한다.

그림 4.5 진도 남도진성 쌍운교 전경과 교각 기둥 상세(사진 제공: 이성노)

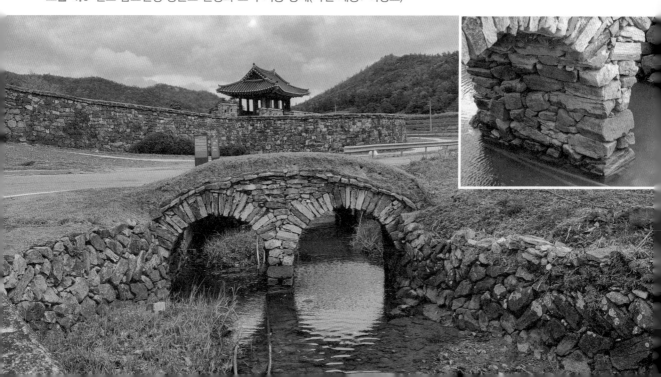

그림 4.6 담양 소쇄원 투죽위교(透竹危橋)

현재 복원된 투죽위교(사진: 이성노)

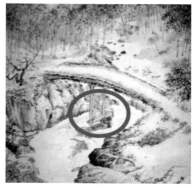

김인후의 투죽위교

1) 광풍각 구역에 있는 투죽위교

① 투죽위교(透竹危橋)

소쇄원 입구에서 광풍각으로 오르려면 시내 물 위에 걸쳐진 나무다리(그림4.6)를 건너야 하는데, 이 다리가 투죽위교다. 이름만 봐서는 이 다리가 대숲 사이로 위태롭게 걸쳐진 다리였을 것으로 추측되는데, 실제로 현재 복원된 다리 옆에는 아직도 대나무 숲이 우거져있다. 다만 통나무로 지지 된 지금의 다리는 그 이름과 달리 매우 튼튼하게 보인다(그림4.7). 그림 4.6 오른쪽 사진은 김인후의 48영(詠) 중 제9 영에 묘사된 투죽위교 그림이다. 이 그림에 따르면 투죽위교의 교각은 부실해 보여 큰비가 한번 오면 급물살에 쓸려 내려갈 것 같다. 다만 한 가지 특이한 점은 조선 전기 교량엔 지니어가 조선 말 취향교 교각 설계에도 적용되지 못했던 X자형 횡 방향 브레이싱(가새)을 투죽위교가 큰 수압에 이겨낼 수 있도록 이 다리에 적용했다는 사실이다. 이것은 현대적 의미의 트러스 이론이 우리나라에서도 이해되고 있었다는 뜻으로, 교량뿐만이 아니라 우리나라 건설기술사에서도 획기적인 사건으로 평가된다.

그림 4.7 복원된 소쇄원 투죽위교의 상부구조와 교각 상세

귀틀보와 바닥판

교각 기초와 목재 교각

② 오곡문 구역의 소쇄원 돌담다리

소쇄원 담장을 따라 위로 올라가면 오곡문(五曲門) 옆 담장 아래 두 칸짜리 돌다리가 놓여있다. 개울 양옆에 있는 바위 위에 교대를 세우고 개울 가운데에 제멋대로 쌓은 교각을 만들어 그 위에 두 개의 판돌을 얹어 담을 받치는 다리를 세웠다. 다리의 규모는 그림 4.8에서 좌측 칸(경간)과 우측 칸(경간)의 길이가 각각 약 1.8m, 1.5m이고, 교각의 높이는 약 1.5m 정도 된다.

그림 4.8 오곡문 옆 담장 밑 돌다리

소쇄원 안쪽에서 본 담장 돌다리

소쇄원 바깥쪽에서 본 담장 돌다리

2) 외나무다리(木橋)

소쇄원 밖에서 돌담다리인 오곡문을 지나 정원 안으로 들어오면 바로 작은 계곡 위에 걸쳐진 외나무다리를 만난다. 현재 놓여있는 다리는 몇 번이고 새로 놓은 다리로 판단되는데, 그래도 이 자리에는 소쇄원을 만든 초기부터 외나무다리가 있었을 것으로 추측된다(그림 4.9).

그림 4.9 소쇄원 외나무다리

오곡문에서 내려다 본 외나무다리

제월당에서 오곡문으로 올려다본 외나무다리

4.1.1.3 담양군 용대리 돌다리

담양의 향토유형문화유산 제1호(대덕면 용대리 992-1)인 용대리 돌다리는 대덕면 관내 군도 12호선에서 용대리로 들어가는 삼거리에서 바로 찾을 수 있다(그림 4.10).

그림 4.10 용대리 돌다리

| 용대리 입구 삼거리 | 용대길 옆 돌다리 |

대덕면 관내 군도 12호선에서 얼마 떨어지지 않은 곳에 있는 이 다리는 1750년대 만들었다고 알려졌다. 이 다리는 8.7m 떨어진 개천의 양 호안 축대를 교대로 삼고 중간에 두 개의 교각을 각각 4개 또는 5개의 다듬지 않은 막 널돌로 쌓아 만든 뒤 그 위에 긴 널돌 3개를 얹어 상판을 구성한 세 칸짜리 돌널다리다(그림 4.11). 용대리 돌다리 뒤로 보이는 철근콘크리트 다리는 확장되기 이전의 군도 12호선에 놓였던 다리다.

다리의 전체 길이는 약 7.7m로, 개천 바닥에서 다리 판석까지 높이는 2.16m에서 2.34m 사이에 있어 평균 2.24m이다. 바닥 널돌의 규모는 그림 4.11에서 용대길(동네길) 쪽 널돌의 경우 길이 2.1m, 너비 1.4~1.53m, 두께는 240mm이고, 가운데 부분의 널돌은 길이 2.1m, 너비 1.25m, 두께는 190mm 이다. 그림 4.11에 보이는 우측 2개의 바닥 널돌은 본래부터 있었던 자연석이고, 흰색의 좌측 1개 바닥 널돌은 1989년 홍수 때 축대가 무너지면서 깨어진 옛 널돌 대신 새로 끼워 맞춘 것이라 한다. 용대 마을에 사는 주민의 말에 따르면, 용대리 마을에는 "옛날 홍수가 날 때마다 커다란 구렁이가 나타나 다리 교각을 감아 꽈리를 틀어 교각이 떠내려가는 것을 막아주고는 해서 이 다리가 지금까지 남아있게 됐다"라는 전설이 내려온다고 한다.

그림 4.11 용대리 돌다리 교대와 교각

상류 쪽에서 본 다리 전경 　　　　　　　　　　하류 쪽에서 본 다리 전경

4.1.1.4 강진 병영성(兵營城) 홍교(虹橋)

　강진 병영성 홍교는 전남 강진군 병영면 성동리 232-3번지에 있는 전라남도 시도 유형 문화재 29호로 지정된 무지개다리다. 조선 태종은 태종 17년(1417)에 남쪽 해안가에 극심하게 출몰하는 왜구들을 퇴치할 목적으로 병마절도사 마천목(馬天牧)[3]으로 하여금 호남의 중요한 거점인 강진, 장흥, 영암 및 나주로 다니는 길목에 병영성을 축성(그림 4.12)하고 이곳에 현재의 전라도 전역과 제주도를 포함하여 53주 6현의 병권을 갖는 육군 지역 총사령부를 두었다.

　이 병영성은 1894년 동학혁명 중 전소하고 고종 32년(1895) 갑오경장 때 신제도에 의해 폐영(閉營)됐다. 병영성에서 영암군으로 가기 위해서는 병영성 밖에 놓인 병영성 홍교(그림 4.13)를 지나가야 한다. 이 강진 병영성 홍교에는 유총각과 양반의 딸인 김낭자 사이에 신분을 초월한 사랑이 이루어지고, 그 아들 유한소(劉漢所)가 영조 6년(1730)에 종일품 숭록대부(崇綠大夫)가 돼 금의환향을 하는 자리를 기리기 위해 양한조(梁漢祖)가 감독하여 만들었다는 전설이 전해지고 있다.

그림 4.12 강진 병영성

그림 4.13 병영성 홍교

병영성 홍교 정면(남쪽에서)

병영성 홍교 바닥판(성에서 영암 방면으로)

양한조는 배율천 바닥을 이루는 바위 위에 지대석(地臺石)을 깔고 그 위에 장방형 화강암 장대석을 동서 대칭으로 각각 12개씩 쌓아 올린 후 가운데 이마돌을 설치했다(그림 4.13). 병영성 홍교의 규모는 길이가 6.75m, 너비가 3.08m이고 홍예의 높이는 4.5m이다. 다리의 바닥면은 다리 상단에 5개의 멍에를 설치하고 그 위 양옆으로 귀틀석을 깔아 설치한 후 그 사이를 점토를 잘 다져 바닥을 형성한 뒤 점토를 잔디로 덮어 보호했다(그림 4.13 오른쪽). 다만 시간이 지나면서 처음에 설치된 귀틀석 중에는 파손된 후 보수되지 않은 것들도 있어 보인다. 홍예석 뒤에는 잡석으로 뒷채움을 하고(그림 4.14) 두 개의 이마돌 사이에 용머리를 설치했는데(그림 4.15), 이는 용신(龍神)에게 수마(水魔)와 더불어 마을에 들어오는 액운(厄運)을 막아주기를 비는 백성들의 마음을 잘 나타내고 있다.

그림 4.14 홍예석 잡석 채움

그림 4.15 이마돌 중앙의 용머리

4.1.1.5 보길도 부용동 돌다리[4]

보길도 윤선도 원림은 대한민국의 명승 제34호로 지정된 문화재로, 완도군 보길면 부황리에 있다. 인조 14년(1636)에 건립한[5] 이 원림은 조선시대의 대표적인 정원 양식으로, 병자호란 때 인조가 청나라에 굴복하자 크게 실망한

그림 4.16 곡수당(왼쪽)과 서재(오른쪽)

윤선도(1589~1671)는 세상을 다시 보지 않을 결심으로 제주로 향하던 중 풍랑이 심해 뜻을 이루지 못하고 이곳에 머물게 됐다.

보길도는 완도군 서남 방향으로 있는 작은 섬으로, 이 섬에서 가장 높은 격자봉(格紫峯, 435m)을 중심으로 동북 방향으로 뻗어 내려가는 산 능선 사이로 아름다운 계류가 흐른다. 이곳 지형이 마치 연꽃 봉오리가 막 터져 피어나는 것 같은 느낌을 받은 고산은 이 계곡을 부용동(芙蓉洞)이라 이름을 짓고 이곳 정원에서 13년 동안 살면서 주자학을 연구했다.

오늘날 남아있는 부용동 정원은 크게 세 구역으로 나눌 수 있다. 우선 거처하는 살림집인 낙선재(樂善齋)와 곡수당(曲水堂) 주변과 그 맞은편 산 중턱의 휴식 공간인 동천석굴 주변, 그리고 부용동 입구에 있는 세연정(洗然亭) 주변이다.

1) 낙선재 주변 다리들

낙선재 옆으로 낭음계(朗吟溪)라는 작은 시내가 흐르는데, 곡수당과 서재가 이 시내를 사이에 두고 가깝게 세워져 있다(그림 4.16).

① 서재(書齋) 앞 돌다리 일삼교(日三橋)

곡수당 인근에 지어진 서재는 고산 윤선도 선생이 그의 제자들을 가르치던 장소였다. 이 서재 앞 곡수 위에 두 칸짜리 돌널다리가 놓여있는데, 이 다리가 부용동에서 돌다리 4개 중 유일하게 옛날부터 유지되고 있는 일삼교(그림 4.17)다.

이 일삼교는 두 칸짜리 단순한 돌널다리로, 우기에 빠른 물살에 견디게끔 튼튼하게 세워진 가운데 교각은 매우 이색적으로 전통 옛 돌다리의 교각과는 다른 형태를 하고 있다. 이 교각의 아랫부분은 마치 후세에 만들어진 말뚝기초와 같은 느낌을 준다.

그림 4.17 일삼교

일삼교 앞 서재

곡수 위 걸쳐진 일삼교

② 서재 부근 단칸짜리 돌다리

서재 앞 '낭음계'가 거의 90도로 휘는 지점
에 단칸짜리 돌널다리가 놓여있다(그림 4.18).
양측 교대에 단순지지 되게 얹어있는 돌다
리는 지은 지 그리 오래돼 보이지 않는다. 사
용된 석재는 '곡수당' 앞에 놓인 두 칸짜리 돌
널다리와 같은 종류의 석재를 사용했다.

③ 곡수당(曲水堂) 앞 돌다리(2개)

곡수당 바로 앞 낭음계(朗吟溪)에는 1개의
돌널다리와 1개의 돌로된 홍교가 세워져있
는데, 이 두 다리 모두 원형에 가깝다고 추측
되나 현존하는 다리에는 원래 사용됐던 오
래된 석재가 보이지 않는다. 윤선도가 죽자
부용동 정원은 곧 황폐돼 그 후 300여 년 동
안 사람의 손길이 가질 않아서[6] 일삼교 외
의 기존 다리들은 모두 허물어졌다가 근자
에 새로 축조됐다고 생각된다.

그림 4.18 서재 앞 단칸 돌널다리

그림 4.19 곡수당 앞 돌널다리와 홍교

그림 4.20 곡수당 앞 홍교

(i) 곡수당 앞 홍교

곡수당 앞 시내 맨 하류 쪽에는 그림 4.20에서 보이는 바와 같이 지대석 위에 바로 선단석과 홍예석을 쌓아 올려 단칸 홍예를 틀어 올리고 그 양옆으로 잡석을 쌓아 올린 무지개다리가 있다. 매우 단아한 단칸짜리 홍교로 곡수당과 매우 잘 어울리는 경관을 만들어내고 있다.

(ii) 곡수당 앞 두 칸짜리 돌다리

곡수당 앞 무지개다리 바로 상류에 두 칸짜리 돌널다리가 보인다. 이 돌다리는 근처에서 구할 수 있는 돌들을 잘 가다듬어 튼튼하게 교각을 세우고 그 위에 들보형 널판을 두 장 얹어 만들었다. 이 다리의 원형을 확실하게 알 수 있는 자료는 찾지 못했다.

그림 4.21 곡수당 앞 두 칸짜리 돌널다리

2) 동천석굴 입구 돌다리

세연정(洗然亭)에서 부용리 쪽으로 1.5km 들어가면 낙선재 건너편 산 중턱 절벽 바위 위에 '동천석실'이라는 한 칸짜리의 조그만 정자가 있다. 이곳은 윤선도 선생이 차를 마시고 시를 지었던 곳이라 한다. 이 동천석굴로 올라가려면 자동차길 옆에 놓인 제법 긴 돌널다리를 건너야만 했을 것이다. 다만 이곳에 놓였을 옛 다리의 모습을 모르니 현재 놓여있는 이 다리가 원형을 유지하고 있는 것인지 아닌지는 알 수가 없다(그림 4.22).

3) 세연정 돌다리

보길도 세연정은 고산 윤선도가 추구하던 꿈속의 세계를 현실화한, 아름다운 정원 속에 있는 정자다. 고산은 이곳을 흐르던 계곡물을 끌어들여 판석보로 물을 막아 연못 회수담(回水潭)을 만들고 이 연못을 중심으로 정원을 조성했다. 고산은 이 연못 가운데 섬을 만들어 그곳에 정자를 짓고 세연정이라 했다. 여기서 '세연(洗然)'이란 '주변 경관이 매우 깨끗하여 기분이 상쾌해지는 곳'이란 뜻이다. 이곳에 굴뚝다리라 불리는 판석보와 정자로 들어가는 연못 입구에 비홍교(飛虹橋)가 있다.

그림 4.22 동천석굴 입구 돌널다리

① 판석보(板石洑)

고산은 세연정을 둘러싼 세연지에 흐르는 계곡물을 가두기 위해 계곡 하류 쪽에 적당한 높이의 보를 설치했다. 이 보를 보길도 세연정 판석보라 부르는데, 이 보의 양쪽에 널돌을 단단히 세우고 그 안에는 강회로 채워서 물이 새지 않게 한 다음 그 위에 다시 큰 널돌로 뚜껑을 덮어 만들어서 부르게 된 이름이다(그림 4.23).

이 세연정 판석보는 비가 오면 보 위로 물이 넘쳐 폭포가 되고, 건기에는 돌다리로 쓸 수 있다. 그래서 굴뚝다리라고 부르기도 한다. 그러나 엄밀하게 이야기하면 이는 보 기능을 하는 구조물로 다리라고 하기는 어렵다.

그림 4.23 보길도 세연정 판석보

② 세연정 비홍교

연못 가운데 지어진 세연정으로 들어가는 입구에 아주 단순하여 눈에 잘 띄지 않는 돌다리 비홍교가 있다(그림 4.24). 이 윤선도의 세연정 정원의 특징이 본래 자리에 있던 바위들을 그대로 놓아두어 인공적인 요소와 자연적인 요소 간의 조화를 최적화시킨 점에 있다고 한다면, 이 세연정 비홍교 역시 이러한 정원 설계 철학에 충실한 인공적 요소 중 하나인 것으로 평가된다.

그림 4.24 세연정 비홍교

세연정 입구 비홍교

비홍교 측면

4.1.1.6 태안사 능파교(凌波橋)

전남 곡성군 죽곡면 원달리 동리산(桐裏山)에는 금강문(金剛門)과 누각(樓閣)을 겸한 태안사의 능파누교가 있다(그림 4.25). 능파교란 계곡의 물과 자연경관이 아름다워서 미인의 가볍고 우아한 걸음 걸이를 연상시켜 붙여진 이름이라고 한다.[7]

전설에 따르면 태안사는 신라 경덕왕 원년(742)에 이름 모를 신승 세 사람이 이곳에 절터를 잡고 공부하면서 절의 역사가 시작됐고, 신라 문성왕 12년(850) 때는 명승 혜철(慧徹)이 절을 축조하여 대안사(大安寺)라는 이름으로 불렸다 한다. 대안사와 마찬가지로 능파교도 신라 문성왕 12년(850)에 혜철 스님이 건립했고, 조선 영조 13년(1737)에 다시 상량했으나 영조 40년(1764)에 다시 파괴되었다. 이후 영조 42년(1766)에 다시 고쳐서 지었고, 이후에도 여러 차례 새로 고쳐 상량했다고 한다. 다행히 6·25 전쟁에는 불타지 않고 지금까지 남아있다. 그러나 현재 우리가 볼 수 있는 태안사 능파교가 언제 복원됐는지는 알려지지 않았다.

능파교의 전체 길이는 약 8.5m이고 너비는 약 3.1m 정도 된다. 또한 다리 위에 올린 누각의 크기는 정면 세 칸, 측면 한 칸이다(그림 4.25).

그림 4.25 곡성 태안사 능파교 전면과 입구

예전에는 계곡 양쪽에 석축을 쌓아 축대를 만들고 그 위에 통나무 보를 걸친 다음 굵은 널빤지로 우물마루 바닥을 깔았을 것이다. 그러나 현존하는 다리의 주형은 굵은 통나무가 아니라 치수가 매우 큰 구형 단면 보로 돼있다(그림 4.26). 지붕을 받치는 원주는 주형 위에 바로 세워지지 않고, 기둥 받침을 대신하는 하인방(下引枋)을 주형 위에 먼저 설치하고 그 위에 기둥을 세웠다(그림 4.25 아래쪽). 다리 바닥은 다리 맨 외쪽에 설치된 주형 사이에 3개의 귀틀보를 설치하고 그 사이에 우물마루 바닥을 구성했다. 능파각은 5량 겹처마 맞배지붕[8]한 조그마한 문루 역할을 하는, 아름다운 교량이다.

그림 4.26 능파교 바닥구조

능파교 외측 주형 구형단면 들보   능파교 바닥 밑면

4.1.1.7 관음사 금랑각 누교(錦浪閣 樓橋)

전남 태안사가 있는 전남 곡성군(오산면 성덕관음길 45번지)에는 백제시대 창건된 유명한 관음사와 그 입구에 금랑각교가 있다(그림 4.27).

예전에는 관음사에 들어가려면 금랑각교를 지나야 했지만, 지금은 계곡 왼편으로 자동차 길이 새로 만들어져 금랑각이 관음사의 정문 역할을 접은 지는 꽤 오래된 것으로 보인다(그림 4.27). 그래서 지금은 담장이가 누각 기둥을 타고 오르며 제 세상을 만나고, 누각 단청은 점점 더 탈색돼 우리 문화를 아끼는 탐방객들을 서글프게 만든다(그림 4.27).

그림 4.27 곡성 관음사 금랑각 누교(2021.11.26. 촬영)

금랑각은 정면 세 칸 측면 한 칸의 3량가[9]의 지붕 가구 형식을 취하는 전형적인 사찰 입구의 누교다(그림 4.28).

지붕은 팔작지붕 형식으로 기둥 위에는 겹처마를 받치기 위한 주상포를 설치했는데, 이 주상포는 이익공 공포 시스템으로 구성했다(그림 4.29). 이 건축 양식은 조선시대에 많이 사용했다고 알려져 있다. 현존하는 관음사 금랑각교는 백제시대의 다리를 조선시대에 복원한 것으로 추측된다. 관음사에 관련된 기사는 통일신라부터 고려 전기까지 없다가 고려 공민왕 23년(1374)에 대대적인 중창 불사가 이루어졌다는 기록이 있다. 그 후 정유왜란 때 원통전을 제외한 당우들이 모두 불타 없어졌고, 원통전마저도 6·25 전쟁 때 불타버려서 현재 절에 마련된 원통전은 1954년 6·25 전쟁 때 소실을 겨우 모면한 '대은암'을 옮겨와 지은 것이라 한다. 법당 안에는 현재 백제시대 제작됐다고 추정되는, 불타고 깨진 소조불상이 모셔져 있다. 이러한 사실은 관음사가 백제시대에 지어진 사실을 증명해주고 있어 절 입구의 다리도 백제시대부터 있었을 것이나, 6·25 전쟁 때 소실된 것이 아니라면 조선시대 때 복원됐을 가능성이 크다.

그림 4.28 금랑각 누교 측면

서까래를 통해 지붕에서 내려오는 지붕 무게는 종도리를 통해 대들보로 전달되거나 또는 주심도리를 통해 직접 다리 양측에 각각 세워진 8개의 기둥으로 분산돼 기둥을 받치고 있는 육중한 두 개의 들보로 전달된다. 이 하중들은 바닥에 작용하는 하중(바닥판 자중과 보도하중)과 더해져 교량의 상부구조에 작용하중으로 작용한다. 이 하중들은 다리의 양측에 설치된 2개의 귀틀보에 의해 다리 입구에 축조돼있는 교대로 전달된 다음 지반 속으로 사라진다. 금랑교의 교대는 돌로 잘 쌓아 올려 구축됐다.

그림 4.29 금랑각 겹처마와 이익공

겹처마

이익공

일제는 관음사에 대한 대대적인 발굴조사를 통해서 이 절이 건립된 기원을 적은『곡성 관음사 사적』을 발견하고 1901년『조선사찰전서』에 그 당시 발굴된 목판본『옥과현 성덕산 관음사 사적』을 소개했다. 그것이 만들어진 시기는 영조 5년(1729)으로 표기돼있다.[10]

이『관음사 사적』에 전하는 연기 설화에 따르면 "옛날 충청도 대흥 땅에 원량(元良)이 살았다고 한다. 어려서부터 앞을 못 보는 그를 대신하여 생계를 꾸리던 아내마저 산고 끝에 죽는 바람에 원량은 혼자서 동냥젖을 먹여가며 딸 홍장을 키울 수밖에 없었다. 홍장이 열여섯 살 아리따운 처녀로 자랄 무렵 홍법사 성공대사가 간밤 꿈에 부처님께 계시를 받고 원량에게 금강불사 시주를 제안한다. 그 말을 듣고 효성스러운 홍장은 눈먼 홀아비를 위해 자신이라도 희생하겠다며 기꺼이 성공대사를 따라 나섰다. 길을 가던 일행은 나루터에서 중국 사신 행렬을 만나게 됐는데, 그들은 이 처녀가 자신들이 찾던 황후감이 틀림없다며 금은보화를 내놓고 원홍장을 모셔갔다. 중국으로 건너가 진(晉)나라 혜제(惠帝)의 황후가 됐다. 황후가 된 홍장은 고국을 못 잊어 불탑과 불상을 만들어 백제 땅으로 배를 띄웠다. 이 배는 백제의 섬진강 하류인 승주 낙안포에 도달했는데, 옥과(지금의 곡성군 오산면)에 살던 처녀 성덕이 이 배에서 홍장이 보낸 '금동관음보살상'을 발견하여 불상을 업고 모실 절을 찾아갔다. 어느 곳에 이르자 도저히 걸음을 떼지 못할 정도로 불상이 무거워 거기에 내려놓고 모셨으니 그곳에 성덕산 관음사가 들어섰다"라고 한다. 이 사건은 백제 분서왕 3년(301)에 일어났다고 하는데, 백제에서 불교가 공인된 시기는 침류왕 1년(384)이니 불교가 공인된 시기보다 훨씬 전의 일이다. 이후 성덕 스님은 불사를 원만히 회향했고 원홍장의 아버지 원량은 94세까지 천수를 누렸다고 한다. 목판본『옥과현 성덕산 관음사 사적』이 세간에 관심을 끄는 이유는 원홍장의 설화가 고대소설『심청전』의 근원 설화이기 때문이다.

그림 4.30 금랑각 누교 내부

그림 4.31 선암사 상승선교(다리 사이로 강선루가 보인다)

4.1.1.8 선암사 입구 다리들(2개)

1) 선암사 상승선교

선암사(仙巖寺) 상승선교(上昇仙橋)는 전남 승주군 쌍암면 죽학리 선암사 어귀에 있는 조계산 계류를 건너는 길목에 놓인 다리다(그림 4.31). 이곳에 무지개 돌다리가 두 개 있는데, 절 가까운 곳에 큰 다리가 있고 아래쪽에 작은 다리가 가설돼있다. 선암사는 신라 진흥왕 3년(529)에 아도화상(我道和尙)이 창건했다고 전해지고 있다. 그러나 임진왜란 때 대부분 소실된 것을 조선 숙종 24년(1698) 호암(護岩) 대사가 선암사를 중창하면서 상승선교도 축조했다.[11]

상승선교는 길이 11.8m, 너비 약 3.7m, 전체 다리 높이 약 5.8m되는 홍예교로, 홍예는 완전한 반원형을 이루고 있다. 자연 암반 위에 놓인 지대석 위로 잘 가공된 장대석으로 만든 선단석과 홍예석 30여 개를 접합시켜 큰 홍예를 틀고, 그 위로 잡석들을 성심껏 쌓아 올려 아름다운 큰 홍예교를 만들어냈다. 승선교는 자연 암반을 다리 기초로 하고 있어 홍수에도 잘 견딜 수 있도록 설계돼있다. 계곡 아래에서 승선교를 통해 본 강선루(降仙樓)[12]는 주위 경관과 절묘한 조화를 이루고 있다.

2) 선암사 하승선교

예전에 자동차 길이 생기기 전까지는 절에 오르려면 길의 경사를 고려하여 계곡을 여러 번 가로지르는 다리가 필요했을 것이다. 선암사로 오르는 절 입구에는 두 개의 다리가 있는데, 하류에는 홍예 너비가 약 6.3m이고, 홍에 높이가 2.30m 되는, 상승선교보다 작은 규모의 잘 축조된 무지개다리 하승선교(下昇仙橋)가 놓여있다(그림 4.32). 선암사 앞 계곡에 놓인 두 홍교에는 같은 시공 기술이 적용됐는데, 다만 하승선교에는 홍예 머리돌을 이루는 장대석 가운데에 계곡물을 다스리는 용머리가 안 보이는 것이 특이하게 느껴진다.

그림 4.32 선암사 하승선교

4.1.1.9 송광사 입구 다리들(2개)

전남 승주군 송광면 신평리 조계산에 위치한 송광사(松廣寺)는 우리나라 합천의 해인사(海印寺), 양산 통도사(通度寺)와 더불어 삼보사찰(三寶寺刹) 가운데 하나인 유서 깊은 사찰이다. 이 사찰은 신라 말에 혜린선사(慧璘禪師)가 작은 암자를 짓고 길상사(吉祥寺)라 했는데, 고려 명종 27년(1197)에 보조국사(普照國師) 지눌(智訥)이 중창하여 처음에는 수선사(修禪寺)라 부르다가 오늘날 송광사(松廣寺)라 부르게 되었다.

1) 송광사 삼청누교(三淸樓橋)

송광사의 사천왕문을 지나기 전에 계류(溪流)가 흐르는데, 이곳에 절 안으로 들어가기 위한 단칸 반원형 홍예로 구성된, 아름다운 무지개다리와 그 위에 아담한 누각이 지어져 있다. 이 누각을 가진 다리가 삼청누교다(그림 4.33). 일명 능허교(凌虛橋)로 불리는 송광사의 삼청누교는 돌로 만든 홍예

그림 4.33 송광사 삼청누교

하류 쪽에서 본 누교   상류 쪽에서 본 누교

그림 4.34 삼청 홍예 구조와 우화각 기둥 초석

교 위에 목조 누각을 세운 것으로, 『능허교 중창기』[13]에 따르면 원래 목교였던 다리를 숙종 26년 (1700)에서 1711년 사이에 조영한 것으로 보이고, 그 뒤 60여 년이 지난 영조 50년(1774)에 중수했다.

길이가 약 10m이고 너비가 약 3.8m인 삼청교는, 지대석과 홍예석을 포함해서 장대석 19개를 쌓아 올린 단칸 홍예교(單虹蜺橋)다. 그 양옆으로 잘 가공된 장대석으로 쌓아 올린 후 멍에를 횡으로 가로지르고 맨 바깥쪽으로 귀틀석을 설치하여 다리의 경계로 삼았다. 삼청누교의 누각을 우화각(羽化閣)이라 하는데, 지붕을 받치는 기둥을 세우기 위해 따로 귀틀석을 마련하지는 않고 삼천교 바닥면 위에 직접 주춧돌을 놓았다(그림 4.34). 일반적으로 사찰 앞에 조성되는 다리가 대개 그러하듯이 송광사 삼청교 홍예 한가운데도 여의주를 물고 있는 용두(龍頭)가 돌출해있다.

다리 위에 정면 네 칸, 측면 한 칸으로 돼있는 우화각은 입구 쪽에는 팔작지붕 형식을, 출구 쪽에는 맞배지붕으로 하고 취하고 있다. 주춧돌은 약간 높은 원형의 주춧돌을 놓았고, 기둥 전면 추녀 밑에는 활주를 세웠다(그림 4.35).

그림 4.35 송광사 삼청누교 우화각 입면

2) 송광사 극락교(極樂橋)

송광사 입구에 세속의 번뇌를 모두 털고 청량한 마음으로 불계(佛界)로 들어오라는 의미를 담은 극락교가 있다. 청량각누교(淸涼閣樓橋) 또는 극락홍교(極樂虹橋)라고도 알려진 송광사 극락교(그림 4.36)는 길이 12.7m, 너비 약 4.4m인 홍예교이다. 홍예 위에는 정면 한 칸에 측면 네 칸 팔작지붕의 누각이 세워져 있는데, 영조 6년(1730)에 지어졌다가 철종 5년(1853)에 홍수로 떠내려간 것을 1917년에 재건하고 광무 7년(1921)과 1972년에 중수하였다.[14]

그림 4.36 송광사 극락교

극락교 정면   극락교 측면

4.1.1.10 천은사(泉隱寺) 수홍루(垂虹樓) 홍교

전남 구례군 광의면 방광리 지리산 노고단 길목에 천은사가 있다. 천은사는 통일신라 흥덕왕 3년(828)에 인도 승려 덕운 스님이 창건했다. 앞뜰에 있는 생물을 마시면 정신이 맑아진다고 해서 감로사(甘露寺)라 했다고 한다.[15] 임진왜란 전란에 소실된 사찰을 중건하는 과정에서 큰 구렁이가 자주 나타나서 잡아 죽였더니 그다음부터 샘이 말라 숨어버렸다고 한다. 그래서 샘이 숨어버린 사찰이라 하여 천은사라 부르게 됐다는 전설이 내려오고 있다. 『남도정자기행』(507)에 따르면 현재 정면 두 칸, 측면 한 칸의 2층 팔작지붕을 가지고 있는 수홍루(垂虹樓) 자체는 조선 후기 1929년 퇴적대사(退籍大師)가 세웠다고 한다. 전남 문화재 자료 제35호에서도 천은사 홍예 자체는 조선 후기 것으로 알려졌다. 1898년 매천 황현이 지은 시에 천은사의 다리 모양을 무지개다리로 묘사한 내용이 있었다고 하니, 이 수홍교는 이미 1898년 이전에 천은사 앞 계곡에 놓여있었음을 알 수 있다. 필자가 천은사를 방문한 2021년 12월에는 수홍루 보수작업 중이었다(그림 4.37 오른쪽). 이때까지 수홍루 아치교는 철근콘크리트 교량으로 되어있었다. 천은사 종무소 스님에 의하면 수홍루 홍예교는 처음부터 철근콘크리트 교량이었는데 지난 보수과정에서 기존에 있던 철근콘크리트 다리는 철거되고, 지금(2022.9.22.)은 천은사 수홍루 홍예교가 전통적인 우리나라 옛 홍교의 모습으로 새롭게 태어났다고 한다.

천은사 수홍루 홍예교는 그 지어진 시기가 매우 불분명하고, 또한 우리나라 옛 홍교도 아니었던 것으로 파악되고 있으므로 우리나라 옛 다리의 목록에서는 제외하는 것이 옳다고 판단된다.

그림 4.37 구례 천은사 수홍루 홍예교

천은사 입구(복원 전 사진)   수홍루 홍예교 복원 중(2021.12.1.)

4.1.1.11 보성 벌교 홍예교

전남 보성군 벌교읍에 벌교천(筏橋川)을 건너지르는 벌교 홍교는 안양 만년교와 같이 우리나라에서는 흔치 않은 다경간 연속 홍예교로 유명한 다리다.

옛 벌교 홍교는 길이 80m, 너비 4m, 높이 4m의 상당한 규모의 무지개 돌다리이었다고 하나, 현재는 전체 길이가 약 24.4m, 너비는 4m인 부분만 남아있다. 홍예의 너비는 홍예마다 달라서 가운데 홍예가 8.3m로 가장 넓고 양옆으로 외쪽과 오른쪽에 각각 7.8m, 7.6m로 작아진다. 홍예 높이는 평균 4m 정도가 된다(그림 4.38). 보성군에서는 현대식 연속 철근콘크리트 아치교(그림 4.38의 오른쪽 흰색 부분)를 구교에 잇대어 붙여서 옛 모습을 찾으려고 노력은 했으나 옛 벌교 홍교를 그대로 복원했다고 보기는 어렵다. 이 다리는 영조 5년(1729) 순천 선암사의 초안과 습성 두 스님이 사람이 편하게 다닐 수 있도록 손수 장대석을 짜 맞추어서 홍예를 틀고, 홍예 천정마다 가운데 이무기들을 조각하여 만들어 홍수를 제어하길 바랐다고 전해지는데, 예전에는 이 이무기의 코끝에 풍경을 매달아 은은한 방울소리가 울려 퍼지도록 했다고 한다. 이 다리는 한국에 남아있는 홍교 가운데 가장 규모가 큰 대표적인 돌다리다. 홍교가 놓이기 이전에는 뗏목다리로 건너다녔다 하여 벌교(筏橋)라는

그림 4.38 보성 벌교 홍예교

이름을 얻었다. 홍예 사이에는 잘 다듬어진 장대석을 쌓아 올려서 다리 바닥의 종단 계획고에 맞춘 후 그 위에 멍에를 홍예 면에서 돌출되게 일정한 간격으로 횡으로 걸쳤다(그림 4.39 위). 그 멍에 위에 3줄의 귀틀석을 다리 길이 방향으로 깔고, 이웃한 귀틀석들 사이에는 청판석을 깔아서 우물마루 형식의 다리 바닥을 만들어 전체 홍예교를 완성했다(그림 4.39 아래).

그림 4.39 벌교 홍예교 구조

홍예, 멍에와 귀틀석

우물마루 형식의 바닥면

4.1.1.12 보성 벌교 도마교(逃馬橋)

전남 보성군 벌교읍 전동리 495-1에 있는 벌교 도마교는 벌교 전동저수지의 물길 위에 있는 다리로 1990년 12월에 전라남도 유형문화재 제173호로 지정된 돌다리다(그림 4.40).

원래 '도매다리'로 불린 이 다리는 가까이 있는 부용산의 모습이 도약하는 말과 비슷하다 하여 '도마(逃馬)'라는 이름이 붙었다고 한다. 다리 주위에 있는 중수비에 따르면(그림 4.40 오른쪽) 이 다리는 조선 인조 25년(1645)에 처음 설치됐고 당시 길이는 약 6m 정도 됐다. 그러나 지금은 1989년 여름 홍수로 절반 정도 파손된 상태의 다리를 화강암으로 된 정방형 기둥 두 개를 세우고 그 위에 멍에를 얹어 2개의 교각을 새로 만들어 복원해놓았다. 이렇게 만든 교각 3세트를 다리 길이 방향으로 세우고 그 위에 두 줄의 귀틀석을 종 방향으로 설치한 뒤 그 사이에 청판석을 깔아 우물마루 형식의 바닥을 만들었다. 교각 아래에 있는 돌로 된 띠 기초는 옛날부터 있던 부재는 아닌 것으로 보인다. 다리 복원과정에서 여러 개의 새로운 부재가 쓰였음에도 불구하고 현 벌교 전동리 도마교에서도 옛날 지방에 매우 정교하게 만들어진 아담한 다리라는 인상을 강하게 받는다.

그림 4.40 벌교 전동리 도마교

도마교 전경

도마교 중수비

4.1.1.13 전남 보성 홍교

조선시대 전라도 남부지방에는 수시로 노략질을 하기 위해 쳐들어오는 왜구들을 막기 위해 고을마다 읍성을 쌓아 이에 대응했다. 전남 보성에서도 왜구들을 약탈을 막기 위한 수단으로 흥양에 읍성을 쌓았다. 이 흥양 읍성 가운데로 고흥천이 흐르기 때문에 현재 전남 보성에는 옛날 흥양 읍성 성곽의 수문 역할을 하던 옥하리 단홍교와 서문리 홍교, 두 개의 홍예교가 아직도 남아있다.

1) 보성 고흥 옥하리 단홍교(單虹橋)

고흥 옥하리 단홍교는 전라남도 고흥군 고흥읍 옥하리 247-1번지, 흥양 읍성 남문으로 들어가는 곳에 있는 전라남도 유형문화재 제73호로 지정된 다리다(그림 4.41). 안내문에 따르면 이 다리는 조선 고종 8년(1871)에 세워진 것으로, 너비 8.7m이고 높이 4.2m 규모의 단홍교이다. 사실 이 다리는 흥양 읍성의 서쪽 벽에서 흘러 들어온 고흥천 물이 남쪽 벽으로 빠져나가게 하는 시설이기 때문에 옥하리 홍교의 주된 설치 목적은 수문의 역할이다. 즉, 고흥 옥하리 홍교는 옥하리 수문교라고 칭하는 것이 옳다.

옥하리 수문은 맨 밑바닥에는 몇 단의 장대석을 쌓고 그 위에 홍예석을 쌓아 완성했는데, 어디까지가 지대석이고 어디가 선단석인지 구별하기가 쉽지 않다(그림 4.41오른쪽). 고흥 옥하리 홍교의 안내문에 따르면 홍예는 모두 41개의 장대석으로 구성돼있다. 홍예 위에 총구를 뚫은 성벽 여장(女墻)을 쌓고 군사들이 왕래할 수 있도록 홍예석 위로 다듬은 돌과 막돌을 뒤섞어 쌓아 올리다가 맨 위에는 장대석을 써서 평평한 회곽로(廻郭路)[16]를 만들었다. 홍예 중앙에 설치한 이마돌 위치에서 다리 안쪽 가운데는 용머리가 설치돼있어 고흥천을 내려다보며 읍성 안으로 들어오는 나쁜 기운을 막아주고 있다(그림 4.41왼쪽). 서울 청계천 오간수문이나 이간수문에서처럼 옥하리 수문에서도 다리의 안벽 양쪽에는 위아래로 둥근 구멍이 뚫어 철책을 가설한 흔적이 남아있다(그림 4.41오른쪽). 옥하리 홍예 구조에서 눈에 띄는 것은 그림 4.41 오른쪽 사진에서 이마돌 위에 놓인 한옥의 상인방 같은 두 개의 장대석이다. 이 2개의 장대석은 홍예 정수리 윗부분에 공간을 좀 더 넓게 확보하기 위한 수단인 것으로 짐작되는데, 이렇게 처리하면 장대석에 가해지는 하중은 장대석을 지탱하고 있는 3개의 멍에로 전달된 뒤 홍예석으로 집중하중 형태로 전달되기 때문에 이는 교량 역학적으로 좋은 해결책은 아니다.

그림 4.41 고흥 옥하리 홍교

흥양 읍성 밖에서 본 홍교   흥양 읍성 안에서 본 홍교

2) 고흥 서문리 홍예교

고흥 서문리 178-1번지 일원에 있는 고흥 서문리 홍교는 전라남도 유형문화재 제73호로 지정돼 있다. 안내문에 따르면 고흥 서문리 수문 홍교는 조선 고종 8년(1871)에 세워진 구조물로 현재 규모는 길이가 5.3m이고 너비와 높이는 각각 약 2.1m와 2.9m다.

서문리 178-1번지 일원에는 두 개의 홍예가 현존하는데, 그림 4.42는 흥양 읍성 밖에서 본 두 개의 홍예 모습이다. 이 두 개의 홍예 중에서 그림 4.42 위쪽 사진에 있는 홍예는 이 구조물이 여기에 왜 있는지 존재 목적이 불분명하고, 사용된 홍예석 중에는 옛날에 사용된 흔적이 남아있는 것이 전혀 없어서 이 책에서는 고흥 서문리 홍교 안내문에 적혀있는 내용을 중심으로 그림 4.42 서문리 오른쪽 홍교에 대해서만 정리했다. 안내문에는 고흥 서문리 홍교가 여산마을 가운데를 흐르는 고흥천에 설치된 돌로 만든 무지개다리라고 적혀있는데, 고흥 서문리 홍교와 고흥 옥하리 홍교는 엄밀하게 말해서 일반 홍교가 아닌 수문교(水門橋)라고 해야 옳다. 이 수문은 고흥천 물이 흥양 읍성 서벽에서 흘러들어와 읍성 남쪽으로 빠져나가기 때문에 흥양 읍성 서문 근처에 설치된 것이다.

홍예는 전형적인 조선시대 홍예의 축조 방식을 따라 만들었다. 즉, 맨 아래에 지대석을 놓고 그 위에 선단석을 얹은 뒤 홍예석을 쌓아 올리고 그 가운데에 이마돌을 끼워 홍예를 완성한 것이다. 서문리 홍교 안내문에 따르면 서문리 홍예는 모두 27개의 장대석으로 틀어 올려 만들었다.

그림 4.42 흥양 읍성 밖에서 본 서문리 홍교
위. 서문리 왼쪽 홍예
좌. 서문리 쌍홍예 | 우. 서문리 오른쪽 홍예

수문 위에 회곽로(廻郭路)를 설치하기 위해 홍예 위와 옆으로 막돌과 다듬은 돌을 뒤섞어 쌓아 올리다가 홍예 이마돌 부근에서는 장대석을 사용하여 덮고 나서 그 위에 흙으로 마감했는데, 이렇게 홍예교를 축조하는 것은 역학적으로 매우 비합리적인 방법이다. 서문리 홍예에서 사람들은 성 밖(서쪽) 홍예 정면에는 이마돌에 용머리를 조각하고, 성 안쪽에는 용꼬리가 새겨놓은 옛 교량 엔지니어들의 재미있는 재치를 발견할 수 있다. 홍예의 안쪽 면에는 옥하리 홍예에서처럼 위와 아래로 둥근 구멍이 파여있어 철책을 가설한 흔적이 남아있다.

4.1.1.14 나주 금성교(錦城橋)

현재 전라남도 나주시 금성동에 위치한 금성교는 길이 19m, 너비 11.9m, 높이 2.5m인 6경간 철근콘크리트교이다(그림 4.43). 전해지는 이야기로 나주시가 1982년[17] 이 다리를 확장할 때 예산이 부족해서 기존에 있던 돌다리(그림 4.44)를 그대로 둔 채 그 위에 새 다리를 놓았다고 한다.

전남타임스 김양순 기자[18]에 따르면 현재 경현동에서 죽림동에 이르기까지 나주천에는 모두 13개의 다리가 있는데, 이 중 가장 먼저 세워진 다리가 1910년에 세워진 금성교(그림 4.44)이고, 당시 화강암으로 만들어진 이 돌다리는 목포에서 신의주까지 이어지는 국도 1호선의 핵심 교량 중 하나였다고 한다. 현 나주 금성교 속을 자세히 들여다보면 일제강점기 때 돌다리를 그대로 두고 그 위에 철근콘크리트 슬래브를 덧친 것을 볼 수 있다. 다만 나주 금성교가 순순히 한인들의 손으로 만들어진 다리인지는 확인이 안 된다. 그렇다고 하더라도 최초의 나주 금성교가 전체적으로 우리 선조들이 즐겨 썼던 다리 구조를 하고 있어 이 책에서는 이 다리를 옛 돌다리로 취급하였다.

그림 4.43 현 나주 금성교

그림 4.44 일제강점기에 세워진 금성교[19]

4.1.1.15 영광 도동리 홍교

전남 영광군 영광읍 중앙로 2길 9-17(도동리)에는 전라남도 문화재 자료 제190호 지방문화재로 1992년에 지정된 조그마하고 아담한 영광 도동리 홍교가 있다. 이 다리는 조선 성종 때 불교를 배척한 정극인의 공을 기념하기 위해 그가 죽은 뒤 연산군 3년(1497)에 지어진 다리[20]라고 하고, 그 후 영조 4년(1728)과 1994년에 다리를 보수한 바 있다.

옛날 읍성이 있을 때는 이 다리가 함평과 나주 등지에서 영광으로 들어오는 길목에 있어 상당히 중요한 시설물이었었는데, 지금은 난개발(亂開發)되고 있는 영광군 외곽지역의 하수구 역할을 하는 현실이 우리를 슬프게 한다(그림 4.45). 도동리 홍교는 조선시대 많은 지방 홍교가 승려들에 의해서 세워졌던 것과는 달리 불교를 탄압한 기념으로 세워진 다리로 관청의 지원을 받아 축조한 무지개다리일 것임에도 불구하고 특별하게 돈을 들여 다듬은 장대석으로 만들지 않고 주위에서 쉽게 구할 수 있는 널돌을 가지고 홍예를 틀어 짠 매우 단순한 홍예교이다. 홍예석을 받치고 있는 지대석은 그동안 훼손이 심하게 됐는지 1994년에 행해진 보수공사 때 콘크리트로 대체된 것으로 보이는데, 그나마 천만다행으로 그 위에 쌓은 옛 홍예석은 지금까지 잘 보존되고 있다. 도동리 홍교는 비교적 적은 예산으로 지어진 다리임에도 불구하고 옛 영광지역의 장인들의 솜씨를 최대한 발휘해 만든 걸작품이다. 다리의 폭과 너비는 둘 다 약 1.8m이고 홍예는 모두 13개의 널돌로 이루어져 있으며, 홍예 옆과 위로 막돌을 쌓아 올려 무지개 모양의 다리를 완성했다.

그림 4.45 영광 도동리 홍교

개천 상류 쪽   개천 하류 쪽

사진 제공: 이성노

4.1.1.16 흥국사 홍예교

흥국사 홍예교는 인조 17년(1636)에 현 전남 여천군 삼일읍 중흥리 흥국사 입구 계곡 위에 흥국사 주지인 계특대사가 놓았다고 전해지고 있고, 1981년에 폭우로 일부가 무너졌지만, 이듬해에 복구했다. 흥국사 홍예교는 전체 길이가 40m, 바닥 너비 약 3.5m인 다리로, 홍예의 안쪽 높이가 약 5.6m나 되고 홍예의 안쪽 너비가 11.3m나 되는 우리나라에 현존하는 다리 중에서 그 규모가 가장 큰 '무지개다리'다(그림 4.46). 다리의 큰 규모 말고도 흥국사 홍교가 우리의 관심을 끄는 이유는 이 다리 위에 포장된 흙 포장기술이 우리나라 도로교 포장기술의 원조일 수 있다는 사실이다(그림 4.46 왼쪽).

그림 4.46 여수 흥국사 홍예교

도로포장   흥국사 홍예교 정면

흥극사 홍교와 서기 62년 전에 로마가 건설한 파브리시우스(Fabricius) 다리(그림 4.47)와 비교해보면 흥국사 홍교와 마찬가지로 로마 석재 아치교에서도 지대석(基臺石) 위에 선단석을 깔고 그 위에 홍예석을 쌓아 올린 후 그 가운데는 이마돌을 끼워 넣어 평형을 잡는다. 홍예석 양옆으로 잡석으로 석축을 쌓고 홍교 바닥 면에는 양쪽으로 귀틀석을 깔아 난간 기초로 삼는 점은 원칙적으로 우리나라 옛 홍교의 축조 방법과 다를 바가 없다. 다만 우리나라 홍예교에서는 일반적으로 홍교의 바닥 면 처리를 위해 멍에를 횡으로 까는데, '파브리시우스 아치교'에서는 멍에가 보이지 않는다는 점이 다르지만, 이는 큰 차이라고 말하기 어렵다.

그림 4.47 Pons Fabricius in Rome(built in B.C.62)

출처: David Bennett, 1999, The Creation of BRIDGES, Aurum Press Ltd. 15 page

그림 4.48 광한루 앞 오작교

4.1.2 전라북도(돌다리 1개, 홍예 1개)

4.1.2.1 남원 광한루 오작교(烏鵲橋)

　전라북도 남원시 요천로 1447(천거동)에 있는 광한루원(廣寒樓苑) 광한루 앞 연못 위에는 오작교는 칠월 칠석(음력 7월 7일)에 견우와 직녀, 두 별이 만날 수 있도록 까마귀와 까치들이 은하수에 모여 몸을 이어 만들었다는 전설의 다리다. 선조 15년(1582) 전라도 관찰사 정철은 광한루를 보수하고, 지리산 계곡물이 모여 강이 된 요천(蓼川)의 맑은 물을 끌어다가 광한루 앞에 은하수를 상징하는 연못을 파서 견우와 직녀가 칠월 칠석에 만날 수 있도록 길이 58m, 너비 2.6m인 네 칸 연속 홍예교인 오작교를 만들었다(그림 4.48). 오작교의 홍예 자체는 물속에 잠긴 부분이 있어 다리 기초 부분이 어떻게 축조됐는지 알 수는 없으나 전체적으로 전형적인 조선시대 방법으로 건설됐다고 추측한다.

4.1.2.2 정읍 고부 군자정

　정읍 군자정 안내문에 따르면 정읍 군자정은 예전에는 정자가 연못의 한가운데 자리해, 연정(蓮亭)이라 불렀다. 그러다 언제인가부터 연꽃이 '꽃 가운데 군자'라는 말에 유래하여 정자 이름을 연정에서 군자정으로 바꿔 부르게 됐다고 한다.

　『고부선생안』에 따르면 고부군수 이후선(李厚先)이 고부군수로 부임하기까지 20년 동안 16명의 군수가 바뀌었는데, 그중에 13명은 일 년도 못 채우고 파면 또는 병으로 세상을 떴다고 한다. 이 모든 원인이 군자정이 황폐해진 데서 생긴 일이라고 생각한 이후선은 현종 14년(1673)에 연못을 파내고 정자를 새로 고쳤다. 그다음 해부터 연못에 연꽃이 피기 시작하면서 인재가 배출되고 군수들도 액운을 면했다고 한다. 그 후 군자정은 영조 40년(1764)에 군수 이세형(李世馨)이 중건했으며, 1904년에 군내 인사들이 힘을 합해 다시 고쳤다. 그러나 안타깝게도 군자정 안내문에 군자정 돌다리에 대한 기록은 보이질 않는다. 그래도 안내문의 내용에서 유추할 수 있는 것은 1673년 이후에는 이 돌다리가 존재했을 가능성이 있다는 사실이다.

정읍 군자정 돌다리는 길이 약 7.2m, 너비 약 1.9m인 세 칸짜리(3경간) 단순지지 된 돌널다리다(그림 4.49). 전통적인 돌널다리 형식을 취했기 때문에 연못 안에 2개의 교각을 세우고 그 위에 널돌 3개를 얹어 다리를 완성했다. 교각은 두 개의 기둥을 독립기초 위에 세우고 그 위에 멍에를 가로로 얹어 만들었다. 이 정읍 군자정 돌다리의 멍에는 매우 독특하게 아령을 연상시키는 모양을 갖고 있는데, 멍에 중간 부분에 상판 널돌 너비만큼 양쪽으로 턱을 내고 그 패인 홈에 상판 널돌을 얹어 넣어 바닥판을 완성하는 재치를 보여주고 있다. 교대와 상판 널돌의 결구도 멍에와 상판 널돌의 결구와 같은 원리를 이용한 고급스러운 운치를 보여주고 있다(그림 4.49 위쪽).

그림 4.49 전북 정읍 군자정 돌다리

군자정 돌다리 전경

정읍 군자정

4.2 영남지방(돌다리 5개, 홍교 2개)

4.2.1 경상북도(돌다리 2개)[21]

4.2.1.1 봉화 청암정 돌다리

『택리지(擇里志)』[22]에서 이중환(李重煥)이 우리나라 4대 길지 중에서 한 곳으로 뽑은 봉화 닭실마을에 청암정(青巖亭)이 있다. 청암정은 충재(冲齋) 권벌(權橃)이 중종 14년(1519)에 있었던 기묘사화(己卯士禍)로 낙향한 후 중종 21년(1526)에 지은 정자이다. 청암정은 연목 가운데 놓인 거북바위에 지어진 영남 제일의 정자로 알려졌다. 전설에 따르면 처음부터 연못이 있었던 것이 아니고 거북바위 위에 지어진 정자 온돌방에 불을 지피자 거북바위가 고통스러운 소리를 내서 아궁이를 막아 온돌방을 없애고 주위에 연못을 조성했다고 한다. 밖에서 청암정으로 들어가려면 자그마한 돌널다리를 건너야 한다. 이 돌다리가 정자와 함께 세상에 널리 알려진 봉화 청암정 돌다리다(그림 4.50).

청암정 돌다리는 전체 길이 6.2m, 너비가 0.5m인 두 칸 단순 돌널다리로 연못 가운데 지대석(地臺石)을 설치하고 두 개의 돌기둥을 세운 후 그 위에 멍에를 얹어 교각을 만들었다. 다리의 한쪽 교대로는 청암정이 놓여있는 거북바위 끝자락을 그대로 사용하고 그 반대쪽 교대는 장대석 하나를 기둥으로 세워서 만들었다. 이 청암동 돌다리 아름다움의 정수(精髓) 돌다리 좌측 돌계단에 있다(그림 4.50 왼쪽). 돌다리 입구에 설치한 1단 자리 돌계단을 설치하기 위해 그 밑으로 잘 다듬은 3개의 널돌로 계단 기단석(基壇石)[23]을 쌓았는데, 이 돌 기단(基壇)과 돌계단, 그 앞에 서 있는 돌기둥 교대와 가운데 서 있는 돌 교각과 두 개의 널 돌판 그리고 건너편 거북바위와 청암정이 함께 어울리는 전체 그림은 우리나라 공원 교량설계의 표본으로 손색이 없다.

그림 4.50 경북 청암정 돌다리

| 다리 교대 구성 | 돌다리 전경 |

4.2.1.2 영주 풍기 서문거리 유다리

풍기는 신라 때 기목진(基木鎭)이라 불렸고, 고려 때는 기주(基州), 1450년에 풍기군(豊基郡)으로 승격됐다. 유다리가 있는 성내4리 지역은 풍기 읍성 서문 밖에 있다고 하여 풍기 서문리(西門里)가 됐고, 이 동네에 있는 서문거리는 예전에 죽령을 넘어 한양으로 가는 큰 길목이었다고 한다. 서문거리에서 죽령 방향으로 500m쯤 떨어져 있는, 용천천(龍泉川)에 놓여있는 성내교에서 상류 쪽으로 약 10m쯤 떨어진 곳에 두 칸짜리 단순 들보형 돌다리가 있는데, 이 다리가 '서문거리 유(俞)다리'이다. 희방사(喜方寺) 창건 설화에 따르면 신라 선덕왕 12년(643)에 소백산 연화봉 남쪽 기슭에서 기도 드리던 두운(杜雲) 스님이 경주에 사는 유호장(俞戶長 俞碩)의 딸을 호랑이로부터 구해주니 유호장은 딸을 살려준 은공으로 희방사를 지어주고 풍기 서문 밖에 돌다리를 지어주었다 한다. 이렇게 해서 지어진 다리가 서문거리 유다리인데, 1500년 동안 본래의 모습을 잘 간직하던 이 다리가 근대화 과정에서 허물어지자 마을 사람들이 2005년 석재를 수습하여 현 위치에 복원했다고 한다(그림 4.51).[24] 서문거리 유다리는 두 칸 단순 돌널다리로 용천천 양안에 쌓은 석축을 교대로 삼고, 하천 가운데 콘크리트 기둥을 세워 교각을 삼았다. 이 교각은 아마도 2005년 다리를 복원할 때 새로 만든 것으로 생각된다. 다리 상부구조는 단순하게 한 경간당 3개씩 널돌을 사용하여 총 6개의 들보를 깔아 완성했다. 서문거리 유다리는 단순하지만 매우 효율적인 다리다.

그림 4.51 영주 풍기 성내4리 서문거리 유(俞)다리

유다리 바닥판

유다리 전경

4.2.1.3 경주 옥산서원 목교

경북 경주시 안강읍 옥산서원길 216-27(옥산리)에 있는 경주 옥산서원은 조선시대 성리학자 회재(晦齋) 이언적(李彦迪) 선생의 학덕을 기리고, 그의 학통을 이어 후학을 양성하기 위해 선조 5년(1572)에 지어졌다. 이후 1573년 조선 선조로부터 '옥산'이란 이름을 받아 사액서원이 됐으며 1967년 3월에는 사적 제154호로 지정되고, 2010년 8월에 유네스코 세계유산으로 등재됐다.

회재 이언적은 관직을 그만두고 그의 종가인 경주 양동마을 근처 경주시 안강읍 옥산에 거주하면서 약 6년간 성리학 연구에만 열중했다. 이 인연으로 회재가 세상을 떠난 후 옥산서원이 건립된 것이다. 지금처럼 자동차 길이 나기 전까지는 옥산서원 앞에 흐르는 자계천(紫溪川) 건너편으로 난 길로 걸어와서 이 자계천을 지나야 옥산서원으로 들어갈 수 있었을 것이다. 2000년대 초반까지만 해도 옥산서원 앞에는 돌로 된 두 칸짜리 수로가 있어 세간에는 이 수로가 옥산서원 돌다리로 알려지기도 했으나 그 수로는 지금 없어져서 보이지 않는다. 옥산서원 부근에는 현재 세심대(洗心臺) 용추폭포 하류에 돌다리가 아닌 잘 깎여진 외나무다리(그림 4.52)만 걸쳐져 있다.

그림 4.52 옥산서원과 외나무다리

4.2.1.4 도산서원 석교

소수서원(영주), 남계서원(함양), 옥산서원(경주), 필암서원(장성), 도동서원(달성), 병산서원(안동), 무성서원(정읍)과 함께 유네스코 세계유산으로 등재된 도산서원(안동시 도산면 도산서원길 154)은 우리나라를 대표하는 서원으로 퇴계 이황(1501~1570) 선생 사후 선생의 학문과 덕행을 기리고 추모하기 위해 선조 7년(1574)에 지었고 1970년부터 대통령령으로 보수하여 오늘날에 이르렀다.

도산서원 돌다리는 도산서원 입구에서 정면 오른쪽에 이황 퇴계 선생께서 직접 설계한 도산서당 오른쪽(정면에서) 담 밖에 흐르는 작은 개천 위에 놓인 자그마한 돌다리(그림 4.53 오른쪽)다. 현 도산서원 김병일 원장에 따르면 현존하는 다리는 1970년 박정희 대통령 시절 예산 현충사와 같이 도산서원 성역화 과정에서 자그마하던 개울도 현재와 같이 잘 개축되고 다리도 새로 만들었다고 한다. 그러므로 도산서원 옛 다리의 모습은 지금으로서는 알 수가 없다. 다만 퇴계 선생께서 도산서당 건너 산언덕에 있는 화단을 가꾸었기 때문에 퇴계 선생 시절 현 돌다리 위치에 옛 다리가 있었을 가능성은 매우 크다. 선생께서는 그 화단에 소나무와 대나무, 매화와 국화를 기르고 가꿨다고 하는데, 소나무와 대나무는 사시사철 항상 푸른 절개를 지키고 있고, 매화는 계절적으로 제일 먼저 피는 꽃으로서 의미가 있으며, 국화는 가을 늦게까지 자기 옷을 간직하는, 모든 어려움을 견디어 낼 수 있다는 의미가 있다.

그림 4.53 도산서원 돌다리

도산서당   도산서원 돌다리

4.2.1.5 대구 달성군 유가면 만세교(萬歲橋)

그림 4.54에 보이는 유가면 만세교는 유가사(瑜伽寺)에서 아래쪽으로 500m가량 떨어진 계곡 위에 놓여있는 대구광역시문화재자료 제42호로 지정된 다리다.

자료에 따르면 만세교[25]가 있는 자리에는 영조 23년(1747)에 만들어진 척진교(陟眞橋)라는 나무다리가 있었다고 한다. 다리의 이름이 "참 진리를 향해 나아가는 다리"라는 뜻이니 이 다리는 유가사와 깊은 관계가 있을 것이다. 그러나 1916년 일본인 석공 '구수노키'가 목교를 석교로 교체하면서 다리 이름을 만세교로 바꾸었다. '만세교'라는 글씨가 다리 오른쪽 상단, 세워진 돌에 새겨져 있다(그림 4.54 왼쪽). 길이가 약 10m, 너비가 약 3m인 만세교는 계곡 자연석 위에 잘 다듬어진 돌들로 석축을 쌓아 기단을 만들고 그 위에 선단석과 홍예석을 쌓아 올려 홍예를 틀었다. 순수 홍예의 높이는 약 2.0m 정도 되는데, 홍예 양쪽으로도 잘 다듬어진 돌들로 석축을 쌓아 다리의 형태를 만든 후에 다리 바닥을 깔기 직전에 장대석으로 다리의 종단을 정한 뒤 다리 양옆으로 귀틀석을 깔고, 그 사이를 흙과 자갈을 잘 다져 깔아서 바닥을 형성함으로써 전체 홍예교를 완성했다. 다른 홍교들과 달리 이 다리에서는 멍에를 사용하지 않았다. 1916에 만들어진 만세교는 지금까지 잘 유지되고 있다. 다만 그림 4.54 오른쪽 사진에서 보는 바와 같이 2022년 1월 현재 이 다리 한쪽에는 개인 가정집으로 되어있고, 다리 반대편에는 마을회관이 들어서 있어 만세교 방문객들에게 '이 다리가 아직도 대구시 문화재인가?' 하는 당혹감을 주고 있다. 대구 달성군 만세교를 우리나라 옛 다리로 취급하기엔 무리가 있다고 판단된다.

그림 4.54 대구 유가면 만세교[26]

만세교 전경

만세교 입구(개인 집 안에 있음)

4.2.2 경상남도(돌다리 3개, 홍예 2개)

4.2.2.1 거창 창촌 장승백이 너덜다리

거창 창촌(倉村) 돌다리는 조선시대 거창에서 한양 가는 길에 있던 '고학쌀다리', '너덜다리', '고제높은다리' 등 3개의 다리 중 하나로, 속칭 장승백이에 있던 '너덜다리'이다. 이 다리는 옛날 유생들이 과거를 보러 한양으로 갈 때 꼭 지나가야 하는 도로에 있었다고 한다. 이후 세천 정비공사로 인해 철거돼 노변에 방치돼있던 것을(그림 4.55) 주민들이 의견을 모아 옛 조상들의 흔적을 기리고 영구히 보존하고자 마리면 행정복지센터(그림 4.56 왼쪽) 우측 한편에 너덜다리 쉼터를 마련하고 이 자리에 옮겨놓았다(그림 4.56 오른쪽). [27]

그림 4.55에서 보이듯이 장승 백이 너덜다리는 세천 위에 놓였던 돌다리로, 한쪽은 자연석을 교대로 사용하고 다리 반대편에는 축대를 쌓아 교대로 사용하면서 그 귀에 길이 4.6m, 너비가 1.4m 조금 넘는 긴 널돌을 얹어 만든 매우 단순한 돌다리다. 양쪽 교대에서 널돌을 완전하게 잡아주지 못하고 흔들흔들

그림 4.55 장승백이 너덜다리

해서 다리 이름을 '너덜다리'라고 지었을 것이라는 생각도 든다.

그림 4.56 마리면 행정복지센터와 거창 너덜다리

마리면 행정복지센터

복지센터 쉼터에 보존되고 있는 너덜다리

4.2.2.2 거창 고학리 쌀다리

거창 고학리 쌀다리는 경상남도 거창군 마리면 고학리 효열각 앞에 흐르는 개울에 놓여있다(그림 4.57). 전해지는 바에 따르면 조선시대에 거창에서 한양으로 가려면 통영대로 위에 있던 이곳 개울을 지나가야 하는데, 다리가 없어 행인들이 불편해하자 영조 35년(1758)에 해주 오씨 오성재(吳聖裁)와 오성화(吳聖化) 두 형제가 백미 1,000석을 내놓고, 수백 명의 일족이 힘을 합해 돌을 다듬어 이 다리를 놓았다고 한다. 그 후 1917년에 다리 한 칸이 떠내려가 1964년 3월에 후손들이 다시 고쳐서 지었다고 한다.[28]

그림 4.57 거창 고학리 쌀다리

거창 효열각·용원정 앞 쌀다리　　　　　　쌀다리 정면　　　　　　　　　교각 상세

　　거창 고학리 쌀다리는 전체 길이 9.4m, 너비가 평균 1.4m인 두 칸짜리(2경간) 단순 돌다리로 하천 한가운데 긴 널돌로 약 1.2m인 돌기둥을 세운 후 그 위에 멍에를 얹어 교각을 만들고, 하천 양편에 석축을 쌓아 교대로 이용했다. 이 돌다리는 두 교대와 하천 가운데 세운 교각 위에 각각 5.4m, 4.2m되는 긴 널돌 두 개를 깔아 완성했다. 이 다리의 백미는 교각 구성에 있다. 일반적으로 아래쪽으로 힘이 더 많이 몰리므로 기둥은 아래쪽이 넓고 위로 갈수록 단면이 작아지게 마련이다. 그러나 거창 고학리 쌀다리의 경우에는 교각 기둥의 아래쪽 단면이 더 작고 위로 갈수록 커지는, 교량의 조형미를 고려한 매우 현대적인 한강 원효교 교각과 같은 형태를 취하고 있다. 이것은 옛 우리 조상들의 미적 감각을 느낄 수 있는 대목이다.

4.2.2.3 창원 희심자작교(喜心自作橋)

　　희심자작교는 함안 칠북면과 창원 북면 소라마을을 잇는 다리로 소라마을 중앙 개울가에 놓여 있는 작은 홍교다(그림 4.58 왼쪽). 이곳은 예전에 늪지대로 소라가 많이 서식해서 '소라마을'라고 불렸다고 한다. 소라마을 돌다리 입구에 서 있는 비석 측면에는 희심자작교가 '계유삼월준공(癸酉三月竣工)', 즉 1873년 3월에 준공됐다고 새겨져 있다. 전해지는 말에 따르면 함안에 살던 조씨 부인이 창원 북면 상천리 소라마을 이경하(李庚夏)에게 시집올 때 마을 중앙에 있는 개울을 힘겹게 건너는 것을 보고 안타깝게 생각한 이경하가 이 자리에 돌다리를 세웠다고 한다. 이 비석 옆에는 조씨 남편 경릉 참봉 이경하를 위한 공덕비가 서 있다(그림 4.58 오른쪽).

그림 4.58 창원 소라마을 희심자작교

희심자작교 입구

희심자작교 비석과 공덕비

희심자작교는 길이 3.5m, 너비 1.25m, 높이가 약 2.5m 되는 가장 단순한 홍교의 구조를 하고 있다. 다리의 바닥면을 따로 만들지 않았기 때문에 홍예석 옆에 추가로 막돌로 축대를 쌓아 올릴 필요가 없었다. 자연석 위에 지대석을 올리고 그 위에 선단석과 홍예석을 올려 쌓은 후 홍예 가운데 이마돌을 끼워 넣어서 홍교를 세웠다. 이 다리는 옛 조상들이 홍예를 어떻게 틀어 올려 다리를 만드는지를 알려주는 우리나라의 전형적인 홍예교다. 이 다리는 포장을 하지 않은 대신에 다리 양쪽으로 조화롭게 계단을 설치한 것이 인상적이다(그림 4.59). 이 귀중한 다리를 현 동네에서도 잘 모르고 지내는 사람들이 있을 정도로 지자체의 관심이 없어 보이는 사실이 우리를 슬프게 한다.

그림 4.59 희심자작교 전경

다리 입구 건너편 하류 쪽

다리 입구 하류 쪽

4.2.2.4 창원 영산 만년교

경상남도 창녕군 영
산면 동리 455에 있는
만년교(萬年橋)는 함박산
에서 내려오는 냇물에
놓인 무지개다리로 영
원히 무너지지 않기를
바라는 마음에서 만년
교라 이름 지었다고 한
다. 이 다리는 보물 제
564호로 지정돼있다. 창

그림 4.60 창녕 영산 만년교

녕 영산 만년교는 순천 선암사 승선교(보물 제400호), 보성 벌교 홍교(보물 제304호), 여수 흥국사 홍교(보물
제563호)와 함께 조선 후기를 대표하는 홍예교이다. 이 홍예교는 정조 4년(1780)에 석공 백진기(白進己)
가 처음 쌓았다. 그러나 정축년 큰 홍수에 다리가 무너져서 고종 29년(1892)에 석공 김내경(金乃敬)이
중수한 후[29] 여러 차례 보수하였다. 2005년 실시한 안전진단 결과 그동안 몇 차례 보수과정에서
냇돌을 불안정하게 쌓아 올린 구조적 결함이 발견돼 2009년부터 2년에 걸쳐 해체하고 처음 축조
당시처럼 비교적 크고 네모난 돌로 교체하여 지금까지 사용하고 있다(그림 4.60).

다리 전체의 길이가 약 28.5m이고 너비가 약 3m인 만년교는 남천 양쪽에 있는 자연 암반 위에
홍예를 위한 지대석을 설치하고 그 위에 지대석과 구별이 쉽지 않은 선단석과 홍예석을 쌓아 올

그림 4.61 창녕 영산 만년교 바닥면

리는 전형적인 방법으
로 홍예를 틀었다. 그
옆으로 석축을 쌓아 올
렸는데, 그 위에 멍에나
귀틀석을 사용하지 않
고 바로 흙으로 바닥면
을 마감하면서 무지개
모양으로 다리를 만들
었다(그림 4.61).

4.2.2.5 창녕 유다리

옛날 영산 교리와 성내리(城內里) 두 마을의 경계를 이루는 다리 이름이 유다리다. '성내리'는 '마을이 영산 읍성 안에 있다'는 뜻으로, 교리는 바로 성 밖에 있었던 마을로 보인다. 영산 읍성 안에는 5일 장 또는 10일 장 등 영산장이 서는데, 이 장 한가운데 타지에서 오는 손님을 숙식하게 하는 객사가 있었다. 객사의 동쪽으로 향교가 있었는데, 이 향교 근처에서 흐르던 시내가 아래로 흘러 구계천에 이르고, 이 냇물 위에 걸려있는 다리가 창녕 유다리다. 향교의 유림들이 이 다리 위를 많이 내왕했다 하여 이 다리를 유다리라 부르게 됐다고 한다. 이 유다리는 홍예의 너비가 2.6m이고 높이가 약 1.36m 되는 아주 작고 소박한 홍교였었는데, 지금은 완전 복개가 되어 비석으로 흔적만 남기고 사라져버렸다(그림 4.62 오른쪽). 도시가 발전하는 과정에서 겪는 난개발의 비극이 아닐 수 없다.

그림 4.62 창녕 유다리

복개되기 전 유다리 　　　　　　길 속에 파묻힌 유다리 비석

4.2.2.6 남해 남면 석교리 돌다리

경남 남해 석교리는 신라 31대 신문왕 10년(690)부터 마을이 형성됐다고 한다. 마을에 세운 남면 석교리 돌다리 안내문에 따르면 선조 24년경(1590)에 이 마을에 살던 박장사(朴壯士)가 석교리답 2리와 석교리답 3리 사이에 있는 개울에 길이 2.64m, 너비 0.9m, 두께가 320mm나 되고 무게가 5톤 이상 되는 널돌을 건너질러 돌다리를 만들었다고 한다(그림 4.63). 이런 이유로 이 마을 이름도 '석교(石橋) 마을'이라 칭하게 됐다. 이 평화스러운 마을도 현대화 물결에 휩싸여 농경지 정리사업으로 도로가 확장되면서 지형이 바뀌는 과정에서 박 장군의 돌다리는 지금 서 있는 외진 길 밖으로 쫓겨나게 됐다.

그림 4.63 남해 석교리 돌다리

4.3 충청도(돌다리 4개, 홍예 2개, 배다리 흔적 1곳)

4.3.1 충청북도

현 충청북도에서 조선시대 건설한 다리는 발견되고 있지 않고 있다.

4.3.2 충청남도(돌다리 4개, 홍예 2개, 배다리 흔적 1곳)

4.3.2.1 당진시 고대면 배다리길

충청남도 당진시 고대면에 있는 '선교(船橋)마을'은 장항리 서쪽에 있는 마을이다. 이 장항리라는 이름은 마을 지형이 긴 목처럼 생겼다고 해서 붙여진 이름이다.[30]

예전에는 배다리마을 앞뒤로 아산만과 역천을 통해 바닷물이 들어와서 이 마을까지 배들이 드나들었다. 선교 또는 배다리마을이라는 이름은 마을 부두에 배다리가 만들어져서 생긴 이름일 것으로 추측한다.

그림 4.64 장항리 들어가는 배다리길

4.3.2.2 당진 군자정 석교

당진시 면천면 성상리 778번지, 면천초등학교 동쪽 연못에 있는 군자정 입구에 군자정 돌다리가 놓여있다(그림 4.65). 군자정지 복원기(그림 4.66)에 따르면 순조 3년(1803)에 면천(沔川)군수 유한재가 부임한 이듬해에 무너진 군자지에서 연꽃이 피는 것을 보고 옛날 고려 공민왕 때 지군사였던 곽충룡이 군자지를 만들었다는 사실을 기억하여 허물어진 연못을 준설했다고 한다. 준설 때 나온 흙으로 연목 가운데 둥근 섬을 조성하고 섬 위에 작은 정자를 지었으며, 연못에 연꽃을 심고 정자 주위에 나무를 심었다. 유한재가 지은 군자정은 언제 허물어졌는지는 알려지지 않았고, 주춧돌만 남아있던 것을 1959년 면천복씨 종친회장 복진구가 작은 육각정으로 다시 지었는데, 이때 군자정이 당진군 지정문화유적 제1호로 지정됐다. 그후 1993년에 이 정자를 헐어버리고, 1994년 '건강한 국토 가꾸기 사업'의 일환으로 지금의 팔각정을 새로 지었다.

그림 4.65 당진 군자정과 돌다리

현재 이 팔각정으로 들어가는 연못 입구에 전체 길이 7.4m, 너비 0.65m인 네 칸짜리 단순지지된 돌널다리가 놓여있는데, 4개의 널돌로 바닥을 만들고, 그들을 돌기둥으로 세 곳에서 받치고 있다. 이 돌다리는 고려 공민왕 때 축조된 것으로 전해지며, 원형의 모습을 그대로 유지하고 있어 문화유산 가치가 매우 높이 평가되는 옛 다리다. 그러나 학자들 사이에는 이 돌다리의 축조연대를 고려 후반부가 아닌 조선 순조 3년(1803) 유한재에 의해 축조됐을 것이라는 주장도 있다.

그림 4.66 군자정지 복원기

4.3.2.3 대천 한내 돌다리

충천남도 유형문화재 제139호로 지정된 대천 한내 돌다리(충남 보령시 동대동 809-1)는 대천천(大川川) 하류에 있었던 다리로, 예전에는 남포와 보령을 잇는 중요한 교통로였다고 한다.『동국여지지(東國興地誌)』에는 현의 남쪽 20리에 대천교(大川橋)가 있다고 기록돼있고,『여지도서(興地圖書)』(1760)와『신안현지(新安縣誌)』(1748)에도 대천교가 석교라고 기록돼있는 것을 보면 대천 한내 돌다리는 18세기에 축조하여 사용되다가 1910년 주위에 근대식 교량이 들어서면서 기능을 상실했다고 생각된다. 1976년에는 허물어진 바닥의 널돌 일부를 수습하고 대천 읍사무소로 옮겨 보존했다. 1991

그림 4.67 보령 12칸 돌다리 밟기 제(祭)[31]

년 매몰됐던 나머지 일부의 교각이 드러나면서 이들을 대천천 강변으로 옮겨 1992년 12월에 다리를 복원했다.[32] 지금도 해마다 이곳에서는 '한내 돌다리 밟기' 향토문화축제가 열린다(그림 4.67).

한내 돌다리는 길이 약 50m, 너비 약 2.38m 정도 규모를 갖는 12칸의 돌다리라고 전해진다. 그런데 1991년에는 27m만 남아있었다고 하는데, 이는 현재 하천 너비의 1/4에 해당하는 길이다. 다리에 사용된 석재는 왕대산(王大山) 인근에서 채석한 화강암을 뗏목 위에 싣고 조류의 흐름을 이용하여 상류로 운반한 것으로 추측한다.[33] 다리의 교각 기둥은 지대석 위에 거의 지대석과 같은 크기의 장대석 2단 더 쌓아 올려 마련했고, 그 위에 세 줄의 널돌을 깔아 다리를 완성했다(그림 4.68). 교각 기둥을 구성하는 장대석의 규모는 길이 0.6~3.0m에 두께는 300~400mm 정도 되고, 바닥을 구성하는 널돌은 길이 1.8~4.5m에 두께가 350mm 정도 된다. 다리의 높이는 약 1.2m로 매우 낮은 편이어서 바닷물이 밀려오거나 홍수가 질 때면 물에 잠기고, 보통 때도 바닷물이 들어오면 다리 바닥까지 넘쳐서 건너다니기 매우 무서웠다고 한다.

그림 4.68 대천 한내 돌다리 전경과 바닥돌

4.3.2.4 논산 강경 미내다리

전에 미내천(渼奈川)에 세워져 미내교(渼奈橋)라고 부르는 논산 강경(江景) 미내다리(渼奈橋)는 충청남도 논산시 채운면 삼거리 541번지에 있는 조선 후기 다리로, 현재 충청남도 유형문화재 제11호로 지정돼있다. 『동국여지승람』에는 "예전에 다리가 있었는데, 조수가 물러가면 바위가 보인다고 해서 조암교(潮巖橋) 또는 미교(渼橋)라고 했다"라는 기록이 있다. 일제강점기에 수로를 정비하면서 물길이 바뀌어 지금은 강경읍에서 채운면으로 들어가는 금강지류 강경천의 둑 아래쪽에서 미내다리를 찾을 수 있다. 미내다리는 1998년에 완전히 해체 2003년에 보수 정비를 마쳤다(그림 4.69).

예전에는 다리 앞에 있는 커다란 암반에 은진미교비(恩津渼橋碑)가 있었으나 그동안 훼손돼 지금은 국립부여박물관에 보관 중이다.[34] 이 비문에 따르면 영조 7년(1731) 강경촌에 살던 석설산(石雪山) 송만운(宋萬雲)과 황산의 유승업(柳承業) 등을 주축으로 공사를 시작한 지 1년도 되지 않아 다리를 완성했다고 한다. 옛 지방 백성들이 자발적으로 미내다리 공사의 재정을 부담했다는 사실에서 우리는 이 다리가 조선시대에 전라도와 충청도를 잇는 절대적으로 필요한 교통시설이었다는 것을 인식함과 동시에 조선 후기 강경읍의 경제력도 더불어 가름할 수 있다.

강경 미내다리는 조선시대 전통적인 홍예교로 길이 30m, 너비 2.8m, 높이 4.5m의 세 칸 연속 무지개다리이다. 가운데 홍예를 좌우에 있는 두 홍예보다 약간 크게 만들어 전체적인 다리 모양을 무지개 모양으로 한 매우 조화로운 다리다. 홍예는 지대석 위에 선단석과 홍예석을 쌓아서 틀어 올리고 그 가운데는 이마돌을 끼어 홍예를 완성했다. 이때 이마돌은 홍예석 표면보다 약간 난간 밖으로 튀어나오게 만들고, 그 끝에 호랑이 머리를 조각해 넣어 반복되는 부재 배열의 지루함을 줄였다(그림 4.69 큰 사진). 홍예석은 400×500×1,100mm 크기의 장대석으로 돼있고, 홍예와 홍예 사이에는 잘 다듬어진 무사석(武砂石)이 채우고 있다. 그 상단 바닥판 아래에는 횡으로 멍에를 깔고 그 위에 귀틀석을 설치한 뒤 이웃한 두 귀틀석 사이에 청판석을 끼어 다리의 바닥을 구성했다(그림 4.69 작은 사진).

그림 4.69 강경 미내다리 전면과 바닥구조

4.3.2.5 충남 논산 원목다리

강경에서 23번 국도를 따라 논산 시내로 향하다 보면 원목다리 이정표를 볼 수 있다. 논산천의 지류인 방축천을 따라 제방길을 1km 들어가면 오래된 다리 하나를 만나게 되는데, 이 다리가 충청남도 유형문화재 제10호로 지정된 논산 원목다리다(그림 4.70). 원목다리는 충남 논산시 재운면 야화리 193-2에 있는 돌로 만든 홍예교로, 조선 영조 7년경(1731)에 만들어진 다리다. 이 다리는 세 칸 연속 홍예교로 원항교(院項橋)라고도 한다. 다리의 길이는 약 14m이고, 각각 홍예의 크기는 달라 가운데 홍예가 너비 약 3.6m로 가장 크다. 그림 4.70에서 제일 오른쪽에 있는 홍예의 너비는 약 2.6m로 그 규모가 가장 작다. 원목다리의 다리 구조는 강경 미내다리와 크게 다르지 않은 조선시대 전통적인 홍예교 형식을 취한다(그림 4.70 작은 사진).

원목다리 안내문에 따르면 원목다리는 은진현(恩津縣)과 강경(江景)을 이어주는 돌다리로, 예전에는 전라도 전주와 충청도 논산을 잇는 중요한 역할을 했다고 한다. 원목다리의 '원목'이라는 의미가 간이역 원과 길목의 뜻이 합쳐져서 나그네가 쉬어가는 주막을 이르는 말이어서 다리의 이름만으로도 충청·호남에 사는 많은 사람이 이 다리를 지나 강경장(江景場)에서 물건을 내다 팔고 사고 했을 것으로 짐작된다. 충청남도 강경장은 대구장, 평양장과 함께 우리나라의 3대 시장으로 꼽히던 시장이다. 이중환(李重煥, 1690~1752)은 택리지에서 강경을 두고 "충청도와 전라도의 육지와 바다 사이에 위치하여 금강 남쪽들 가운데에 하나의 도회로 됐다"라며 바닷가 사람과 산골 사람이 모두 여기에서 물건을 교역한다고 했다.

그림 4.70 논산 원목다리 전경과 홍예

원향교 개건비(그림 4.71)에 따르면 홍수로 파괴된 이 다리를 고종 37년(1900)에 승려 4인이 거둔 돈과 주민들이 협력해서 모금한 돈으로 다리를 놓았다고 한다.

그림 4.71 원향교 개건비

그림 4.71 원향교 개건비

4.3.2.6 논산 석성 수탕석교(石城水湯石橋)

충남 논산 석성 수탕석교는 논산시 성동면 원북리 618번지 석성천 변 성동 뜰에 있는 다리다. 큰길에서 차를 타고 원북리 마을로 작은 길로 잠시 들어가다가 갈림길에서 우회전하여 얼마 가지 않으면 제방이 나오는데, 제방 위로 올라가면 바로 수탕석교가 보인다(그림 4.72).

이 다리는 논산과 부여의 경계 지역에 있는 성동 뜰의 평야 지역을 흐르는 석성천을 가로질러 놓였던 석교로서, 석성(石城)과 은진(恩津)을 잇는 돌다리다. 『동국여지승람』 등 조선시대 지리지에는 수탕석교, 수창천교, 수탕교 등의 이름으로 기록돼있으나 현지 주민들은 '주창다리'라고 부른다. 『동국여지승람』「석성현조」에 수탕포와 수탕석교가 석성현의 동쪽 7리에 있고, 수탕원이 동쪽 13리에 있다고 기록돼있어, 이 지역이 포구에 원(院)과 다리가 있는 교통요지였음을 짐작할 수 있다. 김정호가 지은 '대동지지(大東地志)'(1864)에도 다리의 이름을 전하고 있어 19세기까지 이용된 돌다리라는 사실을 알 수 있다. 이후 20세기 초에 부여~논산 간 신작로가 신설돼 군계교와 주변에 제방이 쌓이면서 석성천의 퇴적토가 높아짐에 따라 점차 다리의 기능을 잃었다고 한다. 1930년대 이후에는 옛길은 없어지고 다리는 홍수로 매몰됐는데, 1998년 성동면 원북리 주민들이 매장된 다리를 확인하기 위해 포클레인으로 퇴적토 제거 작업을

그림 4.72 논산 석성 수탕석교(문화재 자료 제388호)와 중수비

하면서 석교의 부재들이 많은 손상을 입게 됐고, 이를 계기로 충남대학교 박물관에 의뢰하여 수탕석교의 발굴조사가 시작됐다. 발굴 당시 다리 옆에서 "영조 16년(1740)에 다리를 고쳐 세웠다"라는 중수비(重修碑)가 발견됐다. 발견된 화강암의 중수비에는 다리의 이름이 '석성 수탕석교'라 하고, "건륭(乾隆) 5년 경신사월일개중수(庚申四月日改重修)"라고 적혀있어 영조 16년(1740) 4월에 다리 보수가 행해진 것을 알 수 있다. 일부 학자들은 조선조 초에 만들어진 『동국여지승람』의 기록으로 보아, 빠르면 고려시대에 세워졌을 가능성도 배제하지 않고 있다.

수탕석교는 5개의 교각 위에 판석을 얹은 돌다리로 동서 양쪽에 자연석 교대를 쌓았으며, 양쪽 강가에서 다리로 접근하는 계단을 쌓아 통행하도록 했다. 논산 석성 수탕석교의 규모는 전체 길이가 13.5m고 너비는 1.15~1.38m, 높이는 최고 3.2m다. 수탕석교는 다리 교각 구조로 봐서 함평의 고막천석교보다 발달된 교량 형식을 취하고 있다. 그림 4.73에서 보듯이 수탕석교에서는 모든 교각 기둥들이 일정하게 2개 층으로 됐는데, 함평 고막천석교에서는 2층으로 된 교각 기둥도 있고, 돌기둥 둘을 얹어 만든 기둥도 있는 등 중구난방으로 교각을 만들고 있다. 논산 석성 수탕석교가 함평 고막천석교(그림 4.74)보다는 더 고급스럽고 후대 세워진 다리임을 알 수 있다.

그림 4.73 석성 수탕석교 교각

그림 4.74 함평 고막천석교 교각

4.3.2.7 충남 부여 홍산 만덕교

홍산 만덕교는 조선 숙종 7년(1681)에 홍산천에 건설된 다리인데, 충남 부여군 홍산면 북촌리 11-2 번지에 있다(그림 4.75). 만덕교란 '만인에게 덕이 돌아가는 다리'라는 뜻이다. 다리 앞에 서 있는 만덕교비에 따르면 부여에서 내산면과 서천, 임천면 방면으로 가기 위해서는 꼭 건너야 하는 시내가 홍산 객사 동쪽에 있었는데, 이곳에 다리가 없어 첨지 서덕해가 오랜 기간에 걸쳐 무지개 모양의 다리를 놓았다고 한다. 그러나 지금 만덕교가 홍예교라는 흔적을 찾을 수 없다. 현존하는 홍산 만덕교는 전체 길이가 약 10.3m이고 너비가 약 2.9m인 매우 정교하게 축조된 네 칸 단순 돌다리 (그림 4.75)다. 간단한 기둥 위에 귀틀석을 세 줄 깔고, 그 사이에 청판석을 깔아 만든 잘 만들어진 우물마루 돌널다리다. 이 다리는 부여군 향토문화유산 제54호로 지정돼 있다.

그림 4.75 홍산 만덕교 전경과 바닥 구조

1946년에 큰 홍수로 부서졌으나 다행히 일부 석재가 남아 최근에 홍산 객사 앞마당에 새로 복원하여 놓았다가 지금은 다시 홍산천 옆 유수지 배수 펌프장(그림 4.76) 옆으로 옮겨져서 일반인들의 눈에 잘 띄지는 않는다.

그림 4.76 홍산천 변 유수지 배수 펌프장과 만덕교(붉은색 원 안에 숨겨져 있는 다리가 현 만덕교)

미주

[1] 진도 남도진성 안내문

[2] 영조 31년(1755) 목판에 새긴 「소쇄원도」에 다리들의 그림이 남아있다.

[3] 마천목(馬天牧, 1358~1431): 고려말 조선초 장흥(長興) 출신 무신

[4] 부용동에는 옛 다리가 있었다고 추정되는 곳이 7군데가 있는데, 이들 중 현재까지 원형이 남아있다고 보이는 옛 다리는 낙선재 일삼교와 세연정의 비홍교 둘뿐이고 나머지 다리들은 모두 새로 축조된 것으로 판단된다.

[5] 한국민족문화대백과사전 부용동 정원

[6] 한국민족문화대백과사전 부용동 정원

[7] 문화재청 국가문화유산포털, 전라남도 유형문화재 태안사 능파각

[8] 한옥에서는 지붕 구조를 종도리(지붕 길이방향으로 설치한 들보)의 수로 구분하는 데 사용한 종도리의 수에 따라 5개 사용했으면 5량가 지붕이라 한다. 처마에 서까래를 상하 두 단으로 구성했을 때 처마 모양을 겹처마 라 하고, 능파교의 지붕처럼 생긴 지붕을 맞배지붕이라고 한다.

[9] 종도리 3개로 한옥지붕을 구성하는 가장 간단한 뼈대구조이다. 정영호 감수, 1999,『그림과 명칭으로 보는 한 국의 문화유산』, 시공테크, 131쪽 참조

[10] 한국민족문화대백과사전

[11] 선암사 안내문

[12] 강선루는 선암사 오르는 길목에 세워진 누각이다.

[13] 능허교 중창기; 영조 50년(1774) 제작

[14] 『순천광장신문』(2016.1.8.), 조계산 이야기 "송광사쪽 이야기 2"

[15] 한국민족문화대백과사전

[16] 회곽로(迴郭路): 성곽 위에서 군인들이 다닐 수 있게 만든 길

[17] 『나주투데이』(2015.4.4.), "나주천 옛 돌다리 금성교 그 자리에 보존되야"

[18] 『전남타임스』(2018.3.2.), 김양순 기자의 세상 클릭 "나주천, 금성교의 부활과 석축의 유연성을 바라보며"

[19] "전국에서 가장 오래된 돌다리, 나주 금성교 철거 위기", blog.naver.com/apoyando(2015.5.29. 검색), 와너메 이커

[20] 출처: 전라남도 영광군 문화관광과

[21] 옥산서원과 도산서원에 옛 다리라고 알려진 다리의 출처가 불분명하고 대구 천진교는 일제강점기에 일본인에 의해 지어진 다리이므로 이 책의 옛 다리 통계에는 포함되지 않음

[22] 『택리지』: 조선 후기 실학자 이중환이 영조 27년(1751)에 저술한 인문지리서

[23] 여기서는 지대석보다는 기단석으로 표현하는 것이 옳다.

[24] 『영주시민신문』(2018.8.2.), 우리 마을 탐방 "옛 풍기읍성 서문 밖에 있다 하여 '서문거리(西門里)'"

[25] 문화재청 국가문화유산

[26] 만세교는 일본인이 건립한 다리로 우리나라 옛 다리 통계에서 제외한다.

[27] 마리면 행정복지센터

[28] 디지털 거창 문화대전

[29] 한국민족문화대백과사전

[30] 한국학중앙연구원 향토문화전자대전

[31] 문화재청 국가문화 유산포털

[32] 『충북인 in News』(2002), 손광섭(청주건설박물관 관장) 탐사연재, '세상의 통로 '橋梁'을 찾아서'

[33] 손광섭

[34] 문화재청 국가문화 유산포털

5.1 경기지방 다리들(돌다리 2개, 홍예 3개, 배다리흔적 4개)

5.1.1 한강 이북(돌다리 1개, 홍예 1개, 배다리 흔적 2개)

5.1.1.1 고양 강매동 석교(石橋)

경기도 고양시 덕양구 강매동 660-10에 있는 강매동 석교는 강매동 강고산 마을 창릉천 위에 세워져 있다(그림 5.1). 본래 이 돌다리는 고양의 일산, 지도, 송포 지역 등 한강 연안의 서부 사람들이 서울을 오가던 교통로로 이용된 곳이다. 이 다리를 이용하여 각종 농산물, 땔감 등을 현천동, 수색, 모래내를 거쳐 서울에 내다 팔았다.

강매동 석교 옆의 안내문에 따르면, 이 다리에 관한 기록은 1755년 영조 연간에 발간된 『고양군지(高陽郡誌)』에 보이는데, 당시에는 해포교(醢浦橋)라 기록하고 있다. 그러나 『고양군지』에 나오는 해포교는 오늘날의 석교가 아닌 목교였다. 석교 중간 부분에 '강매리교 경신신조(江梅里橋 庚申新造)'라 음각된 다리 건립연대 기록을 통해 1920년대 다리를 신축한 것으로 생각된다. 이 다리에 관한 보다 자세한 내용은 다리 옆에 세워진 오석으로 만든 비석에 기록돼있었다는데, 6 · 25 전쟁 당시 총격으로 일부 훼손된 후 현재는 도로에 묻혀 정확한 내용을 알 수 없다.

그림 5.1 고양시 덕양구 강매동 석교

강매동 석교 평면

강매동 석교 전경

　　강매동 석교의 전체 길이는 약 18m, 너비는 약 3.6m, 높이는 약 2.7m 정도 된다. 이 다리는 조선조 전통적인 돌널다리 축조 방법을 적용하여, 횡 방향으로 3개의 돌기둥을 세우고 그 위에 2개의 멍에돌을 얹어 한 개의 교각(그림 5.2 왼쪽)을 만들었다. 그다음 이러한 교각을 다리 길이 방향으로 8줄을 세웠다(그림 5.2 오른쪽). 8개의 교각 위에 귀틀석을 3줄 깔고 이웃한 귀틀석 사이에 6개의 청판석을 깔아 우물마루 바닥을 만들었다(그림 5.2 왼쪽). 이 다리는 고양시에 현존하는 가장 오래된 우물마루 석교라는 의미에서 그 문화재적 가치가 크다.

그림 5.2 강매동 석교 결구 상태

교각과 귀틀석 결구 상태

청판석과 귀틀석 결구 상태

5.1.1.2 강화 석수문 홍예교

강화 석수문 홍예교는 조선 숙종 37년(1711)에 강화산성의 내성을 쌓을 때 강화읍 중심부를 흐르는 동락천 위에 설치했던 수문 다리다. 1900년 갑곶 나루터[1]의 통로로 사용하기 위해 개천 어구로 옮겼다가 1977년 하수문(下水門) 자리로 옮겼다. 그 후 1993년 상수문(上水門) 자리로 다시 옮겨 복원했던 것을 2015년 보수공사를 거쳐 정비했다(그림 5.3).

수문을 이루고 있는 3개의 홍예는 모두 같은 규모로 각 홍예는 높이 2.7m, 너비 4.7m며, 전체 홍예교의 길이는 18.2m다.[2] 홍예의 구조는 조선시대 말엽 홍예교의 전형을 나타내고 있다. 홍예석 아래 선단석을 받치고 있는 지대석은 3줄 이상의 장대석을 쌓아 교각 기둥 형태를 띠고 있으며(그림 5.3 오른쪽), 그 위에 반원 형태의 홍예를 틀어 마치 로마식 아치의 모양을 취하고 있다. 홍예석 위와 옆은 무사석으로 쌓아 올리고, 수문 성벽 앞의 평면 공간을 확보하여 외적으로부터 방어를 할 수 있는 공간을 만드는 동시에 개천을 넘어 다닐 수 있는 다리의 역할을 하게 했다. 그러나 수원 화홍루와 같은 누각은 계획하지 않았다.

그림 5.3 강화 석수문 홍예교

| 강화 석수문 정면 | 강화 홍예교 교각 상세 |

5.1.1.3 고양시 주교동 배다리

현 고양시 주교동과 성사2동 사이에 있는 주교사거리 근처에는 한강으로 흘러 들어가는 장전천이 흐른다(그림 5.4). 예전에는 이 부근에 정기적으로 장이 서서 사람들이 이곳으로 배를 타고 왔다고 하는데, 홍수가 나면 장전천으로 물이 거슬러 올라와 이곳에 배다리를 만들었다고 한다. 이러한 이유로 고양에 배다리마을이 생겼다.

그림 5.4 고양시 주교동 주교사거리

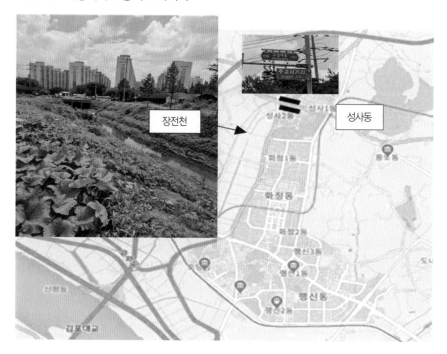

5.1.1.4 양평군 청운면 배다리

경기도 양평군 청운면에 배다리좌길과 배다리우길이라는 길이 흑천 지류 좌우로 나 있다. 배다리길이라는 지명을 봐서는 개울을 따라 조성된 두 길이 만나는 곳(그림 5.5)에 옛 배다리가 놓였을 것이다. 현재 배다리좌길과 배다리우길이 만나는 곳은 양평에서 홍천으로 가는 44번 국도 위 삼성교차로 근처에 있는 '다대소교'(그림 5.5 오른쪽) 위치로, 옛 배다리의 위치도 이 근처일 가능성이 크다.

그림 5.5 양평 배다리길

양평 흑천

배다리길 안내판

양평 다대소교

5.1.2 한강 이남(홍예 2개, 돌다리 1개, 배다리 흔적 2개)

5.1.2.1 안양시 만안교(萬安橋)

경기도 안양시 만안교 옆에 서 있는 만안교비에 따르면, 만안교는 효심이 지극했던 정조가 아버지 사도세자의 능을 참배하러 화성으로 행차할 때 만들어진 돌다리다. 정조는 사도세자의 능을 양주에서 수원 화산으로 옮긴 후 자주 참배하여 아버지의 영혼을 위로했다. 능행길은 원래 용산에서 한강을 건너고 노량진과 동작을 거쳐 과천을 지나는 길이었으나 고갯길이 있어 행차에 어려움이 많았으므로 정조가 과천 대신 시흥으로 길을 바꾸며 안양천을 지나게 됐다. 이런 이유로 정조 19년(1795)에 당시 경기도 관찰사 서유방(徐有防)이 3개월 공사 끝에 다리를 완성했다. 만안교는 축조방식이 매우 정교하여 조선 후기의 대표적인 무지개 돌다리로 평가된다. 원래는 남쪽으로 약 460m 떨어진 안양교 사거리의 교차지점에 있었으나 1980년 도로 확장으로 이전·복원됐다.

만안교는 그 길이가 약 31.3m나 되는 일곱 칸짜리 다경간(多徑間) 홍예 석교다. 홍예의 규모는 가운데 홍예가 지름이 약 3.9m에 달하고 양옆으로는 점점 작아지는 형태를 취하고 있는데, 제일 작은 홍예의 지름은 약 3.1m다. 맨 오른쪽 홍예를 지나가는 성인의 크기와 비교하면 홍예의 크기를 짐작할 수 있다(그림 5.6 왼쪽). 원래 있던 곳에서 현재 세워져 있는 곳으로 이전할 때의 구체적인 기술 사항은 알 수 없으나 지금의 외형으로 봐서는 두 단의 지대석 위에 선단석을 얹고 난 뒤 반원의 홍예를 튼 유럽 로마식 아치교와 매우 유사한 모양이다. 특히 난간을 설치하지 않은 것이 눈에 띈다.

그림 5.6 안양시 만안교

만안교(북측에서)　　　　　　　　　　만안교(남측에서)

5.1.2.2 수원시 화성 화홍문(華虹門)

경기도 수원시 장안구에 서 있는 수원 화성 화홍문은 정조 18년(1794)에 건설한 수원 화성 북수문의 별칭이다. 수원 화성을 남북으로 가로지르는 수원천이 성안으로 흘러들어오는, 수원 화성 북쪽에 세워진 수문이다. 아래에는 수문이 있고 그 위에는 문루가 있다(그림 5.7).

그림 5.7 수원시 화성 화홍문[3]

1931년 화성 화홍루   2022년 수원 화성 화홍루

수문은 모두 7개의 홍예로 만들어졌는데 가운데 한 칸이 약간 넓다. 나머지 홍예는 너비가 8자(약 2.5m)고 높이가 7자 8리(약 2.4m)다. 홍예는 조선 후기 로마 아치의 형식을 갖추어 지대석 대신 낮은 기둥을 만들어 쌓고 그 위에 선단석과 홍예석을 쌓아 홍예를 틀었다. 홍예 상단에는 이마돌을 끼어서 넣어 힘의 균형을 맞추었다. 홍예와 홍예 사이에는 약간 변형된 잠자리무사가 보이고 홍예석 위로 무사석(武砂石)을 쌓아 올린 후 화홍루와 사람이 통행할 수 있는 다리의 바닥면을 확보했다. 즉, 화홍루는 수문과 누각의 역할 외에 다리 역할도 함께 하여 홍예 위로 사람들이 지나다닐 수 있도록 했으며(그림 5.7 오른쪽), 바깥쪽으로는 벽돌로 낮은 성벽인 첩(堞)을 쌓았다. 첩에는 네모난 대포 구멍을 뚫고 그 위에 소포(小砲) 구멍 14개를 뚫었다(그림 5.8). 화홍루 북쪽 벽에는 건물에서 약간 거리를 띄우고 판문(板門)을 달았으며 성벽에는 활이나 총을 쏠 수 있는 구멍을 뚫어놓았다(그림 5.8 왼쪽). 성벽을 받치고 있는 홍예 바닥은 홍수에 세굴을 방지하기 위해 박석으로 면을 다지고, 홍예에 부딪치는 물살의 힘을 줄이기 위해 지대석 끝단을 외부로 길게 빼내어서 그 끝을 삼각형으로 만들었다(그림 5.8 오른쪽).

그림 5.8 성 밖에서 본 화홍문 전경과 물가름 장치

물가름 장치

    문 주변에는 언덕이 이어지고 언덕 높은 곳에 방화수류정(訪花隨柳亭)이라는 정자가 있다. 그 아래로는 용연(龍淵)이 있어 훌륭한 경관을 자랑한다(그림 5.9). 화홍문은 전란에 대비해 여러 가지 방어 시설을 갖추는 동시에 시내를 관통하는 개천이 범람하지 않도록 물길을 관리하는 구실도 함께 하였다.[4]

그림 5.9 방화수류정과 용연

5.1.2.3 양재천 목교 또는 돌다리

나무다리는 세우기는 쉬우나 내구성이 떨어지기 때문에 사찰 앞에 세워진 몇몇 누교와 경복궁의 취향교를 제외하면 현존하는 조선시대 나무다리를 찾기가 쉽지 않다. 그래도 조선시대에 서울 밖으로 많은 나무다리가 지어졌을 텐데, 1872년에 그려진 과천지도에 나타난 양재천교에서 그 예를 찾을 수 있다(그림 5.10).

그림 5.10 1872년 과천지방도에 나타난 다리들과 양재천 옛 다리

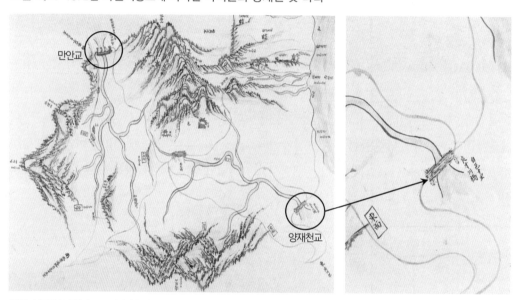

출처: 1872년 과천지도, 규장각 한국학 연구소 소장

5.1.2.4 평택시 죽백동 배다리 저수지

전해지는 말에 따르면 조선시대에는 지금 안성천 변 배다리 저수지 생태공원에 있었던 길은 '춘향이 길'이라고 불렀다고 한다. 예전에는 아산만에 가까운 이곳이 만조(滿潮)가 되면 안성천으로부터 '통복천'으로 유입된 바닷물로 인해 '이곡천'이 불어나고, '저수지'까지 수위가 높아지면서 배로 다리를 만들어 저수지를 건너다녔다고 한다. 조선시대에는 저수지 북쪽 기슭에 '교촌(橋村)'이라는 마을이 형성됐는데, 세월이 바뀌어 삼남대로가 끊기고 일제 말에는 '배다리 방죽'마저 조성되면서 배다리가 기능을 잃었다고 한다.

그림 5.11 평택시 주백동 배다리

주백동 배다리 저수지

배다리 모형

5.1.2.5 하남시 감북동 배다리마을

현재 서하남IC 부근 감북동에는 배다리길, 배다리 낚시터, 배다리 커피방 등 배다리의 이름이 들어간 장소들이 많다. 송파진에서 하남을 지나 광주로 가는 길에 큰 개울에 놓였을 것으로 추측 되는데, 감북주민센터에서는 특별한 정보를 얻을 수 없었고, 다만 하남시청 홈페이지에는 여러 개의 배를 연결하여 다리를 놓아 건넜다고 하여 배다리라 부르게 됐다는 기사만 있다. 구글 지도 를 보면 잠실대교와 잠실철교 사이에 있었던 송파진을 지나 하남시로 가는 큰 도로가 나 있고, 그 중간에 배다리 낚시터 부근을 지나 한강까지 흐르는 성내천이 있는 것으로 보아 하남시 감북동의 옛 배다리는 현재 배다리사거리 근처였을 것이다. 아쉽게도 서하남IC의 건설로 옛 지형이 많이 변하여 정확한 배다리의 위치를 비정하기는 힘들다.

5.1.2.6 안성시 유다리

광혜원에서 안성으로 장을 보러 가려면 칠장사로 올라가다가 산직동 계곡 개울을 건너 서편 중 고개로 넘어가야 한다. 바로 이 개울 위에 찌그러진 못생긴 돌다리가 하나 있는데, 사람들은 이 돌다리를 '유다리'(그림 5.12)라고 부른다. 마을 사람들은 가을걷이를 끝내면 여름 장마에 훼손된 다리를 보수해 또 한 해를 보냈다고 하는데, 박정희 대통령 시절의 새마을 사업으로 유다리가 있었던 옛길에 2차선 신설 도로가 건설되면서 옛길과 유다리는 그 기능을 잃게 돼 도로 옆으로 서 있게 됐다. 유다리는 지금은 칠장사(그림 5.13)에서 광혜원 쪽으로 내려오다가 오른편에 있는 개인 주택 담장 안에 있어 찾기가 쉽지 않다.

그림 5.12 안성시 유다리

그림 5.13 칠장사 당간지주[5]와 칠장사 입구 일주문

5.1.3 조선 왕릉(돌널다리 22개, 홍예교 1개)

5.1.3.1 동구릉(돌널다리 8개, 홍예교 1개)

구리 동구릉(사적제193호)은 조선 태조의 무덤인 건원릉이 조성된 1408년부터 경릉에 현종의 둘째 왕비 효정황후가 모셔진 1904년까지 500여 년에 걸쳐 7명의 왕과 10명의 왕비를 모신 곳이다.

1) 외금천교

동구릉 밖에는 원래 신성한 왕릉의 공간과 속세 공간을 구별하는 물길인 금천이 흐르고, 두 영역을 이어주는 돌다리인 금천교의 물길이 흘러드는 연못인 연지가 있었다. 동구릉 내 각 왕릉 진입 공간에 있는 금천교 및 연지와 구별하여 이를 외금천교, 외연지라고 한다. 외금천교와 외연지의 모습은 1975년에 촬영한 항공사진에서도 확인할 수 있으나 이후 동구릉 입구를 지나는 43번 국도를 확장하는 과정에서 철거됐다(그림 5.14).

당시 해체된 외금천교는 무지개 모양의 홍예교였는데, 원래 자리에는 현재 43번 국도가 지나고 있어 지금은 홍예의 선단석, 홍예석 및 이마돌 만으로 홍예를 틀어 동구릉 경내에 전시하였다(그림 5.15).

그림 5.14 1975년에 촬영한 동구릉 외금천교 항공사진

동구릉 안내판에는 동구릉 밖에 외금천교가 있었다고 하는데, 일부 학자들은 이 금천교의 유구들이 처음부터 동구릉 밖에 있었던 것이 아니고 일제강점기에 경복궁 영제교가 헐리고 그 자리에 조선총독부 건물이 들어서면서 영제교의 부재들을 동구릉 밖으로 옮겼을 수도 있다고 한다. 실

그림 5.15 복원된 동구릉 외금천교 쌍홍예

제로 그림 5.16에서 볼 수 있는 영제교의 홍예 구조와 그림 5.15에서 볼 수 있는 동구릉 외금천교 홍예 구조를 비교해보면 영제교 홍예가 동구릉 앞으로 옮겨왔을 수도 있는 생각이 든다. 다만 그림 5.16에 보이는 영제교 난간의 동자기둥은 동구릉 경내에 전시돼있는 난간주석(그림 5.17)과 전혀 다른 모양을 하고 있어 현재 동구릉 입구에 전시돼있는 난간석주는 영제교에서 사용됐던 석주가 아닌 것은 분명하다. 그래서 동구릉 홍예가 영제교 홍예와 같다고 단정하기가 어렵다. 그러나 최근에 알려진 바에 따르면 동구릉 경내에 전시된 난간주석은 고종이 1865년경 경복궁을 중건하면서 광화문 앞에 조성한 월대(月臺)에 쓰인 부재라는 주장[6]이 설득력이 있다. 동구릉에 있는 홍예가 영제교의 원형이라는 주장이 다시 힘을 더 얻을 수도 있기는 한데, 한편에서는 동구릉 입구에

그림 5.16 경복궁 영제교 옛 모습

있는 같은 종류의 난간 석주가 동구릉 안 혜능과 수릉 사이에서도 발견되기 때문에(그림 5.17 오른쪽) 동구릉 입구에 있는 난간석주가 꼭 광화문 앞에 있던 원대라는 주장에도 문제가 있을 수 있다. 동구릉 학예사의 의견대로 동구릉 입구에 있는 홍예는 처음부터 동구릉 외연지 옆에 서 있었을 수도 있다. 이 부분은 앞으로 좀 더 세밀한 연구가 필요하다.

그림 5.17 동구릉 경내 난간주석

동구릉 입구 석주   숭릉과 혜릉 사이 석주

2) 수릉(綏陵)

동구릉 입구에서 건원릉으로 걸어 올라가는 길에 제일 먼저 오른편으로 만나는 능이 고종에 의해 황제로 추존된 문조와 신정황후 조씨의 무덤이다(그림 5.18). 문조는 효명세자 시절 아버지 순조를 대신하여 정치를 하면서 조선 후기의 예악을 정비했다. 그러나 22세로 세상을 떠나자 아들 현종이 순조의 뒤를 이어 왕위에 오르면서 익종으로 추존됐다가 다시 1899년 고종에 의해 문조익황제(文祖翼皇帝)로 재추존됐다.

그림 5.18 수릉과 수릉 앞의 금천교

수릉 입구에는 금천 역할을 하는 작은 개울이 흐르고 그 위에 수릉 금천교가 축조돼있다. 다리의 구조는 가장 일반적인 돌널다리로, 바닥에 흙이 많이 쌓여있어 알아보기 힘들다.

3) 현릉(顯陵)

동구릉 입구에서 수릉을 지나 좀 더 안으로 들어가면 오른편으로 조선 5대 문종과 현덕황후 권씨의 능을 지난다. 조선 5대 왕인 문종은 세종의 맏아들로, 세종 3년(1421)에 왕세자가 됐고 1450년 세종이 돌아가신 후 왕위에 올랐다. 왕은 짧은 재위 기간 『고려사』, 『고려사절요』 등 여러 책을 간행했으나 39세 나이로 경복궁 강녕전에서 세상을 떠났다.

현릉 금천교는 능에서 비교적 멀리 떨어져 있는데, 다리 형태는 전형적인 왕릉 금천교로 길이 2.9m, 너비가 약 2.8m 되는 단순한 돌널다리 형태이다(그림 5.19).

그림 5.19 현릉과 현릉 앞 금천교

4) 원릉(元陵)

동구릉 건원릉으로 올라가는 도중 현릉 건너편에 영조와 정순왕후 김씨의 능인 원릉이 조성돼 있다. 영조의 능인 원릉 앞에 흐르는 금천에는 길이 약 3.5m, 너비 약 3.85m의 전통적인 왕릉 금천교가 놓여있는데, 자동차의 출입이 가능하도록 옛 다리 바닥에 흙을 덮어 포장했다(그림 5.20).

그림 5.20 영조 원릉 금천교

5) 휘릉(徽陵)

　영조 영릉에서 좀 더 안쪽으로 들어가면 조선 16대 인조의 두 번째 왕비 장렬왕후 조씨의 능이 나온다. 휘릉 앞 금천교도 길이 약 3m에 너비가 약 4m인 왕릉 전통적인 돌다리로, 자동차의 통행을 위해 옛 다리 바닥면에 흙을 덮어 포장했다(그림 5.21).

그림 5.21 휘릉 금천교

그림 5.22 태조 건원릉 금천교

6) 건원릉

건원릉(健元陵)은 조선을 건국한 태조 이성계의 능으로, 1392년 개경 수창궁(壽昌宮)에서 왕위에 올랐다. 재위 기간 나라 이름을 조선(朝鮮)으로 정하고, 수도를 한양으로 옮기는 등 조선왕조의 기틀을 마련했다. 1408년 세상을 떠나 이곳에 능을 조성했고 독특하게 억새로 덮었다. 이는 태조가 고향인 함흥의 억새를 심어달라는 유언을 따른 것이라고 한다. 건원릉 앞에 축조된 금천교는 길이가 3m이고 너비가 6.2m인 왕릉 전통적 돌다리다(그림 5.22).

7) 목릉

건원릉을 아래쪽으로 지나 좀 더 안으로 들어가면 조선 14대 왕인 선조와 정비 의인왕후 박씨, 계비 인목왕후 김씨의 능을 찾을 수 있다. 선조의 목릉(穆陵) 홍살문 앞에는 길이 약 4.2m, 너비 약 3.4m인 금천교가 홍살문에서 비교적 멀리 떨어져 세워졌는데, 현대에 와서 자동차의 출입이 가능하도록 옛 다리 위에 흙을 덮어 포장했다(그림 5.23).

그림 5.23 목릉 금천교 바닥면과 측면

8) 경릉

건원릉에서 다시 영릉을 지나 입구 쪽으로 내려오면 영릉 오른쪽으로 조선 24대 왕인 헌종과 정비 효현왕후 김씨및 계비 효정왕후를 모시고 있는 경릉(景陵)으로 올라가는 길을 만난다(그림 5.24).

원릉에서 혜릉으로 가다가 경릉으로 올라가는 삼거리에서 오른쪽 언덕길로 조금 올라가면 작은 금천이 나오고 그 위에 경릉 금천교가 놓여있다. 이 금천교는 경릉에서 꽤 먼 곳에 자리를 잡았다. 다른 왕릉 금천교와 마찬가지로 금천교 바닥에는 자동차의 출입이 가능하도록 흙으로 두껍게 포장돼있어 금천교의 상세한 구조를 밖에서 볼 수는 없으나 단순한 돌널다리라고 추정된다.

그림 5.24 경릉과 금천교

9) 혜릉

경릉에서 동구릉 입구 쪽으로 조금 내려오면 오른쪽에 조선 제20대 왕 경종과 정비 단의왕후 심씨의 능을 길에서 바로 볼 수 있다. 그러나 의아하게도 혜릉(惠陵) 바로 앞에는 개울이 흐르지 않아 금천교가 보이지 않는다. 좀 더 숭릉 연지 쪽으로 내려가면 연지에서 내려오는 개울 위에 새로 만들어진 돌다리를 만날 수 있다(그림 5.25 오른쪽). 문화재청에서는 이 다리를 혜릉 금천교라고 지정하지는 않았으나, 만약 옛날에 혜릉 앞에 금천교를 세웠다면 숭릉 쪽에서 흘러 내려오는 개울이 이곳을 지나기 때문에 금천교가 이곳에 세워졌을 확률이 매우 높다. 그러나 현재 혜릉 앞에 있는 다리가 옛 다리인지는 분명하지 않다.

그림 5.25 혜릉과 혜릉 앞 개천 위의 다리(금천교 추정)

10) 숭릉

동구릉 왼쪽 맨 끝 안쪽에 위치하는 숭릉(崇陵)은 조선 제18대 왕 현종과 정비 명성황후 김씨의 능이다(그림 5.26). 길이가 약 4.1m고, 너비가 약 4.44m 되는 숭릉의 금천교는 홍살문 앞에 흐르는 금천 위에 있는데, 다리 양쪽에 너비가 1.1m가 넘는 넓은 귀틀석을 두 개 놓고 이 두 귀틀석 사이에 상대적으로 크기가 작은 석재 들보를 4개 건너질러 만들었다. 이 숭릉 금천교의 구조가 흥미를 끄는 것은 이 다리가 우물마루 형식을 하고 있지 않지만, 우물마루 돌다리의 느낌을 주는 돌널다리라는 점이다. 널돌들은 교대와 교대 사이를 바로 건너질렀는데, 사용한 널돌이 휨에 견디질 못했는지 그림 5.26 오른쪽 사진에서 보는 것처럼 양쪽 가에 설치한 넓은 돌 들보 밑에는 나무 기둥이 받치고 있고, 중앙 부분에 놓인 작은 석재 들보 밑에는 길이가 짧고 높이가 높은 돌 들보를 추가로 설치하였다.

그림 5.26 숭릉 금천교 바닥면과 하부

5.1.3.2 홍·유릉(돌널다리 2개)

1) 홍릉 금천교

경기도 남양주시 홍유릉로 352-1에 있는 홍릉은 대한제국의 초대 황제 고종 광무제와 그의 부인 명성왕후 민씨의 능이다. 고종황제는 흥선대원군의 아들로 1897년 대한제국을 선포하고 광무개혁을 추진했으나 1905년 헤이그 밀사 파견 사건으로 퇴위돼 1919년에 세상을 떠나자 이를 계기로 전국적인 3·1 운동이 일어났다. 명성왕후는 1866년 왕후가 돼 일본을 견제하는 외교정책을 펴다가 1895년 일본인들에게 죽임을 당했다.

그림 5.27은 고종 홍릉(洪陵) 앞에 축조된 금천교를 보여주는 사진으로 전형적인 왕릉의 금천교 형식을 따르고 있다.

그림 5.27 남양주시 홍릉 금천교

2) 유릉(裕陵) 금천교

유릉은 대한제국 제2대 순종 황제, 첫 번째 부인 순명황후 민씨와 두 번째 부인 순정황후 윤씨의 능이다. 순종 황제는 1910년 국권을 일제에 의해 강탈당하고 이황(李王)으로 격하됐다. 1926년 창덕궁에서 세상을 떠났고, 순종의 장례 일을 계기로 6·10 만세운동이 일어났다. 유릉 금천교의 다리 구조도 홍릉 금천교와 마찬가지로 전형적인 왕릉 금천교 형식인 단순 돌널다리 형식을 취한다(그림 5.28).

그림 5.28 남양주시 유릉 금천교

5.1.3.3 **태릉 · 강릉**(돌널다리 2개)

1) 태릉 금천교

태릉은 조선 제11대 왕인 중종의 계비 문정왕후 윤씨의 능이다. 문정왕후는 중종 12년(1517)에 왕비로 책봉돼 명종 20년(1565)에 65세의 나이로 창덕궁에서 세상을 떠났다.

문정왕후 윤씨의 태릉은 서울특별시 노원구 공릉동에 있다. 이 태릉 앞에 세워진 금천교는 그림 5.29에서 보는 것처럼 흙 속에 묻힌 금천 위에 다리 바닥만 드러내고 있다. 문화재청에서 다시 복원하면 자세히 알 수 있겠지만 현재 상태로 추정하면 태릉 금천교는 현재 노원구 강릉 금천교와 같은 구조를 가졌을 것이다.

그림 5.29 노원구 태릉과 태릉 앞 금천교

2) 강릉 금천교

서울특별시 노원구 공릉동에 있는 강릉(康陵)은 조선 제13대 명종과 그의 부인 인순왕후 심씨의 능이다. 강릉은 태릉 서쪽에 태릉 육군사관학교 건너편에 자리 잡고 있다. 명종은 1545년에 왕위에 올라 1567년 6월에 경복궁 양심당(養心堂)에서 34세로 세상을 떠났다.

강릉 앞에 놓인 금천교 역시 전형적인 왕릉 금천교의 단순한 돌널다리 구조를 취하고 있다(그림 5.30).

그림 5.30 노원구 강릉 금천교

5.1.3.4 정릉(돌널다리 1개)

1) 정릉 금천교

정릉 금천교(그림 5.31)는 정릉 관리사무소 입구에서 능으로 올라가는 길목 금천 위에 세워져 있고, 능 앞 홍살문에서 비교적 멀리 떨어져 있다. 정릉 금천교는 개울 중간에 교각을 세우고 그 위에 두 칸짜리 단순지지 돌널다리의 형식을 가지고 있는 전형적인 왕릉 금천교이다. 상류 쪽 교각은 물가름용 마름모꼴로 교각을 구성하고 그 위에 멍에를 얹었는데, 멍에는 양측 교대로부터 넘어오는 들보형 널돌들을 구조적으로 잘 받쳐 그들로부터 전달되는 하중을 직접 교각 기둥으로 원활하게 전달하는 역할을 담당한다(그림 5.32).

그림 5.31 정릉 금천교

정릉 금천교 바닥판

금천교 전경

정릉은 태조의 두 번째 왕비 신덕황후 강씨의 능이다. 정릉은 원래 한성부 황화방(현 중구 정동)에 있었으나 태종 때 지금의 자리로 옮겨 능역이 축소됐다. 헌종 10년(1669) 왕후의 능으로 다시 조성됐다.

그림 5.32 정릉 금천교 구조

교대와 중앙 교각 위 널돌

교각과 멍에 그리고 들보형 널돌

5.1.3.5 서오릉(西五陵, 돌다리 2개)

경기도 고양시 서오릉로 334-92번지 일대에 있는 서오릉은 조선시대 왕과 왕후 9명을 모시고 있는 무덤이다. 서오릉은 15세기 덕종의 경릉(敬陵)이 조성되면서 시작돼 18세기 명릉(明陵)이 조성되면서 5개의 능으로 됐다. 사적 제198호인 서오릉은 서울 동쪽에 있는 동구릉에 대비해 서울 서쪽에 있는 5개의 능이라 하여 '서오릉'이라 부른다.

서오릉 관리사무소를 지나 처음 오른쪽으로 만나는 명릉은 조선 제19대 왕인 숙종과 두 번째 왕비 인현왕후 민씨, 세 번째 왕비 인원왕후 김씨의 능이다. 서오릉 입구에는 홍살문이 서 있는데 안타깝게도 그 앞에는 있어야 할 금천교가 보이지 않는다. 이는 고양시가 개발·확장되면서 왕릉의 영역이 축소돼 지형이 많이 변경됐기 때문이다. 관리사무소에서 명릉을 지나 안으로 더 들어가면 오른쪽으로 조선 제19대 왕인 숙종의 정비인 인경왕후의 익릉(翼陵)이 나온다. 그러나 익릉 앞에도 금천교는 보이지 않는다.

1) 경릉 금천교

경릉은 조선 세조의 아들 의경세자와 그의 비 소혜왕후의 능이다. 의경세자는 세조에 의해 세자로 책봉됐으나 세조 3년(1457)에 요절하자 둘째 아들이 왕이 됐는데, 그가 조선 제9대 왕 성종이다. 왕이 된 후 성종은 그의 형을 덕종으로 추존했다.

서오릉 관리사무소 출입구를 들어가서 명릉과 익릉을 지나면 길 오른쪽으로 경릉이 보이는데(그림 5.33), 그 입구에는 전형적인 홍살문이 서 있다. 일반적으로 왕릉의 홍살문 앞에는 금천이 흐르고 그 위에는 금천교가 놓여야 하지만 경릉의 경우에는 경릉 우측(경릉에서 볼 때)에 금천이 흐르고 그 위에 금천교가 놓여있다(그림 5.33 오른쪽). 이는 원래 금천이 경릉 홍살문 앞으로 흐르던 것을 고양시가 개발되면서 물길이 바뀌어 금천교의 위치도 바뀌게 된 것으로 추측한다.

그림 5.33 경릉 금천교

경릉 앞 홍살문   경릉 옆 돌다리

2) 홍릉(弘陵) 금천교

홍릉은 조선 21대 영조의 원비 정성왕후가 모셔진 능으로 서오릉에서 가장 후대에 조성됐다. 홍릉은 원래 영조 생전에 자기 능 자리도 미리 정성왕후 곁에 만들어 두었으나 영조 사후에 그의 능은 동구릉의 원릉에 조성됐고 서오릉의 홍릉 쌍릉 중 왼편 능은 현재 비어있다. 홍릉에 조성된 금천교는 원래의 금천 위에 옛 모습을 그대로 간직한 단순 돌널다리 형식을 취한다(그림 5.34).

그림 5.34 홍릉 금천교

홍릉 홍살문 앞 금천교

금천교 정면사진

3) 창릉(昌陵) 금천교[7]

창릉은 조선 제8대 예종과 두 번째 부인 안순왕후 한씨의 능이다. 서오릉 영역 안에 왕릉으로는 처음 조성된 능이다. 예종은 세조의 둘째 아들로 형 의경세자 덕종이 세상을 일찍 떠나자 19세에 세조의 양위를 받아 왕위에 올랐다. 『경국대전(經國大典)』을 완성했으나 반포하지 못하고 세상을 떠났다.

그림 5.35 창릉 금천교

창릉 앞 홍살문과 금천교

창릉 금천교 '비호교' (능 쪽에서)

서오릉 가장 깊숙이 자리 잡은 창릉 홍살문 앞 금천 위에는 일본풍이 느껴지는 금천교인 비호교가 있다(그림 5.36). 비호교는 금천 가운데 마름꼴 교각 기둥 3개를 철근콘크리트로 만든 줄기초 위에 세우고(그림 5.36 왼쪽), 그 위에 멍에와 귀틀석을 일체화시킨 바닥틀을 구성하여 그 위에 철근콘크리트 바닥판을 양생시켰다(그림 5.36 오른쪽). 비호교 포장은 철근콘크리트 바닥판 위에 예전 금천교에 사용했던 석재들로 추정되는 석재 들보들을 깔아 마치 옛 다리를 복원한 것처럼 보이게 처리했다.

창릉 금천교에는 엄지기둥이 사방 4개가 서 있고, 그 사이를 난간이라기보다는 자동차 방호책에 가까운 낮은 시설이 설치돼있는 것으로 미루어 창릉 앞 비호교가 복원된 것이 아니라 근대에 와서 새로 만든 다리라고 판단된다. 그러나 언제인지는 확인하지 못했다.

그림 5.36 비호교

정면 사진

아래서 본 사진

5.1.3.6 **서삼릉**(돌다리 2개)

서삼릉은 경기도 고양시 덕양구 원당동에 있으며 희릉, 효릉, 예릉의 3기의 능으로 구성된다. 중종 계비 장경왕후의 무덤인 희릉이 처음 들어서고 그 이후 인종과 인종비 인성왕후의 무덤 효릉, 철종과 철종비 철인왕후의 무덤인 예릉이 조성됐다. 이 세 개의 능은 한양 서쪽에 있다고 해서 '서삼릉'이라 불린다.

1) 희릉(禧陵) 금천교

희릉은 조선 제11대 왕 중종의 두 번째 왕비 장경왕후 윤씨의 능이다. 희릉은 처음에 헌릉 서쪽에 조성됐었는데, 1537년 고양 서삼릉 자리로 옮겨졌다. 예전에는 희릉 홍살문 앞으로 금천에 흘렀을 것이고 그 위에 금천교가 축조됐을 것으로 추측된다. 지금은 희릉 금천이 희릉 왼편(홍살문에서 능을 바라보았을 때)으로 흐르고 있고 그 끝은 금천교 대신 하수구만 설치돼있다(그림 5.37 오른쪽). 이 땅에 자동차 문화가 들어오면서 서삼릉 영내 많은 지형 변화가 일어난 것으로 생각된다.

그림 5.37 희릉과 희릉 금천

희릉

희릉 금천(금천교가 있어야 할 곳에 설치된 하수구)

2) 예릉(睿陵) 금천교

예릉은 조선 25대 철종과 철인황후 김씨의 능이다. 철종은 흥선대원군의 아들로 강화도 유배지에서 생활하던 중 1849년 헌종이 세상을 떠나자 순원황후의 명으로 왕위에 올랐다. 예릉은 영조대에 편찬된 『국조상례보편』의 예에 따라 조성된 마지막 조선 왕릉의 형태이다. 예릉 앞에는 희릉 옆으로 흐르는 금천이 지나가고 그 위에는 전형적인 조선 왕릉의 금천교가 놓여 있다(그림 5.38).

그림 5.38 예릉 금천교

3) 효릉(孝陵) 금천교

경기도 고양시 덕양구 원당동 산 38-4에 있는 효릉은 조선 제12대 왕인 인종과 정비 인성왕후 박씨의 능이다. 조선 제12대 왕인 인종은 중종과 장경왕후 사이에 태어난 맏아들로, 1544년에 즉위해 재위 8개월 만에 승하했다.

효릉은 현재 '한국 젖소 개량 사업소'의 사유지 안(그림 5.39 아래 사진의 회색 부분)에 놓여 모든 차량과 방문객은 출입이 제한돼서 효릉 앞 금천에 금천교가 놓여있는지 확인할 수 없다. 다만 항공사진에는 효릉 홍살문 앞에 흐르는 금천 위에 효릉의 금천교가 있는 것처럼 보이고, 서삼릉 직원이 이를 확인해 주었기 때문에 이 책에서는 현재 효릉 앞 금천 위에 단순한 돌보형 금천교가 설치돼있는 것으로 판단했다.

그림 5.39 효릉 금천교

효릉 사진

효릉

출처: 서삼릉 안내판

5.1.3.7 화성 융건릉(隆健陵, 돌널다리 2개)

융건릉은 장조(사도세자)와 그의 부인 헌경왕후(혜경궁 홍씨)를 합장한 융릉(隆陵)과 사도세자의 아들 정조와 효의왕후를 합장한 건릉(健陵)을 합쳐 부르는 이름이다. 융건릉는 경기도 화성시 안녕동 187-1에 있다.

1) 장조 융릉 금천교

융릉은 조선 제22대 정조의 아버지 사도세자 장조와 혜경궁 홍씨의 합장 능이다. 사도세자의 묘는 원래 경기도 양주군 배봉산(현재 서울특별시 동대문구) 기슭에 있었으나 정조가 왕위에 오르자 사도세자를 장헌세자(莊獻世子)로 추숭[8]하고 아버지의 묘를 지금의 자리로 옮겨 현릉원(顯陵園)이라 했다. 1899년 대한제국 고종은 고조부인 장헌세자를 장조로 추숭하면서 현릉원의 명칭을 융릉으로 격상시켰다.

장릉 앞에 축조된 금천교(원대황교, 元大皇橋)는 매우 고급스러운 우물마루 형식의 돌다리다(그림 5.40). 다리 중앙에는 교각을 설치하고 그 위에 귀틀석 3줄을 걸친 후 청판석을 깔아 다리 바닥을 구성했다. 귀틀석은 교대와 중앙 교각 사이에 단순하게 걸쳐진 구조 형태를 취했다. 교각은 기둥을 세 개 세우고 그 위에 멍에석을 얹어 만들었다(그림 5.41 오른쪽).

그림 5.40 융릉 금천교

그림 5.41 융릉 금천교 전경과 중앙 교각 상세

2) 건릉(健陵) 금천교

건릉은 조선 제22대 왕인 정조와 효의왕후의 합장 능이다. 정조는 49세의 나이로 승하하자 그의 유지를 받들어 융릉 동쪽 두 번째 언덕에 안장됐다. 정조의 건릉 앞에 세워진 금천교(그림 5.42)는 장조의 금천교, 원대황교에 비하면 매우 소박하고 전형적인 조선 왕릉 단순 들보형 돌널다리 형식을 취하고 있다.

그림 5.42 건릉 금천교

5.1.3.8 여주 영릉(英陵)과 영릉(寧陵)(돌널다리 2개)

1) 세종대왕 영릉 금천교

여주 영릉(英陵)은 세종대왕과 부인 소헌왕후 심씨의 무덤으로, 경기도 여주시 능서면 영릉로 269-50에 위치한다. 천하에 명당인 영릉의 지세는 층층이 해와 달의 모습을 띠면서 봉황이 날개를 펴고 내려오는 형국이라 한다.[9] 당초에 광주 대모산 헌릉 서쪽에 있었던 능을 예종(1469) 때 여주로 이장했다. 영릉의 정문으로 들어서서 오른쪽에 있는 재실 앞을 지나 수표교 수표석 모형이 서 있는 너른 능역을 조금 더 걸어 들어가면 홍살문이 나오는데, 홍살문 바로 앞 금천에 영릉 금천교가 있다(그림 5.43). 1975년부터 1977년까지 정부에서 행한 영릉 성역화 작업으로 능 주변 정비가 돼 현재 우리가 볼 수 있는 금천교의 모습이 예전 그대로인지는 모르나 금천교에 사용된 석재들은 옛 부재 그대로 복원된 것으로 보인다. 금천교 자체의 구조는 특이한 점이 없는 전통적인 단순 돌널다리 형식을 취하고 있다.

그림 5.43 세종대왕 영릉과 홍살문 앞 금천교

2) 효종 영릉 금천교

영릉(寧陵)은 조선 17대 효종과 부인 인선왕후 장씨의 능이다. 효종은 1649년에 즉위해 청나라 정벌을 위한 북벌계획을 추진하고, 대동법과 화폐개혁을 단행하는 등 매우 개혁적인 임금이었다. 효종은 원래 양주 건원릉 서쪽에 초장 됐다가 현종 14년(1673)에 여주로 묘를 옮겼다.

효종 영릉 앞에 설치된 금천교는 조선왕조 왕릉 금천교 중에 유일하게 홍살문(紅箭門) 안에 설치됐다. 효종 영릉 금천교는 세종대왕 영릉의 금천교와는 달리 매우 고급스러운 우물마루 형태의 돌다리 형식을 취하는데, 청판석을 귀틀석에 끼워 넣는 형식을 취한 것이 아니라 청판석을 귀틀석 위에 얹는 구조를 취한 것이 특이한 점이다(그림 5.44).

그림 5.44 효종 영릉 금천교

능을 바라본 금천교

금천교 외측 귀틀석과 내측 귀틀석

5.1.3.9 파주 장릉(돌널다리 1개)

1) 파주 장릉(長陵) 금천교

　파주 장릉은 조선 16대 인조와 첫 번째 왕비 인열왕후 한씨의 능이다. 인조는 재위 기간 동안 이괄의 난(1624), 정묘호란(1627), 병자호란(1636)을 겪었으며, 군제를 정비해 총융청[10]과 수어청[11]을 새로 만들었다. 장릉은 인조가 1649년에 세상을 떠나자 파주 운천리에 능을 조성했다가 1731년에 현재 자리로 옮겼다. 금천교는 그림 5.45에서 보는 바와 같이 장릉 입구 홍살문 앞에 설치됐다. 전형적인 왕릉 금천교의 모습을 한 장릉 금천교는 단순지지된 작은 돌널다리다. 옛 다리 바닥에 흙으로 덮지 않은 것을 미루어 지나다니는 자동차의 수는 많지 않은 것으로 추측된다.

그림 5.45 파주 장릉 금천교 바닥면과 옆면

5.2 기타 지방 다리들

5.2.1 강원도(돌널다리 1개, 홍예 5개)

5.2.1.1 고성 화암사 돌다리

화암사(禾巖寺)는 769년 신라 혜공왕 때 창건된 사찰로, 속초에서 미시령 들어가기 직전에 미시령 옛길 입구 쪽에 있다. 주소는 강원도 고성군 토성면 화암사길 100이다. 화암사 일주문을 지나 15분쯤 산길을 올라가면 화암사 앞 계곡을 지나는 세심교(洗心橋)를 만난다(그림 5.46). 이 세심교는 콘크리트 아치교로 만든 현대적인 다리다.

그림 5.46 금강산 화암사 입구 세심교

세심교를 지나면서 좌측으로 계곡을 내려다보면 아담한 옛 두 칸짜리 단순 들보형 돌다리가 보인다(그림 5.47). 이 다리는 전체 길이가 약 9.1m이고, 너비는 약 0.8m 정도 된다.

그림 5.47 세심교에서 좌측 아래 계곡 돌다리

사찰에 거주하는 한 거사님에 따르면 현 세심교가 세워지기 오래전부터 절에 다니던 신도들은 이 옛 돌다리를 통해 사찰로 통행했다고 한다. 이 다리가 6 · 25 전쟁 이전부터 있었다는 증언은 있으나 언제 만들어졌는지에 대한 확실한 기록을 찾을 수 없다. 다만 현존하는 옛 돌다리가 놓여있는 자리, 또는 인근에 삼국시대부터 다리가 있었을 것이고 이 다리들은 세월이 지나면서 몇 번에 걸쳐 새로 복원하는 과정을 되풀이했을 것이다.

5.2.1.2 고성 건봉사 옛 다리(홍예교 4개)

건봉사는 강원도 고성군 거진읍 건봉사로 723에 있는 전국 4대 사찰 중 한 곳이다. 한용운 스님이 쓰신 『건봉사와 건봉사 말사 사적지』에 따르면 이 절은 중 아도화상이 신라 법흥왕 7년(520)에 원각사(圓覺寺)로 창건한 1000년 사찰이라 한다. 건봉사는 그 후 공민왕 7년(1358) 나옹화상이 중수하고 건봉사로 개명하여 오늘에 이르렀다고 한다. 건봉사에는 신라 자장율사가 당나라에서 가져온 부처님 사리를 모시고 있고, 무지개 모양의 능파교(凌波橋, 보물 1336호)와 강원도 문화재 제35호인 불이문(不二門)으로 유명하다. 건봉사는 임진왜란 때 사명대사가 의승병을 기병한 호국도량으로, 당시 통도사에 있던 부처님 진신 치아 사리를 왜병이 일본에 가져간 것을 사명대사께서 다시 찾아와 건봉사에 봉안했다. 건봉사의 모든 전각은 6 · 25 전쟁 중 국군 5, 8, 9사단, 미군 제10군단과 공산군 5개 사단이 16차례나 치열한 공방전을 벌리는 와중에 불에 타버렸으나 유일하게 불이문만 재난을 피했다고 한다.

옛 건봉사 터에는 능파교(凌波橋), 청련교(靑蓮敎), 문수교(文殊橋), 극락교(極樂橋) 및 백운교(白雲橋) 등 5개의 홍예교가 현존하고 있다고 하는데, 그중 극락교는 현 건봉사 입구 근처에 있는 저수지에 잠겨 있어 보통 때는 모습을 볼 수 없다. 그리고 백운교는 옛 건봉사 터에는 속해 있으나 지금은 간성읍 탑현리에 세워져 있다.

1) 능파교

능파교(凌波橋)는 고성 건봉사 대웅전과 극락전을 연결하는 규모는 길이 14.3m, 너비 3m, 다리 중앙부 높이 5.4m의 무지개다리로 홍예의 지름은 7.8m, 높이는 4.5m인 우리나라 전통적인 홍예교다(그림 5.48). 조선 숙종 34년(1708) 경내 불이문 옆에 건립된 '능파교신창기비(凌波橋新創記碑)'에 따르면 이 다리가 숙종 30년(1704)부터 숙종 33년(1707)에 축조됐다는 것을 알 수 있다. 그 후 영조 21년(1745) 큰 홍수로 무너져 영조 25년(1749)에 중수(重修)했고, 고종 17년(1880)에 다시 무너져 그 석재로 대웅전 돌층계와 산영루(山映樓)를 고쳐 쌓기도 했다. 현 능파교는 2003년에 해체하여 2005년 10월 복원했다.

그림 5.48 건봉사 능파교(보물 제1336호)

건봉사 입구 능파교   건봉사 능파교 정면(계곡 상류에서)

2) 건봉사 청련교(青蓮敎)

건봉사 청련교는 현재 건봉사 입구에서 건봉사 극락전으로 들어가기 직전 극락전에서 약 100m 떨어진 길옆 개울에 숨겨져 있다. 예전에는 청련교를 지나야 건봉사로 올라갈 수 있었는데, 지금 은 청련교 옆으로 큰 자동차 도로가 생기면서 청련교는 잊힌 다리로 남아있다(그림 5.49).

그림 5.49 건봉사 청련교

3) 문수교(文殊橋)

건봉사 청련교에서 건봉사 입구 주차장 쪽으로 걸어가면 얼마 가지 않아 왼쪽으로 길이 약 9.1m, 너비가 4m인 문수교가 보인다(그림 5.50). 옛 문수교는 현 능파교와 같은 형식의 홍예교였을 것으로 추측하는데, 현재 우리가 만나는 문수교는 옛 문수교 홍예 이마돌(頂石) 바로 위에 기둥이라 칭하기도 어려운 한 개의 콘크리트 블록을 올리고 그 위에 현대식 콘크리트 들보를 가로지르는 변칙적 현대식 아치교로 바뀌었다. 홍예는 원형이 잘 보존돼있는 것으로 보이고 27개의 석재로 구성돼있으며 높이는 약 2.4m다.

그림 5.50 건봉사 문수교

4) 극락교(極樂橋)

건봉사 극락교는 건봉사 사찰 입구에 있는 것으로 알려졌다. 그러나 필자는 아미타불이 계시는 안락한 극락세계의 교량이라는 극락교를 건봉사 방문 중에는 찾지 못했다. 나중에 건봉사 종무실에 전화로 확인한 바로는, 1966년부터 건봉사 절 앞을 흐르는 자산천(慈山川) 상류와 묘적천(妙寂川) 하류인 노루목 고개를 막아 송강저수지(松江貯水池)를 만들어 관계시설로 사용하였는데, 건봉사 극락교는 이 저수지 물속에 잠겨 있어 갈수기(渴水期)에만 잠시 그 모습을 나타낸다고 한다.

5.2.1.3 고성 백운교(白雲橋)

보물 제1337호로 지정된 백운교는 탑현리와 해상리 경계인 강원도 고성군 간성읍 해상리 1041, 탑현리 53에 있으며 육송정(六松亭) 홍예교로도 알려졌다. 건립 연도는 건봉사 능파교와 같은 시기라고 하니 조선 숙종 33년(1707) 정도 되는 시기에 축조됐을 것이다. 간성읍에서 건봉사로 가려면 '건봉사로'를 통해야 하는데, 예전에는 이 길이 백운교를 지나갔던 것으로 판단된다.

백운교는 길이 10.6m의 홍예교다. 홍예의 기초는 자연 지형을 잘 이용하여 동쪽 기초는 암반을 그대로 사용하고 그 위에 홍예석과 비슷한 크기의 장대석으로 지대석을 만들었다. 서쪽에도 선단석과 같은 크기의 지대석 위에 선단석으로 올리고 그 위에 홍예석을 쌓아 올렸다. 백운교는 홍예석 이외에는 모두 냇돌을 그대로 사용하여 다리를 완성했다(그림 5.51).

그림 5.51 강원도 고성 백운교

5.2.2 평안도

5.2.2.1 평안북도 영변군 만세교

'신라 월정교 복원계획 최종보고서'에 따르면 평안북도 영변에 조선시대 건립된 만세교(그림 5.52)가 있는데, 19세기 초 홍수로 인해 일부 허물어졌다고 한다.

그림 5.53은 위의 보고서가 제시한 북한 영변 만세교의 추정도를 나타낸다. 이 추정도에 따르면 만세교는 전체 길이가 25.5m고 지면에서의 높이는 약 10m로 규모는 전면 10칸, 측면 두 칸으로 팔작지붕 구조를 하고 있다. 계곡 사이에 4개의 홍예를 배치하고 홍예 사이에 미석을 올린 후 담돌을 올리고 일정한 간격으로 총안을 내었다. 여담 위에 기둥을 올려 누각을 만든 형태로 안쪽은 트여있으며, 바깥쪽은 판장문을 설치하고, 안팎으로 계자난간을 설치했다. 함경북도 영변의 만세교에 대해서는 남북의 관계가 개선된 뒤 좀 더 자세한 연구가 더 필요하다.

그림 5.52 평안북도 영변군 만세교 전경(성안에서 내려다본 사진)

출처: 경주시·한국전통문화학교, 2007, 월정교 복원계획 최종보고서

그림 5.53 북한 영변 만세교 추정도

북한 영변 만세루교 추정 평면도(사진자료를 바탕으로 도면화)

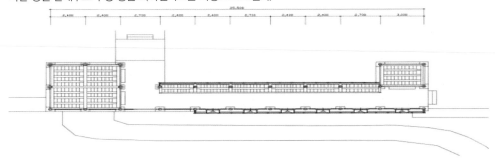

북한 영변 만세루교 추정 입면도(사진자료를 바탕으로 도면화)

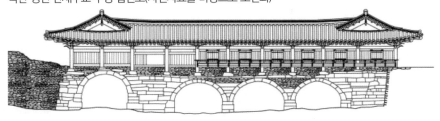

출처: 경주시·한국전통문화학교, 2007, 월정교 복원 계획 최종보고서

5.2.3 함경도

5.2.3.1 함흥 만세교

만세교(그림 5.54)는 함경남도 서쪽에서 함흥평야를 관류하는 성천강(城川江)을 남에서 북으로 가로 질러 가설된 다리이다. 함흥시장 앞에 있는 이 다리(그림 5.54 오른쪽 아래)는 함흥의 명승지 중 하나다. 조 선 역대 군주들의 만수무강을 기원한다는 뜻에서 태조가 만세교로 이름 지었다고 한다. 조선시대 많은 인물이 유배지로 가기 위해 이 다리를 지나갔다고 알려졌는데, 특히 우리에게 조선 말 그의 추사체(秋史體)로 널리 알려진 완당(阮堂) 김정희(金正喜)도 철종 2년(1851)부터 2년간 북청에서 유배되었 다. 그의 나이가 이미 66세가 지난 때의 일이다. 당대 금석학의 대가였던 완당이 북청 귀양길에 오 를 때는 이미 '황초령 신라 진흥왕 순수비'에 대한 깊은 연구가 이루어진 후므로 함흥에 있는 만세 교를 지나면서 감회가 깊었을 것이다.[12] 그러나 그가 지나간 그림 5.54 왼쪽 사진의 만세교는 조 선 말 일본 공병대에 의해 만들어진 그림 5.54 오른쪽 위 사진의 그 만세교가 아니다. 일본 공병대는 목교를 새로 가설하여 1908년에 준공했으나 그 또한 1928년 무진년(戊辰年) 홍수에 떠내려갔다고 한 다. 그림 5.54 오른쪽 하단 사진에 보이는 다리는 길이 599m, 너비 5.4m의 다리로 1930년에 건설됐다.

그림 5.54 함흥 만세교

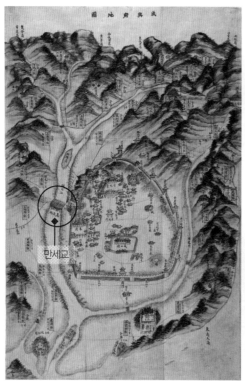

조선 함흥지도 『1872년(고종9) 군현지도』 중
함경도 함흥부

1908년 일본 공병대 만세교

함흥시장에서 본 만세교

출처: 서울대학교 규장각한국학연구원(e-kyujanggak.snu.ac.kr)

5.2.4 제주도

5.2.4.1 북제주군 명월교

　제주도 북제주군 한림읍 명월대 인근 명월천에 현무암 다듬석으로 틀어 올린 2기의 홍예교가 있다. 그중 하나가 그림 5.55에 보이는 명월교로 현무암을 다듬어 홍예를 틀었다. 홍예의 너비 3.12m, 높이가 2.55m인 제주도 내 있는 유일한 단홍교다. 명월교는 다리 귀퉁이마다 세워진 표석에 명월교(明月橋)란 표식과 함께 '소화육년삼월(昭和六年三月)'이란 기록이 남겨져 있는 것으로 보아 1931년에 건립됐음을 알 수 있다.

그림 5.55 명월교(사진: 오동현)

5.2.4.2 명월대교

두 번째 다리가 명월대교인데, 일설에 따르면 이 명월대교는 제주향교 도훈장을 지낸 오인호 (1849~1928) 선생의 덕을 기리기 위해 그의 문하생들이 지었다고 한다. 오인호의 제자들이 축조한 쌍홍교가 1982년 태풍으로 파손된 뒤(그림 5.56 왼쪽) 철근콘크리트교로 재건했다(그림 5.56 오른쪽). 현 복구된 명월대교는 1985년경 재건하는 과정에서 콘크리트 구조물 위에 현무암 판석을 붙여 옛 모양 이미지를 나타내려고 노력한 평범한 다리로 재탄생됐다.

그림 5.56 명월대교

1982년 태풍으로 파손된 명월대교 　　　　　　현 명월대교

미주

[1] 강화읍 갑곶리와 김포시 월곶면을 배로 연결해주던 곳

[2] 문화재청 국가문화유산포털, 인천광역시 유형문화재

[3] 『조선고적도보』

[4] 한국민족문화대백과사전

[5] 당간은 사찰입구에 설치하는 것으로 절에 행사나 의식이 있을 때 당이라는 깃발을 달아둔다. 깃발을 거는 길쭉한 장대를 당간이라 하며, 이 당간을 양쪽에서 지탱해주는 두 돌기둥을 당간지주라 한다. 칠장사 당간은 높이 9.75m로 15마디의 원통형 철통이 연결돼있으며, 아랫부분은 화강암으로 된 2.9m 당간지주로 버티고 있다. 이 당간은 조선 중기에 조성된 것으로 추정된다.

[6] 전나나, 2021, "경복궁 광화문 월대(月臺)의 난간석 복원에 관한 고찰", 『문화재』

[7] 창릉 금천교는 모든 정황이 조선시대 다리이기보다는 일제강점기에 새로 축조된 철근콘크리트 다리로 취급하는 것이 옳다.

[8] 추승(推陞): 임기가 차지 아니한 벼슬아치에 대하여 벼슬을 올려주는 일

[9] 경기문화연구원

[10] 총융청(摠戎廳)은 인조 1년(1626)에 후금의 침략에 대비해 수도 외곽방어를 목적으로 창설된 군영이다.

[11] 수어청(守禦廳)은 인조 4년(1626)에 도성 남부와 남한산성의 수비를 담당하기 위해 창설된 군영이다.

[12] 유홍준, 2002, 『완당평전 2』, 학고재, 610~611쪽

제3편

우리나라 시대별 옛 다리 건설기술

6.1 통일신라시대

교량 기술자가 월정교지 발굴·조사 과정에 직접 참여할 기회는 쉽게 주어지지 않으나 다행히 문화재청에서 발간된 훌륭한 '발굴조사서'를 통해 우리는 통일신라시대의 다리 건설기술 수준을 엿볼 수 있다. 다음은 '월정교 기본계획 및 타당성 조사 보고서'[1]에서 종합한 통일신라시대의 다리 건설기술 내용(그림 포함)을 발췌하여 재정리한 것이다.

통일신라시대의 월정교(月淨橋)·춘양교(春陽橋)지 발굴·조사과정에서 두드러지게 눈에 띄는 건설기술은 '교각과 교대의 축조기술'과 '세굴방지시설 설치기술'이다. 다리 터에서 출토된 '철제 은장'과 '쇠못', '철촉', '철정', '두겁도끼' 같은 금속 건설기구들도 교량 엔지니어에게 주목받을 만하다. 특히 월정교와 춘양교에서 크기와 모양이 똑같은 은장과 쇠못이 발견됐다는 사실은 이 두 다리에 같은 교량 시공 기술이 적용됐다는 것을 알 수 있다. 그러나 유감스럽게도 이 두 다리 모두 어떤 형태의 상부구조를 하고 있었는지를 파악할 수 있는 학술적 근거가 매우 희박하다. 따라서 이 책에서는 발굴조사의 결과보고서를 근거로 하여 교량의 하부구조 건설기술에 초점을 두고 통일신라시대의 다리 건설기술을 설명할 수밖에 없었다. 예를 들어, 월정교가 어떠한 형태의 다리인지를 알 수 있는 유일한 기록이 고려시대 시인 '김극기'의 시에 나타난 문천에 비친 홍교(虹橋)의 그림자인데, 불행하게도 발굴·조사 현장에는 홍교 가설에 필요한 어떠한 유구도 발견되지 않았다. 우리는 월정교지 발굴사 결과만으로는 월정교의 상부구조의 형태를 파악하는 데 한계가 있을 수밖에 없다.

6.1.1 교각 시공기술

6.1.1.1 월정교·문천교 교각 시공기술

문천 하상 가운데 남북으로 놓여있던 4개의 월정교 교각 중 가장 북쪽에 있는 월정교 1호 교각은 전체 길이 13.2m, 너비 3.8m의 동·서 방향으로 길게 놓인 긴 방형(직사각형) 기초 위에 배 모양으로 축조됐다(그림 6.1). 교각 기초는 상류와 하류에 각각 사방 1.8~2m, 높이 0.6~0.7m 크기의 돌판 4매를 밭전(田)자 모양으로 맞대어놓았다(그림 6.2). 그 사이 5.5m 구간에는 길이 2m, 단면 600×600mm 크기의 긴 지대석을 남북방향으로 놓아 교각의 기초를 구성하였다. 교각 기초의 상·하류 정방형(정사각형) 석재 앞에는 하상 바닥의 세굴방지를 위해 큼직한 자연석 3~4개를 놓아 기초를 보호하였다(그림 6.2).

교각 첫 단은 길이 1.5~3m, 단면 600×650mm 크기의 장대석을 잇대어놓고, 교각을 배 모양으로 만들기 위해 상류와 하류 끝에는 가로와 세로 1.2×1.2mm, 높이 600mm 크기의 육면체 판돌을 물이 흐르는 방향에 마름모꼴로 놓아 수압을 줄이도록 했다(그림 6.1, 6.2). 양변 가장자리를 따라 놓은 장대석 사이의 공간에는 장대석이 안으로 쏠리지 않도록 두 곳에 횡 방향 버팀돌로 받치고 그 나머지에는 크기가 일정치 않은 석재들로 채워놓아 안정시켰다.

그림 6.1 월정교 제1호 교각

그림 6.2 월정교 제1호 교각 전경

원형 구멍

서쪽에서

동쪽에서

우리는 약 1,300년 전 신라인들이 물가름돌 조립 과정에서 사용한 원두 철제 은장(隱藏) 흔적(그림 6.3)을 통해 그들의 뛰어난 시공 기술을 알 수 있었다. 신라인들은 놀랍게도 수압이 직접 작용하여 형태가 흐트러지기 쉬운 교각 선두 석재 부재들 사이를 마찰이음에만 의존하지 않고 '원두 철제 은장'(그림 6.3 오른쪽)을 사용하여 기계이음으로 성능을 보강했다.

그림 6.3 월정교지 4호 교각 상류 물가름돌 연결

물가름돌 연결 상세

원두 철제 은장

월정교 교각 축조 과정에서 철제 은장과 더불어 크게 눈에 띄는 것은 춘양교 교각에서는 볼 수 없는 물가름돌에 파인 큰 홈과 교각 양변의 장대석 윗면에 일정하지 않게 뚫린 직경 $\Phi=100mm$인 다섯 군데에 있는 원형 구멍이다(그림 6.2). 이 홈은 교각을 쌓아 올릴 때 위아래 석재 간에 철제 촉(그림 6.4)을 사용하여 맞춤보강을 한 것으로 보인다.

그러나 물가름돌 중앙에도 지름이 약 400mm 되고 깊이가 약 60mm인 원형 홈이 파여있는데, 이 홈의 쓰임새가 명확하게 설명되지 않는다. 이 와 더불어 월정교 기초의 구성요소와 그림 6.5에 보이는 교각 장대석의 촉도 현존하는 교각과 무 관하다고 판단한 월정교 학술조사단은 지금 발

그림 6.4 원형 몸체 단면($\Phi=100mm$) 철촉

굴된 월정교 기초와 교각에 사용된 석재는 먼저 있었던 다른 다리에서 사용됐던 부재를 재사용한 것이라고 결론지었다. 실제로 통일신라 무렵 건설된 돌다리에는 지대석을 구성하는 장대석에 홈을 파고, 그 홈에 맞게 돌기둥 밑면에는 촉을 설치하여 교각을 지대석에 견고하게 연결하였을 것으로 추측된다. 특히 목교 교각에 이 기술을 적용한 극명한 예를 월정교 19m 하류에 월정교보다 먼저 세워져 사용됐다고 판단되는 문천교(일명 유교)에서 찾을 수 있다(그림 6.6).

그림 6.5 월정교지에서 발굴된 교각용 장대석의 촉

그림 6.6 문천교 2호 교각[2]과 수직 촉구멍

수직 촉구멍

문천교의 교각들은 긴 각재를 약 1.2m 간격을 두고 동서 방향으로 나란히 놓고, 상류 쪽에 다시 2개의 짧은 각재를 X자 모양으로 결구하여 교각이 받는 수압을 줄이려고 시도했다. 교각 하류 쪽 끝단에는 직각으로 엎을장과 받을장으로 결구를 했는데, 문천교에서는 월정교나 춘양교에 적용

했던 유선형은 취하지 않았다. 문천교를 건설한 기술자들은 교각 하류에 와류현상이 발생하여 세굴이 일어난다는 사실을 인지하지 못했던 것으로 추측된다. 짜 맞춘 교각 내부에는 200~400mm 크기의 냇돌(강자갈)을 채워 교각이 하상에 안정되도록 했다.

문천교 교각 부재의 결구 상태에서 우리는 신라인들의 놀라운 교량기술을 엿볼 수 있다. 그중 하나가 교각 각재의 결구 부분 5곳과 긴 각재 중앙에 지름이 약 $\Phi = 180mm$ 되는 구멍을 수직으로 뚫어 원형 기둥의 촉[3]을 끼울 수 있도록 한 것이다. 또 하나는 긴 각재 중앙에 뚫린 구멍의 측면에도 구멍을 뚫어 촉이 빠지지 않도록 산지(wooden peg)[4]를 박아 넣을 산지구멍을 마련한 것이다. 문천교 교각에 사용된 각재(네모난 나무)는 약 200~300mm 되는 것으로 표면을 자귀(adze, hatchet)나 도끼로 다듬었다.

6.1.1.2 춘양교(일정교) 교각의 시공기술

그림 6.7은 월정교와 같은 시기에 지어졌을 춘양교 제1호 교각이다. 사진에서는 보이지 않지만 춘양교 교각은 길이 14.8m, 너비 3.4m의 기초을 만들기 위해 먼저 황갈색 풍화암으로 돼있는 하상 바닥을 교각 장대석을 따라 좌우로 약 2m 그리고 약 0.65m 깊이로 파낸 후 잡석을 깔아 평평하게 다졌다. 이후 양옆 면에 길이 1.2~2m, 너비 500~930mm, 높이 620~650mm 크기의 장대석을 각각 7매씩 설치하여 지대석을 구성했는데, 이 과정에서 두 장대석이 서로 겹치는 면만 정으로 다듬질(정다짐)했다.

지대석의 양쪽 끝단에는 수압을 줄이거나 와류로 인한 세굴을 방지하기 위해 1.7×1.7m 규모의 물가름돌을 놓았는데, 끝이 삼각형 형태를 띠고 있는 구조가 월정교에서보다 더 간결해 보인다.

그림 6.7 춘양교(일정교) 제1호 교각

교각 내부에는 월정교의 교각에서처럼 횡으로 버팀석을 사용하지 않고, 일정하지 않은 크기의 석재와 냇돌을 채워서 양변에 설치된 장대석들이 안쪽으로 쏠리는 현상을 방지했다. 춘양교지에도 물가름돌과 양옆 장대석을 연결을 위해 월정교와 마찬가지로 은장을 박아서 기계이음으로 보강한 은장 홈이 있다. 그러나 월정교에서 볼 수 있었던, 교각을 구성하는 상하 석재를 맞춤했던 철촉 홈은 발견되지 않았다.

6.1.1.3 경주 '발천 다리 터' 교량 하부구조 건설기술[5]

경주시는 1989년 '월정사적지' 정비공사 중 첨성대 동남쪽 200m 되는 곳에서 목교와 석교의 유지를 동시에 발굴하였다. 경주시로부터 발굴 작업을 위탁받은 '한국전통문화연구소'는 보고서를 통해 목교지가 먼저 조성됐고, 시간이 지나면서 목교가 훼손돼 돌다리로 교체됐다는 의견을 제시했다.

1) 발천 제1 나무다리 터

'발천 제1 석교지' 남측교대 석축에 접하여 발굴된 '발천 제1 목교지'에서 지름 200~300mm 되는 원형 나무기둥 4개가 2, 1.3, 0.8m 간격으로 바닥에 묻힌 상태로 출토됐다. 이 나무기둥은 모두 바닥에 묻힌 끝 단면의 상태, 굵기, 출토 위치, 간격 등으로 보아 석교 이전에 있었던 나무다리 일부로 추정되는데, 부식과 결실이 심하여 교량의 규모나 형태는 정확하게 알 수 없다(그림 6.8).

그림 6.8 경주 발천 제1 다리 터 발굴 노출 현황과 발굴조사 평면도

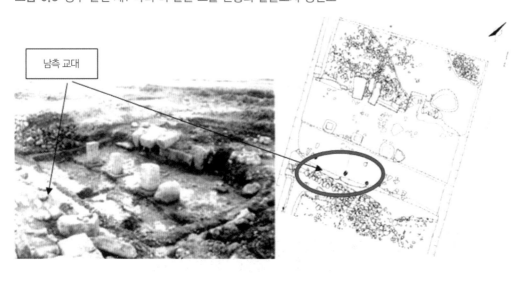

남측 교대

2) 발천 제1 돌다리 터

발천 제1 나무다리와 같이 발굴된 '발천 제1 석교'는 양쪽 교대 사이 하상에 기초 판석을 놓고 그 위에 네모난 돌기둥 교각을 동서 1.75m 간격으로 3개소에 세운 두 칸짜리(2 경간) 들보형 돌다리다. 교각 기둥 아래 놓인 기초 판석은 한 변이 600~700mm인 정방형 모양을 하고 있고(그림 6.9), 높이는 약 250~330mm 정도 된다. 기초 판석 위에 놓인 네모난 교각은 높이가 약 0.75m로 유수압(流水壓)을 적게 받도록 마름모꼴로 배치됐고, 맨 상류에 놓인 교각 앞에는 큰 돌을 세워 세굴을 방지했다(그림 6.10).

그림 6.9 경주 발천 제1 돌다리 발굴조사 평면도

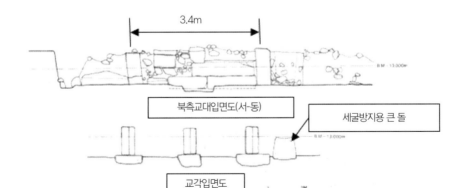

출처: 경주시·한국전통문화학교, 2006

그림 6.10 경주 발천 제1 돌다리 북쪽 교대와 교각 입면도

남북으로 조성된 양측 교대 간 거리는 약 4.7m고, 이 교대들은 단단한 소하천 바닥에 높이 1m 되는 큰 돌을 동서 3.4m 간격으로 수직으로 세우고, 그 사이를 길이 1m가 넘는 길고 넓적한 돌들로 양옆에 세운 장대석 높이만큼 쌓아 올려 구축했다. 교대의 안전성 확보를 위해 교대 중간에 긴 장대석을 교대 뒤쪽으로 길게 놓아 돌못 역할을 하게 했고, 교대 양쪽으로는 교대 장대석과 같은 크기로 날개벽도 쌓았다. 발천 제1 돌다리 발굴 현장에서는 교대를 만들 때 썼던 큰 돌들 외에도 난간 지대석, 돌란대, 엄지기둥 등 난간 설치에 필요한 많은 유구가 출토됐다. 이를 근거로 발천 제1 돌다리는 세 개의 돌 교각 위에 멍에를 깔고 그 위에 다리 길이 방향으로 귀틀석을 3줄 설치한 후 그 사이에 청판석을 깐 '우물마루' 형태를 취하고 있으며, 규모가 길이 약 5m, 너비 3m 이상, 높이는 약 1.6m인 돌다리로 추정한다.

3) 발천 제2 나무다리 터

발천 제2 나무다리 터는 1992년에 '발천 제1 나무다리 터'로부터 하류(계림 방향) 55m 떨어진 곳에서 확인됐다. 월정교 복원 기본계획 및 타당성조사 최종보고서에 따르면 조사팀은 기초판재를 발굴함으로써 발천 목교를 추정했으나(그림 6.11) 유구의 부식과 결실이 너무 심해 나무다리의 규모나 형태를 정확하게 알 수 없다고 한다.

발천 제2 목교의 남측교대는 훗날 목교 대신 같은 장소에 세워진 석교를 축조하면서 훼손돼서 발굴 당시 현장에는 교각과 북쪽 교대만 남아있었다. 교대와 교각은 같은 수법으로 바닥에 넓은 판재에 직사각형 구멍을 뚫은 나무기초를 깔고 촉이 있는 기둥을 이 구멍에 꽂아 세워 교각과 교대를 만든 것으로 추정된다(그림 6.11).

그림 6.11 경주 발천 제2 나무다리 터 북쪽 교대기초

교각의 기초는 너비 400mm, 높이 약 100mm, 길이가 7.7m인 판재로 돼있고, 가운데는 0.9m, 양쪽 단부에는 0.7m 간격으로 140~240mm 크기의 직사각형 촉구멍을 만들어놓았다. 교각은 촉이 있는 나무기둥을 교각기초의 촉구멍에 끼워 세워 만들었다. 교대는 교각보다 조금 작은 너비 120~140mm, 높이 100mm에 길이 5.2m 되는 판재에 중앙부에는 1.2~1.3m 간격으로, 양쪽 단부에는 0.44m 간격으로 120~140mm 크기의 직사각형 구멍을 뚫어서 여기에 촉이 있는 기둥을 세우고 판재를 옆으로 세워 만든 것으로 판단된다(그림 6.12).

그림 6.12 경주 발천 제2 나무다리 터 발굴조사 평면도

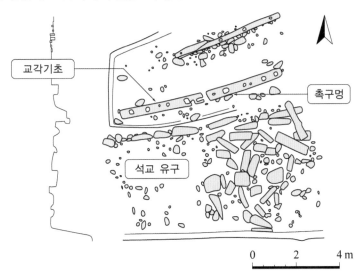

4) 발천 제2 돌다리 터

발천 제2 돌다리 터는 1992년 발천 제1 돌다리 터에서 서편(개천 하류) 55m 지점에서 발견됐다(그림 6.13 왼쪽). 이곳에서도 발천 제1 돌다리 터에서와 마찬가지로 같은 장소에 나무다리를 먼저 만들었다가 세월이 지나 훼손되자 이를 돌다리로 대체한 것으로 보인다(그림 6.13 오른쪽). 교각이 얹어진 기초 판석은 한 변의 길이가 약 600~800mm, 높이는 약 250~350mm 되는 정사각형에 가까운 평면모양을 하고 있으며, 그 중심 간격은 동·서 방향으로 약 1.5m로 하상에서 3개가 발굴됐다(그림 6.13 왼쪽). 교대는 기초가 따로 없고 단단한 하상 바닥에 단면 460×300mm, 높이 800mm 되는 장대석을 약 3m 간격으로 양쪽에 세우고, 그 사이에 길이 1.1~1.4m, 너비 25~350cm 되는 장대석을 길이 방향으로 잇대어 쌓아서 양쪽에 세운 장대석 높이만큼 쌓고 긴 장대석을 세로 방향으로 돌못처럼 사용하여 교대를 견고하게 쌓았다.

그림 6.13 경주 발천 제2 돌다리 터 노출 상태

수직하게 세운 장대석

기초판석

제2 돌다리 터 북쪽 교대와 기초 판석 현황

돌다리 터에서 발굴된 목교 교대기초

6.1.2 세굴방지시설 축조기술

6.1.2.1 월정교 세굴방지시설

월정교지에서 발견된 유지 중 주목되는 교량기술은 세굴방지시설의 축조기술이다. 먼저 지목해야 할 점은 교각을 유선형으로 만들어 유체의 흐름이 교란되지 않게 하는 기술과 그림 6.14에서 보는 것처럼 현재 교량기술로도 손색이 없는 고도로 발달된 세굴방지시설의 설치 기술이다. 월정교 세굴방지시설은 4호 교각과 남쪽 교대 사이에서만 발굴되고, 다른 곳은 유실된 것으로 보인다. 그림 6.15는 월정교 복원 기본계획에서 제시한 세굴방지시설의 평면도를 보여준다.

세굴방지시설은 단면의 크기가 250~350mm인 목재를 엎을장(동서 방향)과 받을장(남북 방향)으로 격자틀로 짜서 만들고, 그 사이에 활석을 깔았다. 4호 교각과 남쪽 교대 사이에는 모두 24개의 격자틀 구간으로 이루어졌는데(그림 6.15), 한 구간의 크기는 동서 방향으로 약 2.6m, 남북 방향으로는

그림 6.14 월정교지에서 발굴된 '세굴방지시설'

그림 6.15 월정교 세굴방지시설 평면도(복원 기본설계)

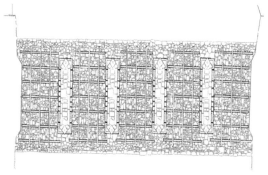

2.7m로 개략적으로 정방형(그림 6.16)이고 그 높이는 약 600mm 정도 된다. 더 놀라운 것은 그 격자와 격자 사이에 유황을 섞어 만든 쇳물을 부어 바닥에 일체화 공법이 사용했다는 사실이다. 또한 상·하류의 시작과 끝나는 지점은 쓸려가지 않도록 큰 돌들을 깔아놓았다.

그림 6.16 노출된 월정교의 세굴방지시설 상세

6.1.2.2 춘양교(일정교) 세굴방지시설

춘양교지에서도 월정교지에서와 마찬가지로 물가름돌 앞에는 큼직한 석재를 1~2개씩 놓아 하상세굴방지를 위한 조치를 한 것 외에는 월정교에서처럼 세굴방지를 위한 특별한 시설을 설치하지 않았다.

6.1.3 교대 축조기술

6.1.3.1 월정교 교대 축조기술

월정교지 북쪽 교대 위치에는 남쪽 교대와 같은 형태의 교대와 동서 측 날개벽 석축이 확인됐다. 그림 6.17은 남아있는 월정교 북쪽 교대를 보인 것이다. 교대는 흑갈색 점토층 원지반 층 위에 100~300mm 크기의 잡석으로 다짐을 한 후 이 위에 별도의 지대석을 설치하지 않은 채 길이 0.9~2.0m, 두께 600~700mm로 가공한 석재를 평평하게 축조했다. 석축은 발굴 당시 2단만 남았었는데, 그 높이는 최소한 4.2m 이상 됐다는 것이 발굴 조사팀의 의견이다.

그림 6.17
월정교 잔존 북측 교대

북측 교대 날개벽 석축은 발굴 당시 2.2m 높이의 5단이 남아있었고, 남쪽 교대 벽 석축과 거의 같게 길이 0.8~1.3m, 두께 350~600mm 되는 장대석을 사용하여 쌓아 올렸다. 석축의 기초는 흑갈색 점토와 자갈이 섞인 원지반 위에 교대에서와 같은 방법으로 200mm 정도 크기의 자연석으로 고이고 그 위로 다듬은 장대석을 100~150mm씩 들여쌓기를 한 후 수직으로 올려 쌓았다. 석축의 뒤채움은 200~300mm의 냇돌과 황갈색 점토로 다지고 석축을 보강하기 위해 통일신라시대 석축 쌓기의 특징인 돌못을 여러 곳에 사용했다(그림 6.18). 이러한 돌못을 사용한 석축 쌓기의 예술적 극치는 불국사 석축에서 볼 수 있다(그림 6.19). 월정교 남쪽 교대와 날개 석축 축조기술도 북쪽 교대 축조기술과 대동소이한 것이 확인됐다.

그림 6.18 월정교 북쪽 석축에 사용한 돌못

그림 6.19 불국사 석축 쌓기

6.1.3.2 춘양교 교대 축조기술

통일신라시대 교량기술의 정수는 춘양교의 교대 축조기술일 것이다. 춘양교 동쪽 교대는 기초 지대석 및 교대 석축 한 단(그림 6.20)과 하류 쪽으로 날개벽 일부(그림 6.21 왼쪽)가 확인됐다. 서쪽 교대는 사유지라 전면 조사는 불가능했다. 동쪽 교대는 교각과 같이 축조했는데, 하상을 일정한 깊이로 파서 길이 0.7~1.6m, 두께 440mm 되는 장대석을 기초 지대석으로 올려놓고 그 위에 240mm 들여서 길이 1.2~1.6m, 두께 470mm 되는 장대석을 길이 방향으로 잇대어 쌓았다(그림 6.20).

그림 6.20
춘양교 동쪽 교대 석축 기단부

날개벽 석축은 길이 0.8~1.7m, 높이 600mm 되는 잘 다듬은 장대석을 30~50mm 퇴물림으로 약 5°씩 뒤로 뉘어 쌓아 시각적으로 안정감을 확보했다. 아래 3번째 열부터 뒤 뿌리가 긴 돌못을 2~3단마다 3.3~3.7m 간격으로 배치하여 석축이 뒤채움 토압으로 인해 앞으로 밀려 나오지 않도록 하여 구조적으로 견고성을 유지하였다. 돌못머리 부분을 석축 면 바깥으로 약 200mm 돌출시켜서 불국사 석축에서와 같은 의장적인 효과도 함께 배려했다(그림 6.21).

그림 6.21 춘양교 교대 날개벽 석축과 돌못

동쪽 교대   서쪽 교대

6.1.4 석재 교각 위 멍에틀을 만들기 위한 부재(추정)

6.1.4.1 월정교 멍에틀 받침석

발굴·조사단에서 생각하는 것처럼 만약 옛 월정교가 중국의 영경교와 같은 목교였고, 누각을 갖는 누교(樓橋)였다면 지붕으로부터 전해지는 무게와 다리 바닥을 받치는 주 구조 부재(main structural member)의 자중 자체가 매우 클 뿐만 아니라, 지지 길이,[6] 즉 지간장(支間長) 역시 약 12.6m 정도 돼야 하므로 주 부재 단면에 발생하는 단면력(斷面力)이 너무 커져서 옛 월정교에는 큰 통나무가 여러 개 필요했을 것이다.

다리 위에 작용하는 하중 때문에 부재 단면에 발생하는 단면력을 줄이기 위해서는 부재의 지간장(span length)을 줄여야 한다. 월정교 복원 기본계획을 수립한 경주시에서는 주 부재의 지간장을 줄이는 방법으로 영경교에서 적용한 교량 설계 방법을 모델로 삼은 것으로 보인다(그림 6.22). 교각 위에 멍에틀[7]을 설치하여 주 부재의 지간장을 줄이는 방법은 전 세계적으로 오래전부터 적용해온 교량 설계 기술이다. 그러나 우리나라 옛 다리에서 이 설계 방법이 적용된 사례는 지금껏 보고된 적은 없다.

교각 위에 멍에틀을 설치하기 위해서는 교각 바로 위에 짧은 들보들을 다리 축 방향(종방향)으로 설치해야 한다. 그런 다음 그 짧은 종 방향 들보 위에 교각 축 방향(횡방향)으로 가로보를 설치하고, 다시 그 횡 방향으로 설치된 횡 방향 들보 위에 또다시 종 방향으로 좀 더 긴 들보를 설치하면 교각 위에 멍에틀이 만들어진다. 다리의 주 부재(橋桁, main girder)는 멍에

그림 6.22 중국 청나라 시절 영경교 교각 위에 설치된 멍에틀

틀에 설치한 맨 위층의 횡 방향 들보 위에 설치하면 된다. 이렇게 하면 다리의 주 부재의 지지 길이가 대략 본래 지간장에서 멍에틀 위에 설치한 가장 긴 들보 길이의 두 배를 뺀 만큼 짧아진다. 이때 발생하는 주 부재의 단면력은 지간장의 제곱에 비례하여 줄어들기 때문에 복원된 월정교의 경우에는 교각의 양측에 3.0m 길이의 멍에틀만 사용하여도 필요한 주 부재 수는 지름 $\Phi = 600$mm 되는 통나무 9개로도 충분한 것으로 계산됐다. 이렇게 '중국 청나라 시대에 남중국에서 적용된 멍에틀을 신라인이 월정교에서 먼저 사용했다'라고 가정한다면, 먼저 교각 위에 종 방향으로 짧은 들보를 설치했어야 하는데, 이를 위해 신라인들은 매우 독창적이고 창의적인 아이디어를 발휘하여 '멍에틀 받침돌'(그림 6.23)을 개발했다.

그림 6.23의 석재 유구를 발견한 조사·발굴팀은 길이 2.7~3.0m로 양단 안쪽으로 20~32° 정도 경사져 있고, 그 끝부분은 수직으로 마무리된 원지름 약 600mm의 홈이 파인 석재 유구의 용처를 몰라 처음에는 몹시 당황했다고 한다.

그림 6.23 월정교 교각 상단 멍에틀 받침석(받침돌)

많은 논의 끝에 복원 기본계획팀은 이 석재가 월정교 교각 상단 위에 가장 짧은 종 방향 멍에목을 설치하기 위한 받침석으로 결론지었다(그림 6.24). 현 상황에서 이 결론은 합리적인 추론으로 판단된다. 한 가지 아쉬운 점은 이런 훌륭한 신라인들의 아이디어를 현대인들이 100% 활용할 기술이 없었다는 것이다. 그림 6.25처럼 복원된 월정교 교각 상부에는 받침목만으로는 하중을 지탱할 수 없어서 그 바로 옆에 구형 부재를 하나 더 사용하여 받침목의 하중부담을 분담시켰다.

그림 6.24 월정교 교각 상단 멍에틀 받침석과 받침목[8]

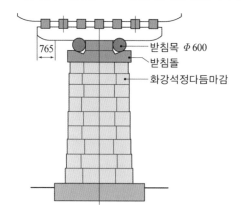

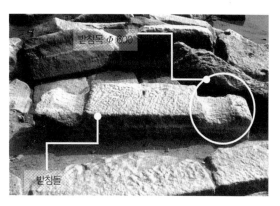

교각 상단 멍에틀 받침석과 횡 방향 설치된 받침목   멍에틀 받침석 유구

그림 6.25 복원된 월정교 멍에틀

6.1.4.2 춘양교(일정교) 멍에틀 받침석

춘양교는 월정교와는 달리 현재까지 복원되지 않고 있어 이 다리가 어떤 형태인 다리였는지를 판단하기 어렵다. 다만 월정교 교각 간의 간격이 약 12.55m인 반면에 춘양교(일정교) 교각 간의 간격이 약 14.5m다. 오히려 월정교의 교각 간격보다 더 넓어 춘양교의 상부구조를 만들려면 교각 위에 멍에틀을 만들어 상부구조를 받치고 있는 주형의 지지길이(지간쟁)를 약 9m 정도로 줄여야만 월정교에서 사용됐다고 추측이 되는, 지름이 약 600mm 되는 통나무를 사용할 수 있었을 것이다. 그러나 불행하게도 춘양교지 발굴 조사과정에서는 월정교 다리 터에서는 발견된 멍에틀 받침석이 발견되지 않아 신라인들이 어떻게 다리를 만들었는지 궁금증이 남는다.

6.1.5 건설장비

6.1.5.1 월정교지에서 발견된 가설장치(추정)

월정사지 북쪽 교대 옆, 현 석축보다 먼저 축조된 서쪽 석축[9] 앞 1m 떨어진 지점에서 지름 Φ = 300mm 되는 원형 나무 기둥(목주)이 노출됐다. 사람들은 기둥의 측면을 관통하는 구멍에 단면 190×160mm, 길이 1.13m의 각재를 끼어서 나무기둥을 바로 세우고, 그 주위에는 200~400mm 크기의 냇돌로 기둥이 흔들리지 않게 단단하게 다져놓았다(그림 6.26). 학술연구팀은 도끼나 자귀로 다듬어 만든 것으로 추측되는 이 가구가 교대 석축을 쌓을 때 사용한 거중기나 가설 비계로 추정하고 있다.

그림 6.26 월정교 북측 선축된 교대 앞에서 출토된 목가구

6.1.5.2 춘양교지에서 발견된 가설장치(추정)

흥미로운 사실은 춘양교지에서도 월정교지에서 발견된 그 용도가 밝혀지지 않은 목가구가 춘양교지 동편 교대 남서쪽 2m 지점과 3호 교각 남동쪽에서도 출토됐다. 나무 기둥의 지름은 약 Φ = 380mm였고 높이는 1.06m였다. 이 기둥을 고정하기 위해 월정교 교대에서처럼 기둥 옆을 관통시킨 것이 아니라 기둥 옆면 한 곳을 45° 정도 따내고 그 홈에 너비 210mm, 두께 120mm 되는 각재를 넣어 맞춘 후 각재의 다른 쪽은 지면에 고정하여 기둥을 바로 세웠다. 기둥은 필요한 깊이로 하

상을 파내어 세우고 45° 경사진 버팀재를 설치한 뒤 그 주위를 약 300mm 크기의 냇돌을 쌓아 올려서 고정하였다(그림 6.27). 학술조사단에서는 춘양교지에서 발견된 목가구도 월정교지에서와 같이 교량 축조에 필요했던 거중기나 비계의 일부로 추정했다. 이 추리가 합리적이라면 이들 목가구는 우리나라 교량 역사에 처음 나타난 건설설비가 된다. 이에 대해서는 앞으로 심도 있는 연구가 필요하다.

그림 6.27 춘양교지에서 출토된 목가구

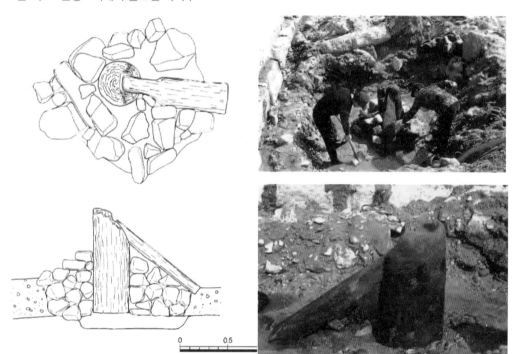

출처: 경주시, 한국전통문화학교, 2006

6.1.6 통일신라시대 사용된 건설용 금속재

월정교지와 춘양교지 두 다리 터에서 발견된 철제 은장과 쇠못은 크기나 모양에서 전혀 차이가 없는 것으로 봐서 두 다리가 같은 시기에 지어졌음이 확실하고 동시에 이 시대에 교량기술의 특징도 유추할 수 있다. 이들 은장과 쇠못 이외에도 철촉, 철정, 두겁도끼, 꺾쇠, 끌 등이 다리 터에서 출토됐다.

1) 철제 은장

철제 은장은 머리 모양에 따라 원두 은장(圓頭隱藏)과 방두 은장(方頭隱藏) 두 종류가 있는데, 머리가 둥근 원두 은장은 월정교지 교각에서 사용한 흔적이 있으나 머리가 네모난 방두 은장은 월정교와 춘양교에서 사용된 흔적이 없다. 그러나 방두 은장이 목교인 문천교에서 1점, 월정교지에서 7점, 춘양교지에서 6점 등 세 다리 터에서 모두 14점이 출토된 점을 미루어보아 석재가 아닌 다른 나무 구조물에 쓰였을 것으로 추측한다.

원두 은장은 월정교지에서 1점, 춘양교지에서 2점 모두 3점이 출토됐는데, 이들은 모두 다리에 사용된 것으로 판단된다. 출토된 방두 은장은 길이가 약 300mm 내외이고 머리 너비는 80mm 내외, 몸통 너비는 30~39mm, 몸통 두께는 15~18mm 사이에 있었다. 월정교지에서 출토된 원두 은장의 길이는 140mm, 머리 너비는 75mm여서 춘양교지에서 출토된 원두 은장의 길이 144mm, 머리 너비 77mm와 거의 비슷한데, 이에 비해 몸통 너비는 43mm, 두께 37mm로 춘양교지에서 출토된 원두반경의 몸통 너비 36mm, 두께 18mm보다 규모가 더 크다.

그림 6.28 통일신라시대 사용한 철제은장

1 2 3 4 5

2) 쇠못

쇠못은 머리 모양에 따라 방형머리 쇠못, 머리가 작은 마름모꼴 쇠못과 민머리 쇠못으로 구별되는데, 방형머리 쇠못은 모두 32점이 출토되고, 마름모머리와 민머리쇠못은 7~8점에 불과한 것을 근거로 방형머리 못이 통일신라시대에 일반적으로 많이 사용됐던 쇠못이라고 추측할 수 있다.

그림 6.29 통일신라시대 사용한 방형머리 못

방형머리 쇠못은 문천교에서 3점, 월정교지에서 26점, 춘양교지(일정교지)에서 32점이 출토됐는데, 못의 크기는 매우 다양하여 길이가 530mm이고, 머리가 50×50mm인 긴 못도 있고, 문천교에서 출토된 길이 170mm, 머리 크기가 20×20mm 되는 것 등 여러 가지의 못이 사용됐음을 알 수 있다.

3) 마름모머리 쇠못과 민머리 쇠못

월정교지 4호교각 기초 지대석 아래에서 상부 가구재에 쓰였다고 추측되는 길이 165mm 마름모머리 쇠못이 출토됐다. 민머리 쇠못은 문천교지에서 3점, 월정교지 2호교각 기초 지대석 아래에서 1점 출토됐는데, 문천교지에서 출토된 민머리 쇠못의 길이는 320mm였고 월정교지에서 출토된 민머리 쇠못의 길이도 295mm로 둘 다 약 300mm 내외인 것을 알 수 있다.

그림 6.30 통일신라시대 사용한 마름모머리 쇠못과 민머리 쇠못

마름모머리 쇠못   민머리 쇠못

4) 철촉

월정교지 2호 교각과 3호 교각 사이 자갈이 섞인 모래층에서 출토됐다. 몸체 단면은 원형이며, 몸체 부분과 끝부분 경계에는 너비 4mm, 높이 1.5mm의 한 줄의 돋을 띠를 돌렸다. 끝부분은 매끄럽게 반구형으로 마무리했다.

출토된 철촉은 교각에 파여있는 촉구멍(지름 Φ=100mm)에 꼭 맞는 크기로 석재의 상하 맞춤을 보강한 것이다. 4호 교각 동단부에 교각에는 철촉이 부러진 채 박혀있다. 4개의 교각에서 확인된 촉구멍은 모두 11개로 구멍지름과 일치한다.

5) 철정

월정교지 1호 교각과 북측교대 사이에서 4점 출토됐다. 단조품으로 머리 부분은 방형이고, 몸체는 약간 배가 부르며 날 부분은 뾰족하다. 길이는 75~100mm이다.

그림 6.31 통일신라시대 사용한 철정

6) 두겁도끼

월정교지 3호 교각 부근에서 쇠못과 같이 출토된 두겁도끼는 단조품으로 전체 길이 70mm, 자루 부분 너비 35mm, 날 부분 너비 45mm며 장방형 자루를 끼울 수 있게 돼있다.

월정교지 1호 교각 기초 지대석 서남 모서리에서 출토된 두겁도끼는 단조품으로 단면은 사다리꼴이고 날 부분은 둥글다. 길이는 129mm, 두겁 안 크기는 33×9mm, 날 너비는 50mm다.

그림 6.32 통일신라시대 사용한 두겁도끼

월정교지 1호 교각 두겁도끼   월정교지 3호 교각 두겁도끼

7) 꺾쇠

춘양교지 2호 교각 남서쪽 교각 기초 지대석 주위에서 출토됐다. 몸통의 단면은 사다리꼴이고 길이는 169mm, 너비는 4mm, 두께는 9mm다.

그림 6.33 통일신라시대 사용한 꺾쇠

8) 끌

춘양교지 2호 교각 동면 중앙 교각 기초 지대석 주위에서 출토됐는데, 몸통 단면은 장방형이다. 길이는 150mm, 너비는 10mm, 두께는 6mm다.

그림 6.34 통일신라시대 사용한 끌

6.2 고려시대 다리 건설기술

삼국시대에 지었던 다리 중에는 지금까지 온전한 상태로 남아있는 다리가 없는 것에 비해 고려시대 돌다리들은 선죽교를 비롯하여 여러 개의 다리들이 현존할 것으로 생각된다. 특히 고려의 수도였던 개성에는 아직도 많이 남아있을 것으로 추측되나 직접 확인할 수 없어서 이 책에서는 남쪽에 남아있는 고려시대 다리 중 완벽하게 보존된 함평 고막천석교를 중심으로 고려시대 다리 건설기술을 살펴보려고 한다. 다행히도 2001년 7월 함평군과 문화재청이 공동으로 '함평 고막천 석교 실측조사 및 수리공사보고서'를 발간하여 우리나라 교량 역사상 가장 귀한 자료 중 하나를 남겼다.

모두 알고 있는 것처럼 돌다리의 원형은 징검다리다. 우리나라는 사계절과 우기와 건기가 분명하며, 일 년 중 3/4에 해당하는 건기에는 하천에 수량이 많이 줄어들기 때문에 굳이 하천에 영구적인 다리를 놓지 않아도 마을 사람들은 징검다리를 만들어 유용하게 사용할 수 있었다. 그림 6.35 왼쪽 사진은 조선시대 돌다리 풍경을 보여준 것이고, 그림 6.35 오른쪽 사진은 현재 양평 수미마을에 놓인 징검다리를 예로 보인 것이다.

그림 6.35 한국 하천의 징검다리

(한국강의 풍경) 돌다리(1916)　　　　　　　양평 수미마을 징검다리(2022)

출처: 서울역사 아카이브

6.2.1 진천 농다리

양평 수미마을 징검다리보다 진화된 형태의 다리가 고려 고종 때 임연 장군이 세금천에 세웠다는 진천 농다리(그림 6.36)이다.

그림 6.36 진천 농다리

그림 6.37 진천 농다리 교각과 바닥판 축조기술

진천 농다리는 징검다리 건설기술을 훨씬 더 고도화시켜 돌무더기를 쌓아 올려 교각을 만들고, 이웃 돌무더기 사이에 돌 널판을 깔아 원시적인 다리 축조기술로 발전시켰다(그림 3.37).

비록 진천 농다리가 원시적인 다리 형태를 하고 있지만, 그 시대의 다리로서는 경험에서 얻은 공학적인 지식을 총동원하여 다리의 안정성을 도모했다. 한강에서도 가끔 볼 수 있듯이 하천에 교각을 많이 세우면 통수(通水) 단면이 줄어들어 수위가 올라가고, 다리 사이로 흐르는 물살은 더욱 빨라지고 강해져 교각 자체를 직접 무너트리거나 교각 기초에 깊은 세굴 현상을 일으켜 다리 전체의 안정성을 위협한다. 그러한 의미에서 진천 농다리가 무거운 돌들로 교각을 튼튼하게 쌓아 올리고, 교각 앞뒤를 유선형으로 만들어 유압과 세굴을 최소화함으로써 지난 800년 동안 다리를 안정적으로 관리되고 있다는 사실에서 고려 교량기술자들의 기술 수준을 엿볼 수 있다.

6.2.2 고막천석교(古幕川石橋)

고막천석교(그림 6.38)는 1979년 상판석을 교체하고, 연결가교를 보수하다가 2000년부터 본격적인 해체·복원공사를 시작하여 2001년 7월에 공사를 완료했다. 이 과정에서 다리 기초 밑에 깊이 쌓인 진흙 지반을 나무말뚝으로 보강한 사실을 발견했다. 나무말뚝 보강공법은 일부 교각 밑에 있는 지반뿐만 아니라 동쪽 교대 기초공사에도 적용된 것으로 확인됐다. 고막천석교는 한반도 남쪽에 남아있는 고려시대 다리 중 원형을 지금까지도 유지하고 있는 돌다리이고, 그 건설기술 역시 우수하여 아래는 함평 고막천석교를 예로 들어 고려시대 다리건설기술의 수준을 알아본 내용이다. 다만 고막천석교의 복원 과정에서 교량 전문가의 직접 참여가 어려워, 이 절에서는 함평군이 문화재청과 더불어 2001년 7월에 발간한 '고막천석교 실측조사 및 수리공사보고서'(이하 '고막천석교 조사보고서'라 한다)의 내용과 그림을 발췌 · 인용 · 재구성하여 고려시대 돌다리 건설기술의 우수성을 기술하였다. 여기에 사용된 대부분 사진도 고막천석교 조사보고서에서 인용한 것이다.

그림 6.38 고막천석교 전경

북쪽에서 남쪽으로 본 모습   남쪽에서 북쪽으로 본 모습

6.2.2.1 고막천석교 보고서 요약

1) 평면 구성

함평을 남북으로 흐르는 고막원천을 동서로 가로지르는 고막천석교를 실측한 결과 평균 길이는 20m이고 너비는 평균 3.5m, 높이는 평균 2.5m인 것으로 나타났다. 고막천석교는 제대로 된 교각과 우물마루 형식의 바닥판 구조를 갖는 매우 정교하게 축조된 돌다리로, 같은 고려시대 진천의 농다리와 비교하면 얼마나 진화된 형태의 돌다리인가를 실감할 수 있다. 그림 6.39는 함평 고막천석교(보물 제1372호)의 정교한 우물마루 바닥판을 보여주는 그림이다.

그림 6.39
고급스러운 우물마루형 함평
고막천석교(보물 1372호)

고막천석교의 하중 경로는 청판석 위에 작용하는 보도 하중(사람, 수레 등)이 다리 길이 방향으로 깔린 3줄의 귀틀석(세로보)으로 전해진 다음, 이 귀틀석에서 교각 기둥이 받치고 있는 멍에로, 또 그 멍에에서 교각과 그 아래에 놓인 지대석을 통해 지반으로 전달된다. 고막천석교 조사보고서에 따르면 귀틀석의 길이는 5구간 모두 달라 1.82m부터 4.14m까지 가지각색이다. 원래 고막천석교는 6칸짜리(6 경간)의 단순하게 지지된 돌다리였던 것으로 판단되는데, 그 이유는 밝혀지지 않았지만 언제인가 서쪽 교대와 첫 번째 교각 사이에 있던 3개의 귀틀석이 없어지고 그 대신 두 개의 돌널판으로 대체됐다. 멍에를 받치는 기둥들도 일정한 모양을 갖추고 있지 않은데, 기본적으로 기초 지대석 위에 교각을 구형 기둥으로 세우고 그 위에 6면체 돌들을 얹어 다리의 높이를 조절했다(그림 6.40).

그림 6.40 고막천석교의 구형 교각 기둥(흰색 원 안)

2) 기초지반기술

① 교대 기초지반 보강

그림 6.41은 2001년 문화재청과 함평군이 공동으로 조사한 고막천석교 기초 평면 현황도를 나타낸 것이다. 다리의 교대는 동쪽과 서쪽 두 곳에 있는데, 동쪽 교대는 하천 퇴적층 위에 세워진 교대이고 서쪽 교대는 고막원천 서쪽 제방에 만들어진 교대이다. 따라서 퇴적층 위에 놓이게 된 동쪽 교대 기초지반은 매우 연약하여 지반보강이 필요했는데, 고막천석교를 가설한 기술자들은 말뚝 지반 보강방법을 선택한 것으로 파악된다. 그림 6.41 오른쪽에 짙은 검은 원으로 나타난 점들이 지반 보강 말뚝을 나타내고 있다.

그림 6.41 고막천석교 기초 평면 현황도(위쪽이 북쪽)

교대(기존)

⑩		㉻		㉺		㉴		㉮			교대(유구 조사지)

2,470   3,630   3,260   3,400   4,090   368

NO.0 350 NO.1 3,690 NO.2 3,000 NO.3 2,850 NO.4 3,770 NO.5 3,390 NO.6 6,840 NO.7
1,450

2,370 930 1,480 1,480 1,200 1,490 1,560 1,620 1,970 1,450

110 65 165 165 105 1,350 250 50 210 58

2,297 3,638 1,970 4,155 4,058

출처: 고막천석교 조사보고서

고려인들은 동쪽 교대(그림 6.42)에서 신설 콘크리트 교량 방향으로 약 반경 3m 안에 20개의 말뚝을 박고, 서쪽으로 반경 약 8m 안에 21개의 말뚝을 사용했다. 임업 연구원의 시험 결과 말뚝은 소나무가 대부분이고 상수리나무와 느티나무도 발견됐다. 말뚝의 지경은 약 200mm인 것으로 보고되고 있다(그림 6.42 오른쪽). 이 말뚝들을 조사한 곳은 동쪽 교대와 남북으로 연결된 축대가 세워진 곳으로, 이곳에서 장대석 기초의 지반을 보강한 것으로 판단된다.

그림 6.42 동쪽 교대

교대 해체 전 현황

교대 배면 말뚝 기초지반보강

고막천석교 서쪽 교대는 잦은 홍수의 범람으로 많이 훼손된 것으로 알려져 더 이상 고고학적 가치는 없다(그림 6.43).

그림 6.43 서쪽 교대 현황

② 교각 기초지반 보강

앞에서 언급됐듯이 고막천석교 아래 지반은 지지력이 약한 점토층으로 돼있어 그 위에 바로 교각을 세울 수가 없었으므로 지반보강이 필요했다. 옛 고려 기술자들은 연약지반을 보강하기 위해 말뚝을 박고 그 위에 지대석을 깔아 일부 고막천석교의 기초를 만들었다(그림 6.44). 굳이 말뚝으로 지반보강을 할 필요가 없었던 교각 기초는 변형된 '판축 기초지반 보강공법'을 사용하고, 모래 대신 많은 잡석을 상당한 두께로 판축을 하듯이 잘 다져 깔아 넣어 홍수 시 급류에도 교각 밑 지반이 빠져나가지 않도록 했다. 교각의 기초는 판축 된 잡석 위에 지대석을 깔아 만들었다(그림 6.45). 일반적으로 토목공사에서 '판축공법'이란 점토와 모래층을 번갈아 잘 다져 깔아 물속의 점토층을 개량하는 방법인데, 백제 몽촌토성에는 여기에 나뭇잎을 섞어 넣는 '부엽공법'을 개발했다.

그림 6.44 말뚝 지반보강 후 지대석 설치
('라' 교각 말뚝과 지대석)

그림 6.45 교각 하부 판축공법에 사용됐던 잡석

3) 교각과 교대 축조기술

그림 6.46은 '고막천석교 조사보고서'에서 정한 교각의 번호를 나타낸 것으로, 석교의 동측 교대부터 순서대로 가, …, 라, 마-교각으로 정의한다.

그림 6.46 석교 하류 쪽에서 본 교각(우측=동쪽부터 가, 나, 다, 라, 마)

① 교각

고막천석교 교각은 동서로 모두 5열로 구성돼 있다(그림 6.46). 이 다리의 교각들은 열 마다 모두 다른 형태를 띠고 있으며, 그 기초의 형태도 모두 다른데 기본적으로 독립기초와 확대기초를 상황에 맞게 유연하게 선정하여 사용하고 있다. 옛날에는 말뚝 기초를 교각 기초로 사용하지 않았기 때문에 돌다리 교각 밑에 장대석을 깔아 기초로 삼았는데, 이를 지대석이라 칭했다. 가끔은 기초석이라는 용어를 사용하기도 했는데, 이때 지대석이란 의미에서는 독립기초와 확대기초를 구분하지 않는다. 고막천석교를 축조할 때 사용된 돌들은 다리 인근에서 조달했을 것으로 판단되며, 조사 결과에 따르면 화성암 중 변성암을 사용하여 압축강도가 화강암에 비해 많이 떨어지는 것으로 판명됐다.

교각은 나무말뚝으로 보강된 지반에 잡석을 깔아 세굴에 대한 대책을 세운 뒤 지대석을 깔고 그 위에 세웠다. 고막천석교 건설 현장에는 임금이 궁성에서 만드는 다리처럼 많은 노동력을 동원할 수 없었으므로 그림 6.47에서 볼 수 있는 것처럼 다리의 교각을 일정한 높이의 돌기둥을 잘 다듬어서 사용할 수는 없었을 것이다(그림 6.47).

그림 6.47 귀틀석 해체 후 멍에와 교각-돌기둥(동남쪽에서)

그림 6.48처럼 가-교각은 짧은 지대석 하나로 하류 쪽 두 개의 기둥을 받치고, 나머지 북쪽에 있는 교각 기둥은 독립적으로 서 있다. 나-교각 중앙 교각 위에는 멍에돌과 어긋나지 않도록 홈을 파놓았는데, 돌을 마치 나무처럼 다루는 솜씨가 감탄스럽다. 한편으로는 다른 축조물에 사용됐던 돌기둥과 멍에돌을 이곳에 가져다 사용한 것처럼 보이기도 한다. 다-교각은 더욱 재미있는 형태를 띠는데, 하류 쪽에 있는 두 개의 독립된 지대석 위에 바로 교각을 세우지 못하고 두 지대석 사이에 마치 멍에를 설치하듯 추가적인 확대기초를 횡으로 놓고, 그 위에 작은 규모의 교각 기둥을 세웠다. 다-교각의 북측 기둥은 비정상적으로 크고 또한 다른 두 교각과 같은 평면상에 있지도 않다.

그림 6.48 고막천석교 교각 형태
가. 교각 현황(동쪽 첫 번째) | 나. 교각 현황(동쪽 두 번째) | 다. 교각 현황(동쪽 세 번째)
라. 교각 현황(동쪽 네 번째) | 마. 교각 현황(동쪽 다섯 번째)

동쪽으로부터 네 번째의 라-교각은 세 개의 독립기초 위에 3개의 기둥을 세웠는데, 기둥의 길이가 짧았던지 각각의 교각 위에 머릿돌을 하나씩 얹어 다리의 높이를 맞췄다. 가장 제멋대로인 교각이 동쪽에서 다섯 번째 교각(그림 6.49)인데, 이 교각은 도무지 무슨 설계 개념으로 만들어졌는지 알수가 없다. 아마도 잦은 홍수 때문에 마-교각 바로 옆에 있는 제방을 보수하는 과정에서 현장 책임자가 편리한 대로 축조했을 것으로 추측한다.

마-교각 열에는 3개의 독립기초 위에 각각 한 개씩의 짧은 기둥을 세우고, 그 위에 다시 변칙 멍에돌을 남북으로 두 개 사용했다. 남쪽 멍에 위에는 다시 두 개의 짧은 석재를 동서 방향으로 깔고, 북쪽 멍에 위에는 멍에 아래에 있는 돌기둥 축과 거의 같은 축 상에 다시 동서 방향으로 짧은 석재를 놓았다. 아마도 주위에서 쉽게 구할 수 있는 보 모양의 짧은 돌 토막을 교각의 높이 보완용으로 사용한 것으로 생각된다. 그 아래 놓인 멍에 모양의 널돌도 결과적으로는 멍에 역할보다는 교각 높이 조정과 횡 방향 강성 보강용으로 사용됐다.

그림 6.49 마-교각과 멍에석

해체 중 마-교각

마-교각 하류 쪽 모습

② 교대

ⓐ 동쪽 교대

석교는 상류로부터 내려온 흙과 모래가 가라앉아 쌓이고, 바닷물과 함께 올라온 점토 흙이 퇴적되는 연약지반 위에 축조됐다. 옛 고려 교량 엔지니어들은 동쪽 교대를 세우기 위해서도 우리나라 교량 기록상으로는 처음으로 '말뚝 지반보강 방법'을 적용했다. 교대 석축은 말뚝을 먼저 박고(그림 6.50), 그 위에 깬 돌로 석축 밑을 다진 다음(그림 6.51) 석축을 쌓아 올렸다(그림 6.52).

그림 6.50 동쪽 교대 배면 하부 말뚝 그림 6.51 동쪽 교대 하부 잡석층

그림 6.50 동쪽 교대 배면 하부 말뚝

그림 6.51 동쪽 교대 하부 잡석층

이때 일정하게 규격 돌을 쓴 것이 아니라 근처에서 구하기 쉬운 돌들을 가져와서 석축 아래쪽에는 긴 돌을 석축 안으로 돌못처럼 뿌리를 박듯이 박아 넣고, 그 위쪽에는 석축 길이 방향으로 배열했다. 석축 맨 위에는 다리 길이 방향에서 오는 귀틀석을 잘 얹을 수 있도록 장대석을 가로로 설치하고(그림 6.52), 석축 배면에는 잡석들로 채워 강성을 키웠다(그림 6.53).

그림 6.52 동쪽 교대 석축

그림 6.53 동쪽 교대 뒷 채움

그림 6.54 왼쪽은 해체 전 동측 교대를 보여주고 그림 6.54 오른쪽은 동측 교대의 실측 단면도를 보여주는데, 교대 석축은 처음부터 설계도대로 쌓아 올린 것이 아니라서 매우 산만해 보이지만 현장 창의성이 돋보이는 구조물이다.

그림 6.54 해체 전 동측 교대 현황 및 실측 단면도

해체 전 동측 교대 현황

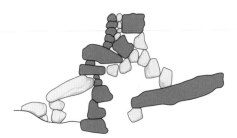

동측 교대 실측 단면도

ⓑ 서쪽 교대

　서쪽 교대는 고막원천의 물길이 서쪽 제방 쪽으로 휘돌아 부딪치게 돼있어 잦은 홍수 해를 입을 수밖에 없는 위치다. 함평군이 고막천석교를 복원하기 전에 촬영한 1988년 사진(그림 6.55)은 이 다리가 잦은 홍수로 얼마나 자주

그림 6.55 서측 교대 근경

보수를 해왔는지를 잘 보여주고 있다. 그러나 서쪽 교대는 많은 보수 과정에서 고증 없이 작업을 진행했기 때문에 지금으로써는 원형을 찾기 어려워 옛 다리 축조기술 평가 대상에서 제외했다.

4) 상부구조 건설기술

① 멍에 축조기술

　교량구조에서 멍에[10]는 기본적으로 한옥의 대들보 역할을 한다. 즉, 한옥의 종도리(縱樑)에 해당하는 귀틀석에서 전달되는 상부 하중을 받아서 다시 교각으로 전달시키는 역할을 하는 부재이다. 현대 교량에서도 이를 멍에(coping)라고 부른다. 일반적으로 돌과 돌 사이 마찰력이 크기 때문에 고막천석교에서 멍에돌과 교각 기둥 사이에 특별한 연결 기구를 만들지 않아도 교각의 횡강성을 확보할 수 있다. 그러나 고막천석교에서는 여기에 더하여 나-교각과 라-교각 가운데 교각 돌기둥 상단에는 홈을 파고, 멍에석 끝부분을 이 홈에 맞추어서 제작하여 멍에석 횡 방향 움직임을 제어함으로써 석교의 횡 방향 강성을 좀 더 크게 키우려고 했던 흔적이 보인다(그림 6.56).

그림 6.56 고막천석교 멍에 현황과 나–교각 상부 연결 상세

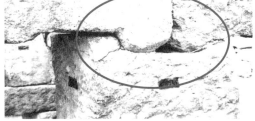

고막천석교 멍에 현황 나–교각 상부와 멍에 연결 상세

고막천석교의 나–교각의 횡 방향 변위(그림6.56오른쪽)는 석주 상단에 있는 홈 모서리가 금이 갈 정도로 큰데 그 원인이 하천의 유수압(流水壓)에 의한 것인지 아니면 지반 침하에 의한 것인지는 알 수가 없다.

멍에석에 발생한 매우 심각한 균열이 가장 서쪽에 있는 마–교각에서 발견됐다. 멍에의 길이는 평균 2.16m인데 같은 교각 열 중 유독 마–교각 위에 거치된 두 '멍에' 사이에는 그 규모가 2.4배 차이가 난다(하류 쪽 길이 1.36m, 상류 쪽 3.32m). 고막천석교 조사보고서에 따르면 길이에 의한 강성(剛性)의 차이를 극복하기 위해 우리 선조들은 하류 쪽에는 520×260mm, 상류 쪽에는 상대적으로 큰 550×360mm 단면을 사용하여 두 부재의 휨-강성 크기를 달리했는데도 상류 쪽 멍에석에 커다란 균열이 발생했다. 비록 그림6.57에서 보는 것처럼 마–교각 동쪽 멍에 아래 두 개의 쪽 돌을 괴었지만 실제로는 멍에와 괘인 쪽 돌 사이에 틈이 생길 수 있으므로 자중에 의한 균열도 발생할 수 있겠다(그림6.58).

그림 6.57 마–교각 단면도(남쪽에서)

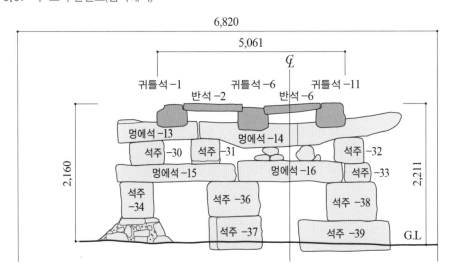

그림 6.58 마-교각 동쪽 멍에석 균열 부위

② 귀틀석(耳機石)

고막천석교의 주요 상부구조는 귀틀석과 이웃 귀틀석 사이에 깔리는 청판석(廳板石)으로 구성된다. 여기서 귀틀석는 청판석에서 전해지는 하중을 받아 멍에로 전달하는 역할을 한다(그림 6.59).

그림 6.60은 다리 양옆에 설치된 귀틀석에 'ㄴ'자 모양, 중앙 귀틀석에는 '凸'자 모양의 홈을 만들어 청판석의 받침기구를 만드는 축조기술을 잘 보여주고 있다.

그림 6.59 해체 전 귀틀석

그림 6.60 청판석을 얹기 위한 귀틀석 홈

실측 결과에 따르면 평균적인 홈의 깊이와 넓이는 일정치는 않으나 개략적으로 각각 70mm 정도다. 청판석을 받기 위한 홈 턱이 약 70mm 필요하므로 일반적으로 귀틀석 단면의 너비는 그 높이보다 더 넓다. 고막천석교의 귀틀석 단면의 너비는 평균 575mm, 높이는 355mm, 귀틀석의 평균 길이는 3.26m다. 그러나 가장 긴 귀틀석은 가-교각과 나-교각 남측에 놓인 귀틀석-4로 길이가 4.14m, 단면 너비가 510mm, 단면의 높이가 340mm나 된다.[11] 부재 번호 4번 귀틀석의 길이가 4.14m로 제시된 것은 실측된 석교 평면도에서 기재된 L=4.058m(그림 6.61)과 차이가 나지만 그리 큰 차이는 아니다.

그림 6.61 교각 현황도
(a) 교각 입면도 ｜ (b) 교각 평면도

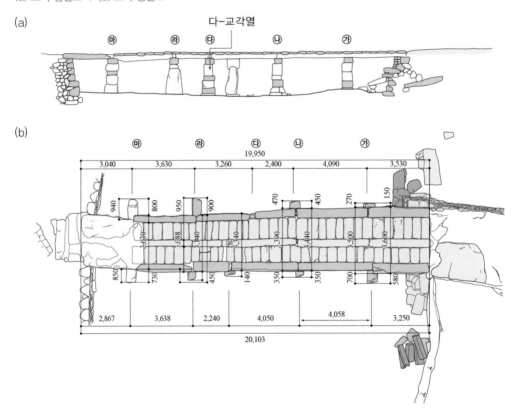

다-교각 기둥들은 같은 열에 설치되지 않아서(그림 6.62) 다-교각과 라-교각 사이에 놓여있는 귀틀석 3개의 길이는 각각 서로 다르다. 동쪽 독립기초 위에 설치된 귀틀석의 길이는 L=3.02m고 단면 너비는 490mm, 높이는 380mm로 그 단면의 강성은 길이가 가장 긴 번호 4번 귀틀석에 비해 그리 작지 않다.

그림 6.62 다-교각 서쪽 두 개의 교각과 동쪽 독립 기둥

③ 청판석(廳板石, 디딤돌, 上板石, 步板石)

우리나라 옛 돌다리의 바닥판 구조는 멍에와 멍에 사이에 넓은 널돌을 직접 나란히 깔아 바닥판을 구성하는 방법과 이웃한 귀틀석에 홈을 파고 그 홈 사이에 널돌을 끼워 넣는 형식이다. 뒤의 경우를 우물마루 형식의 돌다리라고 부른다. 우리나라에서 교량 역사상 처음 등장하는 우물마루 형식의 돌다리가 고려 초에 지어진 청주 남석교다. 통일 신라 시대 첨성대 부근 발천에서 발견된 돌다리와 오릉 북쪽 남천에서 발견된 '귀교'라고 추측되는 돌다리가 우물마루 형식의 돌다리라고 진단하는 전문가들이 있기는 하다.[12] 그렇지만 이 경우 모두 지어진 시기의 고증이 없는 상태라 이 책에서는 우물마루 돌다리가 우리나라에 출현한 시기를 통일신라시대가 아닌 고려시대로 보았다.

고막천석교의 바닥구조는 멍에와 멍에 사이에 귀틀석을 3줄 나란히 깔아 설치한 뒤 이웃한 두 귀틀석 사이에 청판석을 올려놓아 구성한다. 청판석을 올려놓기 위해 귀틀석 모서리에는 '凸'자나 'ㄴ'자 모양으로 홈을 파서 턱을 만들고 그 턱 위에 청판석을 깔아 끼운다. 이러한 우물마루 형

식의 바닥판은 우리나라 한옥 마루 건축기법에서 유래한 것으로 보인다. 한옥의 경우에는 장귀틀과 동귀틀로 평면 뼈대구조를 만든 후 이웃한 두 장귀틀과 동귀틀 사이에 나무 널판을 끼어 설치하여 우물마루를 만들기 때문에 바닥 널판은 역학적으로 '판 이론'을 따른다. 이에 비해 돌다리의 경우에는 한옥과는 달리 이웃한 평행한 귀틀석(한옥의 동귀틀에 해당)에 청판석을 깔아 넣어 다리 바닥판을 구성하므로 청판석은 작용하는 힘을 이웃한 귀틀석으로만 전달돼 역학적으로 '보 이론'을 따른다.

고막천석교 조사보고서에 따르면 석교에는 동쪽으로부터 5개 경간 내에 65개의 청판석이 사용됐다고 한다. 마지막 서쪽 끝 경간에는 단순하게 넓고 긴 돌 널판 두 개를 써서 다리 바닥을 구성하고 있다. 평균해서 청판석의 크기는 길이(횡방향)는 1m 내외, 너비는 520mm로 폭과 길이 비가 약 1:2로 역학적 계산에서는 판의 성질도 고려해야 한다. 실측 결과에 따르면,[13] 판석-15와 판석-16에 균열이 간 것으로 나타났다(그림 6.63). 판석-15와 판석-16의 동서 방향의 세장비는 각각 $\lambda = \dfrac{510}{80} = 6.4$와 $\lambda = \dfrac{743}{70} = 10.6$으로, 판석-16의 세장비는 전체 사용된 청판석 중 가장 크게 나타난다. 그 외에도 17개의 청판석에서 일부 훼손되거나 모서리가 파손됐다.

청판석-8에서는 균열이 동서 방향으로 정상적으로 발생했다(그림 6.64(a)). 즉, 휨 현상이 남북으로 발생했는데, 이는 판석-8이 두 귀틀석 사이에 정상적으로 설치되어 휨-파괴가 발생했다는 뜻으로 풀이된다. 그러나 일반적으로 청판석에서는 귀틀석 홈 턱 위에 얹힌 청판석 모서리에서의 전단 파괴가 발생한다(그림 6.64(b), (c)). 청판석의 전단 파괴 균열의 원인은 다양하겠지만 크게는 청판석을 받치고 있는 홈의 면이 일정하지 않아 청판석에 발생하는 집중응력과 기초의 부등침하나 홍수에 의하여 다리 상부구조 전체 틀에 발생하는 심각한 변형이 그 주원인이라고 판단된다.

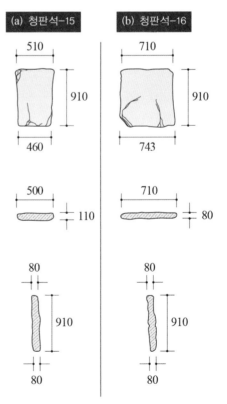

그림 6.63 청판석-15와 청판석-16의 단면 치수

그림 6.64 청판석 부재의 균열 현황

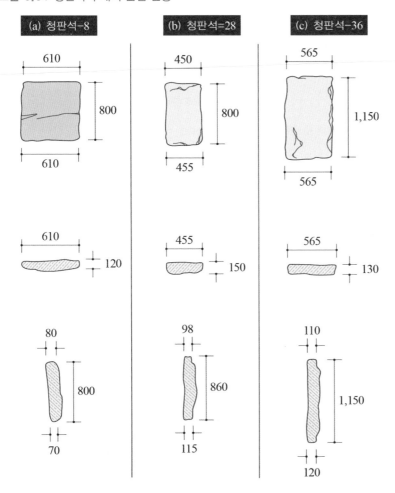

| (a) 청판석-8 | (b) 청판석=28 | (c) 청판석-36 |

6.2.2.2 다리 구조 안정성 검토

고막천석교는 한반도 남쪽에서 원형이 그대로 남아있는 유일한 고려시대 우물마루 돌다리로, 고려 말 한반도 옛 교량기술을 파악하는 데 매우 귀중한 자료다.

교량기술 변천사를 연구하려면 우리 선조들이 어떻게 다리에 작용하는 하중을 최적의 방법으로 지반으로 전달시켰는지 하는 '하중 전달경로'를 파악하는 것이 무엇보다 중요하다. 전형적인 '우물마루다리' 형식을 갖는 '고막천석교'의 '하중 전달 과정'은 단순지지 돌널다리의 그것과는 달리 먼저 다리 바닥을 구성하는 청판석(바닥돌)을 통해 작용하는 하중(외부하중과 자중)이 옆(횡 방향)으로 귀틀석(縱大石)에 전달된 다음 다시 귀틀석 자중과 함께 멍에 및 교각으로, 그리고 다시 지반으로 전달되는 과정을 거친다. 이러한 하중-전달 시스템은 현대 교량의 그것과 매우 흡사하다.

1) 청판석 구조 안전성 검토

실측된 고막천석교 청판석 중에는 청판석-16(그림 6.65)의 세장비가 λ＝10.6으로 가장 크게 나타나고 있으므로 이 청판석에 대한 구조안전성을 검토하기로 한다. 청판석-16은 귀틀석-3과 귀틀석-8 사이에 놓여있는 돌판으로 길이(귀틀석사이) 910mm, 북측 너비 743mm로 측정됐고, 판의 높이는 북쪽과 남쪽이 각각 70~80mm 사이에서 변하고 있다. 다만 판에 균열이 생긴 부분의 높이가 70mm이기 때문에 여기서는 높이 h＝70mm로 가정하여 구조 계산에 적용했다. 청판석의 길이:폭 비가 910:743＝1.22:1로 '보 이론'을 적용하더라도 판의 효과를 고려해야 한다. 청판석-16은 귀틀석-3과

그림 6.65 고막천석교 평면도[14]

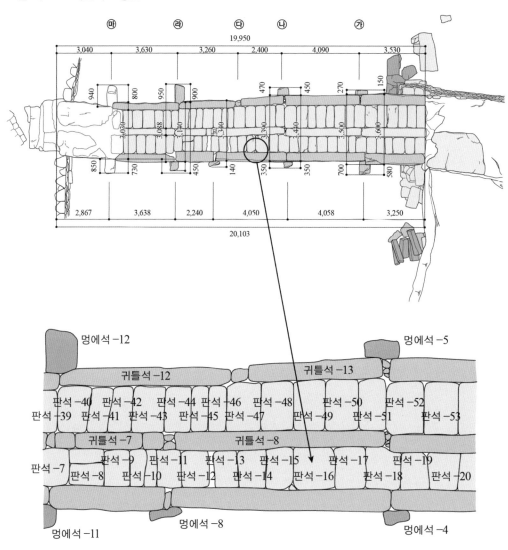

귀틀석-8 사이에 있어서 보의 길이 L을 구하려면 귀틀석에 파인 홈의 크기를 알아야 하는데, 이에 대한 실측자료가 없으므로 편의상 청판석을 받치고 있는 귀틀석 홈의 높이가 남쪽과 중앙 귀틀석에 각각 70mm씩 파여있다고 가정했다. 실제로 청판석의 높이보다 더 넓게 홈이 파일 필요는 없다.

청판석의 길이가 910mm이므로 보로 취급되는 길이는 $L = (910\text{-}70\times2)+(70+70)/3 = 0.816 \approx 0.82$m로 가정했다(그림 6.66). 여기서 $L/h = 820/70 \approx 12$로 8보다 크므로 보 이론 적용에 무리가 없다. 김홍철 교수가 제안한 석재의 휨 강성을 구하는 실험에서도 L/h= 5를 사용했기 때문에 고막천석교의 청판석 구조 안전성 검토에 '보 이론'을 적용하여도 무리가 아니다.

그림 6.66 청판석 지간장(span length) : L, R=반력(삼각형 분포로 가정), e=70/3

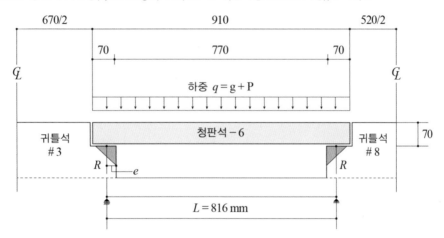

① 하중의 결정

ⓐ 사하중: g

청판석의 비중은 $\gamma = 26.2$kN/m^{2}이고, 균열이 발생한 부위의 두께 $t = 70$mm이므로 사하중 $g = \gamma$(비중)$\times t$(판 두께)$\times 1$(m)$= 1.83$(kN/m)이다.

ⓑ 활하중: p

고막천석교 위를 지나가는 하중은 쌀이나 소금을 실은 마차일 것으로 추정할 수 있다. 현재 우리나라에서 적용하고 있는 『도로교 설계기준: 한계상태설계법』(국토해양부, 2012)의 표 3.6.4에 따르면 길이가 80m 이하인 다리의 경우에는 보도하중 $p = 3.5\times10^{-3}$MPa를 적용하고 있는데, 이 정도 크기의 활하중이면 고막천석교에 작용하는 활하중으로 충분히 대표될 수 있을 것이다.

$p = 3.5$ kN/m/m

② 극한휨모멘트: M_u과 극한휨강도: σ_u 산정

고막천석교 청판석에 직접 작용하는 주된 하중은 사하중(자중)과 활하중(보도하중+짐 수래 하중)이므로 '극한한계상태 I'에 해당한다.

이 경우, 사하중 하중계수 $\gamma_g = 1.25$(『도로교 설계기준(2012)』 표 3.4.2)

활하중 하중계수 $\gamma_p = 1.80$(『도로교설계기준(2012)』 표 3.4.1)

이므로 발생하는 극한휨모멘트: M_u와 이 휨모멘트에 의해 발생하는 응력 σ_u는 각각

$$M_u = \frac{(1.25 \times 1.83) + (1.8 \times 3.5)}{8} \times 0.82^2 = 0.72\,(\mathrm{kN \cdot m})$$

$$\sigma_u = \frac{M_u}{I}y_{\max} = 0.827\,\mathrm{MPa}$$

여기서, I = 청판석의 단면2차모멘트 $= \frac{1.0 \times 0.07^3}{12(1 - 0.25^2)} = 30.49 \times 10^{-6}\,(\mathrm{m}^4)$

포아송의 비 $\nu = 0.25$

$y_{\max} = 0.07/2 = 0.035\,(\mathrm{m})$

③ 고막천석교 옛 화강암 석재의 휨-강도 산정

문화재청과 함평군은 2001년 7월에 고막천석교에 사용됐던 석재들의 성질들을 검사했다. 그 중에서 우리의 관심을 끄는 석재는 석재 시험성과표에 제시된 A-3 화강석-구재(옛 다리에 사용된 석재)의 성질인데 불행하게도 압축강도 시험은 됐으나 휨-강도 시험은 시행되지 않아서, 여기서는 함평군의 보고서에서 제시하는 옛 다리에 사용된 석재의 압축강도를 기준으로 그 휨강도를 추정했다. 김홍철 교수는 화강암의 압축강도가 150MPa일 경우 휨강도는 14MPa가 된다고 제시했다.[15] 함평군에 2001년에 펴낸 보고서에 따르면 A-3 화강암 시험편의 압축강도는 74.44MPa가 되므로 김홍철 교수가 제시한 압축강도와 휨강도의 비를 고막천석교에도 적용하면 고막천= 석교에 사용했던 화강암 석재의 휨-극한강도는 σ_u^*는 다음과 같이 추정할 수 있다.

$$\sigma_u^* = \frac{14}{150} \times 74.44 \approx 7.0\,\mathrm{MPa}$$

④ 소결

고막천석교의 청판석에 작용하는 극한하중에 의해 발생하는 최대 휨 응력은 약 0.827MPa로 계산되고, 근사적으로 구한 이 청판석이 저항할 수 있는 휨강도는 최대 7.0MPa가 되므로 청판석-16에 발생한 휨-균열은 그 원인이 청판석 위에 작용하는 중력 하중에 있기보다는 다리의 뼈대구조 자체 변형에 의한 것이라고 보는 것이 더 타당하다. 다리를 구성하는 뼈대구조의 변형은 홍수에 의한 횡 방향 변위와 지반 침하가 그 주된 원인일 것이나 현재로서는 청판석-16에 발생한 균열의 원인을 정확히 판단하기는 불가능하다.

2) 귀틀석-9의 구조 안전성 검토

고막천석교를 구성하는 귀틀석 중에서 가장 긴 귀틀석은 길이가 4.14m인 귀틀석-4인데, 이 귀틀석은 다리 남쪽 바깥쪽에 설치돼있기 때문에 하중을 다리 폭의 반밖에 받질 않아서 여기서는 귀틀석-4 바로 옆 중앙에 놓인 귀틀석-9(그림 6.67)에 대해 구조 안전성을 검토했다.[16] 귀틀석-9는 길이가 3.96m고 단면은 너비가 660mm, 높이가 350mm로 측정됐다. 귀틀석-9의 양옆에는 귀틀석-4와 귀틀석-14가 각각 685mm, 871mm의 거리를 두고 평행하게 놓여있다(단, 청판석을 고이기 위한 귀틀석 모서리에 설치하는 홈은 깊이 70mm, 너비 70mm로 가정). 그 귀틀석-4와의 사이에는 청판석 9개가 18번부터 26번까지 깔려있는데, 설치된 청판석의 평균 길이는 0.825m, 평균 두께는 131mm이고, 귀틀석-14와의 사이에는 청판석이 8개가 52번부터 59번까지 설치돼있는데, 설치된 청판석의 평균 길이는 1.011m, 평균 두께는 158mm다.[17]

그림 6.67 귀틀석-9

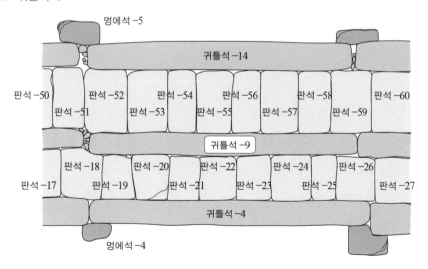

그림 6.68 마-교각 동쪽 멍에-14(북쪽에서)

멍에 12

멍에 14

① 설계하중 산정

ⓐ 자중: g

사용된 석재의 비중을 $26.2 \, kN/m^3$으로 가정하고, 귀틀석-9와 그 양옆에 설치된 청판석의 자중을 계산하면 각각 다음과 같이 산정된다.

$$귀틀석\ 자중:\ g_{귀틀석} = 26.2(kN/m^3) \times (0.66 \times 0.35 - 2 \times 0.07 \times 0.07 = 5.795(kN/m)$$

$$서쪽\ 청판석\ 자중:\ g_{청남} = 26.2 \times 0.131 \times \frac{0.825}{2} = 1.416(kN/m)$$

$$동쪽\ 청판석\ 자중:\ g_{청북} = 26.2 \times 0.158 \times \frac{1.011}{2} = 2.093(kN/m)$$

$$\sum g_i = 9.304kN/m$$

ⓑ 활하중: p

귀틀석-9에 작용하는 활하중은 북쪽 청판석에 작용하는 활하중의 절반과 남쪽 청판석에 작용하는 활하중의 절반, 귀틀석에 작용하는 활하중의 합으로 계산할 수 있다. 여기서 남측 청판석의 길이는 평균 825mm인데 청판석의 양 끝 70mm 길이는 각각 귀틀석-4와 귀틀석-9 홈에 얹혀있으므로 활하중이 작용하는 청판석의 길이는 685mm가 되고 같은 이유로 활하중이 작용하는 북쪽 청판석의 길이도 1011-2×70=871(mm)가 된다. 따라서 귀틀석-9에 작용하는 활하중 p의 크기는 다음과 같다.

$$p = 3.5 \times \left(\frac{0.685}{2} + 0.66 + \frac{0.811}{2} \right) = 5.033 \, (\text{kN/m})$$

② 극한모멘트, M_u 및 극한휨-응력, σ_u 산정

고막천석교에 작용하는 하중은 사하중과 우마차 하중이 주가 되므로 여기서는 '극한한계상태 I' 를 고려하여 귀틀석-9의 구조 안전성을 검토했다.

ⓐ 귀틀석의 지간장(span length) 결정

귀틀석-9은 멍에석-1과 멍에석-4[18] 사이에 걸쳐있는데, 멍에-1의 폭은 560mm, 멍에석-4의 폭 은 450mm이므로 귀틀석-9는 멍에-1에 560/2＝280mm 폭 위에 자리하고, 멍에석-4에는 폭 450/2mm 만큼의 폭 위에 자리하고 이 폭들을 각각 반력 지점 결정에 사용한다. 귀틀석-9에서 멍에-1와 멍에-4 에 작용하는 반력의 분포를 삼각형-분포로 가정하면 구조 계산에 사용되는 귀틀석-9의 지간장은 다음과 같다.

$$L = 3.96 - (0.56/2 + 0.45/2) + 2 \times (0.28 + 0.225)/3 = 3.792 \, (\text{m})$$

ⓑ 극한모멘트와 극한휨-응력 산정

'극한한계상태 I'에서는 사하중의 하중계수는 1.25, 활하중의 하중계수는 1.8이므로 주어진 극 한 모멘트는 다음과 같다.

$$M_u = \frac{(1.25 \times 9.304 + 1.8 \times 4.823)}{8} \times 3.792^2 = 37.187 \, (\text{kN} \cdot \text{m})$$

주어진 귀틀석-9의 단면2차모멘트 $I_x = 2.15354 \times 10^{-3} (\text{m}^3)$(그림 6.69) 이고 인장응력이 발생하는 하 단부 섬유까지의 거리 $y_t = 0.166$m이므로 단면에 발생하는 최대 인장응력

$$\sigma_u = \frac{M_u}{I_x} y_t = \frac{37.187}{2.15354 \times 10^{-3}} \times 0.169 = 2.918 \times 10^3 \, (\text{kN/m}^2) = 2.918 \, \text{MPa} < 6.3 \, \text{MPa}$$

로 계산된다.

ⓒ 극한강도 검토

　청판석 구조검토에서처럼 귀틀석 안전성 검토에도 고막천석교에 사용된 푸른색 변성암의 극한 휨-강도 $\sigma_u^* = $ 약 7.0MPa로 가정하면 재료감소계수 $\Phi = 0.9$를 고려하더라도 초기 고막천석교의 귀틀보은 중력하중에 대해서는 안전한 것으로 파악된다.

그림 6.69 귀틀석-9의 단면2차모멘트

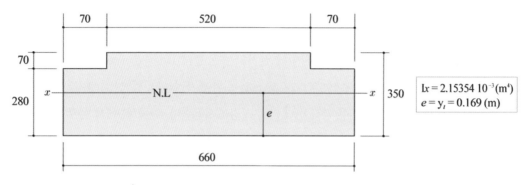

$$lx = 2.15354 \, 10^{-3} \, (m^4)$$
$$e = y_t = 0.169 \, (m)$$

3) 멍에-14의 안전성 검토

　마-교각 위에 얹힌 멍에-14(그림 6.70)는 바로 옆 멍에-13에 비해 그 길이가 거의 2.5배나 되는 3.32m에 이른다. 석주-31과 석주-32가 지지하고 있는 멍에-14의 지간장은 2.28m로 계산하는데, 이때 지간장은 석주-32의 중앙점부터, 석주-31이 멍에-14를 받치고 있는 폭 310mm의 약 1/3 거리 110mm까지로, 또 멍에-14 좌측 단에서 귀틀석-6의 중앙까지의 거리는 900mm로 가정했다(그림 6.71 오른쪽). 이 수치들은 고막천석교 보고서 그림에서 개략적으로 잰 값이다.

그림 6.70 마-교각과 멍에-14

마-교각과 멍에-14

멍에-14 균열 상세

멍에석-14에 작용하는 하중은 마-교각과 라-교각 사이에서 멍에석-14로 전달되는 사하중과 활하중(그림 6.71), 교각 마-교각과 서측 교대 사이에서 설치된 판석-가와 판석-나부터 멍에-14로 전달되는 사하중과 활하중(그림 6.73), 멍에석-14의 자중으로 돼 있다. 멍에석에 직접 작용하는 활하중은 귀틀석-6, 귀틀석-11과 판석-가와 판석-나에 작용하는 활하중에 포함된다.

그림 6.71 마-교각의 단면도와 멍에-14 구조해석 모델

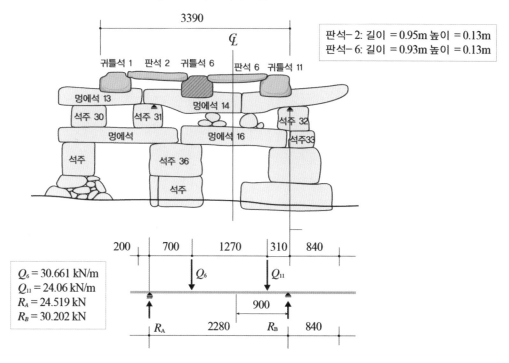

판석- 2: 길이 = 0.95m 높이 = 0.13m
판석- 6: 길이 = 0.93m 높이 = 0.13m

$Q_6 = 30.661$ kN/m
$Q_{11} = 24.06$ kN/m
$R_A = 24.519$ kN
$R_B = 30.202$ kN

그림 6.72 귀틀석-6과 귀틀석-11(서쪽에서)

귀틀석-6 : 길이=3.420m, 너비=500mm, 높이=370mm
귀틀석-11 : 길이=3.560m, 너비=500mm, 높이=370mm

그림 6.71과 그림 6.72를 참고로 하여 멍에석-14에 작용하는, 하중계수 γ-값이 고려된 하중[19]들을 종합하여 멍에석-14의 균열 단면 그림 6.71에 발생하는 휨모멘트는 다음의 계산 순서로 구할 수 있다.

ⓐ '마' 교각과 '라' 교각 사이에서 사하중에 의해 멍에석-14에 작용하는, 귀틀석-6의 반력과 귀틀석-11에 의한 반력은 각각

$$R_{귀틀석\,6} = 13.324 \times 1.25 = 16.655 \text{ (kN)과}$$
$$R_{귀틀석\,11} = 11.218 \times 1.25 = 14.023 \text{ (kN)로 계산된다.}$$

ⓑ 귀틀석-6을 통해 멍에석-14로 전달되는 활하중과 귀틀석-11을 통해 멍에석-14로 전달되는 활하중도 각각 다음처럼 산정할 수 있다.

$$P_{귀틀석\,6} = 7.781 \times 1.8 = 14.006 \text{ kN}$$
$$P_{귀틀석\,11} = 5.576 \times 1.8 = 10.037 \text{ kN}$$

ⓒ 이 값들을 가지고 그림 6.71 아래쪽 그림을 고려하여 '마' 교각과 '라' 교각 사이 직용하중에 의해서 멍에석-14 단면에 발생하는 반력 R_A와 반력 R_B를 계산하면 다음과 같다.

$$R_A = 24.519 \text{ kN}$$
$$R_B = 30.202 \text{ kN}$$

ⓓ B지점에서 900mm 떨어진 멍예석-14 균열단면에 발생하는 휨모멘트 $M_{m,\,귀틀석}$은 다음과 같다.

$$M_{m,\,귀틀석} = +12.668 \text{ kN} \cdot \text{m}$$

그림 6.73 (a)는 고막천석교 서쪽 교대와 멍에석-14 사이에 있는 판석-가와 판석-나의 단면을 나타낸 그림이다. 여기서 판석-가는 폭이 1.49m로 그중 약 0.97m(실측된 도면에서 추정)는 멍에-14에 얹히

고, 나머지는 멍에-13에 얹혀있다. 멍에-14에 얹힌 판석-가의 폭도 0.97m를 다 적용하지 않고 해석 모델의 지지점 A까지의 길이 790mm만 계산에 포함시켰다(그림 6.73 (b)). 그림 6.73을 참고로 서쪽 교대와 멍예-14 사이에서 작용하는 하중이 멍에석-14로 전달되는 하중을 ⓔ와 ⓕ에 정리했다.

그림 6.73 멍에석-14 서측 해석 모델

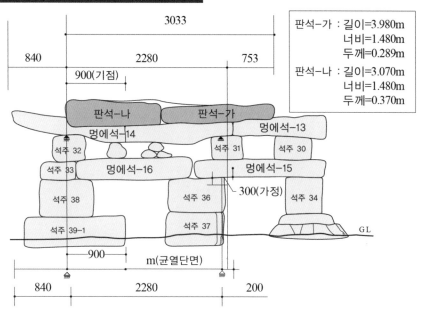

(a) 멍에석-14와 판석-가, 판석-나 입면도

판석-가 : 길이=3.980m
　　　　 너비=1.480m
　　　　 두께=0.289m

판석-나 : 길이=3.070m
　　　　 너비=1.480m
　　　　 두께=0.370m

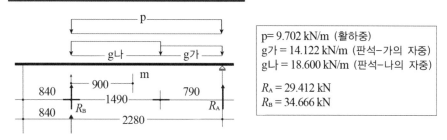

(b) 멍에석-14와 서측 하중에 대한 구조해석 모델

p= 9.702 kN/m (활하중)
g가 = 14.122 kN/m (판석-가의 자중)
g나 = 18.600 kN/m (판석-나의 자중)

R_A = 29.412 kN
R_B = 34.666 kN

ⓔ 마-교각과 서측 교대 사이에서 설치된 판석-가와 판석-나부터 멍에석-14로 전달되는 하중계수를 곱한 사하중은 각각

$$g_{판석\,가} = 11.297 \times 1.25 = 14.122 (kN/m)과$$

$$g_{판석\,나} = 14.880 \times 1.25 = 18.600 (kN/m)이다.$$

ⓕ 마-교각과 서쪽 교대 사이에서 멍에석-14로 전달되는, 하중계수가 곱해진 활하중에 의한 하중은

$$P_{서측교대} = 5.39 \times 1.8 = 9.702(\text{kN/m})$$이다.

앞에서 구한 값들은 매우 단순한 계산 과정을 거쳐 얻은 수치이므로 상세한 계산 과정은 생략했다.

ⓖ ⓔ와 ⓕ에서 구한 하중을 그림 6.73의 멍에석-14 서측 하중에 대한 구조해석모델에 대입하여 멍에석의 두 지점에 발생하는 반력을 구하면 각각 다음과 같이 산정된다.

$$R_A = 29.142\text{kN 과 } R_B = 31.666\text{kN}$$

ⓗ 균열단면 m-m에 발생하는 하중계수가 곱해진 휨모멘트를 계산하면 $M_{m, 서측판석}$ 은 다음과 같이 산정된다.

$$M_{m, 서측판석} = 17.034\text{kN} \cdot \text{m}$$

다음은 멍에석-14 자중에 의해 균열단면 m-m에 발생하는 휨모멘트를 산정하는 과정을 정리한 것이다. 멍에석-14의 길이는 3.320m고 너비는 550mm다. 다만 중앙 단면의 높이는 360mm, 동단 높이는 240mm, 서단 단면 높이는 260mm다.

멍에석-14의 단면이 일정하지 않으므로 계산을 간단히 하기 위해 계산 구간을 부재 중앙부와 동쪽 돌출부로 둘로 나누어 평균값을 가지고 작용하는 하중으로 취했다.

ⓘ 지지점 사이에 작용하는 중앙부의 자중은

$$g_{중앙부} = 26.2 \times 0.55 \times 0.36 = 5.189(\text{kN/m})$$로

쉽게 정할 수 있는데, 멍에석-14 북측 돌출부의 단면은 불규칙하므로 평균 두께인

$t=(0.36+0.24)/2=0.3(\mathrm{m})$로 취하여 자중을 산정했다.

$g_{돌출부}=26.2\times0.55\times0.3=4.323(\mathrm{kN/m})$

ⓙ 멍에석-14 자중에 의해 발생하는 균열단면 m-m 발생하는 하중계수가 곱해진 멍에석-14의 두 지점에 발생하는 반력(그림 6.74)은 각각

$R_A=6.558\mathrm{kN}$, $R_B=12.769\mathrm{kN}$이 된다.

그림 6.74 멍에석-14 자중에 대한 구조해석 모델

(a) 멍에석-14 입면도

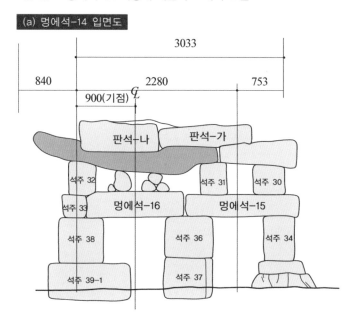

(b) 멍에석-14 자중

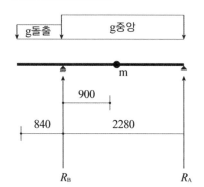

g 돌출 5,404 kN/m (돌출부 자중)
g 중앙 6,486 kN/m (돌출부 자중)
R_A = 6,558 kN
R_B = 12,769 kN

ⓚ 따라서 멍에석-14의 균열단면에 발생하는 휨모멘트 $M_{m,\text{자중}}$은 다음과 같다.

$$M_{m,\text{자중}} = 2.873 \text{ kN} \cdot \text{m}$$

② 멍에석-14 균열단면의 안전성 평가

멍에석-14에 발생한 균열단면의 안전성을 평가하기 위해 균열단면 m에 발생하는 전체 휨모멘트

$$M_{m,\text{최대}} = M_{m,\text{귀틀석}} + M_{m,\text{북측판석}} + M_{m,\text{자중}} = 12.668 + 17.034 + 2.873 = 32.575 (\text{kN} \cdot \text{m}) \text{이다.}$$

여기서, 멍에석-14 균열단면의 단면계수는 균열단면의 단면2차모멘트 I_x,[20]

$$I_x = \frac{0.55 \times 0.36^3}{12} = 2.1384 \times 10^{-3} (\text{m}^4) \text{으로부터}$$

$$S_x = \frac{I_x}{h/2} = 11.88 \times 10^{-3} (\text{m}^3) \text{으로 산정되고,}$$

균열단면에 발생하는 최대 휨 응력 $\sigma_{\max}$는

$$\sigma_x = \frac{32.575}{11.88 \times 10^{-3}} = 2.76 \times 10^3 (\text{kN/m}^2) = 2.76 \text{MPa} \text{가 된다.}$$

이 값의 크기는 멍에석-14의 극한휨강도 $\sigma_u = 7.0$MPa에 휨에 대한 재료감소계수 $\Phi = 0.9$를 곱한 설계 휨 극한강도 $\Phi\sigma_u = 6.3$MPa보다 작으므로 이론상으로는 멍에석-14의 균열단면 m-m에서는 중력하중에 의해서는 균열이 발생하지 않는다.

6.2.3 소결

1970년대 이후 구조 엔지니어 세계에서는 이전에 사용하던 '허용응력설계법'을 버리고 좀 더 합리적인 '강도설계법'을 채택했다가 지금은 '강도설계법'보다 한층 더 합리적인 '한계상태설계법'을 교량 설계에서 적용하고 있다. '한계상태설계법'이 '허용응력설계법'보다 더 과학적이고 합리적인 설계방법임에는 틀림없으나 이를 설계에 적용하려면 사용하는 건설재료가 후크의 법칙

[(Hooke's Law)을 벗어나는 범위에서도 적용이 가능해야 한다. 즉, 주목(注目) 단면에 비선형응력이 발생하는 경우에, 강재의 경우처럼 단면을 소성(plastic) 단면이 될 때까지, 또는 콘크리트 부재의 단면에서처럼 응력분포가 포물선에 가까워질 때까지 하중을 증가시킬 수 있어야 한다.] 그러나 석재를 교량의 휨-부재로 사용하면 매우 작은 석재의 인장강도 때문에 여기에 '한계상태설계법'을 적용하기에는 무리가 따른다. 그렇다고 지금까지 특별한 연구 결과가 나와 있지 않기 때문에 여기서는 예전에 경험적으로 사용했던 '허용응력설계법'에 따라서 고막천석교의 균열 부재를 검토해도 큰 무리는 없어 보인다. 이 책에서는 두 가지 설계법을 모두 적용하여 고막천석교 안전성 검토를 수행한 결과 두 설계법 차이가 크게 나지 않다는 사실을 확인했다. 이 절에서는 현재 우리나라에서 공인되고 있는 '한계상태설계법'으로 고막천석교 안전성 검토를 수행하는 과정을 보여주었다.

고막천석교 조사보고서에 따르면 고막천석교에 사용된 석재의 휨강도가 약 7.0MPa 정도 되므로 여기에 휨에 대한 재료감소계수 $\Phi = 0.9$를 적용하면 고막천석교 석재의 설계극한강도는 약 6.3MPa로 추정할 수 있다. 이 값은 실제 하중계수를 곱하여 계산된 휨 극한응력 크기의 2배보다 크므로 이론적으로는 멍에석-14 단면에 중력하중에 의한 균열은 발생하면 안 된다. 그러나 실제로 멍에석-14 단면에는 엄청난 균열이 발생했는데, 이 균열의 발생 원인은 마-교각에 발생한 큰 횡방향 변위에서 찾을 수 있으나 현재 상황에서는 마-교각에 발생한 횡 방향 변위의 원인으로는 지목되는 연약지반의 침하와 홍수에 의한 변위 및 큰 제작 오차 등을 과학적으로 검증할 방법은 없다.

고막천석교의 구조안전성 문제를 현대적 '보 이론'을 적용하여 검토해본 결과 우리나라 옛 돌다리의 구조 안전성 문제를 현대적인 구조해석 이론으로 취급하는 것이 적절하지 않다는 결론을 얻을 수 있다. 여러 가지 문제를 지적할 수 있지만 가장 먼저 지적할 점은 사용된 석재가 원체 불규칙한 단면이고 단면 내부에 처음부터 균열이 존재했을 수도 있어, '보 이론'을 적용하는 것은 적절하지 않다는 점을 지적할 수 있다. 특히 고막천석교의 경우에는 매년 발생하는 홍수에 의해 발생하는 횡 방향 변형과 이로 인한 부재 단면 내부에서 발생하는 추가적인 휨-응력을 석재가 감당하지 못하여 여러 곳에서 균열이 발생한 것으로 추측한다. 다시 말하면 돌로 만들어진 석재는 무지개다리처럼 순수 압축력만 받는 부재로만 사용하는 것으로 제한하는 것이 합리적이다. 그렇다고 하지만 돌로 만들어진 우리나라 옛 널다리들의 영구보존을 위해서는 돌널다리의 구조적 안전성 확보를 위한 지반침하 방지기법, 세굴 이론 및 불연속 구조물의 해석기법 등 많은 연구 개발이 시급한 과제로 떠오를 수밖에 없다. 문화재청과 교량전문학회의 공동연구가 요구되는 지점이다.

미주

[1] 한국전통문화연구소, 2006, 월정교 복원 기본계획 및 타당성조사 최종보고서

[2] 노출된 교각은 남쪽에서 북쪽으로 1호에서 8호까지 일련번호를 붙였다.

[3] 촉: 쐐기와 같은 기능을 하는데 쐐기와 다른 점은 쐐기는 단면이 삼각형인데 비해 촉의 단면은 방형 또는 원형이고 길이가 쐐기보다 길다.

[4] 산지: 산지구멍에 끼워 넣어 빠지거나 밀려나지 않도록 하는 결구되는 부재보다 강도가 높은 가는 나무

[5] 발천에서 발굴된 나무다리와 돌다리에 대한 기술적 내용이 많지 않아 교각과 교대 축조기술을 함께 다루었다.

[6] 지지길이(span): 교량 주형(main girder)의 지점 사이의 거리

[7] 멍에틀: 다리 교각 위에 설치하는 멍에 시스템

[8] 경주시·한국전통문화학교, 2006, 월정교 복원 기본계획 및 타당성조사 최종보고서, 165쪽

[9] 학계에서는 현 월정교지에 월정교가 지어지기 전에 이미 다른 다리가 세워졌던 것으로 파악하고 있다.

[10] 고막천석교에 사용된 멍에는 모두 돌로 만들어진 부재이다.

[11] 고막천석교 조사 보고서, 114쪽 표 4-16

[12] 경주시·한국전통문화학교, 2006, 월정교 복원 기본계획 및 타당성조사 최종보고서

[13] 고막천석교 조사보고서, 120쪽 표 4-17

[14] 고막천석교 조사보고서, 61쪽

[15] 김홍철, 2005, 『건설재료학』, 청문각, 441쪽 표 7-12

[16] 귀틀석-9의 제원은 고막천석교 조사보고서, 114쪽 표 4-16

[17] 고막천석교 조사보고서, 120쪽 표 4-17과 125쪽 표 4-20

[18] 멍에석-1과 멍에석-4에 대한 제원은 고막천석교 조사조사서, 105쪽 표 4-13

[19] 하중계수를 곱한 하중 값이란 사용하중에 하중계수 γ를 곱한 값으로 고막천석교의 경우에는 사하중에 γ=1.25, 활하중에 γ=1.8을 적용할 수 있다.

[20] 고막천석교 조사보고서, 105쪽 표 4-13

제7장

조선시대 돌다리 건설기술

조선시대 다리는 한양 안에 건설된 다리와 지방에 놓인 다리들은 서로 구분이 되고, 한성 내에서도 왕궁 안에 축조된 다리와 궁 밖의 다리들은 서로 다른 특징을 갖는다. 특히 행정 지원 차원에서는 한양 안팎의 다리들은 중앙정부에서 직접 관리하는 시설물이므로 지방에 건설된 다리들과는 예산이나 노동력 동원 면에서 상당한 차이를 보인다. 지방에 건설된 다리들의 특징은 사찰의 스님들이 주도적으로 세운 경우와 지방 상권을 가지고 있는 상인들에 의해 지어진 다리들로 구별할 수 있어 실질적으로 지방정부가 사회기반시설에 관여한 일이 많지 않은 것이 특징이다. 조선시대 교량기술이 그 이전 다리 축조기술과 완전한 차별성을 갖게 된 것은 다리의 형식을 돌널다리에서 홍예교(虹蜺橋, arch bridge)로 발전시켰기 때문이다. 제6장에서도 검토했듯이 돌널다리는 자재의 결함과 열악한 지반 조건 때문에 발생하는 부등침하 그리고 큰 물때 교각에 작용하는 수압에 의한 횡 방향 변형으로 발생하는 큰 균열을 막을 수단이 없다. 따라서 외부하중을 압축력으로 작용시켜 저항할 수 있는 홍예교의 기술개발은 필연적이고, 이 기술은 조선시대 초기부터 괄목할 만한 발전을 이루었다. 그렇다고 하더라도 조선시대에서 가장 괄목할 만한 교량 건설기술은 정조의 배다리 기술이다. 기존의 다른 돌다리들은 현대적 의미의 설계기준을 가지고 시공한 것이 아니라 거의 대목수의 경험과

감으로 세워진 것이라면 정조의 배다리는 현대적 의미에서의 설계·시공 기준을 미리 만들고 그 기준에 맞추어 현장 여건에 맞게 지어진 다리이기 때문이다. 우리나라의 '교량공사일반설계기준'이 처음 만들어지고 이 기준에 의해 다리가 완성됐다는 사실은 조선 후기 공학기술의 높은 수준을 나타낸다.

이 장에서는 조선시대 돌다리 기술을 돌널다리 건설기술과 홍예교 건설기술을 나누어서 설명하고 다음 제8장에서 조선시대의 배다리와 나무다리의 건설기술을 다루기로 한다.

7.1절에는 원형이 잘 보존된 수표교와 살곶이다리를 예를 들어 조선시대 돌널다리의 전반적인 축조기술을 설명하고자 한다. 덧붙여 비록 그 상부구조는 일제강점기와 광복 후 서울 도심 개발 과정에서 많이 훼손되기는 했어도 지반구조는 실측 보고서를 통하여 잘 정리가 된, 청계천 오간 수문과 광통교에 대해서는 특히 지반보강과 세굴방지 차원에서 중점적으로 고찰해보기로 한다.

7.1 조선시대 돌널다리(들보형 돌다리)[1] 건설기술

7.1.1 수표교

본래 수표교는 중구 수표동 43번지와 종로구 관수동 20번지 사이에, 현 청계천2가 수표다릿길 사거리에 있었으나(그림 7.1), 1959년 청계천 복개 공사로 현재 중구 장충동 장충체육관 건너편 장충단 공원으로 이전됐다(그림 7.2).

그림 7.1 현 지적도상 수표교 원위치

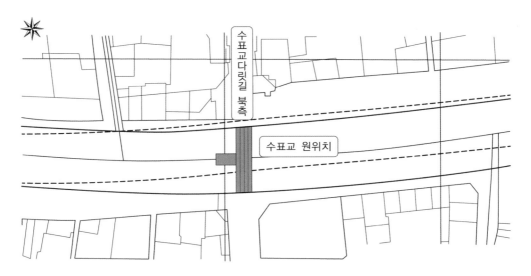

그림 7.2 장충공원 내 수표교 배치도

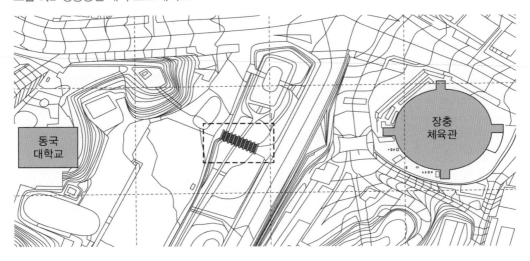

조선시대 돌널다리도 고려시대에 비해 그 구조가 크게 변한 것은 없다. 그러나 고려시대에는 '연약지반의 보강방법'인 고막천석교의 '나무말뚝 지반보강방법'이 고려시대의 건설기술을 대표하기 때문에 지반구조부터 정리해보았지만, 조선시대에서는 상부구조가 더 정밀해졌기 때문에 수표교의 상부구조부터 설명하기로 한다.

7.1.1.1 상부구조

장충공원에 현재 있는 수표교는 상판을 기준으로 길이 27.83m, 너비 7.53m고, 실측 중심선을 기준으로 할 때 길이는 교대 간 거리 26.15m, 너비는 7.056m다. 다음 그림 7.3과 7.4는 각각 수표교의 횡단면도와 종단면도를 보여준다.[2]

현 수표교의 교대와 교대 사이의 거리는 역학적으로는 큰 의미가 없다. 다만 교량의 길이는 지점과 지점 사이의 거리를 기준으로 하므로 수표교의 길이는 상판 기준으로 잰 길이보다 약간 작은 값을 갖는다. 콘크리트 기초 상면에서 귀틀석 아랫면까지의 평균 높이가 2.635m라고 보고서에서 제시하고 있지만, 이 수치는 수표교 청계천의 원위치 높이가 아니기 때문에 기술 발전사 측면에서는 의미 있는 값이 아니다. 교각은 모두 가로로 9줄, 세로로 5줄로 구성돼있어 모두 45곳에 세워졌는데, 영조 때 대대적인 보수과정에서 교각 기둥을 2층으로 세웠기 때문에 현재는 총 90개의 교각 기둥이 세워져 있다(그림 7.3, 7.4). 멍에는 가로 Y1에서 Y9까지 각각 4개씩 총 36개가 설치돼있다. 멍에 위에 가로방향(교축방향)으로 놓인 5줄의 귀틀석을 지금은 세로보(longitudinal beam)라 칭하는데 모두 10칸 위에 50개가 놓여있다. 이웃한 귀틀석 사이에는 총 214개의 청판석을 깔아 다리 상판을 형성했고, 다리 양쪽 옆 X-1열과 X-5열에 놓인 귀틀석 위에는 난간을 설치했는데, 난간은 엄지기둥 4개, 난간주석 20개, 동자기둥 22개 및 돌란대(일명 회란대) 22개로 구성됐다. 특이한 점은 수표교 난간에는 하인방을 설치하지 않고 난간 주석과 동자기둥 또는 엄지기둥과 동자기둥 사이 아랫단에 밑잡이석 44개를 기둥 사이의 변형을 잡아주기 위해서 설치했다. 그러나 그 역할에 대해 크게 믿음이 가지는 않는다.

그림 7.3 수표교 횡단면도(X-2열)

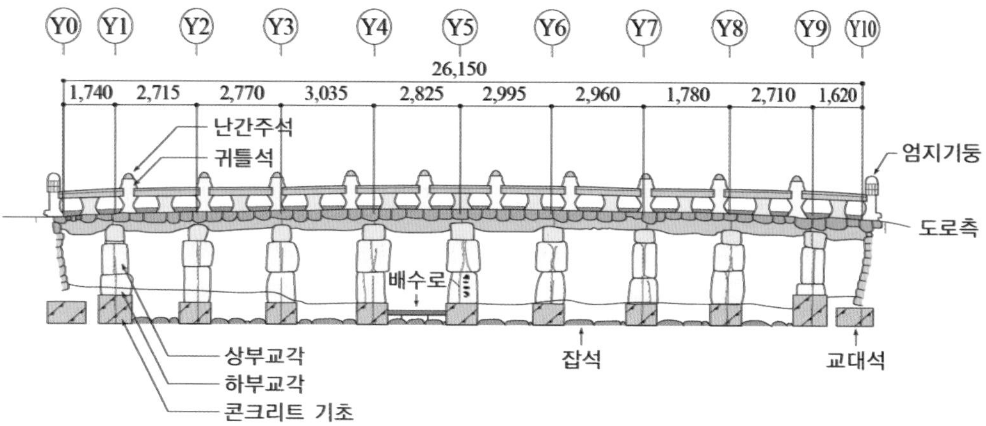

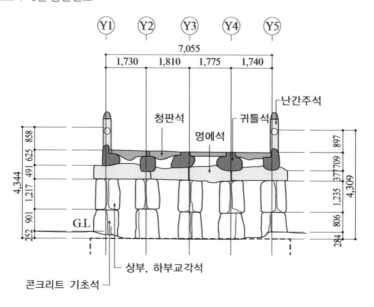

그림 7.4 수표교 Y-5열 종단면도

1) 난간

수표교의 난간은 처음부터 설치됐던 것은 아니다. 기록에 따르면 고종 24년(1887) '정해개축(丁亥改築)' 당시 난간 보수를 했다는 기사가 있으므로 난간은 고종 24년이나 그 이전에 만들어진 것으로 보인다. 난간은 엄지기둥, 난간주석, 동자기둥 및 돌란대로 구성돼있다. 수표교 난간 구조가 특이한 점이 있는 것은 아니나 옛 다리들의 난간을 '수표교 정밀 실측 및 기본설계 보고서'에서처럼 자세하게 계측·정리한 보고서를 접하기가 어려워 교량 전공 엔지니어들에게 참고가 됐으면 하는 마음에서 자세히 기술하였다. 난간의 설치 이유가 보행자를 포함해서 가축이나 짐수레들의 추락을 방지하는 것이기 때문에 오늘날 교량 엔지니어들에게도 매우 흥미를 끄는 주제가 아닐 수 없다.

그림 7.5 장충단공원 수표교 난간구조

2) 엄지기둥

옛 교량 입구나 출구에는 상징적으로 엄지기둥을 각각 2개씩 4개를 설치했다. 수표교의 경우에는 Y-0행과 Y-10행에 각각 2개씩 설치했다. 엄지기둥의 전체 높이는 약 1.53m인데 바닥에서 돌란대 중심까지의 높이는 약 750mm가 된다. 현재 도로교에서 난간의 역학적 높이를 900mm로 정하고 있는 것과 비교하면 약간 낮기는 해도 135년 전 다리 통행 성격을 고려하면 매우 현실적인 설계기준이었다고 판단된다(그림 7.6).

그림 7.6 수표교 난간 엄지기둥

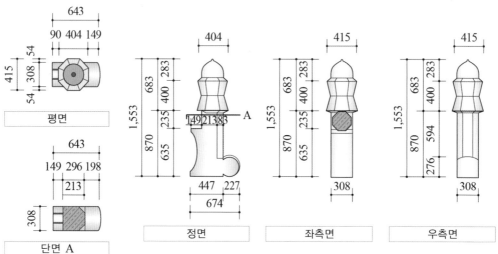

3) 난간주석

난간주석은 각 구간을 구성하는 기둥의 역할을 하는데, 몸통 중앙에 팔각의 돌란대를 끼우도록 돼있다(그림 7.7). 수표교 난간주석과 같은 형태의 난간주석을 현 동구릉 외금천교를 전시한 공간에서도 발견할 수 있고, 고종 때 광화문 월대에서도 같은 종류의 난간주석을 사용한 사실로 미루어 조선시대에는 수표교 난간주석을 매우 선호한 것으로 짐작된다.

그림 7.7 수표교 난간주석

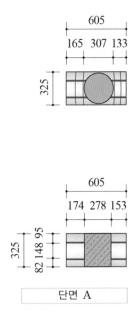

단면 A

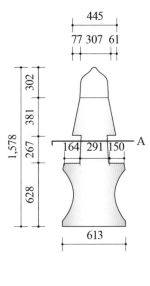

정면

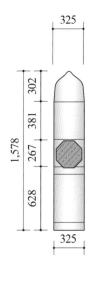

측면

4) 돌란대, 동자기둥과 밑잡이석

난간주석 사이에 돌란대를 받치기 위해 동자기둥(그림 7.5)을 끼워 세웠다. 돌란대는 길이 2.12m 인 팔각형 돌난간으로 높이는 약 260mm 정도 된다(그림 7.8). 수표교에만 설치된 밑잡이석은 설치 의 도가 분명하지는 않으나 동자기둥의 고정시키는 역할을 하지 않을까 생각한다.

그림 7.8 수표교 돌란대 상세

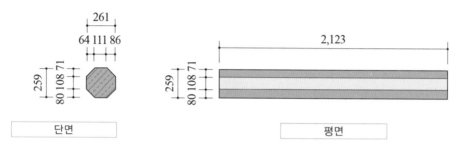

5) 청판석(돌 널판)

청판석은 이웃한 귀틀석 위에 직교 방향으로 설치돼 다리의 바닥면을 구성하는데, 그림 7.4에 서 보이는 X1-X2열 사이에 54개, X2-X3열 사이에 57개, X3-X4열 사이에 51개, X4-X5열 사이에 52개 총 214개를 사용했다. 청판석(그림 7.9)의 크기는 다양해서 가장 긴 판은 길이는 1,632mm나 되는 반 면 가장 짧은 판의 길이는 1,047mm로 무려 583mm 차이가 난다.

너비도 길이와 마찬가지로 최대 838mm, 최소 179mm로 최고 659mm나 차이가 나고, 두께도 최소 158mm, 최대 449mm 차이를 보인다. 그러나 200년 전(영조 기준) 석재로 만든 청판석(돌 널판)을 정교하게 만들 수 있다는 것만으로도 옛 선배 엔지니어들의 기술에 감탄하지 않을 수 없다.

그림 7.9 수표교 청판석(아래에서 위로 본)

6) 귀틀석

귀틀석은 현재 들보형 교량에서 세로보의 역할을 하는 부재이다. 귀틀석은 현대 교량에서 주형(main structural member) 역할을 하는 부재로 상부하중을 멍에에 전달하는 역할을 한다.

그림 7.10 수표교 귀틀석

수표교지 발굴 조사한 결과에 따르면 수표교가 처음 만들어졌을 때 귀틀석은 다리 길이 방향으로 4줄이 깔려있었다. 그러다 영조 44년(1768)에 한 줄이 더 증축돼 귀틀보가 다섯 줄이 됐다. 이는 우리나라에서 최초의 다리 확폭(擴幅) 기술을 선보인 역사적인 사실로 한국 교량사에서 그 의미가 매우 크다.

귀틀석의 종단면은 'ㄴ'자형, '凸'자형 및 'ㅁ'자형으로 구분할 수 있는데, 'ㄴ'자형 단면은 양쪽 끝에 놓인 X-1열과 X-5열에 설치돼있고, '凸'자형 귀틀보는 그 사이에 있는 X-3열과 X-4열에 설치돼있다. 이는 청판석을 양쪽에서 받쳐야 하니 당연한 단면 형태다. 다만 X-2열에는 그림 7.4에서 보는 바와 같이 모퉁이를 다듬지 않은 민짜 구형 귀틀석을 그대로 깔았는데, 이는 다른 열의 귀틀석과 비교하면 조잡하기 짝이 없다. 이를 근거로 수표교를 정밀 실측한 조사단은 X-2열이 영조 44년(1768)에 증축하면서 추가로 설치된 것으로 추정한다.

그림 7.11 수표교 바닥판과 귀틀석 X-2열과 X-3열

7) 멍에석(멍에 또는 멍에돌이라고도 함)

옛 다리에 설치됐던 멍에를 현재 교량에서도 같은 형태로 설계하고 있다. 다만 지금은 멍에를 연속하여 제작하고, 이들을 교각 기둥과 일체로 시공하여 교각구조 전체를 라멘구조로 설계함으로써 횡방향 저항력을 높여서 사용한다. 그러나 옛날 돌다리를 축조하는 때에는 멍에를 지금처럼 연속보로 만들 수가 없었기 때문에 여러 개로 토막을 내서 각 교각 기둥 위에 단순보로 올려놓

을 수밖에 없었다. 그래서 지금은 멍에가 한옥의 대들보 같이 상부하중을 대부분 지탱할 수 있지만 우리나라 옛 돌다리 멍에에는 다리의 형상 유지용으로만 쓰였고 실제로 역학적인 역할은 없다. 다시 말하자면 멍에를 없애고 귀틀석을 교각 위에 정교하게 얹어놓을 수만 있다면 굳이 멍에를 설치하지 않아도 돌다리는 만들어진다.

그림 7.12처럼 수표교에 설치된 멍에석은 총 36개로 매우 불량한 상태에 있다(그림 7.13). 현재 설치돼있는 멍에석은 각 교각 열 마다 4줄씩 배열돼있는데, 양쪽 가에 있는 X1-X2와 X4-X5에 설치된 멍에석 길이는 모두 2.0m 이상으로, 내부에 배열된 X2-X3와 X3-X4 사이의 멍에석 길이보다 평균 300mm 이상 더 길다. 그러나 외측 열의 멍에석은 다리 바닥면 밖으로 나와 있어 실측된 멍에석 길이가 구조역학적으로는 큰 의미를 갖지 않는다. 영조 때 증축됐다고 추측되는 X-2열과 본래 있던 X3-열 사이 간격은 1.81m로 바로 옆 열 X1-X2 사이의 간격 1.73m과 80mm 정도밖에 차이가 나지 않는 것을 고려하면 수표교는 1768년 당시 우리나라 '교량 확폭 기술' 수준을 보여주는 좋은 사례이다.

그림 7.12 수표교 멍에석 평면도

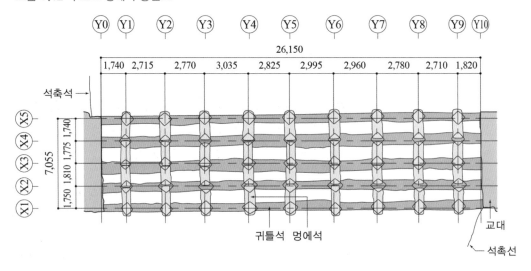

그림 7.13
수표교 훼손된 멍에돌(밑에서 위로)

7.1.1.2 하부구조

1) 교각

교각 기둥은 세로로 5열, 가로로 9열 총 45개가 세워졌는데, 영조 44년 개축하면서 기존에 있던 교각 기둥 위에 2층으로 새로운 교각들을 설치하여(그림 7.14) 현재는 총 90개의 교각 기둥이 서 있다. 지금의 교각들은 1959년 장충동으로 옮겨지면서 원형을 많이 잃어버렸을 것으로 판단된다.

그림 7.14 교각 기둥과 멍에 결구 상태

서북 방향   북남 방향

수압을 적게 받을 수 있도록 교각 기둥을 마름모꼴로 배치했는데, 그렇지 못한 교각 기둥도 있기 때문에 이것도 수표교 건설 초기부터 그런 것인지 아니면 이전 중 재축조 과정에서 생긴 일인지 현재로서는 알 수가 없다. 한 가지 확실한 것은 신라시대부터 하천에 세워진 다리 교각을 유선형으로 만들어 물의 흐름을 정상류로 만들고자 하는 노력과 기술은 우리나라 교량기술에 중요한 부분을 차지한다는 것이다.

교각 기둥 간의 간격은 다리 축-방향으로는 평균 2.56m(그림 7.12), 물 흐르는 방향으로는 1.76m로 실측돼(그림 7.12) 귀틀석 간의 간격과 유사함을 알 수 있다. 다리 길이 방향으로 측정된 교각 간의 간격은 다리 양 끝 구간에 설치된 교각 Y0-Y1과 Y9-Y10열의 간격이 가장 좁다. 이러한 교량의 지간 설정은 현대 교량과 같이 연속교일 경우에는 역학적 의미가 있지만, 단순보로 구성된 옛 돌널다리의 경우에는 그 설계 개념이 이해되지 않는다. 이는 살곶이다리에서도 볼 수 있듯이 조선시대 돌널다리의 특징이기도 하다.

수표교의 교각 기둥 사이 간격은 세로와 가로 방향 모두 비교적 일정한 값을 갖고 있어 조선시대 다리기술의 수준을 확실하게 인식시켜준다. 다만 현재 조사된 교각의 배치상태와 수표교지 유구들과 비교해볼 때 원형의 수표교는 장충단 공원으로 이전되는 과정에서 많은 부재가 교란됐을 것으로 추측돼 약간의 망설임은 있지만, 그래도 현 장충단 공원에 서 있는 수표교 상부구조(하부 기초 기둥 포함)의 예로 조선 초 교량 건설기술의 구체적인 기술 발전에 대해서 논할 수 있어서 그나마 다행이라고 생각한다.

2) 교대

옛 수표교 교대의 역할은 두 가지가 있다. 그 하나는 귀틀석에서 내려오는 상부하중을 지반으로 전달하는 역할이고, 또 하나는 교대 뒤에서 작용하는 토압으로 교대가 앞으로 밀려나지 못하게 하는 역할이다. 다리 교대 뒤에는 사람 다니는 길의 높이가 다리 바닥면과 같아지도록 흙이나 돌을 쌓아 올려야 해서 항상 횡 방향으로 토압이 작용한다. 그림 7.15는 현 수표교 북·남측 교대를 보여준 사진이다. 그러나 이 두 교대 모두 1959년 청계천에서 장충단 공원으로 이전할 때 재건축한 것이므로, 원형과는 거리가 멀 것이다. 따라서 수표교 교대를 가지고 옛 다리 축조기술을 논하기는 어려울 것으로 생각된다.

그림 7.15 수표교 현존 교대

북측 교대(하류 측)　　　　　　　　　　　　남측교대(상류 측)

3) 기초

① 나무말뚝 지반보강

우리나라 선조들이 다리 지반보강을 위해 나무말뚝을 사용한 역사는 고막천석교의 예에서 보듯이 매우 오래됐다. 그러나 수표교 축조 시에는 점토가 아닌 모래층에 나무말뚝을 박아 지반보강을 했다는 사실이 매우 흥미롭다(그림 7.16, 7.17). 서울 주위에는 화강암이 발달하고 홍수 때마다 낙산과 같은 인근 산에서 많은 양의 마사토가 청계천으로 흘러들어 쌓였을 것은 쉽게 추측할 수 있다. 고막천석교의 지반이 점토층으로 이루어졌기 때문에 나무말뚝으로 지반보강을 하는 것은 교각 기둥의 지지력을 전적으로 나무말뚝의 점착력에 의지하는 것이지만 마사토(磨砂土) 층에 나무말뚝을 사용했다는 것은 말뚝으로 느슨한 굵은 모래를 조밀하게 하여 나무말뚝 자체의 마찰력에 의한 지지력을 증가시키는 우리 선조의 경험에 의한 지혜의 산물이다.

그림 7.16 바닥석 제거 후 드러난 나무말뚝

그림 7.17 나무말뚝 기초 층

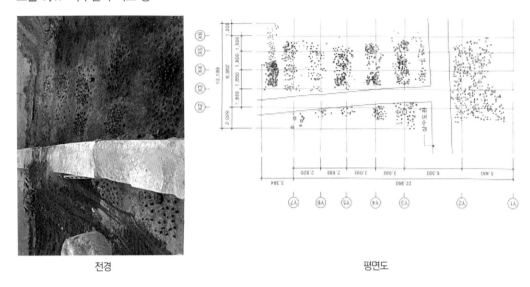

전경 평면도

　나무말뚝은 소나무와 참나무로 만든 60×80mm 각재와 직경 50mm/100mm 정도 되는 가공하지 않은 목재를 사용하여 만들었는데, 그 평균 길이는 1.0m 정도라고 보고된다.[3]

　연륜연대법으로 나무 나이를 측정한 결과 1486~1487년 사이에 벌채된 것으로 수령이 약 600년 된 것으로 나타난다. 그러나 수표교가 세종 2년(1420)에 완공됐으므로 연대측정방법 중에 탄소동위원소 측정법과 더불어 비교적 정확하다는 연륜연대법에도 약간에 오차가 있을 수 있다고 판단된다. 이 나무말뚝은 수표교 초기 건설 당시부터 있었던 것으로 추정된다. 다만 영조 44년(1768) 증축된 것으로 확인된 X-2열 기초에서는 나무말뚝이 확인되지 않고, 대신 적심석과 기와 파편으로 기초지반을 보강한 것으로 파악된다. 수표교 정밀실측팀에서 뽑아낸 나무말뚝 끝부분은 뾰족하게 잘 다듬어져 있었다(그림 7.18 오른쪽). 나무말뚝은 교각 받침당 약 25개부터 27개의 나무말뚝이 사용됐고, 띠-기초 형태의 교대 하부에도 1m²당 18개부터 20여 개의 나무말뚝을 박아 넣었다. 수표교 기초는 먼저 나무말뚝으로 지반을 보강한 후 하부 잡석층을 깔고(그림 7.19), 그 위에 교각 지대석을 설치했다. 그 사이에는 바닥돌을 깔아 세굴을 방지했다. 나무말뚝을 이용한 지반보강방법 사용 실례는 수표교 외에도 광통교, 하랑교 및 효경교지에서도 발견됐다.

그림 7.18 수표교 나무말뚝

뽑아낸 나무말뚝

말뚝 끝부분 가공 상태

그림 7.19 수표교 하부 잡석층

 잡석층

잡석층 발굴 현황

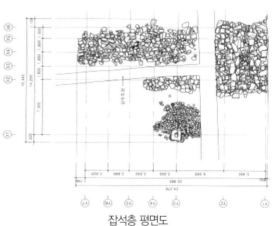

잡석층 평면도

② **교각 받침석**(지대석)

수표교 건설 초기에는 평균해서 가로 약 1.25m, 세로 1.23m, 높이 630mm인 지대석을 잡석층 위에 설치하여 그 위에 교각 기둥을 세웠다. 교각 지대석 중앙부에는 평균 지름이 약 435mm 되고, 깊이가 약 72mm 정도 되는 홈을 파서 교각 기둥 세울 자리를 만들었다(그림 7.20). 그러나 영조 때 증축된 X-2열의 교각 지대석은 두 개의 장대석을 잇대어 만들었고, 이 X-2열의 교각 받침석의 높이는 다른 X2~X5열의 그것들 보다 약 600mm 높게 설치돼있어서(그림 7.20) X-2열이 확폭된 부분이라는 확신을 주고 있다.

그림 7.20 교각 지대석과 잡석

지대석

두 개의 장대석을 잇대어 만든 교각 받침석

잡석층

③ 바닥석

수표교지 기초 층에는 평균 너비가 500mm 이상 되는 바닥석이 600mm 두께로 지대석 사이에 깔려 있다. 바닥석의 윗면은 교각 지대석보다 약간 낮게 설치돼있다(그림 7.20). 이 바닥석은 세굴방지용으로 설치한 것으로 판단되며 이러한 세굴방지 기술은 살곶이다리에서도 적용됐다. 한 가지 특이한 점은 수표교에서는 세굴을 확실하게 방지하기 위해 바 닥석 사이에 유황을 섞어 만든 쇳물을 부어 일체화

그림 7.21 유황 사용 흔적이 남아있는 바닥석

시키는 공법을 적용했다는 사실이다(그림 7.21). 이는 수표교보다 늦게 완성된 살곶이다리에서도 찾아보기 힘든 시공 방법이다.

7.1.2 광통교

광통교의 규모는 길이가 12.3m, 너비는 남측에 비해 북측이 넓은 사다리꼴 평면을 하고 있으며 그 중심 너비는 14.37m이다. 교각 열은 동서축으로 2열, 남북 측으로 8열 총 16개의 교각이 있으며, 그중 북쪽 교각 1개소는 콘크리트 교각으로 돼있다. 동서축 교각의 기둥 간격 중 하천 하류 쪽 6열 의 교각 간격은 비교적 일정하지만, 특히 북측 교각의 상류 쪽 2개의 간격은 하류 쪽 간격에 비해 상대적으로 넓다(그림 7.22). 이것은 원래 광통교가 물 흐르는 방향으로 6개의 교각을 세운 세 칸(3경간) 단순 돌널다리였는데, 1918년 전후해서 도로 폭을 넓히기 과정에서 상류 쪽 교각 2열을 더 증축하 면서 생긴 일이다.

다음은 2005년에 제출된 '광통교 실측조사보고서'의 내용 중에서 특히 지반보강방법과 세굴방지책에 관한 내용을 발췌하여 재정리한 내용이다.

그림 7.22 광통교 발굴 현황 평면도(교대석 2단 높이에서)

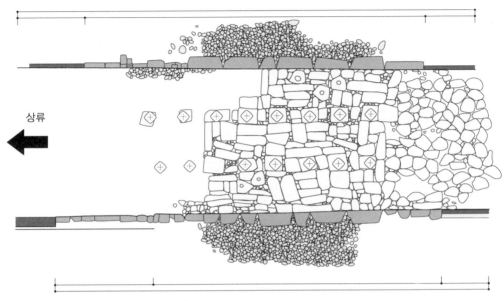

상류

출처: 서울특별시, 2005, 광통교 실측조사 보고서

7.1.2.1 하부구조

1) 지반보강과 세굴방지용 바닥 박석

청계천은 조선 초 한양의 내사산(內四山)[4] 등에서 발원한 물줄기들이 도성 중앙을 서동로 흐르는 자연천을 준설하여 인공적으로 만든 개천이다. 청계천은 동대문 옆 오간수문(五間水門)을 빠져나가 중랑천과 합류한 후 한강으로 흐른다. 광통교에서 오간수문에 이르는 청계천의 하폭은 대략 10m 또는 30m 정도였는데, 홍수 때마다 인근 산에서 씻겨 내려오는 모래로 하상이 쉽게 높아져서 영조 이후 수차례에 걸쳐 대규모 준설을 해야만 했다.

고려 말 진흙 위에 세워야 했던 함평의 고막천석교와는 달리 광통교의 지반은 모래층으로 덮였을 가능성이 크다. 그러나 모래층에서도 교량 기초의 침하가 쉽게 예상되므로 광통교에도 고려시대부터 자주 나타나는 나무말뚝 지반보강방법이 적용됐다(그림 7.23). 사용된 나무말뚝의 규모는 길이가 약 0.7m에서 0.8m이고, 지름은 약 $\Phi = 60mm$에서 80mm 정도로 실측됐다. 나무말뚝은 청계천 다른 옛 다리와 마찬가지로 교각과 교대 밑에 집중적으로 타설됐으며, 상대적으로 교대 하부보다 교각 기초 하부의 나무말뚝 단면이 좀 더 큰 것으로 실측됐다. 나무말뚝의 분포는 분포지역 안에서 1m²당 16개에서 23개 정도의 나무말뚝이 사용됐다(그림 7.24). 사용된 나무말뚝의 분포로 보아 우리나라 옛 돌다리 중에서는 가장 확실하게 시공된 지반보강의 예이다.

그림 7.23 나무말뚝 분포 현황 평면도

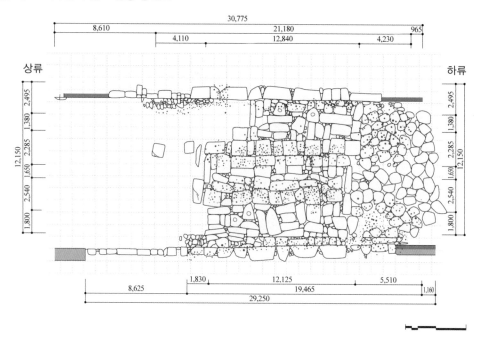

나무말뚝으로 보강된 기초지반에는 잡석층으로 바닥의 높이를 맞추고(그림7.25) 그 위에 300mm에서 400mm까지의 바닥 박석을 촘촘히 깔아서 교각 기초지반이 세굴되지 않도록 했다(그림 7.26).

그림 7.24
지반보강용 나무말뚝 분포

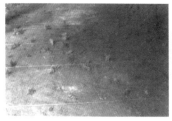

그림 7.25
보강 말뚝 위에 놓인 기초 잡석

그림 7.26
광통교 바닥 박석(하류에서 상류로)

2) 지대석

광통교의 지대석은 평균 1.0m에서 1.2m 사이에 있는 평면을 가지고 있고 또 높이 300mm에서 400mm까지의 정방형(정사각형) 넓은 널돌로 그 위에 놓이는 교각 기둥 단면(사방 약 600mm에서 700mm)보다 넓어 교각을 세우기가 편했을 것이다. 그림 7.27에서 보는 것처럼 광통교의 지대석은 세굴방지용으로 바닥에 깐 박석과 같은 평면에 놓여있다.

바닥에는 두 종류의 박석을 박아 깔았다. 다리 하류 쪽에는 자연석을 사용했고, 다리가 놓이는 부분에는 구형 또는 방형 박석을 사용했는데, 이 박석들은 정릉 석물들을 재활용한 것이다. 광통교 구간에서의 하상 단면은 남북 쪽 교대 부분이 다리 중앙부보다 높게 구성됐다.

그림 7.27 광통교 지대석과 박석

3D Scan Data

바닥박석 전경(해체 중)

3) 교각

광통교 교각은 동·서 축으로 8열, 남·북 축으로 2열이 배치돼있다. 동·서 축 교각 중 상류 쪽 2열은 일제강점기에 다리를 확장하면서 추가로 설치한 것으로 낮은 돌기둥 위에 긴 돌기둥을 세워 기둥을 구성하고, 나머지 하류 쪽 6열의 교각에는 상류 쪽 2열 교각보다는 상대적으로 높은 하부 기둥 위에 상부 돌기둥을 얹어 교각을 만들었다(그림 7.28). 지대석과 하부교각 또는 하부교각과 상부교각 사이에는 수평을 맞추기 위해 약 70×150×15mm의 철편을 사용하여 받침용 쐐기 역할을 대신하고 있다(그림 7.29). 그러나 철편을 받치고 있었던 가장자리에는 당연히 하중이 집중돼 세로와 가로로 균열이 발생했다.

그림 7.28 남쪽 교각 현황(상류에서 하류로) **그림 7.29 지대석 상부 철물조각**

광통교의 다리 평균 경간장(徑間長)은 4.01m인 것으로 측정됐으며, 횡 방향으로의 교각 중심 간 거리는 평균 2.11m 정도로 나타났다. 교각에 작용하는 수압을 줄이기 위한 건설기술은 신라시대부터 1,000년을 넘게 전수돼 광통교의 모든 교각도 물 흐름 방향에 대해 45°인 마름모꼴 단면을 유지하여 홍수재해로부터 피해왔다.

조선시대 청계천 준설공사 과정에서 눈에 띄는 것이 다리 교각에 준설 높이를 각자에 새겨 넣는 기술이다. 광통교의 경우에는 북측 열 하류 쪽 첫 번째 하부교각의 남동쪽 면에 '경진지평(庚辰地平)'이라는 각자(刻字)가 새겨져 있는데, 교각 하부에서 500mm, 높이 지점에 20mm 폭의 음각선이 횡으로 새겨 넣어 준설공사의 한계를 지정해주었다.

7.1.3 서울 살곶이다리

'서울 살곶이다리 북측 교대 일원 유적 발굴조사서'에 따르면 조선 초기에 건설된 살곶이다리 규모는 길이 75.9m, 폭은 약 6m, 높이는 약 2.9m인 것으로 밝혀졌다. 이는 1971~1972년 '전곶이 보수공사 보고서'에서 제출한 길이 75.75m, 폭 6m, 높이 3m와 매우 비슷한 결과를 보인다. 홍수 때 물살이 빨라지면 교각 주위에 세굴이 발생할 수 있으므로 이를 방지하기 위해 교각의 지대석과 지대석 사이 하부 전체 면적을 잡석들로 깔아 박아 넣어서 하상(河床)을 보호했다.

7.1.3.1 상부구조

살곶이다리 상부구조는 4개의 교각 위에 얹힌 3개의 멍에 위에 4개의 귀틀석을 설치한 다음 귀틀석 사이에 장방형 형태의 청판석을 설치하는 전형적인 우물마루 형태를 취하고 있다(그림 7.30). 고려시대에 축조된 우물마루 형태의 고막천석교와 비교하면, 조선 초의 교량 건설기술이 고려시대 교량기술보다 훨씬 더 정교해진 것을 알 수 있다.

그림 7.30 살곶이다리 종단면도(17번 교각, S;1/100)(교각의 번호는 남쪽 교대에서부터 북쪽으로 센 숫자다)

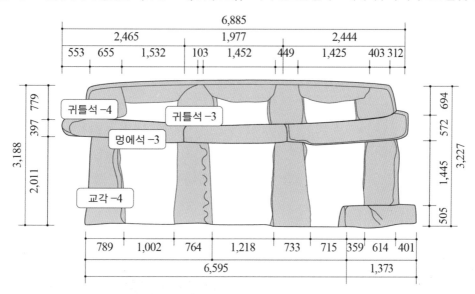

1) 청판석(다리 바닥)

살곶이다리 바닥판을 형성하는 청판석은 모두 잘 다듬어진 장방형(직사각형) 형태를 띠고 있어 길이는 전체 평균 1.795m, 폭은 598mm로 실측되고, 실측된 청판석 두께는 전체 평균 366mm 정도 된다. 남측교대에서 북측교대까지 사용된 청판석의 개수는 북쪽 열(보고서 A열)에 146개, 중간 부분(보고서 B열)에 141개, 남쪽 열(보고서 C열) 140개 등 총 427개였다(그림 7.31 왼쪽)

그림 7.31 청판석 전경 및 균열 현황

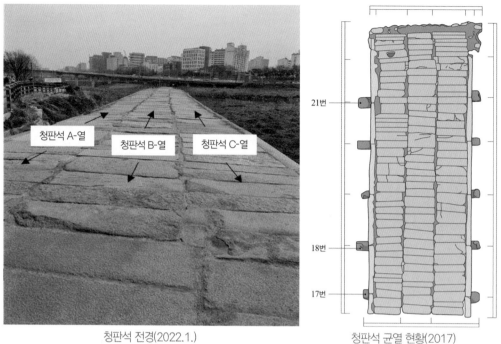

청판석 전경(2022.1.)
청판석 균열 현황(2017)

이 중에는 21번 교각 위 중간 열에 설치된 청판석(그림 7.32) 등에서 볼 수 있는 것처럼 절단된 청판석들도 보이는데, 불행히도 고막천석교에서와는 달리 '서울 살곶이다리 북측교대 일원 유적 발굴조사 보고서'에는 개개의 청판석에 대한 정보가 없어 역학적인 검토를 수행할 수 없었다.

그림 7.32 청판석 현황(아래에서 위로)

청판석(2022.1.)

파손된 청판석 균열(21번 B-열, 2012)

2) 귀틀석

귀틀석은 현대 들보형 교량의 주형(主桁, main girder) 역할을 하는 휨-부재다. 원래 석재(石材)는 압축재로서는 적합하나, 휨-부재(flexural member)로서는 매우 부적합해서 '2019년 살곶이다리 조사' 팀의 보고서[5]에 따르면 고막천석교와 마찬가지로 살곶이다리 여러 곳에서 귀틀석에 절단된 모습이 보인다(그림 7.33). 2012년에 한양대학교 박물관[6] 팀도 19/20번 교각 사이의 20-2번 귀틀석은 도로의 하중과 살곶이길 옹벽 토압으로 절단됐음을 확인했다. 살곶이다리 상부구조는 북쪽 교대 일원에 자전거길을 만들면서 쌓아 올린 옹벽으로 인한 토압으로 많은 손상을 입을 것으로 판단된다.

한편 교각 2번과 교각 3번 사이 서쪽 가상자리에 설치된 귀틀석에는 "병진(丙辰)년 10월에 패장(牌將, 건설현장 감독이나 십장) 편광휘(片匡輝)와 석수 김중철(金重哲)이 보수 하다"라는 흥미로운 명문이 새겨져 있는데, 우리나라에서 '시공책임 실명제'가 벌써부터 시행되고 있음을 알 수 있다(그림 7.34).

그림 7.33 21-4번 귀틀석 절단 부위(서쪽에서)

그림 7.34 교각 2/3번 사이 귀틀석 암각문

2012년 발굴조사서에 따르면 귀틀석의 길이는 3.4m 정도가 가장 많고 단면의 높이는 600mm 내외인 것으로 보고되고 있다. 2012년 보고서가 제출될 당시에는 살곶이다리 북쪽 교대 부근이 조사되지 않았던 관계로 살곶이다리 귀틀석을 총 80개 조사했으나 추후 2019년 성동구 발굴조사 결과 22칸 단순보 형태의 귀틀석은 88개를 사용된 것으로 확인됐다. 2019년 조사 결과에 따르면 북측교대 일원에서 발굴 조사된 귀틀석은 3.487m(길이)×301mm(폭)×637mm(높이)로 제시된 것을 보면 2012년 한양대 박물관에서 조사한 결과와 큰 차이는 없다. 2012년 발굴조사에 따르면 1972년에 교체된 것으로 판단되는 귀틀석이 30개가 있었다고 한다. 그 후 2019년 북쪽 교대 일원에서 8개의 귀틀석이 발굴됐는데, 2019년 보고서에 이들의 교체 여부에 대해서는 특별한 언급이 없다.

일반적으로는 중앙에 놓인 귀틀석은 양쪽으로 홈을 파서 '凸'자형의 단면을 갖고, 이웃한 귀틀석 사이에는 가로 방향으로 청판석을 깔아 다리의 상판을 구성한다. 살곶이다리에서는 양쪽 끝에 놓인 귀틀석은 안쪽으로 'L'자형 홈을 파서 청판석을 걸쳐 청판석의 윗면과 같은 높이로 처리하고, 중앙에 놓인 두 줄의 귀틀석은 청판석 밑에 바로 설치하여 외부에 노출되지 않게 설치했다(그림 7.35).

그림 7.35 18번 교각 위 바닥구조

3) 멍에(멍에석, 멍에돌)

옛 다리 교각 위에서 횡으로 얹혀있는 부재를 멍에라고 하는데, 현대 교량에서도 교각 위에 교각을 횡으로 잇는 이 부재를 멍에 또는 코핑(coping)이라고 부른다. 이 부재 위에는 다리의 길이 방향으로 설치되는 주형(귀틀보, 세로보)의 교량 받침이 놓인다. 이 멍에는 교량 상부구조에 작용하는 중력하중을 교각 기둥으로 전달하거나 바람이나 지진 등에 의해 발생하는, 다리가 횡으로 흔들리는 거동을 제어하는 역할을 한다. 따라서 현대에 와서는 일반적으로 이 멍에를 다리의 교각 기둥들과 일체로 시공한다. 그런 면에서 옛 다리에 놓이는 멍에의 역할은 역학적으로 명쾌하지 않다(그림 7.36).

그림 7.36
18번 교각 기둥·멍에석·귀틀석의 결구 상태(남동에서)

* 멍에돌은 교각과 귀틀석 결구의 보조역할

그림 7.37은 2019년 보고서에서 보여준 제19번 교각 열을 남동에서 보여준 것이다. 이 그림에서 볼 수 있듯이 기초 위에 힌지(hinge)형태로서 있는 19열 교각들과 그 위에 가로로 놓인 3개의 멍에 돌은 모두 역학적으로 힌지로 연결됐다. 다시 말하면 구조역학적으로는 이 구조 시스템은 영구 구조물로 사용할 수 없는 불안정구조이다. 그러나 조선시대 그 많은 홍수에도 살곶이다리가 무너지지 않았던 것으로 미루어

그림 7.37
19번 교각 열 중앙부 멍에(교각 높이 조절용)

보아 상부에서 아래로 내려오는 자중이 매우 크고 또한 석재와 석재 사이에 큰 마찰력을 기대할 수 있어 홍수 때 교각에 작용하는 수평력을 견뎌낼 수 있었던 것으로 보인다. 그 외에도 이 멍에의 역할은 교각과 귀틀석을 쉽게 결구하는 시공상의 이유(그림 7.36)와 다리의 높이를 일정하게 조정하는 역할을 들 수 있다(그림 7.37).

살곶이다리의 멍에는 21개의 교각 열에 각각 3개씩 63개가 설치됐다. 그림 7.37에서 볼 수 있듯이 각 교각 열마다 사용된 3개의 멍에는 기울어진 정도가 각각 다른데, 가운데 멍에는 평평하게, 양측에 있는 멍에는 서로 반대 방향으로 약간씩 기울어져 있다. 이렇게 멍에가 평탄성을 유지하지 않는 이유를 역학적으로 찾기는 어렵다. 가운데 멍에 위에 놓이는 두 개의 귀틀석이 역학적으로 바깥쪽으로 놓이는 두 개의 귀틀석에 비해 단면이 커져야 하므로(위에서 작용하는 하중이 더 크므로) 교량 상판 표면의 평탄성을 유지하기 위해서는 가운데 교각 기둥을 높이를 바깥쪽 기둥보다 짧게 조절해야 했기 때문이라고 추측된다. 고막천석교에서와 마찬가지로 우물마루 형식의 석교에서 멍에석을 다리 바닥 양쪽 밖으로 내미는 것은 무슨 역학적인 뜻이 있다기보다는 시공의 편리성 때문에 선택한 것이라고 판단된다.

7.1.3.2 하부구조

1) 교각

살곶이다리는 하천 양안에 각각 교대를 축조하고 교대와 교대 사이에 다리 길이 방향으로 21줄, 물 흐르는 방향으로 4개의 석주(石柱)를 세워 모두 84개의 교각을 설치했다(그림 7.38).

그림 7.38 살곶이다리 교각 열(1913~1925년 추정)

　살곶이다리의 교각 열 사이 간격은 모두 다르고, 횡 방향 교각 기둥 사이의 간격도 서로 다르다. 교각의 높이는 양 교대 쪽이 제일 낮고 다리 가운데로 갈수록 교각의 높이도 높아지게 축조했다. 이러한 기법은 비가 왔을 때 빗물을 다리 양쪽으로 흘러 내려보내기 위한, 현대에도 통용되는 매우 편리한 설계 기술이다. 교각은 정사각형 단면을 가지고 있는데, 2012년까지 조사된 80개의 석주 중 36개는 1972년에 교체된 것으로 나타났다. 이 교각 중에는 홍수 때 물에 의한 수압을 줄이기 위해 물의 흐름을 향해 마름모 모양을 하게 배치하기도 했다. 그러나 교각 기둥 단면 배치에 일관성이 있는 것 같지는 않다. 예를 들어, 교각 열 18번 바로 옆에 있는 19번 교각 열에는 상류 3개의 기둥이 마름모꼴로 배치되고 나머지 서쪽 기둥은 정방형으로 설치됐기 때문이다(그림 7.37). 뿐만이 아니라 2012년 성동구에서 발표한 보고서를 살펴보면 대부분의 교각 기둥이 정방향으로 배치돼 있다. 수압을 줄이기 위해 다리 교각 기둥 단면을 마름모 모양을 배치하는 전통은 신라시대부터 우리 선조 엔지니어들이 적용했던 다리 건설기술이다. 전문가 중에는 살곶이다리 원형은 대부분의 교각 기둥이 마름모꼴로 세워졌을 가능성을 점치는 사람들도 있으나, 지금은 그렇지 않기 때문에 살곶이다리 교각 배치가 1972년 다리 보수과정에서 바뀐 것인지 또는 원형이 그대로 유지되고 있는 것인지에 대해서는 좀 더 깊은 연구가 필요하다.

2) 지대석

　교각 기둥 아래 놓이는 지대석의 규모는 평균 가로 1,090mm, 세로 740mm 정도인데 2012년까지 발견된 69개의 지대석 중 34개는 1972년에 교체된 부재로 파악됐다.

그림 7.39 7/8번 교각 트랜치 남측 토층 모식도

트랜치 남측 전경

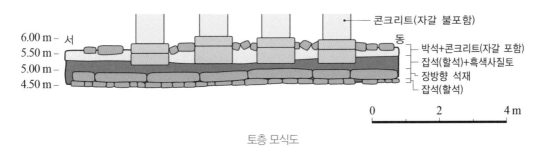

토층 모식도

3) 세굴방지 대책

2003년도에 성동구청에서 실시한 살곶이다리 주변을 보링(boring)한 결과에 따르면,[7] 지하 10m 깊이에 연암층이 있고 그 위에 퇴적층이 분포돼있다. 2003년 성동구에서는 다리의 하부구조를 파악하기 위해 7번 교각과 8번 교각 사이에 폭 2m의 트렌치 작업을 했다(그림 7.39).[8]

트렌치 결과 맨 아래층은 할석(割石)으로 채워져 있고, 그 위에 규모가 큰 직사각형(장방형) 돌판이 횡으로 깔려있다. 돌 판의 크기는 가로 1,300~1,600mm나 되고 너비는 480~700mm인 것으로 파악됐다(그림 7.39 아래쪽). 장방형 석재 위에는 잡석과 입자가 굵은 사질토를 깔고, 다시 그 위에 박석을 촘촘히 다져놓았는데, 그 사이를 콘크리트로 메워 지반침하(地盤沈下)와 세굴(洗掘) 현상 및 잡석의 유동(流動)을 방지하고자 했다.[9]

1972년 보수공사 때 다리 상·하류에 다리 길이 방향으로 너비 2m 정도의 두께 150~300mm 콘크리트 외부 줄기초를 타설했는데, 이는 기초의 세굴방지를 위해 매우 효과적인 방법이다. 그러나 위에서 언급된 세굴방지를 위한 조치들은 모두 1972년 이후에 이루어진 것들로, 그 이전에는 지금과 다른 세굴방지 대책을 가지고 있었을 것이다. 살곶이다리에서는 고막천석교나 수표교과 같은 말뚝기초 지반보강은 이루어지질 않았다.

옛날부터 우리나라에서 말뚝으로 지반보강을 하지 않으면 그 대신 맨 바닥층에 깨진 돌을 깔아 (잡석층) 지반을 다지고 그 위에 큰 네모난 돌 판을 설치한 후 지대석(기초석)을 바로 올려놓는 것이 일반적인 관행이다. 그러나 현재 살곶이다리에는 네모난 돌판 위에 잡석과 입자가 굵은 사질토를 깔았다. 이는 지대석의 높이를 고르게 하기에 매우 효과적이다. 그러나 모래는 흐르는 물에 매우 쉽게 떠내려가서 지반에 공동(空洞)이 생길 수 있으므로 기초의 부등침하(不等沈下)가 생겨 다리 전체 구조 안정성에 큰 문제가 발생할 수 있다. 그런 이유에서 1972년 이후 보수한 내용을 보면 세굴방지를 위한 콘크리트 띠를 추가로 설치한 것으로 생각된다.

이와 같은 사실을 고려해보면 원래 살곶이다리 지반구조는 맨 아래 잡석 층으로 지반을 보강하고, 그 위에 올려놓은 큰 네모난 돌판 위에 직접 교각의 지대석을 설치했을 것이다. 그 후 잡석들로 지대석과 지대석 사이를 메꾸어 잡석 바닥(그림 7.40)을 만들고 이들 바닥 위로 하천물이 흐르도록 하여 교각 기초의 세굴을 방지했을 것이다. 이 잡석바닥을 만드는 과정에서 공사를 좀 더 쉽게 하려고 왕모래를 섞어 넣을 수는 있으나 이 모래가 흐르는 물에 쓸려 내려가는 것을 어떻게 막았는지는 매우 궁금한 사항이다(그림 7.41).

그림 7.40 살곶이다리 하부 잡석 바닥층　　**그림 7.41** 물에 씻겨 내려간 잡석 바닥층

바닥층 잡석

물에 씻겨 내려간 잡석 바닥층

4) 교대

① 남쪽교대

남쪽 교대(그림 7.42)는 원래 중랑천 변에 위치해야 하나 현재는 하상 폭이 넓어져서 중랑천 하천 중앙에 있다. 현재 서 있는 남쪽 교대는 1972년도 새로 추가로 만들어진 길이 36m, 폭 9m의 신교를 만들기 위해서 새로 축성한 교대이다. 이 남쪽 교대 북쪽 면은 마치 기존 교각에 현 교대를 업어서 만든 모양새를 하고 있다(그림 7.42 오른쪽).

그림 7.42 남쪽 교대 전경

남쪽 교대 전경

남쪽 교대 북측 면

② 북쪽 교대

보고서에 따르면 북쪽 교대(그림 7.43)와 전면 일부를 제외하고는 모두 유실된 것으로 보이고, 현재 교대는 1972년 보수 당시 보수한 것으로 보인다. 이때도 교대 맨 앞면만 돌로 쌓고 뒤에는 퇴적토를 그대로 사용한 것으로 보여 북쪽 교대에 대한 특별한 역사적 정보를 취득하기 어렵다.

그림 7.43 북쪽 교대 전경

동쪽 편

정면

7.2 조선시대 홍예교(虹蜺橋) 건설기술

우리나라 최초의 홍예교는 신라 경덕왕 10년(751) 김대성(金大城)의 불국사 중창 시 조성한 청운교·백운교(靑雲橋·白雲橋)와 연화교(蓮花橋) 등의 돌다리다. 이들은 삼국시대에 지어진 홍예교로 현재까지 잘 보존되고 있다.

청운교와 백운교(그림 7.44)는 계단 형식으로 돼있는데, 청운교는 위쪽 16개 계단으로, 아래 18단 계단으로는 백운교가 축조돼 전체 34계단으로 구성돼있다. 난간은 엄지기둥에 돌란대[10]를 걸고 중앙에 하엽동자[11]를 세워 받쳤다. 연화교(그림 7.45)와 칠보교는 불국사 극락전으로 오르는 돌계단으로 아래쪽 10단의 계단이 연화교이고 위쪽 8단의 계단이 칠보교다. 비록 불국사에 있는 3개의 무지개 돌다리가 그 규모는 작을지라도 신라인들은 홍예(아치)에 대한 역학 개념을 완벽하게 파악한 것으로 보인다. 다만 이들 홍예교를 계단이라는 건축 요소로 사용했기 때문에 일반적으로 사용되고 있는 다리와는 설치 목적이 다르다.

고려시대가 끝날 때까지 최소한 한반도 남쪽에서는 마차나 말이 다닐 만한 홍예교가 나타나지 않는다. 홍예교가 본격적으로 남쪽 한반도에 나타나기 시작한 것은 조선이 개성에서 한양으로 천도하면서 경복궁에 영제교(永濟橋)를 태조 3년(1394)에 짓기 시작한 때부터다.

그림 7.46에 보이는 현 영제교는 일제강점기에 중앙청을 짓기 위해 이전된 다리의 복원된 작품이다. 영제교가 축조된 이후 창덕궁 금천교(태종 11년, 1411)와 창경궁 옥천교(성종 15년, 1484)와 같은 눈부시게 아름다운 홍예교가 잇따라 건설됐는데, 교량 공학적인 측면에서는 이 3개의 다리는 모두 같은 건설기술로 축조됐다.

그림 7.44 불국사 백운교

그림 7.45 불국사 연화교

그림 7.46 경복궁 영제교

그림 7.47 창덕궁 금천교

그림 7.48 창경궁 옥천교

궁금한 점은 통일신라시대 이후 남쪽 한반도에 나타나지 않던 홍예교의 건설기술이 조선시대에 뜬금없이 갑자기 나타났다는 사실이다. 아마도 지금은 알려지지 않지만 어쩌면 고려의 수도 개성에는 돌로 지어진 홍예교나 그 다리 터가 있을 수 있다. 아니면 북한의 어느 큰 사찰 입구에는 아직도 그 옛날 스님들이 건설해놓은 큰 규모의 홍예교 또는 홍예교지(虹蜺橋址)가 남아있을지도 모른다. 그렇지 않고서야 조선시대에 남쪽 전남 여천 흥국사 입구 계곡에 서 있는 흥국사 홍교 같은 대규모의 다리를 세울 엄두도 내지 못했을 것이다. 흥국사 홍교는 인조 17년(1639), 흥국사 주지 계특대사가 흥국사를 중건할 때 건설되었다고 전해진다. 흥국사 홍예교의 길이는 40m, 전체 높이 5.7m, 홍예 너비가 11.3m로 우리나라 현존하는 다리 중에는 그 규모가 가장 큰 무지개다리다 (그림 7.49).

그림 7.49 여수 흥국사 홍예교

    조선시대 홍예교는 숙종, 영조, 정조 및 고종 재위 시절에 특히 많이 건설된 것이 매우 흥미롭다. 숙종 때는 강화석수문(숙종 2년, 1676), 전남 보성 벌교 홍교(숙종 32년, 1706)(그림 7.50), 강원 고성 육송정 홍교(숙종 34년, 1708), 전남 선암사 상하 승선교(숙종 39년, 1713), 홍제천 오간수문(숙종 41년, 1715) 등 5개의 커다란 홍예교가 돌다리로 건설됐다. 이들 6개의 다리는 모두 조선 초기의 무지개다리와는 비교가 되지 않을 만큼 큰 규모로 건설됐다.

    숙종 후 영조 때는 전남 강진 병영성 홍교(영조 6년, 1730), 충남 논산 원목다리(영조 6년, 1730), 충남 강경 미내다리(영조 7년, 1731)(그림 7.51)등 3개의 홍예교가 건설됐는데, 그 다리들의 특징은 모두 지방에 놓인 장대 홍예교로 정부의 도움 없이 민간들이 만든 다리임에도 불구하고 공학적으로 흠이 없는 완벽한 시공 기술을 자랑한다는 사실이다.

그림 7.50 전남 보성 벌교 홍교

영조를 이어 왕이 된 정조 때는 경남 창령 군 영산 만년교(정조 4년, 1780), 안양 만안교(정조 18년, 1794), 수원 화홍문(정조 18년, 1794) 등 3개의 홍예교가 지어지는데, 이 3개의 다리 모두 그 규모가 장대하고 섬세하여 가히 조선을 대표 하는 홍예교라 할 수 있다. 그림 7.52는 안양 만안교를 보여주는 사진이다.

그림 7.51 충남 강경 미내다리

정조 이후 홍예교가 많이 등장하는 시기는 고종 때다. 고종 때는 전남 고흥군에 고종 8년 (1871)에 두 개의 수문을 홍예로 지어졌고, 진도 남도석성에도 고종 7년(1870)에 주민들이 보석같이 빛나는 두 개의 홍교를 만들었다. 그러나 이 시기에는 그동안 방치했던 경복궁을 중수하는 과정 에서 많은 예산이 소요돼 중앙정부가 지방의 소규모 교량 건설 사업까지 챙길 수 있는 여력이 없 었을 것이므로 지방에 건설된 다리의 완성도가 많이 떨어졌다.

그림 7.52 조선 후기를 대표하는 안양 만안교

7.2.1 기초지반 건설기술

7.2.1.1 창덕궁 금천교

조선 태종 때 창건된 창덕궁에 놓여있는 금천교는 우리나라에 몇 안 되는, 아름다운 옛 홍예교 이다. 이 다리가 조선시대 초에 건설돼 지금까지 훼손되지 않고 남아있는 가장 큰 이유 조선시대 선조들이 갖고 있었던 뛰어난 교량 기초지반 공사의 건설기술에 있다고 판단된다. 다음 간단하 게 소개되는 창덕궁 금천교 기초조사에서도 우리는 새삼 선조들의 기술 수준을 감탄하게 된다.

'창덕궁 금천교 발굴조사 보고서'에 따르면 홍예교의 길이는 남북 방향으로 약 12.3m, 길 너비는 약 13m가 된다. 홍예 지대석은 지정말뚝[12]이 박힌 마사토층 위에 200~400mm 되는 쇄석을 깔고 그 위에 장대석을 놓아 축조했다. 잡석기초 아래에는 잘 판축된 마사토에(그림 7.54 왼쪽) 직경 70mm, 길이 약 400mm인 지정(地釘)말뚝이 대략 300~400mm 간격으로 불규칙하게 촘촘히 박혀 있다(그림 7.54 오른쪽). 지정말뚝은 홍예 남단에서부터 북단 방향 9.6m 구간까지 확인됐다.[13]

그림 7.53 창덕궁 금천교

출처: 『조선고적도보』

그림 7.54 홍예 지대석 하부 지정말뚝

말뚝 아래 판축된 마사토 상태

금천교 남단부 지정말뚝 노출상태

그림 7.55는 금천교 서쪽 홍예 하부를 조사한 후 상태를 보여주는 사진이다. 지대석과 선단석은 대략 300×1,200mm 크기 장대석을 1단씩 2단을 엇갈리게 쌓아 올리고 홍예석은 그 선단석 위에 각각 5개씩 쌓아 올렸다.

그림 7.55 금천교 서쪽 홍예 하부 조사 후 모습

출처: 국립문화재연구소, 2002, 창덕궁 금천교 발굴조사보고서

7.2.1.2 청계천 오간수문

오간수문은 홍예 다섯 틀로 구성된 수문으로 남북 양측 교대 사이 하상에 네 개의 홍예 기초가 교각 형식으로 설치돼있었다(그림 7.56).

그림 7.56 오간수문 발굴조사 평면도 및 내측 입면 추정도

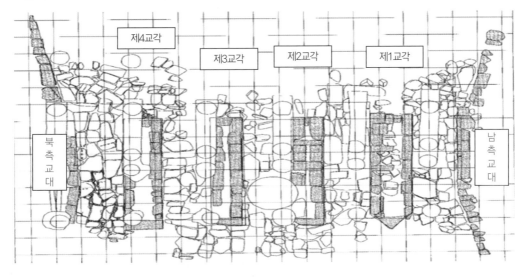

그림 7.56 오간수문 발굴조사 평면도 및 내측 입면 추정도 (계속)

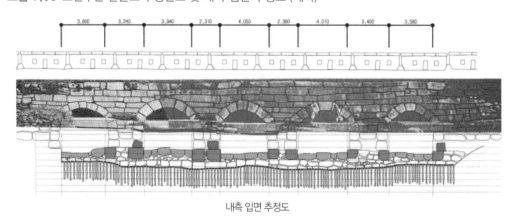

내측 입면 추정도

출처: 서울특별시, 2005, 오간수문 실측조사보고서/2006, 오간수문 복원방안 연구

북쪽 교대와 달리 비교적 잘 남아있었던 남쪽 교대의 잔존 직선구간 길이는 약 8.7m고, 그 양옆으로 동측 날개벽 약 9.61m, 서측 날개벽 약 13.03m가 각각 남아있었다. 직선구간은 한 단의 홍예 지대석으로 구성됐으며 그 위에 한 단의 홍예 선단석이 남아있었다(그림 7.57).

4개의 교각 길이는 12.6~14.1m 사이에 있고, 교각의 너비는 남쪽에서부터 각각 3.41, 2.42m, 2.43, 3.00m이다. 교각의 기초형식은 남쪽 교각 1기만 주형의 물가름돌(그림 7.58)이 남아있었고, 하류 쪽의 교각 하부는 특별히 배 모양으로 설치하지는 않았다. 교각의 상부 부재는 제자리에 남아있는 것이 거의 없이 훼손됐다.

오간수문 기초조사는 3단계로 구분하여 유구를 걷어내면서 시행됐다. 유구 조사 결과 조사된 전 구간(길이 33m×폭 22m)에

그림 7.57 남측 교대 직선구간

그림 7.58 해체 전 제1 교각

물 가름돌

걸쳐 다리의 교각과 교대 하부에 지름 약 100mm 내외의 나무말뚝을 사방 1자(尺)마다 하나씩 박아 지반을 보강한 것이 확인됐다(그림 7.59). 그 위에는 규격이 일정하지 않고 크기가 작은 돌들을 편평하게 깔았다. 그리고 전체적으로 판석을 한 단 혹은 두 단 깔았는데, 판석은 교각이나 교대의 지대석 역할을 겸하고 있다(그림 7.58). 교각 사이 공간에는 물 흐름으로 인한 세굴을 방지하기 위해 다시 잡석층을 설치하고 그 위에 마무리 상단 바닥 돌(박석)을 깔았다(그림 7.60). 현재 조사된 자료에 따르면 교각의 물가름돌 상단에서 약 3.5m까지 바닥 판석 유구가 노출돼있고, 하류 쪽에는 바닥돌을 하류 쪽으로 최소한 4m 정도 더 깐 것으로 조사됐다.

그림 7.59 제1 교각 구간의 지반보강 말뚝 현황

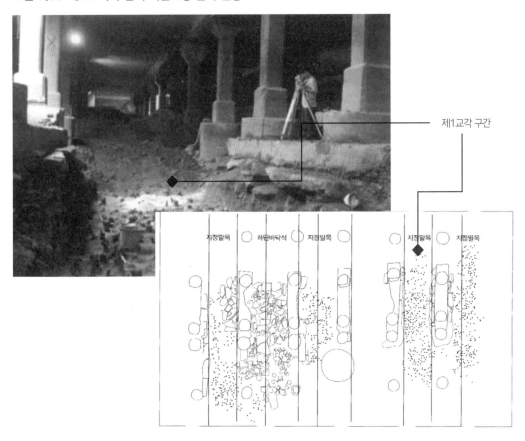

제1 교각은 외곽을 19개의 석재로 구성하고 내부에도 비교적 큰 규격의 가공된 석재들이 채워져 있었다. 제1 교각의 길이는 평균 13.97m, 너비는 평균 3.38m로 그 외곽을 구성하는 석재는 전체적으로는 1.2m에서 1.8m 정도 크기의 장대석이 다수 사용됐다. 교각석 중에는 철책 기둥의 받침

을 설치했던 것으로 보이는, 홈을 판 석
재가 양변 쪽에 각 하나씩 있었다. 그리
고 제1 교각 잔존 유구중에는 홍예 기단
석으로 추정되는 석재 1개가 남아있었다.

제2 교각의 규모는 길이가 평균 12.92m
고 너비는 2.35m다. 외곽을 구성하는 석
재는 14개이고 내부는 비교적 작은 잡석
들로 채워졌었다. 외곽을 구성하는 석재
중 중간 두 개는 교각 횡 방향으로 관통하
는 심석(深石)으로 설치해놓았다(그림 7.61).
제1 교각과 마찬가지로 교각석 중에는
철책 기둥의 받침을 설치했던 것으로 보
이는 홈이 파진 석재가 양변에 각 하나씩
있었다.

제3 교각 외곽을 구성하는 석재는 9개
이고 내부에는 3개의 작은 석재 외에는
제2 교각과 마찬가지로 비교적 작은 잡
석들이 채워져 있다. 다른 교각들에 비해
비교적 긴 석재들을 사용했으나 심석은
사용하지 않았다. 제2 교각 쪽으로는 제2
교각과 대응되는 위치에 있는 교각석에
철책 기둥의 받침을 설치한 홈이 패여 있
었으나 반대편 제4 교각 쪽에는 교각석
상부에 복개 구조물의 기초가 설치돼있
어 홈의 위치를 확인할 수가 없었다. 제3
교각의 잔존 유구인 홍예 기단석으로 추
정되는 석재가 1개 남아있었다.

그림 7.60 제1 교각 세굴방지용 박석

그림 7.61 제2 교각 횡 방향 심석

횡 방향 심석

그림 7.62 해체 전 제3 교각

제4 교각의 길이는 평균 13.33m, 너비는 평균 2.94m 정도로 측정됐다. 그 외각은 석재 16개로 구
성됐으며 그사이는 잡석으로 채워져 있다. 제4 교각에도 제3 교각에서와 같이 심석은 설치되지

않았으며, 그 잔존 유구로 보이는 두 조각난 홍예 기단석 1개도 발견됐다.

제4 교각 북쪽으로 북쪽 교대가 발굴됐는데, 그 직선구간은 약 8.39m이고, 양옆으로 길이 12.39m의 동쪽 날개벽과 길이 4.5m의 서쪽 날개벽이 각각 연결됐다. 이 날개벽에 사용됐던 석재는 직선구간과 달리 장대석이 아닌 상대적으로 작은 석재가 사용됐다. 북쪽 교대는 남측과 대칭된 형식으로 추정되나 교대 자리 위에 복개 교각 기초가 설치돼 유구가 일부 훼손된 상태였다.

7.2.2 홍예교의 구조역학

7.2.2.1 홍예의 역학 개념

홍예 구조가 중국에서 매우 오래전부터 사용됐던 것은 분명한데 그 시기가 로마인들보다 먼저인지는 확실하지 않다. 우리나라에서도 오래전부터 사용했던 것만은 확실한데, 사용된 건설재료가 주로 화강암으로 이루어졌기 때문에 궁궐이나 사찰에 주로 사용되고 로마에서처럼 일반도로에는 적극적으로 사용되지 못했다. 그림 7.63은 홍예의 역학적 성질을 쉽게 이해할 수 있도록 한개의 수직 집중하중을 받는 3-힌지 홍예에 발생하는 휨모멘트의 크기를 나타낸 그림이다.

홍예 시스템이 직선 들보와 만드는 차이는 수직 하중에 대해 들보에는 없는 수평력, H(그림 7.63(a))가 수직 하중에 의해 발생하는 휨모멘트를 줄이는 방향으로 작용한다는 사실이다(그림 7.63(c)). 예를 들어, 그림 7.63(a)에서 홍예 이마돌에 해당하는 힌지에서 휨모멘트가 영(zero)이 된다는 평형조건부터 하부 지점에 작용하는 수평력의 크기 H는 다음과 같다.

$$H = \frac{PL}{6f} \ (L = \text{아치의 지간}, \ f = \text{아치의 높이}) \tag{7.1}$$

여기서, 집중하중이 작용하는 위치는 $x_p = \dfrac{L}{3}$ 로 가정함

수직하중을 받는 3-힌지 홍예 단면에 발생하는 휨모멘트의 크기 M_x은 직선 들보로 가정했을 때 단면에 발생하는 휨모멘트(곡선-1)와 홍예지점에 발생하는 수평력에 의해서 발생하는 휨모멘트(곡선-2)의 합으로 표현된다(그림 7.63(c)).

$$M(x) = \frac{2}{3}Px - \frac{PL}{6f}y \quad (0 \le x \le \frac{L}{3}) \tag{7.2.1}$$

$$M(x) = \frac{P}{3}(L-x) - \frac{PL}{6f}y \quad (\frac{L}{3} \le x \le L) \tag{7.2.2}$$

식 (7.2)는 그림 7.63(c)에 회색으로 칠한 부분으로 표시된다. 즉, 홍예 시스템을 적용하면 단면에 발생하는 휨모멘트를 감소시키는 수평력이 발생하기 때문에 직선 들보보다 훨씬 넓은 하천을 단숨에 건너갈 수 있는 장점이 있다.

그림 7.63 수직 하중을 받는 홍예 구조 시스템(예시)
(a) 집중하중을 받는 3힌지 홍예
(b) 집중하중을 받는 단순 들보
(c) 홍예 단면에 발생하는 휨-모멘트도(색칠한 부분)

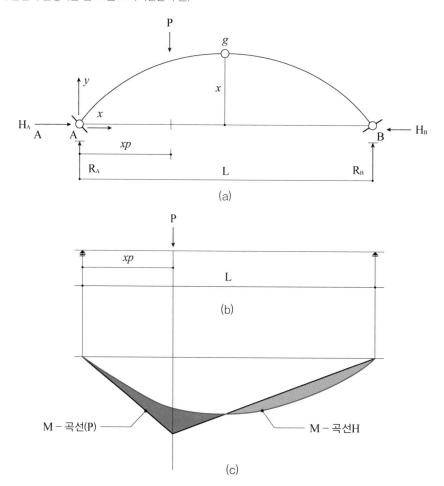

여기서 $x_p = \dfrac{L}{3}$ 로 가정

다만 여기서도 한 가지 주의할 점은 홍예 시스템에도 한 가지 결정적인 약점이 있는데, 그것은 집중하중이 홍예에 편심되게 작용하면 그림 7.64 왼쪽에서 보이는 것처럼 예상하지 못한 '좌굴현상'이 발생한다는 사실이다. 여기서 '좌굴현상'이란 홍예가 비대칭으로 큰 집중하중을 받으면 하중에 의한 변위가 처음에는 매우 작은 상태로 조금 발생하다가 작용하는 하중이 어느 한계(임계하중 또는 좌굴하중)를 넘으면 이론상으로는 변위(처짐)가 무한대의 크기로 발생하는 현상(그림 7.64 오른쪽)을 말한다. 이와 같은 현상은 홍예 구조에서 하중이 비대칭으로 작용할 때 발생하므로 좋은 홍예교 설계는 우선 하중에 대해 대칭인 구조를 계획하는 것이다. 사실 홍예교 설계에서 엔지니어들이 추구하는 것은 단면에 휨모멘트가 발생하지 않게 모양을 결정하는 것이다. 우리나라에서 발견되는 대부분의 홍예교는 반원형이다. 그러나 불행하게도 이러한 홍예 구조는 특수한 경우를 제외하면 휨모멘트의 발생을 피할 수가 없다. 따라서 이 반원형 홍예로는 넓은 강을 가로지를 수 없다. 이것은 우리나라에 홍예교가 발달하지 못한 한 가지 이유가 될 수 있을 것이다.

그림 7.64 홍예 시스템 좌굴 현상

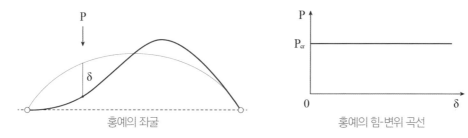

홍예의 좌굴   홍예의 힘-변위 곡선

홍예교 길이(홍예 양쪽 지점 중심 간 거리)를 길게 하려면 단면에 압축력만 작용하도록 형태를 선정해야 한다. 홍예 단면에 압축력만 작용하게 하는 홍예의 곡선을 추력선(thrust line)이라 한다. 이 곡선은 하중 형태에 따라 변하게 마련이지만 우리가 철사 케이블에 하중을 작용시킨다고 생각하면 이때 발생하는 케이블의 꼴을 거꾸로 뒤집어서 '추력선'을 얻을 수 있다(그림 7.65). 일반적으로 홍예에 작용하는 하중을 등분포 하중으로 가정할 수 있으므로 아무런 하중을 받지 않는 현수선이 자기 무게(自重)에 의해 만들어지는 꼴을 뒤집으면 원하는 홍예의 꼴을 구할 수 있다. 그런데 흥국사 홍예에서도 볼 수 있듯이 홍예석에 작용하는 사하중은 홍예 이마돌(頂石) 근처보다 선단석(扇單石)에서 훨씬 커지므로 홍예의 '추력선'은 원형 곡선에서 많이 벗어나 포물선의 형태를 취한다. 이 때문에 홍예 형태를 한 가지 수학 공식으로 나타내기란 무척 어려워서 철도기술자들은 철도교의 설계에 여러 가지 원곡선을 경험적으로 중첩하여 사용한다(그림 7.66). 이와 같은 방법으로 홍예 단면에 휨모멘트가 발생하지 않게 하거나 아니면 매우 작은 휨모멘트만 발생하도록 함으로써 상대적으로 무거운 기차가 직선 들보보다 훨씬 넓은 하천과 계곡을 건널 수 있도록 한다.

그림 7.65 홍예의 추력선

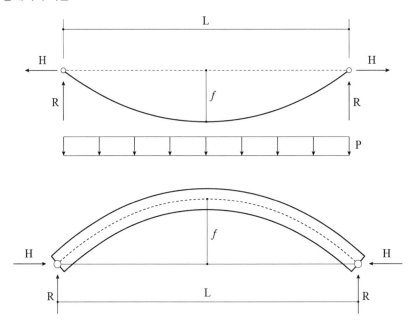

그림 7.66 철도 홍예교 설계 예

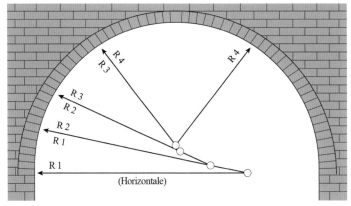

출처: FRITZ LEONHARDT

7.2.2.2 흥국사 홍예교 구조검토

　장대석으로 쌓아 틀은 옛 홍예교는 그 자유도가 너무 많아 구조해석이 쉽지 않다. 그래도 홍예석 사이에 작용하는 마찰력이 충분하다고 가정하면 홍예교를 연속된 물체로 가정할 수 있다. 즉, 가장 간단한 아치-이론으로 해석이 가능할 것이다. 현존하는 우리나라 옛 홍예교 중 제일 규모가 큰 흥국사 홍교를 예로 삼아 우리나라 옛 홍예교의 안전성을 검토해보았다.

　그림 7.67과 같이 흥국사 홍교 위에 작용하는 하중은 다리 위를 지나다니는 우마차나 사람들, 다리 만들기 위해 쌓은 사석과 흙의 무게 등으로 구성돼있어 엄밀한 의미에서는 홍예 위에 균등하게 작용하고 있지 않다. 여기서는 다리 바닥을 만들기 위해 바닥에 깐 적갈색 흙을 20cm 두께로

그림 7.67 흥국사 홍예교 구조 시스템(예)

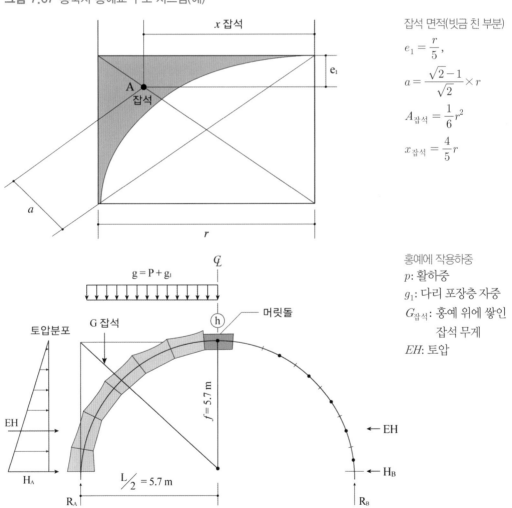

잡석 면적(빗금 친 부분)

$$e_1 = \frac{r}{5},$$

$$a = \frac{\sqrt{2}-1}{\sqrt{2}} \times r$$

$$A_{잡석} = \frac{1}{6}r^2$$

$$x_{잡석} = \frac{4}{5}r$$

홍예에 작용하중
p: 활하중
g_1: 다리 포장층 자중
$G_{잡석}$: 홍예 위에 쌓인 잡석 무게
EH: 토압

가정하고, 그 다리 위를 지나다니던 우마차와 사람들을 등분포하중으로 취급했다. 흥국사 홍예교 설계가 까다로운 것은 홍예석 옆에서 작용하는 토압 때문이다. 홍예에 횡 하중으로 작용할 토압은 홍예석 옆으로 쌓아 올린 사석에 의해 발생하는데, 흙이 아닌 이 사석들이 만드는 횡압 크기가 얼마나 될지, 비가 와서 물이 차면 이것들이 사석이 만드는 횡압에 얼마나 영향을 줄 것인지에 대한 정확한 정보가 필요하다. 다음은 흥국사 홍예교를 예로 삼아 옛 홍예교가 얼마나 안전한지를 검토해본 것이다. 간단한 계산을 위해 토압을 계산할 때 사석은 잘 다져진 모래로 가정하고, 이때 물의 영향은 배제했다. 흥국사 홍예교 사석들 사이에 흘러 들어간 물은 다리 구조상 쉽게 옆으로 흘러내릴 것으로 판단했다. 또한 홍예는 완전한 반원으로 가정하여 그 반경은 5.7m로 했다. 이는 실제 기록에 나와 있는 수치와는 약간의 오차가 있을 수 있다.

1) 홍예 선단석에 작용하는 수평력 산정

흥국사의 홍예를 구조역학적으로 3-힌지 아치의 구조형식으로 가정할 수 있으므로 이들의 구조 시스템은 그림 7.67과 같이 이상화할 수 있다. 홍예의 지대석에 작용하는, 등분포하중에 의한 수평반력은 그림 7.67에서 이마돌(ⓗ)을 힌지 절점으로 하여 힘에 대한 평형조건을 구하면 수직 반력, R_A와 R_B, 수평반력 H_A와 H_B를 얻을 수 있다.

① 홍예교 A지점에서의 수직 반력: R_A

$$\sum V = 0$$

$$R_A = R_B = \frac{1}{2}\left[qL + 2\,G_{잡석}\right] \tag{7.3}$$

여기서 보도하중 p에 대해서는 2014년에 발간된 『도로교설계기준(한계상태설계법) 해설』 표 3.6.4에서 제시한 $p = 5.0 \times 10^{-3}$ MPa가 과대하다고 판단돼 예전에 경험적으로 사용해온 3.5×10^{-3} MPa를 적용하기로 했고, 보도 바닥층 진흙은 20cm로 가정하여 그 자중 $g = 19(\text{kN/m}^3) \times 0.2 = 3.8$ kN/m로 가정했다. 흥국사 홍예석의 크기는 약 밑변 53cm, 높이 55cm, 길이가 143cm인 화강암으로 알려져 있어 그 비중은 26 kN/m³으로 계산했다. 또 홍예석 무게를 홍예석 길이 방향으로 단위길이를 택하여 산정하면 다음과 같다.

$$g_{홍예석} = 26 \times 0.53 \times 0.55 \times 1.00 = 7.6 \, \text{kN/m}$$

홍예에 작용하는 전체 등분포하중 $q = p + g_{바닥판} + g_{홍예석} = 14.9(\text{kN/m})$이다.

$$R_A = \frac{L}{2}(p + g_{바닥판} + g_{홍예석}) + G_{잡석} \approx 198.93 \text{kN/m}$$

여기서 $L_{(홍예너비)} = 11.4$m로 계산했고 홍예석 주위로 쌓아 올린 그림 7.67에 보이는 잡석 무게는 $G_{잡석} = A_{잡석} \times \gamma_{잡석} = 144 \, \text{kN/m}$로 가정했다. 여기서 잡석의 무게를 계산할 때 원의 반경은 홍예의 바깥지름 r=6.0m, 잡석의 비중은 19 kN/m³을 적용했다.

② 홍예교 A지점에서의 수평반력: H_A

$\sum H = 0$: 대칭인 홍예의 양측 수평반력 크기는 서로 같다.

홍예교 A지점에서의 수평반력 H_A은 이마돌을 힌지로 가정하여 계산한 힘의 평형조건으로부터 구할 수 있다.

$$\sum M_h = 0$$

$$H_A \cdot f = R_A \times \frac{L}{2} - \frac{qL^2}{8f} - \frac{2}{3}EH \times f - G_{잡석} \times x_{잡석} \tag{7.4}$$

여기서 홍예에 작용하는 등분포하중은 $q = 14.9$ kN/m,

잡석정지토압 $K_0 = 1\text{-}\sin\phi = 1\text{-}\sin40° = 0.3752$,

잡석의 겉보기 비중 $\gamma = 1.9\text{g/cm}^3 = 19\text{kN/m}^3$,

홍예 높이를 f=5.7m,

$x_{잡석} = \frac{4}{5} \times r(=6.0\text{m}) = 4.8$m를 가정하면

홍예에 작용하는 수동토압은 아래와 같다.

$$EH = \frac{1}{2}\gamma K_0 f^2 \approx 116\text{kN/m} \tag{7.5}$$

지점 A에서의 수평반력은 $H_A = 18.15(\text{kN/m})$로 계산된다. 계산 결과에 따르면 A 지점에는 홍예 안쪽으로 향하는 약간의 수평반력이 발생한다.

2) 단면 안전성 검토

① 압축응력 검토

지점에서의 수직 반력 $R_A = 198.93\ \text{kN/m}$이므로 선단석 단면에 발생하는 압축응력은 최대 $\sigma_c = 198.93/0.53 = 375(\text{kN/m}^2) \approx 0.4\ \text{MPa}$이다. 일반적으로 화강암 압축강도가 10~50MPa[14]이므로 우리가 다루는 옛 홍예교는 구조적으로 매우 안정된 다리다.

② 선단석과 지대석 사이의 미끄러짐 검토

홍예석에 작용하는 압축력은 $R_A = 198.93\text{kN/m}$이고 수평으로 작용하는 힘의 크기 $H_A = 18.15\ \text{kN/m}$이다. 여기서 화강암과 화강암 사이의 마찰계수는 0.6 정도 되므로 선단석과 지대석 사이에 작용하는 마찰력은 $R_H = 119\ \text{kN/m} > 18.15\ \text{kN/m}$이 돼 선단석과 지대석에는 미끄러짐 현상은 발생하지 않는다.

③ 휨에 의한 홍예석 사이 틈 발생 여부에 대한 고찰(사용성 검토)

ⓐ 활하중을 고려한 사용성 검토

홍예교의 휨 좌굴이 일어날 수 있는 위치인 원호 $45°$가 되는 위치(단면 2)에서 휨-모멘트를 그림 7.68을 참고로 계산해보면

$$M_m = R_A \times 1.67 - (H_A \times 4.031 + EH \times 2.13 + G_{잡석} \times 0.77 + q \times \frac{1.67^2}{2}) \approx 97(\text{kN·m/m})$$

이 되는데, 홍예 단면의 단면계수 $S = \dfrac{bh^2}{6} = 4.682 \times 10^{-2}(\text{m}^3/\text{m})$이므로 단면 m-m에 발생하는 최대 휨인장응력

$$\sigma_t = \frac{97}{4.682 \times 10^{-2}} \approx 2.1 \times 10^3 (\text{kN}/\text{m}^2) = 2.1\text{MPa}$$로 계산된다.

한편 단면 m-m에 작용하는 수직력 V_m과 수평력 H_m은 다음과 같이 구한다.

그림 7.68 단면–2에 작용하는 수직 전단력과 수평력 산정을 위한 보조 그림

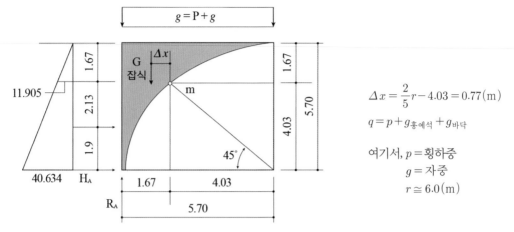

$$\Delta x = \frac{2}{5}r - 4.03 = 0.77\,(\text{m})$$

$$q = p + g_{홍예석} + g_{바닥}$$

여기서, p = 횡하중
g = 자중
$r \cong 6.0\,(\text{m})$

$R_A = 198.93\ \text{kN/m}$, $H_A = 18.15\ \text{kN/m}$, $EH = 116\ \text{kN/m}$,
$G_{잡석} = 114\ \text{kN/m}$. $q = 14.9\ \text{kN/m}$. $\Delta x = 0.77\ \text{m}$이다.

$$V_m = R_A\text{-}q \times 1.67 - 86.18(\text{단면 m-m 좌측에 있는 잡석무게}) \approx 88\ (\text{kN/m})$$

여기서 단면 m-m 좌측에 있는 잡석무게는 기하적으로 구한 근삿값이다. 이때 잡석의 단위중량은 19 kN/m³로 가정한다.

$$H_m = H_A + \frac{1}{2}(11.905 + 40.634) \times 4.031 \approx 124\ (\text{kN/m})$$

단면 m-m에 발생하는 축력 N은 단면에 작용하는 수직력과 수평력의 축방향 분력의 합으로 정해지고, m점에서의 접선각이 45°이므로 다음과 같다.

$$N = (V_m + H_m) \times \sin45° = (88+124) \times 0.707 \approx 150(\text{kN/m})$$

따라서 이 단면에 발생하는 압축응력 σ_c는 압축력 N을 홍예단면적 $A_{홍예} = 1.0 \times 0.53 = 0.53\text{m}^2/\text{m}$ 값으로 나누어서 얻는다.

$$\sigma_c = 150/0.53 = 283(\text{kN/m}^2) \approx 0.28\text{MPa}$$

홍예교 사용성을 검토할 때 주목할 대상은 홍예석과 홍예석 사이에 균열이 발생할 수 있는지의 여부를 가리는 것이다. 이 균열은 주목단면의 인장응력에 의해 발생한다. 홍국사 홍예교 단면 m-m에 발생하는 최대휨인장응력은 $\sigma_t = 2.1$MPa이고 압축력에 의한 압축응력은 $\sigma_c = 0.28$MPa이 므로 약간의 인장응력이 압축응력과 상쇄되고 단면에는 바깥 표면으로 약 1.8 MPa 정도의 인장응력이 발생할 수 있다.

ⓑ 사하중만 고려한 사용성 검토

현 홍국사 홍예교에는 보행자 통행이 허용되기는 하지만 관광객 몇 명 외에는 다리 위로 올라가는 사람은 없다. 따라서 문화재 보호차원에서 현 상태로 다리를 유지할 때 구조적인 문제가 있을 수 있는지를 알아보기 위해 홍예의 단면에 발생하는 인장응력을 활하중을 고려하지 않고 계산해보았다.

이때 다리에 작용하는 하중은 다리 바닥판의 자중과 홍예석의 자중, 홍예 옆과 위에 축조된 잡석 무게, 횡으로 작용하는 토압 등의 조합으로 이루어진다. 여기서는 다만 활하중 P=3.5kN/m만 취급되지 않는다. 따라서 등분포 사하중 $g = g_{바닥판} + g_{홍예석} = 3.8+7.6 = 11.4$(kN/m), $G_{잡석} = 114$(kN/m), 수평토압 EH=116(kN/m)를 고려하여 A 지점에서의 수직반력 R_A와 수평반력 H_A를 이용하여 계산하면 다음과 같다.

$$R_A = 179(\text{kN/m}),\ H_A \approx 4.0\ (\text{kN/m})$$

이 값을 이용하여 단면 m에서 발생하는 휨 모멘트를 산정하면 다음과 같다.

$$M_m = -67.951(\text{kN}\cdot\text{m/m})$$

이 휨모멘트는 단면 m-m 홍예 바깥쪽에는 최대 인장응력 $\sigma_t \approx 1.5$ MPa을 발생시킨다.

한편 수직 및 수평방향의 평형조건을 이용하면 단면 m-m에 발생하는 수직력 $V_m \approx 74$(kN/m)과 수평력 $H_m \approx 110$ (kN/m)를 얻을 수 있다. 단면 m에 작용하는 축력 N은 N= (74+110)×0.707 ≈ 130(kN/m)이므로 축력에 의한 단면 m에 발생하는 압축응력은 $\sigma_c = 0.3$ MPa가 된다. 이 축력에 의해 단면 m에 발생하는 압축응력과 위에서 구한 휨모멘트에 의해 단면 m에 발생하는 최대 인장응력을 더하면 최종적으로 단면 m에 발생하는 인장응력의 크기를 구할 수 있다.

$$\sum \sigma_t + \sigma_c = 1.5 - 0.3 \approx 1.2 \, (\text{MPa})$$

이 결과로부터 사람이 아무도 다니지 않는 홍국사 홍예교 홍예 바깥쪽 단면에는 계산상 아주 작은 인장응력이 발생할 수 있으나 이는 무시할 정도로 작은 값이다.

7.2.3 소결

위에서는 홍국사 홍예교를 예를 들어 우리나라 옛 홍예교의 안전성에 대하여 알아보았다. 돌 널다리와는 달리 홍예교에서는 재료의 강도는 문제가 별 되질 않는다. 그러나 사용성에 문제가 있을 수 있어 위의 예제에서는 선단석에서의 미끄러짐이라든가, 또는 홍예석 사이에 발생하는 들림 현상 등에 대하여 검토하였다. 즉 '사용한계상태'의 검토를 수행한 것이다. 이에 따라 하중계수는 $\gamma = 1.0$으로 사용하였다.

위의 예제에서 보았듯이 계산상 나오는 결과는 공학적으로 무시할 만큼 작은 값이다. 그러나 비록 홍예석 사이에 발생하는 인장응력이 무시할 만한 크기이고, 또한 지금은 다리 위로 다니는 보행자가 없어 활하중을 고려할 필요가 없기는 하지만, 그래도 계산상으로는 최소한 일부 구간에서는 인장응력이 발생했다는 의미는 경계조건이 바뀌면 홍예석 사이에 틈이 벌어질 수도 있다는 뜻이다.

문제는 이 예제에 사용한 데이터에는 너무 많은 가정이 들어갔기 때문에 여기서 계산된 결과로 현 홍국사 홍예교의 안전성 문제를 단정적으로 결론짓고, 이 결과를 가지고 다리의 유지관리 지침에 직접 적용하기는 어렵다. 다만 예제 풀이 과정에서 필자는 홍예에 작용하는 토압의 크기가 단면에 발생하는 휨 거동에 무척 예민한 반응을 보인다는 사실을 확인하였다. 바꾸어 이야기하면 돌로 홍예교를 만들려면 홍예 옆에 쌓아 올리는 석축의 정밀도가 홍예교의 수명을 좌우할 수 있다는 뜻이다. 이 이외에도 옛 홍예교 안전성 평가를 위하여 택한 많은 가정을 좀 더 과학적으로 해명하기 위하여 더 많은 연구가 수행되어야 할 것으로 판단된다. 앞으로 옛 홍예교의 유지관리를 위해서는 한국 문화재청이 교량 전문학회와 협력하여 전국에 있는 보존 가치가 있는 돌다리를 전수 조사하고, 좀 더 상세한 공학적 데이터를 가지고 옛 다리들의 유지관리를 과학적으로 수행할 것을 제안한다.

미주

[1] 기술용어: 제1장 참조

[2] 서울특별시, 2005, 수표교 정밀 실측 및 기본설계 보고서

[3] 서울특별시, 2005, 수표교 정밀계측 및 기본설계보고서, 54쪽

[4] 한양 내사산은 백악산(북악산), 타락산(낙산), 인왕산, 목멱산(남산)을 말한다.

[5] 성동구, 2019, 서울 살곶이다리 북측 교대일원 유적 발굴조사 보고서

[6] 성동구 한양대학교박물관, 2012, 서울 살곶이다리 발굴조사 보고서

[7] 성동구, 2003, 살곶이다리 안전진단 및 정밀실측용역

[8] 한양대학교 박물관, 2012, 서울 살곶이다리 발굴조사 보고서, 31쪽

[9] 한양대학교 박물관, 2012, 서울 살곶이다리 발굴조사 보고서, 35쪽

[10] 돌란대(欄臺): 난간 맨 위쪽에 나란히 돌려댄 돌들보

[11] 하엽동자(荷葉童子): 돌란대(난간동자 위에 가로로 대는 돌난간)를 받치는 연잎 꼴의 동자기둥(귀틀석 위에 세우는 짧은 기둥)

[12] 지정(地釘): 집터 따위에 바닥을 단단히 하려고 박는 통나무 토막

[13] 국립문화재연구소, 2002, 창덕궁 금천교 발굴조사보고서

[14] 김홍철, 2001, 『건설재료학』, 청문각, 434쪽 표 7-8

제8장

조선시대 나무다리 건설기술

8.1 정조의 배다리 기술

임금이 궁궐 밖으로 나가는 것을 조선시대에는 행행(幸行)이라 했다. 왕이 선왕릉(先王陵)에 참배하는 능행(陵行)을 하려면 길을 닦는 등 많은 준비가 필요했는데, 이러한 능행 중에 가장 유명한 것이 정조의 화성능행(華城陵幸)이었다. 1776년 왕위에 오른 정조는 아버지 사도세자의 무덤을 양주 배봉산(현 서울시립대학교) 근처 영우원(永祐園)에서 현 화성에 있는 현릉원(지금은 융릉(隆陵))으로 이장했다. 수원에 화성을 조성한 정조는 자주 이곳으로 행차했는데, 수원으로 가는 길은 원래 돈화문을 나와 숭례문을 거쳐 배다리로 동작진에서 한강을 건넌 후 지금의 남태령을 넘어 수원으로 가는 과천로(果川路)가 있었으나, 남태령(南泰嶺) 길을 닦는 일이 매우 어려웠던 반면 시흥로(始興路)는 길을 내기가 쉬웠기 때문에 정조는 1795년 행행 때 과천로를 피하고 새로이 시흥로를 택했다. 정조도 처음에는 용주(龍舟)를 타고 한강을 건넜으나 백성의 고통도 줄여주기 위해 정조 13년(1789) 12월에 한강의 배다리 건설을 주관하는 주교사(舟橋司)를 설치했다.

정조는 주교사 설치 이전에 이미 의정부에 명하여 배다리의 건설 전반에 관한 '교량공사지침서'인『묘당찬진주교절목』을 제정하게 한 후 제출된 주교절목의 내용을 손수 검토했다. 정조는『묘당찬진주교절목 변론』[1]을 통해 의정부 안을 관료들의 탁상공론이라고 비판했다. 정조는 이를 바탕으로 정조 14년(1790)에 친히 15개 조항으로 구성된『주교지남』을 만들어 유사(有司)에게 하사했다.[2]『정조실록』정조 14년(1790) 7월 1일 기사에 따르면 정조는 본인이 직접 주교지남을 만든 이유를 아래와 같이 밝히고 있다.

그림 8.1 주교사터(한강 인도교 남단 대로변에 위치)

배다리[舟橋]의 제도를 정했다. 상이(정조가) 현륭원(顯隆園)을 수원(水原)에 봉안하고 1년에 한 번씩 참배하려 한다. 한강을 건너는 데 있어 옛 법전에는 용선[龍舟]을 사용하게 했으나 그 방법이 불편한 점이 많다. 하여 배다리의 제도로 개정하고 묘당으로 하여금 그 세목을 만들어 올리게 했다. 그러나 상의 뜻에 맞지 않았다. 이에 상이 직접 생각해내어『주교지남(舟橋指南)』[3]을 만들었다.

定舟橋之制(정주교지제), 上旣奉顯隆園於水原(상기봉륭원어수원),
將歲一展省(장세일전성), 以江路渡涉(이강로도섭), 舊典用龍舟(구전용용주),
而其法多不便(이기법다불편), 改用舟橋之制(기용주교지제),
命廟堂撰進節目(명묘당선진절목), 未稱上旨(미칭상지).
上乃親自運思(상내친자운사), 爲舟橋指南(위주교지남).

책의 내용은 이러하다. 배다리의 제도는『시경(詩經)』에도 실려 있고,『사책(史冊)』에도 나타나 있어 그것이 시작된 지 오래됐다. 그러나 우리나라는 궁벽하고 외져서 아직 시행하지 못하고 있다. 내가 한가한 여가를 이용하여 부질없이 아래와 같이 적었다. 묘당에서 지어 올린 주교사(舟橋司)의 세목을 논변(論辨)하고 이어 어제문(御製文)을 첫머리에 얹혀『주교지남』이라고 이름을 붙였다.[4]

其書曰(기서왈):
舟橋之制(주교지제), 載之『詩』(재지시), 見於史(견어사), 昉之久矣(방지구의),
我國僻陋(아국벽루), 未之能行(미지능행), 予於燕閒之暇(여어연한지가),
漫錄如左(만록여좌), 廟堂撰進舟橋司節目(묘당선진주교절목),
爲之論辨(위지논변), 仍以御製文(잉이어제문), 弁其首(변기수), 名曰(명왈) 舟橋指南(주교지남).

이에 주교사는『주교지남』의 내용을 기초로 정조 17년(1793)년에 36개 조항으로 구성·개정된 『주교사진주교절목(舟橋司進舟橋節目)』을 공표했다.『주교지남』은 정조의 문집인『홍제전서(弘齋全書)』에 수록돼 순조 때 간행되기도 했다. 이후 고종 30년(1893)에 주교사 운영규정을 확정한『개정주교절목』이 만들어지면서 내용이 추가됐다.

현대에 들어와서도 국가에서 공공시설인 교량을 건설하려면 먼저 교량을 건설해야 하는 합리적인 타당성 조사가 먼저 이루어지고 나서 정부 승인이 나면 주어진 자연조건들과 교량이 놓인 도로의 선형을 고려하여 위치를 결정한다. 교량의 공사는 건설자재 구입과 사재 운반 등의 여건 등 경제적 상황을 고려하여 설계·시공·감리가 이루어지고, 일단 교량이 건설된 이후에는 시설물의 유지·운용·관리에 대한 행위가 이루어진다.

정조 17년(1793)에 만들어진 개정된『주교사진주교절목』[5]의 내용을 검토해보면 비록 지금과 같이 세세하게 정리돼있지는 않지만, 강폭과 물의 흐름 및 조수간만의 차까지 사전에 조사하여 합리적인 한강의 도강위치를 정한 과정은 현대 교량 건설과정과 크게 다르지 않다. 다만 현대적 의미의 교량역학이 발달하지 못한 시대여서 설계과정에서 이루어지는 모든 부재의 선정은 거의 대목수들의 경험과 직관에 의존할 수밖에 없었다. 그래도 시공단계에서의 자재구매 및 시공 전반에 대해서는 지금 기준으로 평가해도 후한 점수를 받을 수 있다. 특히 현대적 의미에서도 시공 및 감리는 정부 관리들의 책임하에 매우 엄격하게 이루어졌다. 앞에서 검토한 내용을 기초로 1793년 주교사에서 정조에게 제출한『주교사진주교절목』의 내용은 기초조사, 설계, 시공, 감리, 자재구매 및 운반 등 공사 전반에 걸친 검토사항으로서 우리나라 역사상 건설공사에 적용된 최초의 '교량공사일반시방서'가 조선시대에 탄생했음을 알 수 있다.

정조 19년(1795)에 정조의 어머니 혜경궁 홍씨의 회갑연을 계기로 추진된 정조대왕의 화성을묘 원행(華城乙卯園幸) 한강 배다리 프로젝트를 당시 주교당상(舟橋堂上) 서용보(徐龍輔)는 개정된『주교사진주교절목』을 바탕으로 양력으로 2월 13일에 시작하여 양력 2월 24일까지 단 12일(2월 24일 포함)만에 성공적으로 완성했다.[6] 지금까지 전해 내려오는 이야기에 따르면 정조 배다리 부설에 다산 정약용의 역할이 매우 크다고 알려졌다. 그러나 불행하게도 공식적인 문헌 어디에도 그 이름이 나타나지 않는다. 그 주된 이유가 정약용이 한때 관심을 가졌던 서학(천주교) 때문이라고 알려졌는데, 이와 관련해서 정조가 죽은 후 정약용에게 끝까지 부정적인 의견을 가졌던 서용보(徐龍輔)와 정조 배다리 건설과정에서 정약용의 이름이 빠진 것 사이에 어떤 인과관계가 있는 것인지 궁금증이 생긴다.

여기서 우리 교량 전문가에게는 한반도에서 만들어진 최초의『교량공사일반시방서』와 더불어 교량을 현대적인 과학기술로 다룬 "우리나라 최초의 교량공학자는 누구인가?"라는 흥미로운 질문이 자연스럽게 제기된다.『엔지니어 정약용』의 저자인 김평원 교수는 묘당(의정부)에서 정조에게 제출한『묘당찬진주교절목 변론』의 초안이 정약용에 의해 이루어진 것이라고 주장한다.[7] 그 근거로 정약용의「자찬묘지명(自撰墓誌銘)-집중본(集中本)」에 적혀있는 아래의 글귀를 들고 있다.

> 주상이 이르기를, 기유년(1789년, 정조 13) 역사에 용(鏞, 정약용)이 그 규제(規制)를 진달하여 사공(事功)
> 이 이루어졌으니, 그를 불러 사제(私第)에서 성제(城制)를 조진(條陳)하라.

앞의 묘지명의 글귀를 근거로 유추하면, 정조가 아끼던 당시 29세의 천재 정약용이 1795년 양력 2월 13~24일까지 진행된 정조 배다리 가설 과정 현장에서 발생하는 많은 공학적인 어려움을 해결하는 중요한 역할을 했을 것이라고 추론한다. 더욱이 본인의「자찬묘지명」에 한강 배다리의 역사에 관해 구체적으로 기술한 점으로 미루어보아 정약용의 교량기술자로서의 면모는 의심할 수 없다. 다만 여기서 고려해야 할 것은 우리나라 최초의 교량기술자 후보군에는 교량을 과학적이고 합리적으로 지을 수 있도록 설계·시공 절차를 최초로 고안해낸 인물도 포함돼야 한다는 점이다. 비록 천재 공학자 정약용이『묘당찬진주교절목』에서 시작하여 을묘년 원행 때 배다리 건설 과정에서 주교당상 '서용보' 등과 함께 많은 기술적 문제를 해결했다고 하더라도 우리나라에서『주교지남』이라는 최초로 교량건설의 교량공사 시방서를 고안해낸 인물은 정조라는 사실과 함께 1789년 초계문신(抄啓文臣)[8]으로 규장각에 들어온 지 1년밖에 안 된 29세의 젊은 정약용이 비록 정조 배다리 설계에 관여했더라도 그의 공이 후대 사람들의 평가보다 높지 않을 수도 있다는 사실을 고려하여 한반도 최초의 교량공학자로는 정조를 추천하자는 의견도 만만치 않게 제기되고 있다. 실제로 정약용은 28세 때인 정조 12년(1789) 3월 전시(殿試)에 2등으로 합격하여 벼슬길에 나가게 됐다. 정약용을 일찍이 인재로 알아본 정조는 정약용이 과거에 합격한 해에 초계문신에 임명하고, 그다음 해에는 현륭원 능행을 위해 한강에 설치할 주교(舟橋) 가설에 대한 설계를 명령했다고 한다.[9] 두 의견을 종합하면 최초로『주교지남』을 제안한 사람과 이를 현장에서 충실하게 창의적으로 적용한 두 사람 중 어느 한 사람만 한반도 최초의 교량공학자로 선정하는 일은 그리 쉬워 보이지 않는다.

『주교지남』(1790)과 개정된『주교사진주교절목』(1793) 그리고『원행을묘정리의궤』(1795) 제4권 488쪽에 따르면 1795년 음력 2월 24일(양력 4월 5일)에 노량진에 놓였던 배다리는 교배선(橋排船) 36척, 좌우호위선(左右護衛船) 12척, 난간(欄杆) 240짝으로 제작됐고 그 가설 순서는 다음과 같다.

다리는 배 36척을 서로 머리를 엇갈라 배치하여 엮어 만드는 데 큰 배는 강심 중앙에, 작은 배는 강의 양변에 놓아서 가운데가 높고 양단이 낮은 모양을 이루도록 하여 전체적으로 무지개 모양을 띠었다. 지금까지 우리나라에서 조형미를 최초로 고려하여 설계한 교량은 성산대교와 성수대교인 것으로 알려졌는데, 실제로 한반도 교량 역사상 최초의 조형미를 설계부터 고려한 교량은 1795년에 가설된 정조의 배다리인 셈이다. 일단 배들이 제자리에 위치하면 길이 7발(把, 약 13m)짜리 종형(縱桁=longitudinal girder) 5줄을 1발(把, 약 1.87m) 간격으로 이웃 배들에 걸쳐 모든 배를 연결한 후 송판(松板)으로 바닥판을 만들고, 그 바닥판 위에 사초(莎草, 잔디)를 깔았다. 배다리 양쪽 선창에는 부판(浮板)을 설치하여 물이 다소 올라가고 내려가도 배다리 전체에 영향을 받지 않도록 했다. 이때 사용된 건설 자재들은 다음과 같다.[10]

교배선은 횡량(橫梁, cross girder) 72주(株), 종량(縱梁, longitudinal girder) 175주, 배 바닥에 까는 판목인 포판(鋪板, deck plate) 1,039개, 버팀기둥인 탱주(撑柱, short column) 170개, 질목(蛭木) 70개, 회룡목(回龍木)[11] 108개, 차정목(叉釘木) 175개, 대정목(大小釘) 10개, 두정(頭頂) 24개, 견마철(牽馬鐵) 5,804개, 대차정(大叉釘) 10개, 소차정(小叉釘) 10개, 윤통(輪筒) 10좌, 거멀못인 대질정(大蛭釘) 10개, 대견철(大牽鐵) 8개, 철삭(鐵索) 77사리, 대철삭(大鐵索) 8사리[12]이다.

이 기록으로 유추해보면 1795년 음력 2월 화성 행행 시 실제 사용된 교배선은 36척이었던 것으로 보인다. 『주교지남』에 따르면 가장 큰 배의 폭을 5발(把)로 잡았으므로 배로만 만들어진 다리의 길이는 180발이 된다. 따라서 『주교사진주교절목』에서 언급된 다리의 길이 190발은 배다리 양측에 있는 선창다리(艙橋) 길이까지 포함된 길이일 것이다. 주교지남에서 왕의 행차에 필요한 도로 폭은 4발(把, 약 7.48m)로 정했다.

문제는 『주교사진주교절목』[13]에는 『원행을묘정리의궤』(1795)에 기재된 횡량(cross beam/girder) 72주에 대한 언급이 없다는 것이다. 배다리의 상부구조를 구성하기 위해서는 다리 길이 방향으로 5줄의 종량이 필요한데, 이들 지지길이(main span)가 5발 정도 되므로 자체 무게와 바닥판에서 전달되는 잔디 무게 등을 고려하면 구조역학적으로 견디기 어렵다고 판단하여 공사현장에서 대목수들이 각 배마다 횡량(cross beam)을 두 개씩 더 설치하여 종량의 하중 부담을 줄였을 것이라고 추측된다. 이렇게 배마다 2개의 횡량을 사용하면 전체 배다리에 사용한 횡량의 수는 2×36＝72주가 소요된다. 한편 배다리 종량은 한 배에 5줄이 필요하고 전체의 배가 36척이 사용됐으므로 모두 180개의 종량이 필요했을 것으로 판단된다. 실제로는 175주가 사용됐다고 한다. 또한 차정목(나무못)

을 175개 사용했다면 이웃 종량을 잇는 과정에서 각 종량에 한 개씩 사용했다는 뜻으로 해석돼, 종량과 종량을 이을 때 칡넝쿨 밧줄과 함께 차정목도 같이 사용됐을 것으로 판단된다. 난간 240척[16]은 주교 좌우에 배치하는데, 나무판자(板) 92개, 난간 귀퉁이에 세우는 나무인 법수(法首, 난간기둥) 242주, 곡정(曲釘) 692개, 관철(貫鐵)[18] 73개, 배복(排目) 146개를 사용했다. 또한 홍전문은 주교의 남북과 중앙에 설치됐는데, 관판(鸛板),[19] 2좌(二坐), 두정(頭釘)[20] 8개, 깃발을 올려 다는 붉은 대삭 4사리(升旗[21]紅大索四距里)가 사용됐고, 이들도 주교를 철거했을 때는 본사(鷺梁津) 창고에 보관했다.

표 8.1 조운선의 주요 수치[14]

제원	자(尺)	미터(m)	비고
저판(底板) 길이	57	18.2	각선도본(各船圖本)[15] 자료
저판 너비	13	4.2	각선도보 자료
배 길이	74.1	23.7	추정계산 자료
배 너비	24.7	7.9	추정계산 자료
배 높이	11	3.5	각선도보자료

표 8.2 임난 후의 전선의 주요 치수(단위 자(單位 尺))[17]

	갑판장 (甲板長)	저판장 (底板長)	갑판 폭 (甲板長)	저판폭 (底板幅)	깊이 (深)
통영상선 (統營上船)	105	90	39.7	18.4	11.3
각진전선 (各鎭戰船)	85~90	65	30	15	8

*통영상선은 3도수군통제사(三道水軍統制使)가 탑승하는 기함(旗艦)이다.

개정된『주교사진주교절목』에는 건설자재를 쓰는 방법 외에 배다리의 치수에 대해 소상히 기록돼있다. 이에 따르면 주교의 길이는 수위에 따라 다르지만 대체로 190발로서 1,140자(약355m) 내외이고, 높이는 강심이 되는 다리의 중앙 부분에서 12자(약3.74m)가량이며, 길의 너비는 대체로 24자(약7.48m)로 돼있다. 여기서 길이의 단위 영조척(營造尺) 1자의 크기는 영조 때 사용됐던 1자의 길이로 지금의 31.17cm에 해당한다. 배다리는 춘행(春行)과 추행(秋行)에 따라 연초(年初)인 음력 1, 2월 또는 8월에 가설됐지만, 대개는 춘행이 많았으므로 주교 가설에 동원되는 주교선(舟橋船)들은 겨울을 한강에서 지내고 주교 부역을 1, 2월에 마친 다음에 각자 조운(漕運)에 종사하였다. 이에 동원된 배는 충청도의 조운선(표8.1)과 비상사태를 대비해 강화도에 비치한 훈련도감대변선(訓鍊都監待變船) 등 관선(官船)들이었으나 점차로 인근의 사선(私船)도 징발했다.

8.1.1 사전조사

현대적 의미에서의 다리 건설기술은 크게 설계·시공·유지관리의 세 단계로 나누어 설명할 수 있다. 그중에서도 설계기술에 시공기술과 유지관리기술이 함께 녹아들어야만 최종 결과물인 교량을 값싸게, 빨리, 안전하게 시공할 수 있을 뿐만 아니라 완공 후에도 손쉽고 안전한 유지관리가 가능하다.

그러한 이유로 다리의 설계과정은 매우 중요한데, 좋은 설계를 위해서는 먼저 주어진 여건을 세심하게 살펴봐야 한다. 우선 다리를 놓을 위치가 적당한지, 이 장소에 하천의 지반상태는 어떠한지, 매일 지나다니는 교통량은 얼마나 되는지, 홍수의 영향을 얼마나 받을지, 태풍의 세기는 얼마나 클지 등을 문헌 또는 현장 실험을 통해 세심하게 점검해야 한다. 이러한 과정을 실시설계 전에 해야 하는 '사전조사'라 한다.

1) 배다리 건설 위치의 선정[22]

한양에서 한강 남쪽의 선왕릉(先王陵)으로 가는 길은 숭례문을 지나 남서쪽으로 한강을 건너는 방법과 흥인문으로 나가 남동쪽으로 한강을 건너는 방법이 있다. 처음 묘당(의정부)에서는 노량진 (鷺梁津), 뚝섬(纛島)과 서빙고(西氷庫) 세 곳을 주교 가설장소로 검토하고(그림 8.2), 그중 노량진 나루가 강폭도 좁고 강 한복판의 흐름이 평온하여 가장 접합한 장소로 추천했다. 그래서 의정부에서는

그림 8.2 조선시대 한강 나루

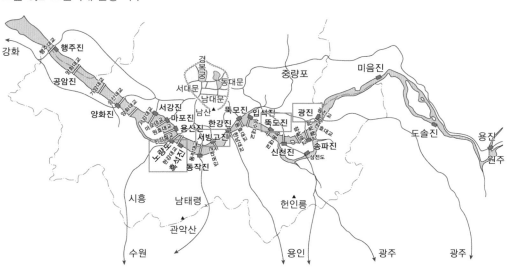

출처: 서울특별시사편찬위원회, 2000, 서울의 하천

노량진 길을 선능·정릉(宣陵·靖陵)을 행차할 때 영구히 쓰고, 헌릉·영릉(獻陵·英陵)에 행차할 때는 광진(廣津)으로 옮겨 설치할 것을 건의했다. 이에 정조는 『묘당찬진주교절목 변론』 1항을 통해 실제 노량나루의 지형은 의정부에서 보고한 내용과 차이가 있고, 특히 조수 간만의 차를 자연환경 조건으로 고려해야 한다는 설계상 결정적 결함을 지적하였다.

정조는 그의 『주교지남』 제1항에서 동호지역은 언덕이 높고 물살이 느리나 강폭이 넓고 길을 돌아가는 불편함이 있고, 서빙은 강폭은 좁으나 남쪽 언덕이 평평해서 물이 차면 강폭이 넓어지는 단점이 있다. 반면에 노량나루의 지형은 노량진 쪽으로 언덕이 있으며, 수심이 깊고 강폭이 좁을 뿐만 아니라 물살도 상대적으로 그리 급하지 않아 배다리의 가설 위치로는 노량나루가 동호와 빙호에 비해 여러 가지 장점이 있다고 결론을 내렸다. 다만 조수간만의 차로 수위 차가 커서 부두 건설에 기존의 시공 방법은 개선해야 한다고 지적했다. 정조가 노량나루를 택한 이유는 공학적인 이유를 떠나서도 강을 건너 한강 남쪽에 도착하면 바로 쉬어갈 수 있는 용양봉의 시설이 있기 때문이다. 용양봉저정(龍驤鳳翥亭)(그림 8.3)은 『원행을묘정리의궤』 책 첫머리에 있는 주교도(舟橋圖)에 잘 나타나 있다.

정조의 「화성행행도」는 정조 19년(1795)에 정조가 어머니 혜경궁 홍씨를 모시고 함께 아버지 사도세자의 묘소인 수원의 현릉원에 행차했을 때 거행된 8가지 주요 행사 장면을 그린 8폭의 그림이다. 용양정에 대해서는 정조가 정조 13년(1789)에 망해정(望海亭)을 구한 기록은 있으나 이후 다시 지은 것인지, 이름만 용양봉저정으로 바꾸었는지는 분명하지 않다. 정조가 이곳에서 주위를 살펴보고, "북쪽에 우뚝한 산과 흘러드는 한강 모습이 마치 용이 굼틀굼틀하고 봉이 나는 것 같아 억만년 가는 국가 기반을 의미하는 듯하다"라며 용양봉저정으로 이름을 지었다고 한다. 당시 주변에는 『원행을묘정리의궤』[23]에 실린 「주교도」에 나타나 있는 것처럼 배다리를 관장하던 관아건물이 몇 채 있었으나 모두 없어지고, 이 정자도 한때는 음식점으로 쓰일 정도로 훼손됐었다.[24] 옛 정조 배다리의 설치 위치는 현 한강철교가 놓여있는 위치로도 생각할 수 있겠나, 그림 8.3을 살펴보면 옛 용양봉저정터가 현 용양봉저정과 옛 노량진 정수장 터에 걸쳐있었던 것으로 보이기 때문에 실제 정조의 배다리는 현 한강 인도교 위치일 확률이 훨씬 더 높다.

그림 8.3 노량진 용양봉저정

현 용양봉저정

정조의 화성행행 주교도 부분도

*국립중앙박물관 소장: 「화성능행도병」 중

2) 강폭

의정부에서 제출한『묘당찬진주교절목』제2항에 배다리 가설에 필요한 배의 수에 대해 언급하고 있다. 이에 정조는 배다리의 수요를 말하기 전에 먼저 배다리를 놓아야 할 설계 강폭을 먼저 정해야 한다고 지적하고 있다.『주교지남』제2항에서 노량의 넓이를 강물의 진퇴까지 고려하여 약 3백 발(把)[25]로 제시했다. 그러나 1793년 주교사에서 개정한『주교사진주교절목』제4항에는 190발(약 355m)을 제시하고 있고, 실제로 1795년 정조 현릉원 행차 때에는 이를 수용하여 기준으로 삼았다.[26]

8.1.2 배다리 구조설계

먼저 다리가 놓일 위치와 주위 환경 및 자연환경에 대한 조사가 끝나면 설계의 그다음은 기본설계 과정을 거친다. 이 기본설계 과정에서는 다리 구조 설계를 구체화하기 위한 다리 상부구조 형태를 결정해야 한다. 정조 배다리는 36척 배와 다리 양단에 각각 한 개의 창교(艙橋)를 이어서 만든, 스프링으로 지지된 연속들보 형식 다리로 볼 수 있다.

다만 배다리를 가설하려 할 때 가장 중요한 과정은 빠르게 흐르는 강물에 이웃 배들을 일렬로 묶어 고정하는 작업이다. 정조 배다리 교량기술자들은 빠르게 흐르는 강물의 수압(水壓)에 견뎌내야 하므로 닻을 사용하여 강바닥에 단단히 고정하고, 닻만으로는 지탱하기 어렵다고 판단돼 추가로 인장 케이블을 사용했다. 배다리는 유속이 커지면 불안정해지므로 이를 영구구조물로 사용하려면 많은 사전 준비가 필요했다. 정조 배다리 경우에는 음력 2월 한강 수량이 가장 작은 계절을 이용하여 운영했기에 닻만으로도 충분히 배를 고정할 수 있었던 것으로 보인다. 정조 배다리는 화성행행이 끝나면 바로 철거했기 때문에 양력으로 2월 중순에 가설하여 4월 초까지 약 두 달 동안만 다리 역할을 하는 임시 구조물이었다. 한강 도강을 위해 노량진에 배다리를 가설하는 것은 계절적으로 매우 현명한 결정이다. 실제로 정조의 배다리는 그 가설 목적에 부합하도록 배 36척을 노량진 강 위에 일렬로 세우고 닻을 내려 강물에 떠내려가지 않도록 고정했다. 그다음 배마다 멍에를 이용하여 횡량(橫梁, 가로보, cross beam/girder)을 배의 길이 방향으로 2줄을 깔아 그 밑을 탱주목(짧은 기둥)으로 받쳤다. 횡량 위에 다리 길이 방향으로 5줄 종량(세로보, main beam/girder)을 각 1발(약 1.9m) 간격으로 설치했다. 그 종량 위에는 임금이 지나갈 수 있도록 4발(약 7.5m)짜리 송판을 횡 방향(배의 길이 방향)으로 고기비늘이 서로 맞물리듯 설치한 뒤(그림 8.4) 그 위에 한강 인근에서 떠온 잔디로 포장하여 길을 완성했다.

그림 8.4 배다리 뼈대구조 개념도

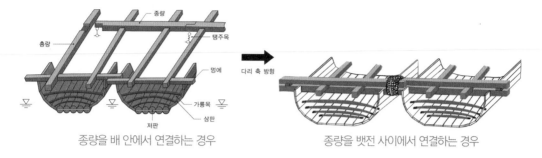

종량을 배 안에서 연결하는 경우 　　　　　 종량을 뱃전 사이에서 연결하는 경우

1) 배다리의 설계길이(『주교지남』 제3항/제4항, 배 선택 및 소요 배 척수 산정)

　배다리(浮橋)를 설계하려면 제일 먼저 사용하는 배의 크기 및 필요한 배의 수를 정한다. 의정부에서는『묘당찬진주교절목』제2항에서 훈련원 배 10척과 공진창의 조운선 12척을 쓰고 나머지는 개인의 배를 서울 부근 포구의 배를 쓰면 된다고 제안했다. 이에 대해 정조는『주교지남』제3항에 대한 구체적인 지적은 없었고,『주교지남』제4항에 대해서는 만약 사용하는 배의 폭을 30자(=5把)로 잡는다면 300발의 강폭에는 60척의 배가 소용될 것이라고 언급했다.

　한편『주교사진주교절목』제4항에서는 배다리(그림 8.5)의 남북 선창 거리를 190발, 필요한 배 척수를 36척으로 하고, 다리 가설에 사용될 배를 경강(京江=한강) 개인 배와 훈국선을 택일하여 쓰라고 지시했다. 그러나 불행히도 조선시대에 폭이 30자 이상 되는 배는 갑판 폭이 30자인 각진의 전투선(各鎭戰船, 그림 8.6)이나 갑판 폭이 39.7자인 통영에 주둔한 통영상선(統營上船) 등 전투함(戰鬪艦)밖에 없었기 때문에(표 8.2) 강 중앙에 배치할 수 있는 배는 훈련도감에서 가지고 있었던 '각진전선'과 병선(그림 8.7)같은 관선뿐이었다. 화성행행 행사보고서인『원행을묘정리의궤』에는 폭 30자나 되는 관선이 몇 척 사용됐는지에 대한 언급은 없다. 다만 전선을 사용하는 경우에는 그림 8.6처럼 갑판이 덮여있었을 것이니 그 위에 바로 종량 5개를 설치하고 과정에서 갑판에 손상이 가지 않았을까 하는 궁금증이 생긴다. 그러나 이 궁금증은 조선 초 평화 시에는 전선(戰船)을 조선(漕船)[27]으로 사용하다가 국가에 위기가 생기면 다시 전선으로 바꾸는 병조선(兵漕船)의 개념[28]을 이해하면 쉽게 풀린다. 조선 후기에 가면서 배다리 건설에 훈국선 사용은 제한되고 한강을 근거로 하는 개인 세곡선(그림 8.8)이 주로 사용됐다.[29]

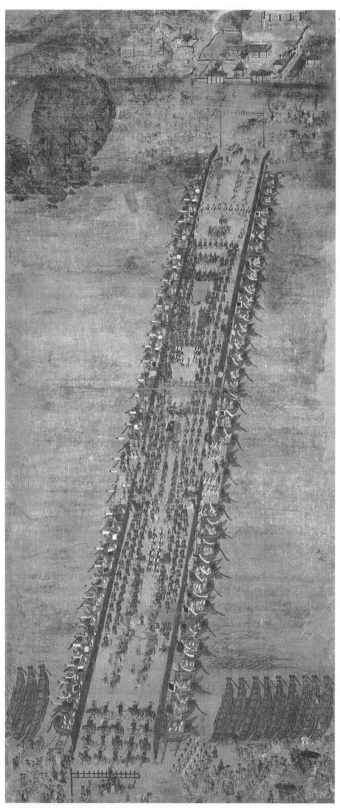

그림 8.5
한강주교환어도(漢江舟橋還御圖)

*국립중앙박물관 소장

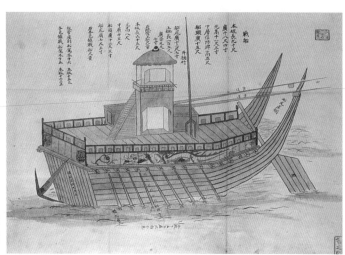

그림 8.6
각선도본 전선(戰船)

그림 8.7
각선도본 병선(兵船)

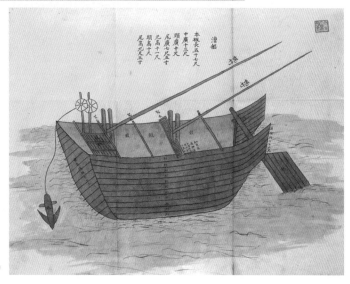

그림 8.8
각선도본 조선(漕船)

*서울대학교규장각 한국학연구원 소장

각선도감에 제시된 경강(한강)의 개인 배인 조운선 폭은 24.7자, 약 4.1발이 조금 넘는다. 정조 배다리에 소요된 배 36척은 사용한 배 너비가 5발 이상으로 계산한 것으로, 만약 정조가 『주교지남』에서 제안한 배 너비를 5발로 한다면 38척으로 해야 하지만 배다리 양쪽 끝 강변에 설치할 창교 길이를 고려하면 36척으로 계산하는 것이 합리적이다. 여기서 『주교사진주교절목』 제7항에 언급한 "가룡목은 양쪽 끝이 서로 닿지 않도록 어긋나게 배치하여 서로 끼어들게 해서 바로 이 배와 저 배의 뱃전 판자가 개 이빨처럼 서로 맞물려 틈새가 나지 않도록 한다"라는 조건을 고려하면 뱃전 밖으로 나온 멍에의 길이만큼 더 다리의 길이가 늘어나므로, 만약 5발 폭의 배를 36척 사용하면 실제 배의 길이는 190발이 아닌 190발+'멍에의 튀어나온 길이'가 돼야 한다. 그러나 앞에서 언급한 것처럼 정조 배다리에는 배 너비가 5발이 안 되는 조운선이 사용됐으므로 조운선의 배 너비(약 4.1발)에 멍에의 튀어나온 길이를 더하면 대략 5발이 될 수 있다. 다시 종합하면 정조 19년(1795)에 조운선을 36척 사용했다면(이때 창교는 고려하지 않음), 『주교사진주교절목』 제7항의 내용을 충실하게 따른다는 가정하에 한강에 놓인 배다리의 실제 길이는 1793년에 수정된 『주교사진주교절목』에서 정한 190발에 근접할 것으로 추측된다. 실제로 정조 배다리의 길이는 1957년 새로 가설한 '한강부교'의 개통식을 찍은 사진(그림 8.9)으로 가름할 수 있다.

6.25 전쟁 후 1959년 12월 중순 정부는 서울시민들을 위해 한강에 '한남부교', '한강부교' 및 '마포부교'를 설치하여 운영했다.[30] 정조의 배다리는 지금 제1한강 인도교의 위치에 가설됐을 것으로 전문가들은 추측한다.

그림 8.9 한강부교(1957년 11월 30일 한강도강을 위해 가설한 부교)

출처: 서울시사편찬위원회

2) 조형미(주교지남 제5항: 배의 높이)

전통적으로 교량을 설계할 때 가장 중요하게 고려해야 할 사항은 구조물의 안전성, 경제성과 시공성이다. 그러나 1970년대 이후부터 현대 교량설계에서는 교량의 조형미도 매우 중요한 설계요소 중 하나로 추가됐다(예: 천사대교, 그림 8.10).

교량의 조형미에 대해 여러 가지의 의견이 있을 수 있으나 전통적인 교량 전문가들은 육상선수들의 근육 구조미(그림 8.11)와 같은, 힘의 흐름에 맞추어서 한 점의 군더더기가 없는 교량구조미를 우선적으로 추구한다.

그러나 20세기 중반 이후에는 세계적으로 시민들과 일상을 같이 해야 하는 도심지 내 다리에는 구조적으로는 꼭 필요하지 않더라도 종종 조형성을 높이기 위해 시민들의 동의를 얻어 추가 예산을 지출하기도 한다(그림 8.12).

그림 8.10 천사대교[31](구조미)

그림 8.11 육상선수의 근육 구조미

출처: OMEGA KR@omegawatches.co.kr

그림 8.12 제주 서귀포 '새연교'(사진: 오동현)

우리나라에서 공개적으로 교량 미학을 고려하기 시작한 것은 1978년 서울시 주최로 '교량의 조형미'에 관한 세미나를 개최한 후부터다. 그 세미나의 결과로 태어난 교량이 성수대교와 성산대교다. 그러나 정조는 이미 지금부터 230년 전에 그의『주교지남』제5항에서 "대개 배다리의 제도는 한복판이 높고 양면은 차차 낮아야만 미관상 좋을 뿐 아니라 실용에도 합당하다"라고 한반도에서는 처음으로 '교량미(橋梁美)'에 대해 언급하였다. 그 의견을 반영하여『주교사진주교절목』제6항에서 배다리 중앙부는 12자 높이의 배를 배치하고, 그 양측으로 조금씩 낮은 배들을 배열시켜 전체적으로는 배다리의 종단면을 무지개(홍예, arch) 꼴로 하도록 했다. 배다리의 종단면을 홍예 꼴로 한 것은 현대 교량 종단 선형 결정에도 적용되는 것으로, 현 시방 규정에는 우중(雨中)에 빗물이 종단 구배를 따라 자연적으로 흐를 수 있도록 교량의 종단 선형 구배를 1.0% 이상 주도록 규정하고 있다. 정조가 제시한 교량설계 개념을 충실하게 이행하려면 배 중앙부에는 갑판 폭이 30자인 관선들을 배치하고, 이어서 폭이 24.7자인 조운선을 배치하면서 그 옆으로 일반 어선들을 배열해야 한다. 그런데 실제로 관선 높이는 함대 사령관이 타고 있는 통영상선의 높이가 11.3자이고 일반전선의 높이는 8자에 불과하여『주교지남』에서 정조가 제시한 12자에 많이 미치지 못한다. 또한『각선도감』에 수록된 조운선의 높이는 11자(尺)로 오히려 일반 전선보다도 높다.

앞에서 살펴본 것처럼 1795년 음력 2월 화성행행 때 노량진에 설치된 배다리의 모양이 '실제로 무지개(홍예) 꼴을 취할 수 있었을까?' 하는 의문이 생긴다.

3) 도로 너비(幅)

정조는『주교지남』제6항 종량과 제7장 바닥판(橫板)에서 도로 너비를 4발(약 7.48m)로 제시하였다. 이 배다리의 도로 너비는 어가를 호위하는 군졸들이 최대 9명이 일열 횡대로 통과할 수 있도록 정한 것으로 파악된다(그림 8.13).

그림 8.13 한강주교환어도 부분도

4) 상부구조 설계

현재 기준으로 보면 배다리 상부구조는 그림 8.14와 같이 멍에 위에 횡량을 설치하고(그림 8.15), 그 위에 5개 종량을 배의 길이 방향으로 연결한 후 바닥판을 가로 방향으로 깔아 구성한다(그림 8.16).

그림 8.14 20세기 초 연안선 중앙 단면도 도면

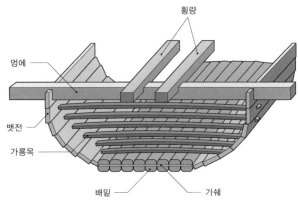

출처: 한국전통선박한선, 2012, 민계식 외

그림 8.15 배다리 가설도

출처: newsteacher.chosun.com

그림 8.16 정조 배다리 바닥틀 구조 개념도

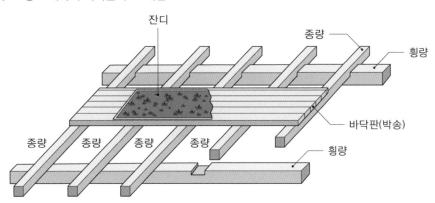

① **종량**(縱梁, 세로보, longitudinal beam/girder) **설계**

정조 시대 이전에는 돛대를 배다리 종량으로 사용했던 모양이다. 그러나 정조는 종량으로 돛대 사용을 합당치 않게 여기고 세 가지 폐단을 아래와 같이 지적했다.

첫째, 돛대는 아래는 굵고 위는 가늘어서 연결할 때 자연히 울룩불룩하게 되고 판자를 그 위에 갈아 놓을 때 매우 고르지 못하다.

둘째, 돛대를 연결할 때 많은 배를 쭉 펴놓기 때문에 배 한 척만 고장 나도(파손되거나 물에 침몰되는 경우) 옆 배가 지장을 받아 고쳐 보충하기 불편하다.

셋째, 돛대는 곧 상인 개인 물건이므로 혹시 꺾어지기라도 하면 또한 백성들에게 폐단을 끼친다.

이러한 폐단을 없애는 방안으로 삼남에서 별도로 긴 나무를 벌채하여 7발(把, 약 13.09m) 길이의 장대로 만들어 사용하도록 했다. 종량 단면은 정사각형으로 하고 그 치수는 1자(尺, 311.7mm)를 표준으로 삼게 했다.[32] 이웃한 두 종량의 연결 위치에 대해 정조는 이웃한 배와 배 사이로 제시하고 있다. 『주교지남』의 내용에 따르면 정조는 배의 너비가 5발(把)이라 정했기 때문에 종량의 길이는 배 너비보다 2발이 긴 7발로 하여 그 나머지 길이 2발을 뱃전 양편을 걸치게 했다. 그렇게 하면 갑(甲)이란 배의 종량을 을(乙)이란 배의 종량과 서로 1발씩 맞붙게 되고, 을이란 배의 종량은 병(丙)이란 배의 종량과 한 발씩 맞붙게 되도록 제안했다. 그러나 실제로 갑과 을의 종량을 현장에서 1발(약 1.87m)씩 겹치게 연결하기에는 번거로움이 많았을 것이다. 그래서인지 실제 현장에 적용됐을 것으로 판단되는 『주교사진주교절목』(부록 3 참조)에서는 종량의 길이를 7발(42자)가 아닌 35자로 제안하고 있다. 이렇게 하면 갑과 을의 종량을 현장에서 3.5자(약 1.1m)만 서로 겹치게 연결하는 것이 가능하게 되었다.

ⓐ 두 종량의 연결 위치

정조는 이웃한 두 종량의 연결 위치를 배와 배 사이로 제안했다. 그러나 현장 작업 여건을 고려하면 배 안에 종량 연결부를 두는 것이 배와 배 사이에서 두는 것보다 작업하기가 훨씬 쉬워서 실제로는 배의 중앙부에서 연결이 이루어졌을 가능성도 있다. 기록에 따르면 횡량 72주가 추가로 사용됐기 때문에 종량은 횡량 위에 얹히고, 종량 연결부도 횡량 위에서 또는 이웃한 횡량 사이에서 이루어졌을 것으로 추측한다. 그러나 종량의 연결을 뱃전 밖에서 하던 배 중앙부에서 하던 두 경우에 다 장단점이 있다.

ⓑ 이웃한 두 종량의 연결방법

의정부에서 처음에 제시한 『묘당찬진주교절목』 제10항에는 이웃한 두 종량을 연결하는 방법을 구체적으로 제시하고 있지 않다. 그러나 정조는 그의 『주교지남』 제6항에서 "갑이란 배 종량 끝부분을, 을이란 배 가룽목(여기서는 멍에를 뜻하는 것으로 생각됨[33]) 위에 맞닿게 하고, 을이란 배 종량 끝부분이 갑이란 배의 멍에와 맞닿게 한 다음 칡 줄로 동이고 아래에서 탕개로 조이게 하는 방법"을 제시했다.

정조는 혹시 종량 연결이 제대로 되지 않을 것을 염려하여 두 종량이 맞닿는 곳에 구멍을 뚫고 빗장을 질러놓을 것을 지시했다.

정조의 의도는 『주교사진주교절목』 제7항에서 제시한 것처럼 배 가룡목(駕龍木, 여기서는 멍에로 판단됨) 양쪽 끝이 서로 닿지 않도록 어긋나게 배열하여 서로 끼어들게 하되 곧바로 이 배와 저 배의 삼판(배 외곽)에 닿게 하여 마치 개 이빨이 서로 맞물리는 모양처럼 해서 움직이거나 물러나지 못하게 하고 멍에 위를 지나가는 7발 길이의 종량 5줄을 밧줄로 단단히 이어 붙여 배 36척이 서로 견고하게 연결되게 했다. 이 방법은 개 이빨처럼 이웃 배들의 멍에가 서로 맞닿는 위치와 종량의 이음을 같은 위치에서 같은 방법으로 연결할 수 있다는 장점이 있다. 한데 여기에는 한 가지 어려움이 생긴다. 정조가 사용한 36척의 배들은 규격화된 배들이 아니고 훈련도감에서 사용하는 전선이나 일반 뱃사람들이 가지고 있는 조운선을 빌린 배들이기 때문에 배마다 멍에의 위치가 다를 수가 있어[34] 정조가 원하듯이 두 배를 멍에로 개 이빨-맞춤하기가 불가능하다. 배다리 공사에 참여한 모든 배들이 멍에 위에서 종량을 연결하려면 먼저 모든 배마다 1자 간격으로 멍에에 5개가 설치되어 있어야 하기 때문이다. 이 문제를 해결하기 위하여 주교사에서는 108개의 회룡목을 멍에 대용으로 추가로 사용한 것으로 판단된다(그림 8.16 참조). 그러나 종량의 연결을 정조가 원하는 대로 이웃한 배 사이에서 하려면 180개의 종량이 필요한데 『원행을묘정리의궤』에 따르면, 실제로는 종량을 175개만 설치했다. 이 때문에 생기는 모순은 종량의 연결이 배의 한가운데에 있다고 가정하면 제거된다. 그러나 이 경우에도 배다리의 좌우 항선에는 창교와 연결하기 위한 별도의 요철이 준비된 특수한 종량이 추가로 필요하다는 어려움에 봉착된다. 창교와의 연결을 위해 종량을 추가로 사용했다는 기록을 찾을 수 없기 때문이다. 그러므로 종량의 연결 위치를 배 한가운데로 정한 경우에는 항선과 이웃한 배에서 항선 위로 설치된 마지막 종량의 길이는 35자(10.9m)가 아니라 종량의 끝이 항선의 멍에에 끝단에서 연결되는 창교의 종량 끝까지 다다를 수 있도록 약 15자가 더 긴 약 50자(15.6m)가 되어야 한다(그림 8.17). 이런 관점에서 본다면 종량의 연결을 이웃한 배 사이에서 하는 것이 더 유리할 수도 있다. 이 경우에는 개 이빨-맞춤으로 서로 꽉 낀 두 개의 멍에 위에 탕개를 놓고 그 위에서 종량을 연결이 이루어져 작업이 쉬울 수 있기 때문이다. 이 경우에는 항선과 창교를 연결하기 위한 별다른 종량이 필요하지 않게 된다. 문제는 이 경우에 탕개가 175개가 필요한데 『원행을묘정리의궤』 권4에 의하면 탕개가 170개 사용됐다고 보고되고 있고 또한 종량 역시 180개가 아니라 175개만 사용되었기 때문이다. 여기에 곁들여 우리를 혼란스럽게 하는 것은 횡량의 사용이다. 정조는 멍에 바로 위에 종량을 앉히고 이들을 배전 사이에서 연결하기를 원했던 것 같다. 그런데 그러면 배전 사이에 있는 멍에 위에서 바로 종량이 칡 줄로 연결되어야 하는데 그러려면 그 밑에 있는 멍에도 함께 묶어야 하는 어려움이 따른다. 그런데 이러한 문제는 멍에 위에 횡량을 설치하고 그 위에 멍에를 따라 종량을 설치하면 뱃전 사이에 위치한 종량 이음새와 개 이빨-마춤 멍에 사이에 횡량 높이 만큼의 공간이 생겨 탱개를 놓을 만한 공간과 종량을 연결할 때 칡 줄을 감을 공간이 충분히 생겨 작업하기가 수월했을 것이다.

정리해보면 종량의 연결 위치는 배 가운데에서 이루어질 수도 있고, 정조가 원하는 대로 인접한 두 배의 사이에서 이루어질 수도 있다. 그러나 이 두 가지 경우 모두 행사보고서인 『원행을묘정리의궤』의 내용으로는 설명이 명확하게 되질 않는다. 이 문제를 해결하기 위한 추가적인 연구가 필요할 것으로 보인다. 그림 8.17은 종량의 연결이 배 가운데에서 이루어졌다는 가정하에 항선과 창교의 연결을 구상해본 것이다.

그림 8.17 항선과 창교의 연결 개념도

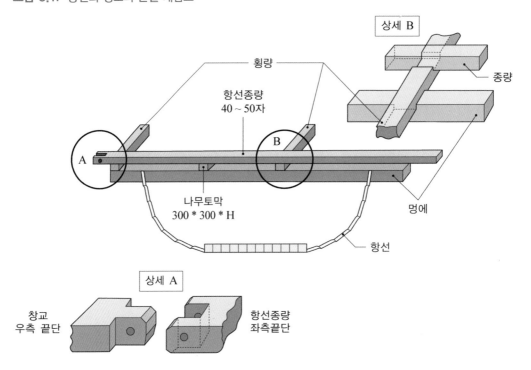

ⓒ 구조 해석을 위한 연결부의 역학적 가정

이웃하는 두 종량을 칡넝쿨로 튼튼히 연결했다면 종형들은 일시적으로는 휨에 대한 저항력을 갖게 될 수도 있다. 실제로 주교사에서는 1795년 음력 1월 25일(양력 2월 13일)부터 음력 2월 6일(양력 2월 24일)까지 12일간 배다리를 가설했고, 음력 윤 2월 4일(양력 3월 24일) 교량점검을 마친 후 모든 행사는 음력 윤 2월 9일(양력 3월 29일)부터 음력 윤 2월 16일(양력 4월 5일)까지 8일간 계속됐으므로 배다리를 만들기 시작한 날부터 해체하여 노량진 용봉정에 보관할 때까지 60일 정도 걸렸기 때문에 종형들의 연결부가 완전히 풀릴 수 있는 기간은 아니다. 그렇다고 하더라도 종량의 연결부가 얼마나 지속적으로 튼튼하게 묶여있는가는 현장 인부들의 작업 능력과도 관계가 깊어서 이를 염려한 정조는 그의 『주교지남』 제6항에서 두 종량 연결부에 구멍을 만들어 빗장을 질러놓을 것까지 지시했다. 정조는 교량 공학적으로 지금 구조해석을 한다면 배다리를 만들 때 종량 연결부를 휨에 대해 강절(剛節, rigid)이 아니라 힌지 시스템(hinge system)으로 설계할 것을 지시했다.[35] 한편 『원행을묘정리의궤』 권4에 기록에 따르면 1795년 화성행행을 위해 배다리 가설에 36척, 호위선 12척 모두 48척의 배가 동원됐다. 정조는 직접 『주교지남』 제3항에서 배교선으로 조운선(漕船)[36]과 훈련도감의 배(訓局船)[37]들을 추천하고 있는데, 그 대부분은 조운선일 가능성이 크고, 행사가 끝나면 동원된 배는 곧바로 주인들에게 돌려주어야 했기 때문에 배 본체에는 못을 쓰지 않고 배를 서로 견고히 할 수 있는 기술을 적용했다. 이렇게 못을 쓰지 않고 부재들을 연결하는 기술이 한반도 옛 건설기술의 특징이다. 그런 이유로 배다리 본체와는 직접 못으로 확실하게 연결하지 않고, 칡넝쿨이라는 그 성질이 불확실한 연결재를 사용하고 있으며, 강 위에서 행해지는 불편한 작업성을 고려한다면 종량 연결부를 역학적으로 '힌지'[38]로 설계하는 것이 확실하게 품질을 보장하는 방법이다. 만약 2022년 현재 정조의 배다리를 다시 설계한다면 재료의 비선형성과 역학적인 비선형성을 모두 고려한 최적화된 설계가 가능하겠지만 그것을 1795년에 정약용 등 유신들이 설계한 결과와 비교한다는 것은 의미가 없다.

② **바닥판**(횡판)

현대 교량의 바닥판구조는 강판 또는 콘크리트 판으로 구성됐으며, 이들은 교량 위를 지나다니는 차량하중을 직접 지탱하고 이 하중들을 주형(主桁, main girder)[39]으로 직접 전달하든가(그림 8.18 왼쪽) 횡형(橫桁, cross beam)으로 전달한 후에 다시 주형으로 전달하는 역할을 한다. 하중을 먼저 횡형으로 전달한 후 다시 주형으로 전달하는 시스템은 교량 단면을 소수주형(小數主桁)으로 설계할 때 주로 사용한다(그림 8.18 오른쪽).

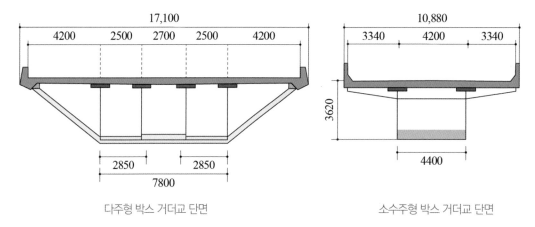

그림 8.18 박스 거더교 단면

다주형 박스 거더교 단면 　　　　　　　　　　 소수주형 박스 거더교 단면

　　지금은 우리나라에서 일반적으로 다주형(多主桁)[40] 교량을 선호하는 경향이 있다. 정조의 배다리도 다주형 교량 형식으로 왕의 행차 때 어가(御駕)와 어가를 호위하는 군인들의 몸무게(하중)가 바닥판에서 5개의 종량으로 직접 전달된다. 그리고 이 하중은 종량(세로보)을 받치고 있는 2개의 횡량(가로보)으로 전달되고, 다시 횡량을 받치고 있는 멍에 또는 탱주목(撐柱木)을 통해 배의 본체로 전달된다. 위에서 내려오는 하중은 부력에 의해 평형상태에 도달한다. 바닥판의 가설방법에 대해서는 『주교사진주교절목』 제9항에 다음과 같이 규정하고 있다.

　　장송판(長松板)으로 너비는 한 자(약312mm), 두께는 세 치(약94mm), 길이는 어가 너비 4발(약7.48m)에 맞추어 고기비늘처럼 나란히 종량 위에 횡(橫)으로 깔고, 두 판자가 맞닿는 곳에는 드러나지 않게 못을 박아 서로 맞물리게 한다. 아래쪽에는 견마철(牽馬鐵)로 두 판자가 맞닿는 곳에 걸쳐 박고, 판자 양쪽 끝에는 보이지 않게 구멍을 뚫어 삼밧줄로 꿰어서 왼쪽과 오른쪽의 종량에 묶어 움직이거나 노는 폐단이 없게 한다.

　　즉, 정조 배다리의 바닥판은 1발 간격으로 설치된 5개의 종량 사이를 길이 4발, 폭 1자, 두께가 3치(寸)인 규격화된 소나무 판(松板)으로 깔아서 구성했다. 『주교사진주교절목』 제9항에서 말하는 못(釘)은 쇠못일 수도 있고 나무로 만든 비녀못일 수도 있다. 한선을 만드는 데는 소위 피쇠라고 부르는 나무못(木釘)이 매우 자연스럽게 쓰인다. 이 피쇠는 박달나무나 전나무 같은 참나무로 만든다.[41]

　　『원행을묘정리의궤』에 따르면 대소정(크고 작은 못) 900개, 두정(頭釘, 대갈못) 24개, 차정목(釵釘木, 비녀나무못) 175개, 대차정(큰 비녀못) 10개, 소차정(작은 비녀못) 10개, 대질정(큰 거멀못) 10개를 사용했다고 하니, 이들 중 대소정 900개의 대부분은 바닥판에 쓰였을 것으로 생각된다. 또 '견마철'은 '견마대철(牽馬臺鐵)'의 준말로 현대어로는 '안장쇠'라고 한다. 그러나 정조 배다리 판자와 판자 사이에는 안장쇠를 쓸 곳이 없다. 따라서 옛 조선시대에 사용했던 견마철이라는 용어는 현대어로는 '띠쇠'라고 번역하는 것이 옳다. 견마철은 모두 5804개나 사용됐다고 하니 전체 배 길이 190×6＝1140자에 폭 1자짜리 판자가 1140장 사용됐다고 가정하면,[42] 길이가 4발인 판자 한 개에 약 4~5개의 견마철이 사용됐을 것이다. 바닥판 안전성은 견마철에 의해 상당 부분 확보됐을 것으로 판단된다. 종량을 연결하기 위해서는 칡넝쿨을 사용했을 가능성이 매우 큰데, 그렇게 하려면 이 칡넝쿨의 굵기에 따라 종량과 판자 사이에 공간이 생긴다. 마침 판자의 끝단에 작은 구멍을 뚫고 이를 통해 삼밧줄을 끼워 넣은 뒤 이를 종량과 판자 사이에 생기는 공간을 통해 종량에 단단히 묶는 것이 가능해 보인다(그림 8.19). 이처럼 『주교사진주교절목』의 시방 규정은 매우 정교하게 만들어졌음을 알 수 있다.

그림 8.19 바닥판 고정방법

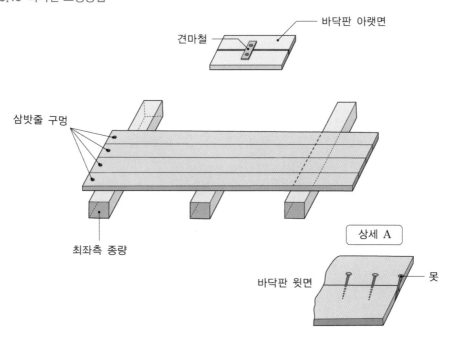

③ 난간 설계

현대 교량 단면에는 그림 8.20에서 보는 바와 같이 차도가 있고, 차도와 인도 사이에 방호책이 있으며, 인도 바깥쪽으로 난간을 설치하여 보행자의 안전을 도모한다.

사실 1970년대에 중반까지만 해도 서울 한강 다리에서 자동차 방호책은 찾아볼 수가 없었다.

그러나 1970년대 국가 경제 규모가 급속하게 확장됨과 동시에 서울시 자동차 교통량도 크게 늘면서 한강 교량에서 추락사고가 증가하여 서울특별시는 인명 보호차원에서 한강 교량설계에 자동차 방어책 설계를 의무화했다.

그림 8.20 한남대교 난간과 자동차 보호책

그러나 200년 전에 지어진 정조 배다리 경우에는 화성 능행에 참여하는 보행자의 안전을 위해서라기보다는 어가가 다리를 통과하는 동안 임금의 안위를 지키기 위한 시설로 사용했다(그림 8.21).

그림 8.21 정조 배다리 남단 창교와 난간

*규장각 한국학연구원 소장: 원행을묘정리의궤 화성능행도 팔곡병(華城陵行圖 八曲屏) 부분도

난간에 대해서는 의정부에서 제출한『묘당찬진주교절목』제18항에 간단하게 언급돼있고, 정조 또한 그의 변론에서 그다지 난간에 무게를 둔 것 같지 않다. 다만『주교지남』제9항에서 정조는 난간에 대해 1발마다 말뚝을 1개씩 박고, 작은 대발로 둘러치는데, 대발마다 각각 5발을 기준으로 하라고 제안했다. 이러한 정조 제안을 참고하여 주교사에서는 최종적으로 바닥판 양쪽 끝에 배다리 길이 방향으로 중방목(中枋[43])을 설치한 후 1발마다 짧은 기둥을 세우고 벽련목[44]으로 열십자 모양의 난간 틀을 만들어 기둥에 미리 뚫어놓은 구멍에 끼워 넣어서 난간의 구조를 갖추도록 규정하고 이를 시행했다(『주교사진주교절목』제10항).

여기서 기술된 중방목이란 한옥에서의 하인방(下引枋)을 뜻하는 것으로 보인다. 그림 8.22는 재래식 한국어선의 중앙 단면을 그린 것으로 이 배는 멍에 위에 하인방을 설치하고 그 위에 난간을 설치했다. 정조 배다리 난간도 하인방을 바닥판 위에 설치하는 것 이외에는 재래식 한국어선의 난간과 그 제작과정은 차이가 없을 것으로 판단된다. 1795년 음력 2월에 노량진에 화성행행에 사용됐던 배다리에는 난간(欄干) 240척이 설치됐다는 기록이 있다.『원행을묘정리의궤』제4권 488쪽

그림 8.22 재래식 한국어선 중앙단면도

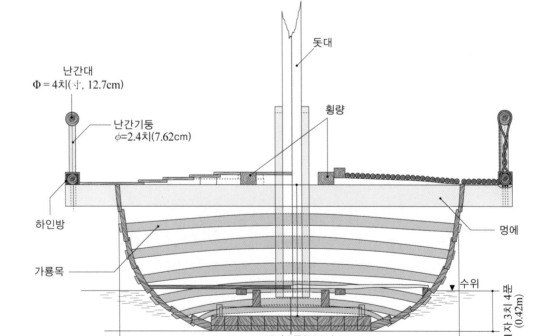

출처: 김재근, 1994,『한국의 배』, 서울대학교출판부

기사에 따르면 구체적으로 전체 난간 공사에는 판(板) 92개, 난간 귀퉁이에 세우는 나무인 법수 242주, 갈구리 못(曲釘) 692개, 관철(貫鐵, 거물쇠) 73개, 배목(排目, 걸쇠) 146개가 쓰였다고 한다.

위의 보고서 내용만 놓고 보면 난간 240척의 의미를 배 240척으로 오해할 수도 있으나 『원행을묘정리의궤』의 「노량주교도섭도(鷺梁舟橋渡涉圖)」를 참조하면 난간 240척이란 이웃한 난간기둥과 난간기둥 사이에 설치하는 미리 규격화돼 제작된 '난간틀'을 의미한다. 현대에 와서 빈번히 사용하는 공장 제작 모듈화 개념이 이미 18세기 말 조선시대에도 도입된 것은 아닌지 흥미롭다. 문제는 실제로 설치된 법수(여기서는 엄지기둥을 의미할 것으로 생각된다)의 간격인데, 정조가 『주교지남』 제9항에서 법수의 간격을 1발로 제안하고 있으므로 『주교지남』에서는 다리의 길이를 300발 정도로 계산했으니 법수도 700개보다 적게 추정한 것은 매우 합리적이다. 또한 다리의 길이가 190발로 됐으면 법수의 수도 약 380개로 실행했어야 합리적일 것으로 생각되는데, 실제 현장에서는 배다리의 양측에 법수가 242주 세워졌다 하니 법수 121개에 해당하는 구간의 길이는 120발(224m)에 그쳐야 한다. 즉, 난간이 전 구간을 걸쳐 설치되지 않았다는 뜻이다. 실제로 「화성능행도 팔곡병」에 따르면 난간이 전 교량에 설치되지는 않았으나 난간이 어느 구간에 설치돼있지 않은지를 정확하게 알아내기란 매우 어렵다. 그냥 수치적으로만 따지면 190발에 세워졌어야 할 법수가 120발에 걸쳐 설치됐으니, 다리 한쪽에 약 70발(약 131m)의 길이만큼은 난간이 세워지지 않은 것으로 계산된다.

『주교사진주교절목』 제10항에 따르면 난간 설계는 먼저 짧은 기둥을 세우고 기둥에 미리 구멍을 뚫어놓은 후 벽련목으로 열십자 모양으로 미리 만들어놓은 난간 틀을 만들어 끼워 넣는 것으로 규정한다. 그러나 실제 행사가 끝난 후 '보고서' 형식으로 정리한 『원행을묘정리의궤』 화성능행도 팔곡병(그림 8.21)에 따르면 벽련목을 열십자가 아닌 X자 모양으로 그려져 있고, 난간의 높이와 난간기둥의 간격이 거의 같아 보인다. 실제로 『주교사진주교절목』 제10항의 내용을 살펴보면 "깔판의 좌우 양쪽에는 먼저 중방목을 설치하고 다음으로 짧은 기둥을 매양 한 칸에 한 개씩 늘어 세우고, 벽련목을 가지고 가로로 열십자 모양의 난간을 만들어 두 기둥 사이에 연이어 박아 넣되, 먼저 기둥 한쪽에 서로 맞보게 변석(邊錫)을 뚫어서 난간이 서로 맞붙고 드나들게 하는 뒷받침으로 삼는다"라고 규정하고 있다. 만약 난간기둥(法首) 간격을 정조가 제안한 1.0발(약 1.9m)로 하면 그 중간에 동자기둥을 세워 그림 8.23의 경복궁 임시 취향교의 난간에서 보는 바와 같이 이웃 난간기둥과 동자기둥 사이의 간격을 약 0.95m로 줄이고, 그림 8.21에서처럼 난간기둥과 동자기둥 사이를 벽란목을 X-자로 걸치면 마치 경복궁 취향교에서 난간기둥과 동자기둥 사이를 판으로 막는 효과와 같은 역학적 거동을 얻을 수 있다.

그림 8.23 경복궁 임시 취향교 난간

동자기둥

하방목

법수

난간대

④ 포장 설계

현대적 의미에서의 교량 포장은 교량 상판을 구성하는 부재에 따라서 달라진다. 예를 들어, 강상판 위에는 방수층을 깔고 그 위에 구스아스팔트를 80mm로 깔기도 하고, 콘크리트바닥판의 경우에는 바닥판 위에 방수처리를 하고 그 위에 아스팔트를 2층으로 각각 40mm씩 깔든지 또는 마모층으로 40mm 콘크리트 포장을 하기도 한다(그림 8.24). 아스팔트 포장의 경우에는 공용수명의 20년 이상을 목표로 한다.[45]

그러나 1795년 정조 화성 행차가 음력 윤 2월 9일부터 2월 16일까지 8일 동안 지속됐기 때문에 정조의 배다리 포장은 8일간 임금 거동 시에만 도로 평탄성을 확보하면 된다. 문헌상으로는 정조 이전의 임금들은 배

그림 8.24 도로 포장공사

상부층(표층)포장
(t=4cm)

하부층(기층)포장
(t=4cm)

출처: 서울시설공단, 2020

그림 8.25 현재 시중에 판매되는 잔디(600×400×30)

다리를 가설할 때 도로의 포장에 대한 관심이 전혀 없었으나 이와 다르게 정조는 『주교지남』 제8항에서 매년 배다리에 잔디 까는 부역이 많은 폐단의 원인이 된다고 생각해서 잔디 포설에 대한 특별한 관심을 나타냈다. 『주교지남』에 따르면 정조는 배다리에 쓰일 각 배 주인들에게 배들이 서로 연결되기 전에 자기 배 위에 깔 잔디가 몇 장이나 들지를 계산하게 한 다음, 미리 양화(楊花)나 서강(西江) 같은 곳을 지나는 길에 자기 배에 필요한 사초(莎草)(그림 8.25)를 떼어내어 자기 배에 싣고 갔다가 배를 연결한 후 자기 배에 깔도록 지시했다.

비록 교량 포장으로 배다리 바닥판에 모래를 깔고 그 위에 자연 잔디를 포설하는 것이 매우 단순한 작업이긴 해도 지금처럼 교량 바닥판과 포장 사이에 접착제를 쓰는 것이 아니어서 미끄럼을 방지하면서 어가(御駕)가 순조롭게 움직이도록 하는 작업은 쉽지 않다. 만약 배다리 표면에 문제가 생기면 공사의 총 책임자인 '주교당상'은 절대로 그 책임을 면치 못했을 것이기 때문에 배다리의 잔디 포설은 매우 신중하게 진행됐을 것이다.

실제로 『주교지남』이나 『주교사진주교절목』 어디에도 잔디를 바닥판에 어떻게 까는지에 대한 구체적인 기술을 볼 수 없다. 다만 조선 헌종 10년(1844)에 신원 미상의 한산거사(漢山居士)가 한양의 풍물·제도 등을 노래한 〈한양가(漢陽歌)〉에 배다리 공사하는 과정을 묘사한 내용에서 추측할 따름이다.[46]

… (전략)
배 위에 장송(長松)을 깔고 장송 위에 박송(薄松)을 깔고
그 위에 모래 펴고 모래 위에 잔디 펴고
그 위에 황토 깔고
좌우에 난간 짜고
팔뚝 같은 쇠사슬로 뱃머리를 걸어 매고
양 끝에 홍살문과 한가운데 홍살문에
홍기(紅旗)를 높이 꽂고
(하략) …

이 노래에서 알 수 있듯이 먼저 종량(長松)을 깔고, 그 위에 바닥판(薄松)을 깐 후 그 위에 모래를 펴서 수평을 맞추고 나서 그 위에 잔디를 편다. 여기서 판자 위에 모래를 까는 것이 판자 위에 바로 잔디를 바로 포설하는 것보다는 마찰력을 키우려는 의도인 것으로 보이고, 잔디 위에 황토를 까는 것은 도로포장의 평탄성을 높이려는 의도인 것으로 판단된다.

정조 배다리의 포사(鋪沙)는 우리나라 나무판으로 구성된 교면의 포장기술이 언급된 최초의 사례이기 때문에 그 의의가 매우 크다.

⑤ 창교(艙橋)

한강은 잠실 부근까지 조수간만의 영향을 많이 받기 때문에 정조도 매일 아침, 저녁으로 3~4자씩 오르내리는 노량의 밀물과 썰물의 영향을 고려한 배다리를 설계하기 위해 많은 고심을 한 것으로 보인다. 정조가 제안한 방법은 우선 뗏목으로 배처럼 부판(浮板)을 만들고 이 부판 위에 다리를 만들되 높이와 너비는 배다리를 기준 삼아 배다리와 창교의 양쪽 머리를 서로 밀접하게 만들어 서로 층지지 않게 하고 그 위에 길을 놓게 하는 것이었다. 그래도 이 방법이 미덥지 못한 사람들을 위해 정조는 추가로 보완 방법을 제시했다. 즉, 악숭이진(Y형) 큰 나무 두 그루를 베다가 선창(船艙, 부두)의 좌우 머리에 마주 세워놓고, 굵은 줄을 항선(배다리 양쪽 끝에 창교와 맞닿은 주교선(舟橋船))의 멍에목에 동여맨 다음 이를 부판 머리를 통해 (좌우 모두 그렇게 함) 선창으로 끌고 와서 마주 선 나무기둥 악숭이 진 곳에 올려 건 다음 아래로 달아맨다. 이렇게 한 다음에는 밧줄 끝에 큰 그물주머니를 매어 달고 많은 돌멩이를 주머니 속에 담가서 저울추처럼 드리워 놓는다. 추의 무게는 반드시 늘춰지지도 않고 끌어당길 수도 없을 정도로 한다. 늘추어지지 않게 한다는 것은 많은 사람과 말이 창교를 밟아도 부판이 물속으로 1푼(分, 약 1.1cm)정도 가라앉지 않는다는 것이고, 당길 수 없다는 것은 부판이 제대로 1푼도 치켜들리지 않는다는 것이다. 이런 수단을 통해 정조는 부판을 민물 때 물 위에 뜰 수는 있게 해도 썰물 때 물속에 가라앉을 수 없게 하여 주교선과 창교의 연속성을 유지할 것을 제안했다. 그림 8.26은 김평원이 정조가『주교지남』에서 제안한 창교의 원리를 그림으로 해석한 것이다.

그림 8.26 김평원의 정조 배다리 창교 해석

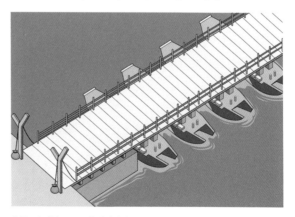

출처: 김평원, 2017, 『엔지니어 정약용』, 다산초당

정조가 제안한 부판에 악숭이진 기둥 두 개를 세우는 공법은 실제로 행해지지는 않았다. 오히려 주교사에서 실행한 창교의 설계는 현재 선착장에서 많이 볼 수 있는 매우 간편하면서 실용적인 방법을 제시하고 있다. 즉, 『주교사진주교절목』 제11항에 따르면 창교를 널다리를 만들되, 세로로는 종량을 배치하고 가로로는 넓은 널빤지를 깔아 다리 모양처럼 만든다. 널다리의 종량 끝머리는 항선(項船)의 종량 머리에 연접시키되, 요철(凹凸) 모양으로 깎아 서로 잇대서 비녀장 지르는 것은 마치 삼배목(三排目)과 같이하여 자유자재로 구부러지고 펴지도록 한다(힌지의 역할). 그렇게 하면 조수가 밀려들어 다리가 높아지면 널다리의 한쪽 머리가 배를 따라 들려서 한쪽은 약간 높고 한쪽은 낮아지는 형세가 되겠지만 경사가 가파르지 않을 것이고, 조수가 밀려 나가면 평평해져서 선창의 윗면이 판판하게 도로와 연결될 것이다. 만약 정조 배다리 전체 길이가 190발이고 36척으로 만들어진 순수한 배다리 길이가 180발이라면 결국 창교의 길이는 배다리 양측에서 각각 배 한 척의 너비인 5발(약 9.5m) 내외가 될 것이다. 만약 조수간만의 차가 3~4자가 된다면 창교의 경사 $\tan\theta \leq \dfrac{4}{30} = 0.133$이 될 것이다. 이 정도 경사면 어가를 나르는 군졸들에게 큰 집중력을 요구할 수 있는 수준이다(그림 8.27).

⑥ 수압에 대한 배다리의 횡방향 안정성 확보(하정(下碇)과 쇠줄걸기)

부교의 가장 핵심적인 설계 요소는 강물 흐름에 대한 안정성 확보이다. 정조의 배다리를 건설할 때 서용보, 정약용 등은 부교의 횡 방향(물 흐름방향) 수압을 저항하도록 두 가지 설비를 준비했다. 그중 하나는 뱃사람들에게 가장 익숙한 배 닻의 사용이다. 그러나 배마다 닻을 내려 닻줄에 긴장을 준다고 하더라도 배다리와 연결된 창교(艙橋)가 직접 언덕에 고정된 것이 아니어서 배다리의 횡 방향 안정성을 유지하기 위해서는 배다리 양측 끝단에 있는 항선의 이물(배의 머리 부분)과 고물(배의 꼬

그림 8.27 화성원행반차도 부분도

리 부분)에 큰 밧줄을 나누어 묶어서 언덕 위의 단단히 고정해야 한다. 일반 밧줄로는 우선 튼튼하게 고정하기도 어렵고, 또 여러 해가 가다 보면 썩어 훼손되기 쉬우므로『주교사진주교절목』제34항에서는 일반 밧줄을 대신하여 배다리 남단과 북단에 각각 열 발짜리와 다섯 발짜리 쇠줄을 이물과 고물에 각 2줄씩 단단히 묶고, 그 다른 한 끝을 언덕 위에 고정하도록 했다.

그림 8.28 화성행차주교도

그러나 실제로는『원행을묘정리의궤』에 따르면 일반 철삭(鐵索)이 77사리(距里=770발)를 사용했고, 대철삭(大鐵索)이 8사리(80발)를 사용했다고 한다. 이를 감안하면 교배선 36척의 이물과 고물에 각각 2줄씩 모두 일반쇠줄 4줄로 튼튼히 연결하고 720발(＝36척×5발×4)＋α＝770발, 남과 북에 거치한 항선의 이물과 고물 양쪽에 각각 10발짜리 쇠줄과 5발짜리 쇠줄을 각각 2줄씩, 모두 8줄의 굵은 쇠줄을 양단 언덕에 고정하여 배들이 물에 떠내려가지 않게 설계했다. 1795년 음력 2월 한강에 흐르는 강물의 유량과 유속을 지금으로서는 알 길이 없어 정확한 배 이물과 고물에 작용하는 수압을 계산하기는 불가능하다. 다만 현재 한강홍수통제소의 보관자료 중 1974년 팔당댐이 준공되기 이전과 1982년 신곡수중보가 건설되기 이전의 자료를 분석한 결과, 한강대교 지점에서는 조수의 영향을 직접적으로 받기 때문에 한강의 갈수기 때 유속은 0.052m/s에서 0.14m/s까지 크게 차이가 난다. 이 자료를 분석한 한 수리전문가[47]는 배다리 닻줄의 장력을 검토할 목적이라면 하천 단면의 평균 유속 중 최대치를 0.14m/s로 취하고, 이 값에 보정계수 1.2를 감안하여 하천 유심부의 최대 유속을 0.168m/s로 할 것을 제안한다. 여기서 실제로 배의 닻줄의 단면을 설계하기 위해서는 설계 유속은 안전율 1.7배를 곱한 유속 $V_{설계유속}＝0.3$m/s로 정하면 공학적으로 받아들일 수 있다. 배다리에 작용하는 흐르는 강물의 유수압을 대한민국『도로교설계기준(한계상태설계법) 해설』

(2015)[48] 식 (3.12.1)에 의해 식 (8.1)로 구할 수 있다.

$$p = 1/2 \times \gamma \, V^2 \, C_D \times 10^{-6} = 5.14 \times 10^{-4} \, C_D \, V^2 \qquad (8.1)$$

여기서, p = 유수에 의한 압력(Mpa)

γ = 물의 밀도(단위질량)(kg/m^3)

V = 설계유속(m/s)

C_D = 이물과 고물의 기하학적 형상에 따른 항력계수

정조 배다리의 이물과 고물에 작용하는 유수압은 식 (8.1)로 구할 수 있는데, 여기서 배들의 이물과 고물의 형상이 사다리꼴로 모델링하여도 무방할 것이므로 항력계수는 $C_D = 1.4$로 가정하고, 설계 유속은 안전율 $\gamma = 1.7$을 고려하여 $V = 0.3$m/s로 가정하여 계산했다.

표 8.3 도로교설계기준 (3.12.1)에 의한 항력계수

교각의 단면 형상	C_D
반원형	0.7
사각형	1.4
쐐기형	0.8

조운선의 저판의 넓이가 약 4.2m, 상판의 넓이가 약 7.9m이고 배의 전체 높이가 3.5m이므로 이물, 또는 고물의 전체 넓이는 약 21.18m^{2}으로 가정할 수 있다. 배의 물속 깊이가 알려지지 않았기 때문에 배들이 받는 유수압을 정확히 구할 수가 없으므로 전체 이물의 전체 면적에 작용하는 유수압을 한 개의 닻줄이 받아내야 하는 최대 저항력 P로 가정한다. 한 선척이 받는 유수압은 단위 면적당 유수압에 압력을 받는 면적을 곱하여 구할 수 있다.

$$p = 5.14 \times 10^{-4} \times 1.4 \times 0.3^2 = 0.648 \times 10^{-4} \, (\text{MPa})$$
$$P = 0.648 \times 10^{-4} \times 10^3 \, (\text{kN/m}^2) \times 21.18 \, (\text{m}^2) = 1.372 \, (\text{kN})$$

여기서 만약 닻줄의 경사를 60°로 가정하면 한 개의 닻줄에 걸리는 힘은 2.743kN으로 계산되는데, 닻줄로 직경 $\Phi = 10$mm 마닐라로프를 사용만 해도 충분히 안전하다고 판단된다. 여기서 현재 시중에 판매되는 직경 10mm 마닐라로프의 허용인장력은 약 3.6 kN 정도가 된다. 만약 1795년에 사용했던 삼닻줄의 허용강도를 현재 사용되는 마니라로프 허용강도의 1/3이라고 가정한다 해도

필요한 닻줄의 직경은 $\Phi_{16} = 16mm$ 정도밖에 되지 않아 음력 2월 달 한강대교 근처의 강물 흐름 때문에 발생하는 배가 흔들림은 크게 문제되지 않는다. 이와같이 닻을 사용하고, 또 배다리에 쇠줄(770발+80발)을 건 것은 강물의 유수압에 견디기 위해서라기보다는 배다리 전체를 하나로 묶어 구조적 안정감을 확보하는 차원에서 사용됐을 것으로 유추할 수 있다.

⑦ 소결

우리나라 교량 역사에서 처음으로 근대적 설계기법이 도입된 것은 정조 배다리부터다. 그러나 누가 우리나라 첫 번째 교량 전문가인가에 대해서는 아직도 규명할 부분이 많다. 특히 정조의 배다리가 실제로 어떻게 가설됐는지를 공학적으로 규명하기 위해서는 좀 더 전문적인 학술적 연구가 필요해 보인다. 그렇더라도 우리나라에서 200년 전에 벌써 『교량건설일반시방서』가 출간됐다는 사실 하나만으로도 후학으로서 한껏 자부심을 갖게 된다.

그림 8.29 김득신의 귀시도(조선 18세기~19세기 초)

8.2 조선시대 나무 널다리 건설기술

　과거 우리나라에는 징검다리와 더불어 많은 나무다리를 가설해 사용했다. 그러나 고급스러운 돌로 다리를 만들 수 있는 일부 세도가들 이외에 지방의 일반 서민들은 작은 예산으로 고작해야 동네와 동네를 잇는 '섶다리'를 만들어 사용했다. 이 섶다리는 널빤지가 귀한 지방 마을에서 쉽게 만들 수 있는 다리지만 홍수 때는 물에 떠내려가도록 내버려둘 수밖에 없는 임시다리여서 큰 물이 날 때마다 매번 다리를 새로 만들어 사용했을 것이다(그림 8.30).

그림 8.30 하회마을 섶다리

섶다리 개통 행사　　　　　　　　　　　　태풍 타파로 유실된 섶다리

　'섶다리'란 기초(基礎)라는 개념 없이 하천이나 개울 바닥에 악숭이진(Y자 모양) 나무 기둥을 박아 교각(橋脚)으로 사용하고(그림 8.31왼쪽), 그 양쪽 기둥(교각) 위에 가로로 설치된 멍에 목(木)과 튼튼히 연결한 후 인접하여 설치한 멍에목과 멍에목 사이에 다리의 길이 방향으로 여러 개의 통나무를 가지런히 놓은 후 칡넝쿨로 단단히 묶어 그 위에 솔가지나 나뭇가지를 깐 다음 흙을 깔아 사람이 다닐 수 있게 만든 나무다리를 말한다(그림 8.31오른쪽). 다리가 세워지고 시간이 지나면 교량의 바닥판 역할을 하는 솔가지와 그 위의 뗏장이 망가져서 통행하는 사람들의 발밑으로 구멍이 생기게 마련이라 수시로 보수해야 한다. 다리 양쪽 끝에는 편편한 돌을 쌓거나 통나무를 걸쳐 교대로 사용한다.

　현재는 영월 섶다리 비롯해서 무주 섶다리, 홍천 내촌면 답풍리 섶다리, 동강 재너미 마을 섶다리, 청송 섶다리, 평창 주섭면 섶다리, 예산군 섶다리 등 전국 곳곳에서 지역 문화축제 차원에서 건설이 진행되고 있다.

그림 8.31 섶다리 만들기

태풍 타파로 유실된 섶다리   전주 섶다리 만들기

출처: 명준욱의 사진과 여행 | jjan.krmjok0204.tihistory.com

8.2.1 경복궁 향원정 취향교

조선 말 고종 10년(1873)에 가설된 취향교는 일제강점기에 한번 새로운 다리로 교체됐다가 6·25 전쟁 때 파손됐다. 정부에서는 1953년에 임시로 취향교를 만들어 관광용으로 사용하다가 세심한 고증을 통해 2019년에 조선 말 고종 때 원형대로 복원시켰다(그림 8.32).

그림 8.32 2019년 복원된 취향교 전경

취향교(동남에서)   취향교(북에서)

'취향교'의 올바른 복원 및 정비를 위해 문화재청은 2017년 '국립강화문화재연구소'로 하여금 취향교지 발굴조사를 추진하게 했다. 동 연구소는 2018년에 그 발굴·조사의 결과인 '경복궁 취향교 발굴조사 보고서'[49]를 발간했다. 발굴 조사된 결과에 따르면 본래의 취향교는 향원정의 낙성 시점인 1873년에 가설된 것으로 비정(比定)되고, 취향교지는 임시다리 위치가 아닌 향원정 북쪽에

있었던 것으로 확인됐다. 취향교의 다리 형식은 시대에 따라서 대략 원형, 일제강점기 및 6·25 전쟁 후에 세워진 3가지 형식으로 대별할 수 있으나 사진엽서에 나와 있는 사진 판독에 의한 결론이라 아직도 불분명한 내용은 남아있다. 취향교의 다리 형식의 변화 과정을 추적하기 위해서는 먼저 다리의 기초형식을 알아봐야 한다.[50] 그림 8.33은 서쪽에서 취향교지를 본 조사지역 전경 사진이다. 문화재청은 '경복궁 복원사업'의 하나로 수행된 '취향교지 발굴조사'의 기초조사를 통해 취향교의 원위치는 향원정 북쪽에 자리한 것으로 확인했다. 그 과정에서 취향교 교각의 기초였을 것으로 추정되는 적심(積心),[51] 나무 기둥(목주열, 木柱列)(그림 8.34)과 함께 취향교에서 향원정으로 진입하는 보도(步道)시설(그림 8.35)과 북쪽 건청궁(乾淸宮)에서 내려오는 암거(暗渠)를 확인했다(그림 8.36).

그림 8.33 취향교지(서쪽에서의 전경)

그림 8.34 취향교지 나무 기둥 열 전경과 적심(남에서)

그림 8.35 취향교 보도시설

그림 8.36 취향루 암거시설

그림 8.34의 적심 간의 경간 거리는 약 6m, 너비는 4.3m 정도로 실측되고, 최초 취향교의 교각은 6개였다는 것이 확인됐다. 즉, 고종 시대 취향교는 제원은 길이는 24m보다 길고, 너비는 4.3m 이상의 훌륭한 보도교였을 것이다. 아쉽게도 다리의 정확한 실제 길이와 너비를 현재까지 취합된 자료로는 알 수가 없다. 적심(그림 8.37)은 둘레가 약 1m 정도로 평면원형의 모양을 취했으며 향원지의 바닥층을 굴광[52]하고 돌을 채워 넣어 다진 형태이다. 이로부터 원형의 교량의 기초형식은 독립된 확대기초였던 것으로 판단된다. 적심과 동시에 발견된 나무 기둥 간의 거리는 1.5~3.5m, 너비는 2.5~2.8m 정도로 불규칙하게 나타나는데, 조사단은 나무 기둥의 분포양상을 통해 최소한 2개 이상의 다리 평면계획이 중첩돼있을 가능성을 상정했다. 그림 8.38처럼 나무 기둥은 굴광 없이 기둥을 원지반에 박아 넣어서 세웠다. 조사단은 이 공법이 우리의 재래식 공법이라기보다는 일본식 공법에 가깝다는 의견이 있는데, 우리는 고려 말 고막천석교에서부터 나무말뚝을 다루었기 때문에 나무말뚝 사용법이 꼭 일본식이라고 단정하기는 어렵다고 본다. 조사단은 나무 기둥 횡적 간격이 적심 간격보다 좁게 형성돼있어 시기적으로 나무기둥의 조성이 적심 조성보다 늦은 것으로 결론지었는데(경복궁-취향교 발굴조사 보고서 57쪽), 그 이유는 조선시대에는 나무 파일 기초를 다리 기초로 사용한 예가 흔하지 않았기 때문이다. 실제로 조선시대 말까지 나무 파일 기초를 적용하여 다리를 건설한 예는 찾을 수 없다.

그림 8.37 적심 상세도

그림 8.38 나무 기둥의 단면조사

이상과 같은 자료 분석을 토대로 하여 취향교의 시대별 변화를 알아보기로 한다.

그림 8.39는 일제강점기 유리건판 사진에 나오는 취향교의 모습으로 6개 적심 위에 6개 교각이 세워진 것으로 보여 고종 때 지어진 교량일 가능성이 크다. 다리 교각은 적심 위에 놓인 두 교각 기둥 위에 멍에를 깔아 연결해서 라멘 형식의 교각구조를 만들었다. 사진으로부터 목재로 된 취향교의 주형[53]은 멍에 위에 종 방향으로 단순지지된 것으로 추론된다. 양쪽으로 설치된 두 주형 위에 5개 이상의 가로보를 설치하고 그 위에 송판(바닥판)을 깔아 취향교의 상부구조가 완성됐을 것이다. 난간 구조는 가로보 위 양쪽으로 두 개의 하인방을 설치하고, 그 위에 난간기둥을 일정한 간격으로 세운 다음 그 위에 난간용 목재를 깔아서 구성했다. 취약한 난간 전단강성[54]을 보강하기 위해 기둥 사이에 십자형의 부재를 끼워 넣어서 다리 전체의 외형을 매우 아름답게 만들었다. 취향교의 원형에는 엄지기둥과 동자기둥은 구별 없이 사용된 것 같고 그 상부구조 형태는 전체적으로 홍예(아치) 모양을 취하고는 있으나 홍예교가 아닌 일반 들보형 다리 형식을 취하고 있다.[55] 난간 구조를 살펴보면 취향교 건설 초기에도 X-자형의 난간을 설치한 것으로 봐서는 전단강성이라는 개념이 있었던 것 같은데, 교각은 왜 횡 강성이 약한 라멘 구조로 만들어졌는지 의문이다.

그림 8.39 일제강점기 취향교(유리건판 사진, 상한 연대: 1873)

그림 8.39로부터 계측한 교각 높이는 물 위에 나온 부분이 약 4m 된다. 물 아래에 잠겨 있는 부분은 적심에서 연못의 수면까지의 거리인데, 엽서에서는 알 수가 없으므로 그림 8.34에서 잘려 나간 나무 파일의 높이를 약 1.2~1.4m 정도로 가정하고 전체 기둥의 높이를 약 5.4m로 추정했다. 그림 8.39에 따르면 교각 두 기둥 사이에 일반적으로 횡강성(橫剛性)을 보강하기 위해 설치되는 브레이싱 부재(bracing member, 건축용어로 가새)가 눈에 띄질 않는다. 실제로 전남 담양 소쇄원 투죽위교(透竹危橋)를 그린 그림에도 교각에 브레이싱이 설치된 것으로 보아 조선시대 중엽 이후에는 이미 다리의 횡방향 강성(剛性)에 대한 개념이 서 있었던 것으로 보인다. 조선조 말 취향교 건설 시에는 왜 교각을 독립기초인 적심 위에 3방향으로 자유롭게 움직일 수 있게 만들어 기하학적으로 매우 불안정한, 현 교량 공학적으로는 도저히 성립할 수 없는 구조 시스템을 만들었는지 그 이유가 다시 한번 더 궁금하다.

그림 8.40과 8.41은 각각 영국인 아놀드(H. Savage Landor)가 1890년 보낸 엽서에 나오는 사진과 한러 수교 20주년(1904) 기념도록에서 발췌한 사진이다. 발굴조사단에서는 이 두 사진에 나오는 취향교가 시기적으로 가장 먼저 촬영된 것으로 추정한다.

그림 8.40 아놀드(Arnold H)의 편지[56]

그림 8.41은 '조러수호통상조약'
이 1884년에 이루어지고 20년이 지
난 후 1904년의 사진이고, 그림 8.40
은 1890년에 발행된 엽서이기 때문
에 최소한 이때까지는 고종 때 세워
진 취향교가 원형을 유지하고 있었
다고 여겨진다. 그러나 그림 8.42에
실린 취향교의 구조는 전혀 새로운
다리의 하부구조 형태를 보여준다.
전체적으로 다리의 형식은 7~8경간
의 들보교로 바뀌고 교각의 형태도
원형과는 많은 차이를 보인다. 취향
교지 발굴조사단은 그림 8.42에 나타
난 취향교의 연대를 일본이 조선을
침탈한 직후의 교량 사진으로 추측
했다. 앞에서 지적했듯이 취향교의

그림 8.41 한려 수교 20주년 기념도록 발췌 사진

원형은 매우 아름답기는 하지만 횡 방향으로 치명적으로 취약한 강성 시스템을 갖고 있다.

이에 비해 그림 8.42에 보이는 새로운 취향교는 횡 방향으로의 변형과 흔들림을 보완하기 위해
교각의 간격을 거의 반으로 좁히고, 교각의 두 기둥 사이에 X-브레이싱 부재로 횡강성을 크게 증
가시켰다. 추측하건대 독립 확대기초 위에 세워진 본래의 취향교에는 좌우로 크게 흔들리는 결
점이 발견됐을 것이고, 그러한 이유에서 다리의 하부구조 형식을 변경했을 것이다. 불행하게도
그림 8.42에서는 다리를 새로 만들기 위해 교각을 6줄을 세웠는지 또는 7줄을 세웠는지 확인할 수
없다. 1909년경에 새로 만든 취향교의 교각은 기존 두 적심 안쪽으로 2.5~2.8m 띄어서 양쪽에 나
무 기둥을 땅속으로 박아 넣고 이들을 그대로 교각 기둥으로 사용한 것으로 보인다. 횡 방향의 강
성을 높이기 위해 교각의 하단부에 하인방을 설치하여 두 교각 기둥을 단단히 고정시켰다. 다리
가 좌우로 흔들리는 횡 방향 운동은 이 하인방과 교각 기둥 상단에 놓인 멍에 사이에 X자 브레이싱
을 설치하여 완벽하게 제어한 것으로 보인다. 그러나 안타깝게도 그림 8.42에 있는 다리 교각 사진
에서는 그 형태가 뚜렷하게 나타나지 않았기 때문에 교각 기둥 사이에 X자 브레이싱(가세)이 한 개인
지 두 개인지는 분명하지 않다.

그림 8.42 취향교지 조사 완료 전경과 1910년대의 엽서 사진

취향교지 조사완료 전경(북동에서)

　반면에 그림 8.43에서는 분명하게 한 개 X자 브레이싱으로 다리의 횡 방향 흔들림을 확실하게 잡아주고 있다. 자료 중에서 그림 8.43에 나타난 취향교 사진이 가장 뚜렷하게 교각의 형태를 보여준다. 동시에 이 사진에는 다리의 난간도 분명하게 보인다. 취향교지 발굴조사단에서는 조사 보고서에서 그림 8.43을 1930~1939년 사이에 있었던 취향교의 모습으로 비정했다. 그러나 그림 8.43과 1930년 일제강점기 조선총독부가 펴낸『조선고적도보』(1930) 권 10에 실린 취향교의 모습인 그림 8.44를 비교해보면 그림 8.44에는 1930년에 이미 취향교의 난간이 없어진 것이 분명하다. 만주 침공을 본격적으로 준비하던 사회 분위기에서 일본이 한낱 취향교를 돌본다는 것은 상상하기 어렵다. 따라서 그림 8.43의 난간이 있는 취향교가 난간도 없이 황폐한 취향교(그림 8.44)보다 시기적으로 늦다는 것은 이해하기 어렵다. 그림 8.43의 취향교와 그림 8.44의 취향교는 같은 다리일 것으로 생각된다. 다만 사진에서 확실히 볼 수 있듯이 1930년에는 이미 취향교는 쇠락하여 아름다웠던 원형은 찾아볼 수 없이 황폐돼 아름다운 난간은 이미 없어지고, 상부구조는 황폐하여 마치 섶다리 정도의 질(質)을 나타낸다.

그림 8.43 1930~1939년 사이로 추정한 취향교 사진[57]

그림 8.44 일제강점기 『조선고적도보』(1930) 권10에 실린 취향교

교각 상세

이상과 같이 우리는 1873년에 가설됐을 것으로 비정되는 고종의 취향교는 매우 아름다운 교량
이었으나 공학적인 전문지식 부족으로 태생적으로 매우 불안정했기 때문에 건설된 지 30년쯤 사
용하다가, 1909년경 새로운 교각 형식을 갖는 교량으로 교체된 후 광복 후까지 존치됐다가 6·25
전쟁 때 파괴된 것으로 보인다. 6·25 전쟁이 끝난 뒤 일반인들의 관람을 위해 향원정 남측에 역사
적 고증 없이 취향교를 건설했기 때문에 문제를 의식한 문화재 관리청에서는 2018년부터 춘향교
복원을 추진하여 2019년에 원래 고종 당시의 모양으로 복원을 완료했다(그림 8.45).

그림 8.45 제 모습을 찾은 취향교

미주

[1] 『묘당찬진주교절목 변론』: [부록 1] 참조

[2] 『원행을묘정리의궤』 권사(卷四), 479쪽 상단

[3] 『주교지남』: [부록 2] 참조

[4] 『조선왕조실록』 정조14년 7월 1일 첫 번째 기사, 국사편찬위원회

[5] 『주교사진주교절목』: [부록 3] 참조

[6] 『원행을묘정리의궤』

[7] 김평원, 2017, 『엔지니어 정약용』, 다산초당, 213~214쪽

[8] 정조는 1776년 즉위 직후 창덕궁 후원에 규장각을 설치하고 37세 이하의 젊은 문신들 중에서 학문적 역량이 우수한 초계문신들을 선발하여 재교육을 시켰다.

[9] 화성의궤의 재현, 정조와 정약용(한국콘텐츠진흥원)

[10] 『원행을묘정리의궤』

[11] 회룡목: 배를 연결시켜 주교를 만들 때 배의 앞부분이 서로 닿지 않도록 가로질러대는 굵고 긴 통나무

[12] 사리(沙里): 끈·새끼·철사 따위의 길이를 헤아릴 때, 열 발을 단위로 이르는 말

[13] 『주교사진주교절목』: [부록 3] 참조

[14] 민계식 등, 2012, 『한국의 전통선박 韓船』, 한림원, 170쪽 표 20에서 발췌

[15] 「각선도본(各船圖本)」: 조선 후기의 조운선과 군선을 그린 도본이다. 이 도본은 조선시대 조운선을 종합적으로 이해할 수 있는 조선(漕船)과 북조선(北漕船)의 도면이 실려있으며, 판옥선으로 보이는 상장이 있는 전선(戰船) 1장과 상장을 철거한 전선 2장, 병선(兵船) 1장 등 총 6장으로 이루어졌다. 1797년 정조 21년 12월에 경상감사가 도내 각 조창과 통영의 의견을 모아 조정에 보고한 내용이다. 여기서 영조척은 세종시대 1자=31.24cm, 경국대전 31.21cm, 영조시대 31.17cm로 변천했다(출처: 서울특별시사편찬위원회, 2006, 『서울 600년사』 제2권, 464쪽 표 1 참조).

[16] 척(隻): 짝이 있는 것의 한쪽

[17] 민계식 등, 2012, 『한국의 전통선박 韓船』, 한림원, 168쪽

[18] 관철(鸛鐵): 황새관=거멀 못

[19] 관판(鸛板): 홍살문 한가운데 꽂는 황새 대가리 모양의 널조각

[20] 두정(頭釘): 대갈 못, 대가리가 큰 쇠못 頭丁

[21] 승기(升旗): 기를 올림

[22] 배다리 가설 위치: [부록 4] 참조

[23] 『원행을묘정리의궤』: 조선 정조가 정조19년인 1795년 음력 2월 9일부터 2월 16일(양력 3월 29일부터 4월 5일)

총 8일간 화성 행궁에서 벌인 정조의 어머니 혜경궁 홍씨의 회갑연 축제 과정을 기록하여 남긴 조선왕실 『의궤』로 모두 총 10권 8책이다.

[24] 용양봉저정: 현 주소는 서울특별시 동작구 본동 10-30번지로 서울특별시 유형문화재 제6호로 지정됐다.

[25] 『주교지남』에서 정조는 1발(把)을 6자(尺)로 정했다.

[26] 여기서 정조의 배다리 길이는 190발을 기준으로 했는데, 이 길이를 현재 우리가 사용하는 축척으로 환산하는 과정에서 여러 학자 간에 의견이 엇갈린다. 예를 들어 '한국민족문화 백과사전'에 따르면 조선시대의 1자(척)를 30.8cm로 제안하고 있다. 이 글에서는 영조 시대의 영조척이 정조 때까지 유효하다고 가정하여 1자(척)를 31.17cm로 택했다([부록 4] 참조).

[27] 조선(漕船): 세곡선(稅穀船) 세금으로 걷는 곡식을 나르는 선박

[28] 김재근, 2002, 『한국의 배』, 서울대학교출판부

[29] 조선시대 한선에 관한 내용은 [부록 6] 참조

[30] 이덕수, 2016, 『한강 개발사』, 한국건설산업연구원, 239쪽

[31] 천사대교: 2019.4.4. 개통, 사장교 구간 길이:1,004m, 폭 11.5m

[32] 『주교지남』 제6항 참조

[33] 저자 주(注)

[34] 그림 8.6, 그림 8.7 참조

[35] 종량의 연결부를 볼트나 용접으로 연결했다면 이를 강절(rigid)로 이었다고 하고, 만약 정조가 제안한 것처럼 구멍을 뚫고 핀을 꼽아 연결했다면 이를 힌지로 연결했다고 정의한다.

[36] 조선(漕船): 세곡을 실어나르는 배

[37] 훈국선(訓局船): 훈련도감(訓鍊都監) 소속 배

[38] 힌지: 구조역학에서 두 부재를 이을 때 그 이음부에서 각각의 부재들이 마음대로 휠 수 있는 예를 들어 경첩 같은 기구를 '힌지'라 한다.

[39] 교량 구조에서는 교량단면을 구성하는 교량길이 방향의 주된 들보를 주형(main girder)이라고 하고 2개의 주형을 사용한 교량을 '소수주형 들보교', 3개 이상이면 '다주형(多主桁) 들보교'라고 칭한다.

[40] 다주형 교량: 주형(세로보)를 여러 개 사용하는 들보형 교량

[41] 김재근, 1994, 『한국의 배』, 서울대학교출판부, 5쪽

[42] 견마철은 36척 배위의 바닥판만이 아니라 창교의 바닥판에도 쓰인다.

[43] 주교사 개정절목에서는 중방목이라고 기술했는데, 중방목이란 기둥과 기둥사이 가운데 설치하는 부재이기 때문에 난간의 설치에는 적당하지 않다고 생각되고, 단지 인방이라는 개념으로 사용한 것이라 추측된다. 인방이란 문짝의 위아래 틀과 평행지게 기둥과 기둥 사이에 문이나 창을 사이로 아래위에 가로지르는 들보로, 상인방 중인방 하인방의 구별이 있다.

[44] 벽련목: 산판에서 대충 네모각재로 다듬은 나무

[45] 초장대사업단, 2016, 장경간 강상판 케이블 교량용 박층포장 재료 및 이용기술 연구성과모음, 61쪽

[46] 이덕수, 2016, 『한강 개발사』, 한국건설산업연구원, 236쪽

[47] 이봉희: 2020년 현재 동부엔지니어링 수자원 본부장

[48] 한국교량 및 구조공학회·교량설계핵심기술연구단, 2015, 도로교설계기준(한계상태설계법) 해설

[49] 문화재청 국립강화문화재연구소, 2018, 경복궁 취향교지 발굴조사 보고서

[50] 이하 나오는 모든 자료와 사진은 문화재청 '경복궁 취향교지 발굴 조사 보고서(2018)'의 내용을 참고하거나 발췌한 것이다.

[51] 적심(積心): 건물의 기둥을 받치기 위해 초석(礎石) 아래쪽을 되파기한 후 자갈 등을 채워 넣은 시설

[52] 굴광: 먼저 지반의 흙을 파내어 구멍을 만드는 공정

[53] 주형(主桁): 한옥에서는 대들보로 불리는 큰 들보

[54] 전단강성: 부재들이 4각형으로 구성되면 이렇게 만들어진 부재들은 쉽게 찌그러지려는 성질이 강하다. 이와 같이 부재들로 구성된 구조체가 가지고 있는 찌그러짐에 저항하는 저항력을 '전단강성'이라고 한다.

[55] 교량의 형식 중에 홍예교와 들보교는 힘의 흐름에 따라 역학적 관점으로 구분된다.

[56] 아놀드(H, Savage Landor, 1865~1924): 화가이자 인류학자였던 영국인으로 1890년 조선을 방문하고 작성한 『Corea or Chosen: Land of the Morning Calm』에서 취향교를 반원형의 백색 다리로 묘사했다.

[57] 국립강화문화재연구소, 2018, 경복궁 취향교지 발굴조사보고서, 84쪽 그림 5

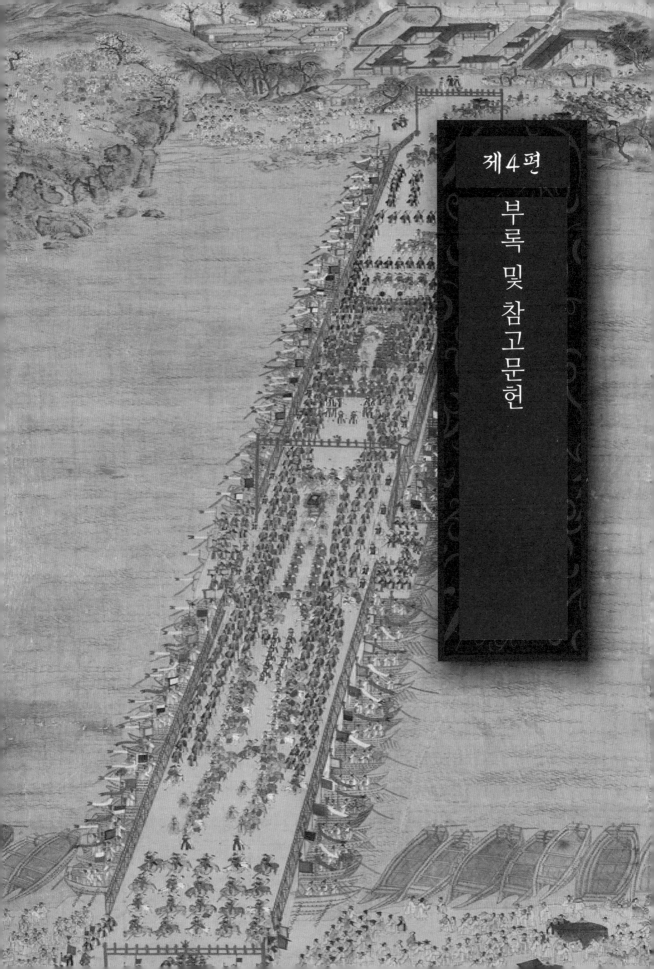

제4편
부록 및 참고문헌

다음 내용은 정조의 명에 의해 1789년에 의정부에서 제시한『주교절목(舟橋節目)』21개 항목의 내용과 이에 대해 임금이 직접 검토한 원문과 국사편찬위원회에서 현대 우리말로 번역한 전문[1]을 게재한 것이다.

『묘당찬진주교절목(廟堂撰進舟橋節目 纂論)』은 묘당(의정부)이 정조의 명에 의하여 1789년에 제출한 배다리의 설계 및 공사 전반에 관한 '교량공사지침서'다. 현대에 들어와서도 국가에서 공공시설인 교량을 건설하려면 먼저 교량을 건설해야 하는 합리적인 사업 타당성 조사가 먼저 이루어지고 나서 정부의 승인이 나면 주어진 자연조건들과 교량이 놓인 도로의 선형을 고려하여 위치를 결정한다. 교량의 공사 자체는 건설자재의 수급과 운반 여건 등 경제적 상황을 고려하여 설계·시공·감리가 이루어진다. 일단 교량이 건설된 이후에는 시설물의 유지·운용·관리에 대한 행위가 이루어지는 것과 유사하게 조선조 정조 시대에도 현대와 같이 세세하게 구분되지는 않았지만 그래도 '주교가 왜 필요한가?'에 대한 검토가 이루어진 후 정조가 수원까지 행차하기 위한 도로상에 적합한 도강위치를 강폭과 강물의 흐름 및 조수 등 자연조건 등을 고려하여 정한 과정은 현대의 교량설계 과정과 크게 다르지 않다. 다만 현대적 의미의 교량역학이 발달하지 못한 시대였기 때문에 설계과정에서 이루어지는 모든 부재의 선정은 거의 직관과 경험에 의존했다. 그러나 시공단계에서의 자재구매 및 시공 전반에 대해서는 지금의 기준으로 평가해도 비교적 합리적으로 이루어졌다. 특히 현대적 의미에서의 감리는 관리들의 책임하에 매우 엄격하게 이루어졌음을 알 수 있다.

정조는 의정부에서 제출한『묘당찬진주교절목』의 내용을 검토한 후『묘당찬진주교절목 변론』을 통해 의정부 안에 대해 비판하고 이를 바탕으로 정조 14년(1790)에 15개 조항으로 구성된『주교지남』을 친히 만들어 유사(有司)들에게 하사했다.[2] 주교사는『주교지남』의 내용을 기초로 정조 17년(1793)에 36개 조항으로 구성된『주교사진주교절목(舟橋司進舟橋節目)』을 공표함으로써 우리나라에서 최초의 공학적이고 합리적인 '교량공사일반시방서'를 탄생시켰다.『주교사진주교절목』의 내용은 시간이 지나면서 정조실록 17년 1월 11일 최종기사의 내용과 상이한 내용이 추가돼 44개 조항으로 확대됐다.[3]

『주교사진주교절목』에 의지하여 1795년 정조의 어머니 혜경궁 홍씨의 환갑 때 음력 2월 9일부터 16일까지 8일 동안 진행된 정조의 화성 행차를 위해 한강 노량진에 설치한 배다리 건설에는 정조가 아끼던 유사(有司) 중 당시 29세였던 천재 정약용이 큰 역할을 했을 것을 쉽게 알 수 있다. 더욱이 본인의『자찬묘지명』의 내용에 주교의 역사에 관한 내용을 구체적으로 기술한 점으로 미루어 보아 정약용의 교량 기술자로서의 면모를 의심할 수는 없다. 그러나 불행히도 배다리 건설에 대한 정약용의 직접적인 언급은 어떠한 공식적인 문서에도 발견되지 않아 우리를 안타깝게 한다.

다음은 '국사편찬위원회'에서 편찬한『조선왕조실록』정조실록 30권, 정조 14년(1790)의 원문과 국역한 내용을 항목별로 정리한 것이다.[4] 한문이 낯선 독자를 위해 한자 위에 음을 추가로 기재했으며, 고전이기 때문에 문장이 잘 이해되지 않는 경우를 위해 단어나 용어 설명을 각주로 곁들였다. 또한 다음에는『묘당찬진주교절목』의 내용을 원문대로 기재는 했으나 정조의 '주교지남'을 이해하기 위하여 크게 중요하지 않다고 판단되어 국문 번역은 생략하였다.

묘당찬진주교절목 변론(廟堂撰進舟橋節目 辯論)

舟橋節目 一日

^{주교} ^{안배} ^{진로위선} ^{노량진} ^도 ^{양안} ^{상대} ^{이고} ^{중류} ^{평온} ^{이심} ^{차기장광} ^{비둑도} ^{서빙고} ^{삼분감일} ^{지세지}
舟橋安排, 津路爲先, 露梁津渡, 兩岸相對而高, 中流平穩而深, 且其長廣, 比纛島, 西氷庫, 三分減一. 地勢之

^{방편} ^{공역} ^{지성약} ^{갑어} ^{오강} ^{진로} ^{즉이} ^{노량} ^{영정} ^{온행시급} ^{선릉} ^{정릉} ^{장릉} ^{행행시} ^{병용} ^{차로} ^{헌릉} ^{영릉} ^{영릉}
方便, 工役之省約, 甲於五江津路, 則以露梁永定溫幸時及宣陵, 靖陵, 章陵幸行時, 倂用此路, 獻陵, 英陵 寧陵

^{행행시} ^{이설어광진}
幸行時, 移設於廣津.

辯論 一日

^{노량진} ^형 ^{북안} ^{파고} ^{이남안평저} ^{위일망사장}
露梁津形, 北岸頗高, 而南岸平底, 爲一望沙場,

^{남북안형} ^{이시부동} ^{즉양안상대이고운자} ^고
南北岸形, 已時不同, 則兩岸相對而高云者, 固

^{오의차호수왕래} ^{수면지고하} ^{조석변환} ^즉
誤矣. 且湖水往來, 水面之高下, 朝夕變幻, 則

^{주교역당수이고하} ^{중류평온심운자} ^{역오의}
舟橋亦當隨而高下, 中流平穩深云者, 亦誤矣,

^{심자우} ^{무의미야} ^{연즉주교지수수고하} ^{고무}
深字尤 無意味也. 然則舟橋之隨水高下, 固無

^상 ^{이양두작교} ^{최시난편} ^{해견창교조}
傷, 而梁頭作橋, 最是難便. 解見槍橋條.

노량나루터의 지형은 북쪽 언덕은 높고 남쪽 언덕은 평편하고 낮으며 한결같이 모래사장으로 돼 남쪽 언덕과 북쪽 언덕의 형세가 다른데 양쪽 언덕이 마주 대해 높이 솟아있다고 한 것은 실로 잘못이다. 또 조수의 왕래로 인해 수면의 높낮이가 조석으로 변하니 배다리 역시 응당 높아졌다 낮아졌다 하는데, 강 복판의 흐름은 평온하면서도 깊다는 말 또한 잘못이며 깊다고 한 말은 더욱 의미가 없다. 그리고 보면 배다리가 물을 따라 높아졌다 낮아졌다 하는 것은 사실 괜찮지만 양쪽 언덕에다가 다리를 만든다는 것은 가장 불편하다. 해설은 선창다리 조항에 보인다.

舟橋節目 二日

^{소입선척공사선} ^{참호} ^{취용} ^{연후무부족지폐} ^{공선즉이훈련국선십척} ^{아산공진창조선십이척취용} ^{사선즉}
所入船隻公私船, 叅互¹ 取用, 然後無不足之弊. 公船則以訓練局船十隻, 牙山貢津倉漕船十二隻取用, 使船則

^{이경강수하선이십척취용} ^{이혹치수생진활지시} ^{즉역불가무예비지도} ^{수하선한십척} ^{가수정대}
以京江水下船二十隻取用, 而或値水生津闊之時 則亦不可無豫備之道, 水下船限十隻, 加數整待.

---

1   참호(叅互): 서로 비교하여 적당하게 고려함

辯論 二日

無論公私船, 未及尺量前, 何以知用入幾許隻?

況訓船, 漕船之高低, 若不相稱, 基中必有不堪

用者, 而今以公私船合四十二隻, 牢定基數者,

太缺商量, 餘船幾隻之豫備, 雖是不可已之事,

然梁頭作橋, 牢不可動, 則雖當水生津闊之時,

餘船無所用矣. 向來氷湖水生, 豈無餘船而然

也. 猝當水生, 欲以餘船聯補, 則梁頭橋毀, 而

復造之外, 無他道. 故浮板作橋之說, 亦出不得

已也.

나라의 배건 개인의 배건 논의할 것 없이 재어보기도 전에 어떻게 몇 척이 필요한지 알 것인가? 만약 훈련원의 배와 조운하는 배의 높이가 서로 맞지 않으면 그중에는 필시 쓸 수 없는 것도 있는데, 지금 나라의 배와 개인의 배를 합쳐 42척으로 그 숫자를 결정하니 이는 너무도 타산이 없는 말이다. 나머지 배 몇 척을 준비한다는 것은 당연히 그렇게 해야 할 일이기는 하나 양쪽 언덕까지 다리를 만들어 조금도 움직일 수 없다면 큰 물이 져서 나루가 넓어질 때를 당해도 나머지 배는 쓸곳이 없다. 지난번 빙호(氷湖)에 큰 물이 졌을 때에도 어찌 나머지 배가 없어서 그리된 것이겠는가. 갑자기 큰 물을 만나 나머지 배로 연결 보충하려 한다면 두 언덕의 다리를 헐고 다시 만드는 외에는 다른 방법이 없을 것이다. 그렇기 때문에 판자를 띄워 다리를 만든다는 말도 또한 부득이한 데서 나온 것이다.

舟橋節目 三日

勿論公私船隻, 若無團束整齊之規, 則必有統紀雜亂之慮.

且船隻使用, 自是江民生業, 江民中另擇 其富實勤幹解事者, 使之作爲船契,

統率沙格, 專當擧行, 而船契應行條件, 採探物情, 別成節目.

辯論 三日

此條則姑俟 擇船完定 更加採探物情 量宣決定

爲乎.

이 조항은 우선 배 선택이 완전히 결정된 다음 다시 여론을 참작하여 편리하게 결정하는 것이 좋겠다.

舟橋節目 四日

<ruby>牙<rt>아</rt></ruby><ruby>山<rt>산</rt></ruby> <ruby>貢<rt>공</rt></ruby><ruby>津<rt>진</rt></ruby><ruby>倉<rt>창</rt></ruby> <ruby>漕<rt>조</rt></ruby><ruby>船<rt>선</rt></ruby> <ruby>十二<rt>십이</rt></ruby> <ruby>隻<rt>척</rt></ruby>, <ruby>移<rt>이</rt></ruby><ruby>屬<rt>속</rt></ruby> <ruby>本<rt>본</rt></ruby><ruby>司<rt>사</rt></ruby>, <ruby>出<rt>출</rt></ruby><ruby>付<rt>부</rt></ruby><ruby>船<rt>선</rt></ruby><ruby>契<rt>계</rt></ruby>, <ruby>若<rt>약</rt></ruby><ruby>其<rt>기</rt></ruby><ruby>漕<rt>조</rt></ruby><ruby>轉<rt>전</rt></ruby><ruby>事<rt>사</rt></ruby><ruby>目<rt>목</rt></ruby>, <ruby>一<rt>일</rt></ruby><ruby>依<rt>의</rt></ruby><ruby>湖<rt>호</rt></ruby><ruby>西<rt>서</rt></ruby><ruby>已<rt>이</rt></ruby><ruby>例<rt>예</rt></ruby><ruby>擧<rt>거</rt></ruby><ruby>行<rt>행</rt></ruby>, <ruby>以<rt>이</rt></ruby><ruby>爲<rt>위</rt></ruby><ruby>船<rt>선</rt></ruby><ruby>契<rt>계</rt></ruby><ruby>人<rt>인</rt></ruby><ruby>依<rt>의</rt></ruby><ruby>賴<rt>뢰</rt></ruby><ruby>之<rt>지</rt></ruby><ruby>地<rt>지</rt></ruby>, <ruby>而<rt>이</rt></ruby><ruby>漕<rt>조</rt></ruby>

牙山貢津倉漕船十二隻, 移屬本司, 出付船契, 若其漕轉事目, 一依湖西已例擧行, 以爲船契人依賴之地, 而漕

轉之後, 造橋之暇, 毋論遠近道公私卜, 亦許一次載運.

辯論 四日

擇船條, 已詳言之.

배를 선택하는 조항에서 이미 자세히 말했다.

부록 그림 1.1 조선 후기의 조운(漕運)

장산곶

공진창

안면도

통영

舟橋節目 五日

_{사선 지입어 선계 자　불가 불 별설 료뢰 지자 이 계락부지로　삼남 조선　각도 전병선 지 한만구퇴자 일병봉가}
私船之入於船契者, 不可不別設 聊賴²之資, 以啓樂赴之路. 三南漕船, 各道戰兵船之 限滿舊退者, 一幷捧價,

_{출급어 선계 인처　이비조교 선척 수보지수　이 전병선 구퇴자한삼년　조선 구퇴자 영속 계중}
出給於船契人處, 以備造橋船隻 修補之需, 而戰兵船舊退者限三年, 漕船舊退者永屬契中.

辯論 五日

_{차 시 강민 배　행화소 도자 야　기 전 조세 지 리　우}
此是江民輩, 行貨所圖者也. 既專漕稅之利, 又

_{전 퇴선지 이　즉 입어 선계　개장 불 수년　인 인 치}
專退船之利, 則入於船契, 皆將不數年, 人人致

_{부 의　일 전선 지 퇴건　흡 조 수 하 대선 이 척　병선 여}
富矣. 一戰船之退件, 恰造水下大船二隻, 兵船與

_{조선 지 퇴건　역 능 각 조 일 대선　이 일 대선 지 물력}
漕船之退件, 亦能各造一大船, 而一大船之物力,

_{근 일 천금　즉 기 위 이 야　해 단 이 만금 론 재　수 왈}
近一千金, 則其爲利也, 奚但以萬金論哉. 雖曰

_{봉가 출급　기 불능 준 봉 당가　즉 거 배 획 리 무 가 비}
捧價出給, 既不能準捧當價, 則渠輩獲利無可比

_{의　기 여 시　즉 조교 일 관 일 체 사　기 계 중 전 위}
矣. 其如是, 則造橋一款一切事, 其契中專爲

_{담당　사 리 당당　이 금 내 편 뮤 기 이　우 욕 사 조 가}
擔當, 事理堂堂, 而今乃偏嚅其以, 又欲事朝家,

_{비 료 허 다 전곡　의 전 랑 용 자　오 재 기 공 사 구 리 지}
費了許多錢穀 依前浪用者 烏在其公私俱利之

_{본의 호　조 가　단 당 불 비 일 문 전　이 사 거 배 거행}
本意乎. 朝家 但當不費一文錢, 而使渠輩擧行,

_{역 필 용약 쟁 추　　금 내 감 생 무 압 지 욕　익}
亦必踴躍爭趨, 唯恐或後. 今乃敢生無壓之慾, 益

_{점 리 상 지 리　가 승 통 재　차 비 행화 소 치　즉 당상}
占利上之利, 可勝痛哉? 此非行貨所致, 則堂上

_{등　필 견 사 이 연 의}
等, 必見斯而然矣.

이것은 강가에 사는 백성들이 뇌물질을 하면서 도모한 것이다. 이미 조운의 이익을 독차지하고 또 못쓰게 된 배의 이익을 독차지하게 한다면 선계에 든 자는 모두 몇 년이 안 돼 저마다 부자가 될 것이다. 못쓰게 된 전선 1척이면 한강 하류로 드나드는 큰 배 2척은 충분히 만들 수 있고, 못쓰게 된 병선과 조운선 또한 각각 큰 배 1척씩은 만들 수 있다. 큰 배 1척의 값어치가 거의 천금에 가까우니 그 이익이 어찌 만금으로 논할 뿐이겠는가? 비록 값을 받고 내준다 하지만 해당한 값을 받지 못하는 이상 그들이 얻는 이익은 엄청날 것이다. 이미 이와 같을진대 다리를 만드는 모든 일을 일체 그 선계로 하여금 전적으로 담당하게 하는 것이 사리로 보는 것이 당연하나, 지금 그 이익을 독차지하게 하고도 또 욕심을 내서 조정으로 하여금 허다한 돈과 곡식을 이전처럼 낭비하게 한다면 나라와 개인이 함께 이익을 보는 본의가 어디에 있겠는가? 조정에서는 1전을 허비하지 않고 그들을 시켜 거행하게 하더라도 반드시 좋아 날뛰면서 남에게 뒤질세라 앞을 다투어 달려들 것인데, 지금 감히 한량없는 욕심을 내어 이익 외의 이익을 독점한다면 이 얼마나 통탄할 일인가. 이는 뇌물의 소치(所致)가 아니면 필시 당상관 등이 속아서 한 말일 것이다.

2　요뢰(聊賴): 남에게 의지(依支)하거나 의뢰(依賴)하여 살아감

舟橋節目 六日

三南自納邑, 稅穀載運之役, 出付船契, 以資其業, 而此是八江[3]衆民生涯, 則不可專屬船契矣. 訓局船自有定式,

漕船旣經漕轉, 不必更論. 水下私船三十隻, 湖南湖西兩道中, 參互道里遠近, 船價多少, 折半式從願劃定, 自

本司移文戶惠廳, 以爲分送之地.

辯論 六日

京江船之夕過千艘者, 今止數百艘, 則可見生利

之漸不如前, 而稅穀載運, 又分利於船契, 船契

所付六十艘外, 百數十艘船漢, 幾何不失業而渙

散也? 另究方便聊賴之資, 俾無稱冤之端爲宣.

경강의 배가 옛날에는 천여 척이 넘었는데 지금은 수백 척 밖에 없다. 그렇다면 이익을 내는 것이 점차 전과 같지 못하다는 것을 알 수 있는데, 조세곡을 나르는 데서 또 선계에게 이익을 나누어주게 됐으니, 선계에든 60척 외에 백 수십 척의 뱃사람들은 어찌 본업을 잃고 뿔뿔이 헤어지지 않을 수 있겠는가? 특별히 편리하게 살아갈 근거를 강구함으로써 억울해 하는 일이 없도록 하는 것이 마땅할 것이다.

舟橋節目 七日

公私船五十二隻, 合爲一契, 成置船案, 每十隻各出船長一人. 公船二十二隻, 差出監官一人, 私船三十隻,

差出監官一人, 公私船幷 差出都監官一人, 以爲次次統領之地, 而監官三人, 分屬於三軍, 別軍官通計久勤, 如

或作窠, 自船契從公論圈點, 手本於主官堂上, 文移各軍門, 船長則亦爲圈點差出 一體手本.[4]

---

3 팔강(八江): 뚝섬, 서빙고, 신촌리(新村里), 용산, 마포, 토정(土亭), 서강, 망원정(望遠亭)
4 수본(手本): 공사에 대해 상관에게 보고하는 자필의 글

辯論 七日

<ruby>舟<rt>주</rt></ruby>橋船既成一契, 則不必以公私船, 分而二之.
_{주교선 기성일계 즉불필이 공사 선 분 이 이 지}

假令船爲五十隻, 則無論公私船, 自可雜以用
_{가령선위오십척 즉무론공사선 자가잡이용}

之, 每十隻各出一隊長, 每二十五隻 各出監官
_{지 매십척각출일대장 매 이십오 척 각 출 감관}

一人, 爲左右部, 別出都監官一人, 使之總領, 然
_{일인 위 좌우 부 별출 도감관 일인 사지 총령 연}

後可無 彼此 追諉之弊矣. 監官三人, 屬之軍門,
_{후가무 피차 추위지폐 의 감관 삼인 속지 군문}

似甚不緊. 具三人輪回入直,[5] 則職務自然相妨,
_{사 심 불 긴 구 삼 인 륜 회 입직 즉 직무 자연 상방}

欲爲除本仕, 則軍門亦多掣肘. 不若[6]專責本司
_{욕 위 제 본 사 즉 군문 역 다 체 주 불약 전 책 본 사}

之仕, 爲久勤之窠, 而差出時, 使渠輩圈點[7]使
_{지 사 위 구 근 지 과 이 차 출 시 사 거 배 권 점 사}

無妨.
_{무방}

배다리에 속한 배가 이미 하나의 선계로 이루어져 있다
면 나라 배와 개인 배를 따로 나누어 둘로 만들 필요가 없
다. 가령 배가 50척이 된다면 나라 배와 개인 배를 논할
것 없이 으레 섞어서 쓸 것이며, 10척마다 각각 대장을 내
고 25척마다 각각 감관 1인을 내어 좌부와 우부로 만들
어야 한다. 이에 특별히 도감관 1인을 선출하여 그로 하
여금 총괄적으로 거느리게 해야만 피차 서로 미루는 폐
단이 없을 것이다. 감관 3인을 군문에 소속시키는 것은
매우 타당하지 못한 것 같고 또 3인이 윤번으로 숙직을
서게 되면 직무상 자연 지장을 줄 것이며, 기본관직에 임
명하려면 군문 또한 모순되는 일이 많을 것이다. 그러므
로 차라리 주교사의 벼슬만 전적으로 맡겨서 상근하는
자리로 만들고 차출 시에는 그들로 하여금 후보자를 권
점하게 하는 것이 무방할 것이다.

舟橋節目 八日

官廨就露梁津接界處 設置, 坐起[8]廳八間, 木物庫十五間, 米庫五間, 庫直, 軍士守直間五間, 大門一間, 挾門
_{관해 취 노량진 접계 처 설치 좌기 청팔간 목물고 십오 간 미고 오간 고직 군사 수직 간오간 대문 일간 협문}

一間, 虛間三間, 自本司出物力建設. 守直[9]一款, 監官三人輪回入直, 下屬則庫直兼大廳直一名, 軍士一名永爲
_{일간 허간삼간 자 본사 출 물력 건설 수직 일관 감관 삼인 륜회 입직 하속 즉 고직 겸 대청 직 일명 군사 일명 영위}

專當.
_{전 당}

辯論 八日

此條雖似然矣, 更容商量.
_{차 조 수 사 연 의 경 용 상 량}

이 조항은 그럴듯하나 다시 생각해볼 여지가 있다.

....

5   입직(入直): 관아에 들어가 차례로 숙직함
6   불약(不若): ~만 못함
7   권점(圈點): 조선시대 벼슬아치를 뽑을 때 뽑는 이가 뽑고자 하는 후보자의 이름 아래에 찍는 점
8   좌기(坐起): 관아의 우두머리가 출근하여 일을 봄
9   수직(守直): 건물이나 물건 따위를 맡아 지킴

舟橋節目 九日

應入雜物, 既自本司措備需用, 則不可無物力區劃之道. 嶺南別會穀中, 大米限二千石式, 每年許劃, 作錢取用,

米布如有用處, 就貢津倉漕需中, 量宜取用, 物力出入用遺在, 則官堂上, 另加照察.

辯論 九日

舟橋設施, 當以事簡費省爲第一經論, 則大米

二千石, 年年計劃云者, 似欠綜核.[10] 江民裦

生涯,[11] 莫尙於漕運, 而一人船契, 則其利可專,

故今方碎頭, 唯恐或漏, 至以千金行賂, 則民之

大願, 可以推知. 旣從其大願, 則橋役之不日而

成 亦可指掌. 然則其中如干經費, 每年五百兩

足矣. 且戰兵船, 漕船之許劃, 旣是無前大利, 則

又出無盡財力, 徒爲江漢裦益富之術者 全沒着

落. 米則員役裦料外, 不必如前浪費矣.

배다리를 설치함에 있어 마땅히 일이 단순하고 비용이 절감되는 것을 첫째가는 계책으로 삼아야 한다. 그렇다면 대미 이천 석을 해마다 떼어낸다는 것은 대체적 의미로 보아 결함이 있는 것 같다. 포구 백성들의 생업은 조운보다 더 앞설 것이 없는데, 일단 선계에 들면 그 이익을 독점할 수 있기 때문에 지금 머리가 터지도록 경쟁하여 혹시라도 빠질까 염려하며 심지어는 천금을 가지고 뇌물질하기까지 하니, 백성들이 크게 원한다는 것을 미루어 알 수 있다. 이미 그 크게 원하는 바를 들어준다면 다리 공사가 하루도 안 돼 완성되리라는 것은 손바닥을 보듯 훤하다. 그렇다면 그중에 필요한 약간의 경비는 매년 5백 냥이면 만족할 것이다. 또 전선과 병선 그리고 조운선을 떼어주는 것은 이미 전에 없던 큰 이익인데, 한없이 많은 재물을 내어 한갓 뱃사람들만 더욱더 부유하게 만드는 술책을 쓰는 것은 완전히 몰지각한 처사다. 쌀은 역부들의 요식 외에는 종전처럼 낭비할 필요가 없다.

---

10 종핵(綜核): 치밀하게 속속들이 되지어 밝힘
11 생애(生涯): 생계, 생활 형편

舟橋節目 十日

造橋制度, 船隻隨其體制大小, 次次鱗付 下碇 牢竪, 以大葛索編結. 又以大圓環, 朴排[12]於各船上下左右, 以小

葛索貫結, 上鋪縱結木, 橫鋪長松板, 幷間用大小釘, 鋪以空石實土被莎, 兩傍設欄干, 以爲界限, 每船分置沙

格三名, 以爲禁火防水之地.

辯論 十日

造橋制度, 當專主船之高低, 而只擧大小, 已昧

其方. 大圓環朴排, 徒繁工役, 而反有悠揚之患

矣, 尤萬萬不當. 空石實土 亦無意味. 量船高低,

鱗次聯接, 以縱木兩頭相縛, 結之駕龍木, 以

長板平鋪之. 以撑介緊促, 以空石間間鋪之,

以莎片被之, 至且盡矣.

且甲船與乙船密接, 乙船與丙船密接, 次次如是

然後可矣. 若以大環, 對朴排, 則兩船接處, 自然

間空, 波之所蕩, 豈無悠揚之弊耶?

다리를 만드는 제도는 의당 배의 높낮이에 치중해야 하는데, 배의 대소만 거론하니 이는 이미 방법에 어두운 것이다. 크고 둥근 고리를 다는 것은 한갓 공사만 번거롭고 도리어 흔들흔들 일렁이게 할 염려가 있으므로 더욱 부당하다. 빈 가마니에 흙을 채우는 것 역시 아무런 의미가 없다. 배의 높이를 헤아려 잇대어(생선 비늘이 잇닿는 것처럼) 연결하고 길이로 걸치는 나무의 양쪽 머리를 한데 묶어서 가룡목(駕龍木)에 연결한 다음에 긴 판자를 쭉 갈며 탕개로 바싹 조인 다음 빈 가마니를 간간이 펴고 뗏장으로 덮게 되면 그 이상 더 할 것이 없다. 그리고 갑이란 배는 을이란 배와 밀착시키고, 을이란 배는 병이란 배와 밀착시켜 차례차례로 이렇게 하면 된다. 만약 큰 고리를 마주 박아놓으면 두 배가 연접된 부분에 자연 공간이 생기게 되니, 물결이 부딪칠 때 어찌 흔들리는 폐단이 없겠는가?

---

12 박배(朴排): 문짝에 돌쩌귀, 고리, 배목 따위를 박아서 문틀에 끼워 맞추는 일

舟橋節目 十一日

<ruby>長<rt>장</rt></ruby><ruby>松<rt>송</rt></ruby><ruby>板<rt>판</rt></ruby><ruby>四<rt>사</rt></ruby><ruby>千<rt>천</rt></ruby><ruby>立<rt>입</rt></ruby>, <ruby>統<rt>통</rt></ruby><ruby>營<rt>영</rt></ruby><ruby>及<rt>급</rt></ruby><ruby>安<rt>안</rt></ruby><ruby>眠<rt>면</rt></ruby><ruby>島<rt>도</rt></ruby><ruby>風<rt>풍</rt></ruby><ruby>落<rt>락</rt></ruby><ruby>松<rt>송</rt></ruby><ruby>中<rt>중</rt></ruby>, <ruby>作<rt>작</rt></ruby><ruby>板<rt>판</rt></ruby><ruby>取<rt>취</rt></ruby><ruby>用<rt>용</rt></ruby>, <ruby>而<rt>이</rt></ruby><ruby>每<rt>매</rt></ruby><ruby>箇<rt>개</rt></ruby><ruby>長<rt>장</rt></ruby><ruby>九<rt>구</rt></ruby><ruby>尺<rt>척</rt></ruby><ruby>厚<rt>후</rt></ruby><ruby>二<rt>이</rt></ruby><ruby>寸<rt>촌</rt></ruby>, <ruby>廣<rt>광</rt></ruby><ruby>則<rt>즉</rt></ruby><ruby>以<rt>이</rt></ruby><ruby>一<rt>일</rt></ruby><ruby>尺<rt>척</rt></ruby><ruby>二<rt>이</rt></ruby><ruby>三<rt>삼</rt></ruby><ruby>寸<rt>촌</rt></ruby><ruby>爲<rt>위</rt></ruby><ruby>限<rt>한</rt></ruby>, <ruby>自<rt>자</rt></ruby><ruby>統<rt>통</rt></ruby><ruby>水<rt>수</rt></ruby><ruby>營<rt>영</rt></ruby><ruby>治<rt>치</rt></ruby>

<ruby>木<rt>목</rt></ruby>, <ruby>賃<rt>임</rt></ruby><ruby>船<rt>선</rt></ruby><ruby>輸<rt>수</rt></ruby><ruby>送<rt>송</rt></ruby>, <ruby>以<rt>이</rt></ruby><ruby>爲<rt>위</rt></ruby><ruby>藏<rt>장</rt></ruby><ruby>置<rt>치</rt></ruby><ruby>入<rt>입</rt></ruby><ruby>用<rt>용</rt></ruby><ruby>之<rt>지</rt></ruby><ruby>地<rt>지</rt></ruby>, <ruby>而<rt>이</rt></ruby><ruby>入<rt>입</rt></ruby><ruby>用<rt>용</rt></ruby><ruby>後<rt>후</rt></ruby>, <ruby>堂<rt>당</rt></ruby><ruby>上<rt>상</rt></ruby>, <ruby>都<rt>도</rt></ruby><ruby>廳<rt>청</rt></ruby><ruby>親<rt>친</rt></ruby><ruby>執<rt>집</rt></ruby><ruby>照<rt>조</rt></ruby><ruby>數<rt>수</rt></ruby>, <ruby>還<rt>환</rt></ruby><ruby>爲<rt>위</rt></ruby><ruby>入<rt>입</rt></ruby><ruby>庫<rt>고</rt></ruby>, <ruby>其<rt>기</rt></ruby><ruby>中<rt>중</rt></ruby><ruby>如<rt>여</rt></ruby><ruby>有<rt>유</rt></ruby><ruby>折<rt>절</rt></ruby><ruby>傷<rt>상</rt></ruby><ruby>之<rt>지</rt></ruby><ruby>板<rt>판</rt></ruby>, <ruby>自<rt>자</rt></ruby><ruby>本<rt>본</rt></ruby><ruby>司<rt>사</rt></ruby><ruby>文<rt>문</rt></ruby><ruby>移<rt>이</rt></ruby>

<ruby>統<rt>통</rt></ruby><ruby>水<rt>수</rt></ruby><ruby>營<rt>영</rt></ruby>, <ruby>風<rt>풍</rt></ruby><ruby>落<rt>락</rt></ruby><ruby>松<rt>송</rt></ruby><ruby>中<rt>중</rt></ruby>, <ruby>作<rt>작</rt></ruby><ruby>板<rt>판</rt></ruby><ruby>取<rt>취</rt></ruby><ruby>來<rt>래</rt></ruby>, <ruby>這<rt>저</rt></ruby><ruby>這<rt>저</rt></ruby><ruby>充<rt>충</rt></ruby><ruby>補<rt>보</rt></ruby>.

辯論 十一日

<ruby>長<rt>장</rt></ruby><ruby>板<rt>판</rt></ruby><ruby>四<rt>사</rt></ruby><ruby>千<rt>천</rt></ruby><ruby>立<rt>입</rt></ruby><ruby>之<rt>지</rt></ruby><ruby>設<rt>설</rt></ruby>, <ruby>太<rt>태</rt></ruby><ruby>沒<rt>몰</rt></ruby><ruby>分<rt>분</rt></ruby><ruby>數<rt>수</rt></ruby>. <ruby>且<rt>차</rt></ruby><ruby>以<rt>이</rt></ruby><ruby>長<rt>장</rt></ruby><ruby>爲<rt>위</rt></ruby><ruby>九<rt>구</rt></ruby><ruby>尺<rt>척</rt></ruby>, <ruby>廣<rt>광</rt></ruby>

<ruby>爲<rt>위</rt></ruby><ruby>一<rt>일</rt></ruby><ruby>尺<rt>척</rt></ruby><ruby>二<rt>이</rt></ruby><ruby>三<rt>삼</rt></ruby><ruby>寸<rt>촌</rt></ruby><ruby>磨<rt>마</rt></ruby><ruby>鍊<rt>련</rt></ruby><ruby>者<rt>자</rt></ruby>, <ruby>尤<rt>우</rt></ruby><ruby>莫<rt>막</rt></ruby><ruby>曉<rt>효</rt></ruby><ruby>其<rt>기</rt></ruby><ruby>故<rt>고</rt></ruby>. <ruby>露<rt>노</rt></ruby><ruby>梁<rt>량</rt></ruby><ruby>津<rt>진</rt></ruby><ruby>廣<rt>광</rt></ruby>,

<ruby>假<rt>가</rt></ruby><ruby>令<rt>령</rt></ruby><ruby>爲<rt>위</rt></ruby><ruby>二<rt>이</rt></ruby><ruby>百<rt>백</rt></ruby><ruby>把<rt>파</rt></ruby>, <ruby>而<rt>이</rt></ruby><ruby>一<rt>일</rt></ruby><ruby>把<rt>파</rt></ruby><ruby>爲<rt>위</rt></ruby><ruby>六<rt>육</rt></ruby><ruby>尺<rt>척</rt></ruby>, <ruby>則<rt>즉</rt></ruby><ruby>爲<rt>위</rt></ruby><ruby>一<rt>일</rt></ruby><ruby>千<rt>천</rt></ruby><ruby>二<rt>이</rt></ruby><ruby>百<rt>백</rt></ruby>

<ruby>尺<rt>척</rt></ruby>, <ruby>板<rt>판</rt></ruby><ruby>廣<rt>광</rt></ruby><ruby>爲<rt>위</rt></ruby><ruby>一<rt>일</rt></ruby><ruby>尺<rt>척</rt></ruby>, <ruby>則<rt>즉</rt></ruby><ruby>其<rt>기</rt></ruby><ruby>所<rt>소</rt></ruby><ruby>用<rt>용</rt></ruby><ruby>入<rt>입</rt></ruby>, <ruby>自<rt>자</rt></ruby><ruby>爲<rt>위</rt></ruby><ruby>一<rt>일</rt></ruby><ruby>千<rt>천</rt></ruby><ruby>二<rt>이</rt></ruby><ruby>百<rt>백</rt></ruby><ruby>立<rt>립</rt></ruby>,

<ruby>此<rt>차</rt></ruby><ruby>外<rt>외</rt></ruby><ruby>更<rt>경</rt></ruby><ruby>無<rt>무</rt></ruby><ruby>所<rt>소</rt></ruby><ruby>入<rt>입</rt></ruby>, <ruby>而<rt>이</rt></ruby><ruby>雖<rt>수</rt></ruby><ruby>若<rt>약</rt></ruby><ruby>干<rt>간</rt></ruby><ruby>存<rt>존</rt></ruby><ruby>剩<rt>잉</rt></ruby>, <ruby>豈<rt>개</rt></ruby><ruby>至<rt>지</rt></ruby><ruby>四<rt>사</rt></ruby><ruby>千<rt>천</rt></ruby><ruby>之<rt>지</rt></ruby><ruby>多<rt>다</rt></ruby><ruby>哉<rt>재</rt></ruby>?

<ruby>但<rt>단</rt></ruby><ruby>御<rt>어</rt></ruby><ruby>路<rt>로</rt></ruby><ruby>以<rt>이</rt></ruby><ruby>四<rt>사</rt></ruby><ruby>把<rt>파</rt></ruby><ruby>爲<rt>위</rt></ruby><ruby>定<rt>정</rt></ruby>, <ruby>則<rt>즉</rt></ruby><ruby>板<rt>판</rt></ruby><ruby>亦<rt>역</rt></ruby><ruby>四<rt>사</rt></ruby><ruby>把<rt>파</rt></ruby><ruby>爲<rt>위</rt></ruby><ruby>長<rt>장</rt></ruby>, <ruby>然<rt>연</rt></ruby><ruby>後<rt>후</rt></ruby><ruby>橋<rt>교</rt></ruby><ruby>上<rt>상</rt></ruby>

<ruby>可<rt>가</rt></ruby><ruby>作<rt>작</rt></ruby><ruby>平<rt>평</rt></ruby><ruby>面<rt>면</rt></ruby>. <ruby>以<rt>이</rt></ruby><ruby>九<rt>구</rt></ruby><ruby>尺<rt>척</rt></ruby><ruby>板<rt>판</rt></ruby>, <ruby>有<rt>유</rt></ruby><ruby>若<rt>약</rt></ruby><ruby>苟<rt>구</rt></ruby><ruby>充<rt>충</rt></ruby><ruby>補<rt>보</rt></ruby><ruby>空<rt>공</rt></ruby><ruby>之<rt>지</rt></ruby><ruby>例<rt>예</rt></ruby><ruby>者<rt>자</rt></ruby>, <ruby>誠<rt>성</rt></ruby>

<ruby>誤<rt>오</rt></ruby><ruby>矣<rt>의</rt></ruby>. <ruby>以<rt>이</rt></ruby><ruby>風<rt>풍</rt></ruby><ruby>落<rt>락</rt></ruby><ruby>松<rt>송</rt></ruby><ruby>言<rt>언</rt></ruby><ruby>之<rt>지</rt></ruby>, <ruby>各<rt>각</rt></ruby><ruby>處<rt>처</rt></ruby><ruby>豈<rt>개</rt></ruby><ruby>有<rt>유</rt></ruby><ruby>許<rt>허</rt></ruby><ruby>多<rt>다</rt></ruby><ruby>風<rt>풍</rt></ruby><ruby>落<rt>락</rt></ruby><ruby>松<rt>송</rt></ruby>?

<ruby>朝<rt>조</rt></ruby><ruby>家<rt>가</rt></ruby><ruby>雖<rt>수</rt></ruby><ruby>以<rt>이</rt></ruby><ruby>許<rt>허</rt></ruby><ruby>多<rt>다</rt></ruby><ruby>風<rt>풍</rt></ruby><ruby>落<rt>락</rt></ruby><ruby>松<rt>송</rt></ruby>, <ruby>知<rt>지</rt></ruby><ruby>委<rt>위</rt></ruby>[13]<ruby>各<rt>각</rt></ruby><ruby>處<rt>처</rt></ruby>, <ruby>斫<rt>작</rt></ruby><ruby>伐<rt>벌</rt></ruby><ruby>生<rt>생</rt></ruby><ruby>松<rt>송</rt></ruby>,

<ruby>名<rt>명</rt></ruby><ruby>以<rt>이</rt></ruby><ruby>風<rt>풍</rt></ruby><ruby>落<rt>락</rt></ruby>, <ruby>自<rt>자</rt></ruby><ruby>其<rt>기</rt></ruby><ruby>例<rt>예</rt></ruby><ruby>也<rt>야</rt></ruby>. <ruby>此<rt>차</rt></ruby><ruby>所<rt>소</rt></ruby><ruby>謂<rt>위</rt></ruby><ruby>名<rt>명</rt></ruby><ruby>存<rt>존</rt></ruby><ruby>實<rt>실</rt></ruby><ruby>無<rt>무</rt></ruby>, <ruby>而<rt>이</rt></ruby><ruby>奸<rt>간</rt></ruby><ruby>弊<rt>폐</rt></ruby>

<ruby>尤<rt>우</rt></ruby><ruby>滋<rt>자</rt></ruby>. <ruby>都<rt>도</rt></ruby><ruby>不<rt>불</rt></ruby><ruby>如<rt>여</rt></ruby><ruby>磨<rt>마</rt></ruby><ruby>鍊<rt>련</rt></ruby><ruby>用<rt>용</rt></ruby><ruby>入<rt>입</rt></ruby><ruby>之<rt>지</rt></ruby><ruby>數<rt>수</rt></ruby>, <ruby>嚴<rt>엄</rt></ruby><ruby>飭<rt>칙</rt></ruby><ruby>該<rt>해</rt></ruby><ruby>道<rt>도</rt></ruby>, <ruby>使<rt>사</rt></ruby><ruby>之<rt>지</rt></ruby><ruby>斫<rt>작</rt></ruby>

<ruby>送<rt>송</rt></ruby>, <ruby>不<rt>불</rt></ruby><ruby>害<rt>해</rt></ruby><ruby>爲<rt>위</rt></ruby><ruby>光<rt>광</rt></ruby><ruby>明<rt>명</rt></ruby><ruby>之<rt>지</rt></ruby><ruby>事<rt>사</rt></ruby>, <ruby>而<rt>이</rt></ruby><ruby>木<rt>목</rt></ruby><ruby>之<rt>지</rt></ruby><ruby>長<rt>장</rt></ruby><ruby>廣<rt>광</rt></ruby>, <ruby>亦<rt>역</rt></ruby><ruby>必<rt>필</rt></ruby><ruby>以<rt>이</rt></ruby><ruby>量<rt>양</rt></ruby><ruby>水<rt>수</rt></ruby>

<ruby>量<rt>량</rt></ruby><ruby>船<rt>선</rt></ruby><ruby>之<rt>지</rt></ruby><ruby>尺<rt>척</rt></ruby>, <ruby>磨<rt>마</rt></ruby><ruby>鍊<rt>련</rt></ruby><ruby>哉<rt>재</rt></ruby><ruby>作<rt>작</rt></ruby>, <ruby>然<rt>연</rt></ruby><ruby>後<rt>후</rt></ruby><ruby>可<rt>가</rt></ruby><ruby>相<rt>상</rt></ruby><ruby>符<rt>부</rt></ruby><ruby>合<rt>합</rt></ruby>, <ruby>此<rt>차</rt></ruby><ruby>則<rt>즉</rt></ruby><ruby>自<rt>자</rt></ruby><ruby>京<rt>경</rt></ruby>

<ruby>造<rt>조</rt></ruby><ruby>送<rt>송</rt></ruby><ruby>一<rt>일</rt></ruby><ruby>拓<rt>척</rt></ruby><ruby>爲<rt>위</rt></ruby><ruby>好<rt>호</rt></ruby>. <ruby>統<rt>통</rt></ruby><ruby>營<rt>영</rt></ruby><ruby>太<rt>태</rt></ruby><ruby>遠<rt>원</rt></ruby>, <ruby>宣<rt>선</rt></ruby><ruby>取<rt>취</rt></ruby><ruby>長<rt>장</rt></ruby><ruby>山<rt>산</rt></ruby>, <ruby>安<rt>안</rt></ruby><ruby>眠<rt>면</rt></ruby><ruby>之<rt>지</rt></ruby><ruby>間<rt>간</rt></ruby>.

긴 송판 4,000장에 대한 말은 너무도 지각이 없다. 또 길이를 9자로 하고 너비를 1자 2, 3치로 마련한다는 것은 더욱 그 까닭을 알 수 없다. 노량나루의 너비가 가령 200발이 되고, 1발이 6척이라면 이는 곧 1,200자가 된다. 판자의 너비가 1자라면 필요한 판자의 수는 자연히 1,200장이 되고, 이 밖에는 더 필요하지 않다. 만약 약간의 여분을 둔다 하더라도 무슨 4,000장까지야 되겠는가? 다만 어로(도로 폭)를 4발로 정한다면 판자의 길이가 또한 4발(把 = 6尺)이 돼야만 다리 위를 평면으로 만들 수 있을 것이다. 9자(약 2.8m)의 판자로 마치 구차하게 공간을 보충하는 것처럼 하는 것은 실로 잘못된 것이다. 바람에 넘어진 소나무로 말하면 각 처에 무슨 바람에 넘어진 소나무가 그리 많겠는가? 조정에는 비록 바람에 넘어진 소나무가 허다하다고 알리지만 각처에서 생소나무를 베면서 이름만 바람에 넘어진 소나무라고 하는 것이 의례적이다. 이것이 이른바 이름만 있고 실속은 없는 것으로써 농간의 폐단이 더욱 많아지는 원인이다. 그러므로 차라리 필요한 수량을 정해 해당 도에 엄히 신칙(명령을 내려)하여 생소나무를 찍어 보내게 하는 것이 공명정대하게 처리하는 일이 될 것이다. 그리고 나무의 길이와 너비 또한 수심과 배를 잰 같은 자로 재단해야 서로 부합될 수 있다.[5] 그러므로 서울에서 자(尺) 하나를 만들어 보내도록 하는 것이 좋겠다. 통영은 너무 멀기 때문에 장산곶과 안면도의 것을 가져다 써야 할 것이다.

13　지위(知委): 고시 따위의 형식으로 명령을 내려 알리어 줌

舟橋節目 十二日

_{종 결 목 사 백 주　장 자 이십 오육 척　지 삼십 척　말 원경 칠촌 허작　취 어　장산곶　자 본읍 임선 수송　이 위 장치 입용 지}
縱結木四百株, 長自二十五六尺, 至三十尺, 末圓徑七寸許斫, 取於長山串, 自本邑貰船輸送, 以爲藏置入用之

_{지　이 조수 입고　절상 충보 등절　의 장송 판 예 거행}
地, 而照數入庫, 折傷充補等節, 依長松板例擧行.

辯論 十二日

_{종 목 마련　역사 과 의　총 이 삼십 척 위지　즉 이 백}
縱木磨鍊, 亦似過矣. 總以三十尺爲之, 則二百

_{오십 개 족 의　이 사십 척 위　즉 이백 개 족 의　이 차}
五十箇足矣. 以四十尺爲 則二百箇足矣. 而此

_{역 양선 척도　연후 가 이 확정 실수 의}
亦量船尺度, 然後可以確定實數矣.

길이로 연결할 나무의 마련도 지나친 것 같다. 모두 30자로 계산해도 250개면 충분하고 40자로 계산하면 200개면 충분하다. 이것 역시 배의 척수를 측정한 뒤에야 실제의 수를 확정할 수 있다.

舟橋節目 十三日

_{선두 교 소 입 일 백 개　역 이 장 이십 척　말 원경 팔구 촌　작 취 어　장산곶}
船頭橋所入一百箇, 亦以長二十尺, 末圓徑八九寸, 斫取於長山串,

_{자 본읍 임선 수송　자 본사 장치　충보 등절　역 의 장송 판 종 결 예 시행}
自本邑貰船輸送, 自本司藏置, 充補等節, 亦依長松板縱結例施行.

辯論 十三日

_{차 교 여 선두　상접　즉 어로 지 광　당 여 주교 지 로 광}
此橋與船頭相接, 則御路之廣, 當與舟橋之路廣

_{동 의　연즉 광포 장송 목　역 당 여 주교 지 장판 동}
同矣. 然則廣鋪長松木, 亦當與舟橋之長板同.

_{금 이 이십 척 마련 자　사 시 긴 주 지 자　이 교 상 이}
今以二十尺磨鍊者, 似是緊柱之資, 而橋上而

_{잡목 보공　도비 물력　용 후 소융　차 역 이 장송 판}
雜木補空, 徒費物力, 用後消融. 此亦以長松板,

_{의 주교 포 지　년년 잉용 위 호}
依舟橋鋪之 年年仍用爲好.

이 다리는 뱃머리와 서로 맞닿게 되므로 어로의 넓이도 당연히 배다리 길이와 같아야 한다. 그렇다면 넓게 깔 긴 소나무 역시 자연히 배다리에 깐 긴 판자와 같아야 한다. 지금 20자로 마련한 것은 기둥을 견고하게 하기 위한 것 같으나 다리 위에 잡목으로 공간을 메우는 것은 물자만 낭비할 뿐이고 사용한 뒤에는 자연 없어져 버린다. 이것 또한 긴 송판으로 배다리에 잇대어 깔았다가 해마다 그대로 쓰는 것이 좋다.

舟橋節目 十四日

_{생 갈 삼십 거 리　자 본사 매 어 당절　무 취 어 기 내 산 읍 산출 처　장치 입용}
生葛三十巨里,[14] 自本司每於當節, 貿取於畿內山邑産出處, 藏置入用.

....

14　사리(巨里): 거리 새끼나 끈 따위의 길이를 헤아릴 때, 열발(十把)을 단위로 이르는 말(1거리=60자=18.70m)

辯論 十四日

雖生葛 一巨里, 各邑卜定, 爲弊百端. 此等些少
物種, 自京貿用, 外邑胎弊 一切除之.

생 칡 1사리라도 여러 고을에 강제로 배정하면 온갖 폐단이 생길 수 있다. 이와 같이 사소한 물건들은 서울에서 사서 쓰고 외방 고을에 폐단을 끼치는 일은 일체 없애야 한다.

舟橋節目 十五日

船頭橋所鋪杻把子, 限二百部, 自本司貿取入用.

辯論 十五日

旣用長松板, 則不必用把子, 空石上補土足矣.

긴 송판을 쓰기로 이미 했으니 바자[15][6]는 쓸 필요가 없다. 빈 가마니 위에 흙을 덮는 것으로 충분하다.

舟橋節目 十六日

大圓環及各項鐵物, 自本司需所入貿用, 打造時炭價及諸般工費, 亦自本司 需用.

辯論 十六日

鐵物別無浩用, 而其中大環, 尤不可用.

철물은 그리 널리 쓰이지 않고 그중 큰 고리는 더욱 쓸 데가 없다.

舟橋節目 十七日

空石限五天立, 別營二千立, 京畿沿江各邑三千立, 預爲分定, 臨時取用.

辯論 十七日

空石三千立, 其直特不逾數十金, 而分定胎弊,
自京辯用爲宣.

빈 가마니 3,000장은 그 값이 수십 금에 불과하지만 이를 나누어 배정하면 폐단을 끼치게 되므로 서울에서 마련하여 쓰는 것이 마땅하다.

15　바자(把子): 싸리 따위로 발처럼 엮거나 결어서 만든 물건

舟橋節目 十八日

_{탱개직본삼백개 자본사 급가무용 이 장치 충보등절 역의타 목물 예 시행}
撑介直本三百箇, 自本司給價貿用, 而藏置充補等節, 亦依他木物例施行.

_{우왈 교상보공급좌우 난간 차소연목 자본사 임시무용 이 난간 상 횡목 이 장죽 무용 병위 장치}
又曰: 橋上補空及左右欄干次小椽木, 自本司臨時貿用, 而欄干上橫木, 以長竹貿用, 幷爲藏置.

辯論 十八日

_{난간 횡목 이 장죽 위지 역사유폐 이소연중 초}
欄干橫木以長竹爲之, 亦似有弊. 以小椽中, 稍

_{장자용지 무방 역위구용지도 의}
長者用之無妨, 亦爲久用之道矣.

난간 위에 가름대나무를 긴 대나무로 하는 것 또한 폐단이 있을 것 같다. 약간 가는 서까래나무 중 조금 긴 것을 쓰는 것이 무방하고 또 오랫동안 사용하는 방법이 된다.

舟橋節目 十九日

_{조 교시 역군 급 부토 부사군 자계 중령택 정장 용입고 입고 가 매일 이전 오분 식 상하 이 별정 두목 령솔 부역}
造橋時役軍及負土負莎軍, 自契中另擇丁壯, 容入雇立雇價, 每日二錢五分式上下, 而別定頭目, 領率赴役.

辯論 十九日

_{차 조 최흠량 박사 부근 년년 위식 즉사 하이지}
此條最欠量. 剝莎附近, 年年爲式, 則莎何以之

_{당 차모군 허다 명 수능 일일 동칙 유이광일 애}
當? 且募軍許多名, 誰能一一董飭, 惟以曠日愛

_{가 위주 즉전 하이지당 황사장점원 공역 배지}
價爲主, 則錢河以之當? 況莎場漸遠, 工役培遲,

_{폐막가구 의 기상 어포사조 사차 이경무타}
弊莫可捄矣. 已詳 於鋪莎條, 捨此而更無他

_{도리 야}
道理也.

이 조항은 가장 잘 생각하지 못한 점이다. 부근에서 잔디를 뜨는 것을 해마다 규례로 삼으면 잔디를 어떻게 감당하겠는가? 또 허다한 군정을 모아들일 경우 비록 일일이 감독하고 신칙한다 하더라도 허구한 날 품값 받는 것만 생각한다면 그 돈을 어떻게 당하겠는가? 잔디를 뜨는 곳은 점점 멀어져서 공사는 배나 더디므로 그 폐단은 걷잡을 수 없을 것이다. 이미 잔디 입히는 조항에서 자세히 언급했거니와 이 방법을 제외하고는 달리 다른 방법이 없을 것이다.

舟橋節目 二十日

_{주교사 도 제 조 삼공 예겸 제조 병조 판서 한성 판윤 삼군 문 대장 예겸 주관 당상 준천사 주관 당상 겸관 도청}
舟橋司都提調 三公例兼, 提調[16] 兵曹判書, 漢城判尹, 三軍門大將例兼, 主管堂上濬川司主管堂上兼管, 都廳[17]

_{준천사 도청 역 위 겸관}
濬川司都廳亦爲兼管.

....

16 제조(提調): 각 사(司) 또는 각 청(廳)의 관제(官制) 상(上)의 우두머리가 아닌 사람이 그 관아(官衙)의 일을 다스리게 하던 벼슬로서 종1품(從一品) 또는 2품(二品)의 품질(品秩)을 가진 사람이 되는 경우(境遇)를 일컫는다. 정1품(正一品)이 되는 때는 도제조(都提調), 정3품(正三品)의 당상(堂上)이 되는 때는 부제조(副提調)라고 한다.

17 도청(都廳): 도(道)의 행정(行政)을 맡아 처리(處理)하는 지방(地方) 관청(官廳)

辯論 二十日

제조 불필 다 원   사 이상 인 주관   즉 가 이 전 책   이
提調不必多員, 私二三人主管, 則可以專責, 而

무 령 출 다 문 지 폐 의   차 념   래 두   주교사 여 혹 유
無令出多門之弊矣. 且念, 來頭 舟橋司如或有

고   즉 삼공 분주 대명   제당 구 시 긴 임 겸 대   조가
故, 則三公奔走待命, 諸堂俱是緊任兼帶, 朝家

처분   역 필 체 주   간 기 원 수   전 기 책 임   성 위 온 편
處分, 亦必掣肘. 簡其員數, 專其責任, 誠爲穩便.

제조는 여러 사람이 필요하지 않다. 두 세 사람이 주관하면 책임을 전담시킬 수 있고 명령이 여러 갈래로 나가는 폐단이 없을 것이다. 또 생각건대 장차 주교사에 혹시 사고가 있으면 3정승이 분주히 지시를 기다리게 되고, 여러 당상관들도 모두 긴요한 임무로 겸직까지 하게 되니 조정의 처분도 반드시 모순될 것이다. 그 인원을 줄이고 책임을 전담시키는 것이 실로 온당하다.

舟橋節目 二十一日

결교 사역   재 곡출 납   본사 주관 당상 전관 거행   예겸 당상 즉 교 역 시   윤회 왕래   간 검 동 칙   우왈   조교 시 삼군문
結橋使役, 財穀出納, 本司主管堂上專管擧行, 例兼堂上則橋役時, 輪回往來, 看檢董飭. 又曰: 造橋時三軍門

장교 각 삼 인   군사 각 육 명 이   령 리 근 실 자 정송   우왈   조교 시   본사 주관 당상 출 왕   즉 수 총 양 영 전 배   의례 정송
將校各三人, 軍士各六名以, 伶俐勤實者定送. 又曰: 造橋時, 本司主管堂上出往, 則守摠兩營前排, 依例定送.

우왈   주교사 인신   일 과 조성 입용   우왈   원역 이   준천사 원역 겸 역 거행   이 주관 당상 색구 일명   고 직 겸 대청 직
又曰: 舟橋司印信, 一顆造成入用. 又曰: 員役以 濬川司員役 兼役擧行, 而主管堂上色丘一名, 庫直兼大廳直

일명   군사 일명   별 위 차 출   가 출 원 역 료 포   급 겸 역 원 역 가 료 등절   참 호 준천사 예   별 위 마련
一名, 軍士一名, 別爲差出, 加出員役料布[18]及兼役員役可料等節, 參互濬川司例, 別爲磨鍊.

우왈   영남 별회 곡 작 전 조 급 아산 조군포   의 준천사   양사 작전 조례   자 균청 봉류   대 본사 주관 당상 이문   량 기 용
又曰: 嶺南別會穀作錢條及牙山漕軍布, 依濬川司, 兩司作錢條例, 自均廳捧留, 待本司主管堂上移文, 量其容

입   수시 상하   아산 조 수 미 자 본사 봉하   이 의 각 군문 향색   예 도청 전관 거행   조선 여 유 개조 개소   사 의
入, 隨時上下. 牙山 漕需米, 自本司捧下,[19] 而依各軍門餉色[20]例, 都廳專管擧行. 漕船如有改造改槊[21][7]事, 依

균청   외 획 례   안면도 부근 읍 미 포 중   수 용 환급
均廳[22]外劃例, 安眠島附近邑米布中, 隨用還給.

辯論 二十一日

이 상 제 조   자 시 세 절목
以上諸條, 自是細節目,

대 주교 강 정   가 이 량 선 조치
待舟橋講定, 可以量宣措置

이상의 여러 항목은 원래 자질구레한 것으로서 배다리의 일을 토의 결정한 다음 적당히 조치할 수 있다.

....

18 료포(料布): 급료로 주는 무명이나 베

19 봉하(捧下): 돈이나 물건을 받아들이고 내어줌

20 향색(餉色): 군영에서 군량에 관계되는 일을 맡아 보는 부서(部署) 또는 그 부서에 딸린 사람

21 개소(改槊): 배에 박은 나무못을 갈아 바꿈

22 균청(均廳): 균역청. 조선(朝鮮) 왕조(王朝) 때 균역법(均役法)의 실시(實施)에 따른 여러 가지 사무(事務)를 맡아보던 관아(官衙)

부록 2

주교지남

1. 제정 배경

정조는 수원에 있는 현륭원(顯隆園)에 해마다 한 번씩 꼭 참배했는데, 한강을 건너기 위해서 전례에 따라 용주(龍舟)를 이용했다. 그러려면 원근의 배들을 모아 부두를 만들어야 했으므로 공사비용이 많이 들고 노역에 동원되는 백성들에게 피해가 갈 수밖에 없었다. 이에 정조는 정조 13년(1789)에 주교사(舟橋司)[8]를 설치하고 묘당(廟堂=議政府)에 명령하여 배다리제도인 『주교사절목(舟橋司節目)』을 제출하도록 했다. 그러나 그 내용에 만족하지 못한 정조는 친히 『묘당찬진주교절목 변론』을 통해 제출된 『주교사절목』 안의 모순점을 지적하고 정조 14년(1790)에 『주교지남(舟橋指南)』을 제정했다.[9] 『조선왕조실록』의 정조실록 30권, 정조 14년, 7월 1일 기묘 첫 번째 기사에 정조는 친히 주교지남의 어제문(御製文)을 통해 본인이 『주교지남』을 만든 이유와 과정을 다음과 같이 자세하게 적어놓았다.

(정조 14년) 7월 1일 기묘에 배다리[舟橋]의 제도를 정했다.
내가(正祖가) 현륭원(顯隆園)을 수원(水原)에 봉안하고 1년에 한 번씩 참배할 차비를 했는데, 한강을 건너는 데 옛 규례에는 용배(龍舟)를 사용했으나 그 방법이 불편한 점이 많아 배다리의 제도로 개정하고, 묘당으로 하여금 그 세목을 만들어 올리게 했다. 그러나 내 뜻에 맞지 않았다. 이에 상이 (정조가) 직접 생각해내어 『주교지남(舟橋指南)』을 만들었다.

그 책의 내용은 이러했다.

주교의 제도는 시경(詩經)에 실려 있고 『사기(史記)』[10]에도 있어 이 제도가 시작된 지 오래다. 우리나라는 지대가 궁벽하고 소견이 모자라 제대로 이용하지 못했으므로 내가 연거(燕居)한 틈을 이용하여 대략 아래와 같이 기록한다. 묘당에서 지어 바친 주교사절목에 대한 변론을 한 다음 어제문(御製文)으로 첫머리에 세우고 그 이름을 『주교지남』이라 한다.

어제주교지남(御製舟橋指南)[11]

배다리의 제도는 『시경(詩經)』에도 실려 있고, 사책(史冊)에도 나타나 있어 그것이 시작된 지 오래됐다. 그러나 우리나라는 지역이 외지고 막혀서 오늘날까지 시행되지 못했다. 이에 내가 그것을 실행할 뜻을 가지고 묘당(廟堂, 의정부)에 자문하고, 부노(父老)들에게까지 물어본 것이 부지런하고도 정성스럽지 않은가?

임금의 명을 백성에게 전하고 시행하는 지위에 있는 자(對揚之地)들이 일찍이 분·수·명(分·數·明) 석 자(字)에 마음속에 두고 착수한 적이 없었다. 그러므로 그들의 일을 계획하고 처리하는 것이 다만 대강 계획하고 건성으로 하는 것에서 나왔다.

물의 넓이는 총 4, 5백발(把)이며, 배는 모두 8, 90척이고, 사용되는 재목은 모두 4, 5천 주(柱)이며, 일꾼은 모두 5, 6백 명이다. 일을 행하고 꾀하는 것이 분명치 않아 마침내 내가 직접 나서서 일을 처리하는 데 이르렀다.

배를 묶을 때는 한 척이 나아가서 배의 높낮이를 재고, 맞지 않으면 물러난다. 배 한 척을 연결하는 데 반나절이 걸린다. 다리를 만드는 것은 배 백 척이 연결되는데, 차례로 배정되는 것을 기다리다 남으면 물러난다. 배 백 척이 생업을 할 수 없는 기간이 거의 수개월이 된다.

재목을 베는 일은 각 도의 백성들을 재촉함으로써 민읍(民邑)이 곤핍해졌고, 정역(丁役)은 군교(軍校)에게 분부하여 감독하게 함으로써 오직 공갈치고 꾸짖는 소리만 있게 됐으니, 어찌 숨어서 간교히 속이는 것이 없겠는가? 잔디를 까는 일(鋪莎)은 하찮은 일이라 핑계 대고 설치하려는 뜻이 없다. 선창(船艙)제도는 명칭은 비록 전례에 따라 살필 수 있을지라도 한 번의 파도가 치면 어지럽게 떠들썩하니, 이와 같은데도 일 처리를 잘했다고 하겠는가?

배다리 설치는 매년 행행(行幸) 시에 필수 불가결한 것이니 금석(金石)처럼 한결같이 확고부동한 법식(法式)에 해당한다. 이제 그 요체를 분석해본다면 결국 분·수·명 석 자에 불과할 뿐이다.

시간이 날 때 생각나는 대로 보좌하는 유사(有司)에게 기록하게 하여 배다리 제도의 제정을 품지(稟旨)하게 했다. 위로는 경상비용을 보충하고 밑으로는 백성의 폐단을 제거했으니 어찌 다만 옛것만을 말한 것이리오. 일거에 양 득이 있으니 곧 배다리 제도라고 할 수 있겠다.

—경술년, 1790년 음력 7월에 쓰다—

2. 주교지남 내용

    아래는 국사편찬위원회에서 편찬한『조선왕조실록』정조실록 정조14년 7월 1일 최종 기사의 내용이다. 이 같은 내용을『한국고전번역원』과『서울600년사』등 여러 출처에서 찾아볼 수 있는데, 그 내용은 대동소이(大同小異)하다. 아래는 독자들의 혼란을 피하기 위해 국가기관인 국사편찬위원회에서 편찬하고 번역한『조선왕조실록』의 22대 정조실록을 기준으로『주교지남』[12]의 내용을 옮긴 것이다.

一曰: 形便

舟橋形便, 自東湖而下露梁爲最, 何者? 東湖流緩

岸立爲可取, 然水闊而路迂爲不便矣.

水湖水狹爲可取, 然南岸勢緩而延遠, 水纔添尺,

岸退十丈. 添尺之淺水, 不能引餘船以補, 則勢將

增船艙, 而船艙新爲水所囓, 原築者猶不能支, 況

可以新增乎? 渡涉之期日已屆, 水勢之增減難度,

則半日江次蠻路之停留, 往年事可鑑也. 且水性異

於灘駛,23 基趨速甚, 新波衝濤, 及於聯舟, 氷湖尤

不可用矣. 都不如露梁之兼是數者之美, 而無是數

者之病. 但潮勢顔高, 船艙不可用舊制. 然亦有良

制, [見下橋條.] 不足爲慮.

今旣以露梁爲定, 當以露梁審勢量力而論之

1. 지형

배다리를 놓을 만한 지형은 동호(東湖) 이하에서부터 노량(露梁)이[13] 가장 적합히다. 왜냐하면 동호는 물살이 느리고 강 언덕이 높은 것은 취할 만하나 강폭이 넓고 길을 돌게 되는 것[14]이 불편하다.

빙호(水湖)[15]는 강폭이 좁아 취할 만하나 남쪽 언덕이 평평하고 멀어서 물이 겨우 한 자(尺)만 불어도 언덕은 10자(약3.1m)나 물러나가게 된다. 한 자(尺) 정도 되는 얕은 물에는 나머지 배를 끌어들여 보충할 수 없으므로 형편상 선창(船艙＝부두)을 더 넓혀야 하겠으나 선창은 밀물이 들어 원래 쌓은 제방도 지탱하기 어려운데 더구나 새로 건설해서야 되겠는가? 건너야 할 날짜는 이미 다가왔는데, 수위의 증감을 짐작하기 어려워 한나절 동안 강가에서 행차를 멈추었던 지난해의 일을 교훈으로 삼아야 한다. 또 강물의 성질이 여울목의 흐름과 달라서 달리는 힘이 매우 세차고 새 물결에 충격을 받은 파도가 연결한 배에 미치게 되므로 빙호(반포대교)는 더욱 쓸 수 없다. 그러므로 이들 몇 가지 좋은 점을 갖추고 있으면서 결점이 없는 노량이 제일 좋다. 다만 수세가 상당히 높아 선창을 옛 제도대로 쓸 수 없다는 것이 결점이다. 이것 역시 좋은 제도가 있는 만큼 염려할 것 없다. [아래 선창교(船艙橋) 조항에 보인다.]

이제 이미 노량으로 정한 이상 마땅히 노량의 지향을 살피고 역량을 헤아려 논의해야 하겠다.

....

23   리사(灘駛): 한국고전번역원에서는 '여울목'이라고 번역함. 그냥은 해석이 안 된다.

부록 그림 2.1 한강대교(노량진), 동작대교(동작진), 반포대교(서빙고진), 한남대교(한강진), 동호대교(동호진)

二曰: 江幅

욕 지 선 척 지 용 입
慾知船隻之容入, 필 선 정 수 광 지 기 하 必先定水廣之幾何. 노 량 수 광 露梁水廣

약 이 백 수 십 파
約二百數十把, 파 무 정 한[把無定限, 당 일 체 이 지 척 육 척 當一切以指尺六尺

위 일 파
爲一把.]

연 수 유 진 퇴
然水有進退, 의 존 여 잉 宜存餘剩, 대 약 지 삼 백 파 립 준 大約之三百把立準. 론 기 論其

용 입 지 수
容入之數, 이 수 기 진 퇴 활 협 而隨其進退闊狹, 량 의 증 감 量宜增减, 고 무 상 의 固無傷矣.

三曰: 擇船

금 의 장 이 아 산 조 선 급 훈 국 선 수 십 척
今議將以牙山漕船及訓局船數十隻, 용 지 강 심 用之江心,

이 양 변 즉 이 염 선 충 용
而兩邊則以鹽船充用, 개 염 선 현 박 이 저 착 불 감 蓋鹽船舷薄而底窄, 不堪

용
用, 막 여 통 괄 오 강 선 척 莫如統括五江船隻, 량 기 용 입 지 수 量其容入之數, 분 지 分之

고 저 지 차
高低之次, 택 기 완 호 지 품 擇其完好之品, 병 견 하[幷見下.] 영 정 기 호 永定記號,

수 훼 수 보
隨毀隨補, 종 편 작 정 從便酌定.[24]

2. 강의 너비

선척의 수요를 알려면 반드시 먼저 강물의 너비가 얼마인지를 정해야 한다. 노량의 강물의 너비가 약 2백 수십 발이 되나 [발의 기준이 없으나 일체 지척(咫尺) 6자를 한 발로 삼는다.]

강물이란 진퇴가 있으므로 여유를 두어야 하니 대략 300발(=약 560m)[16]로 기준을 삼아야 한다. 배의 수용 숫자를 논하는 데는 그 강물의 진퇴에 따라 적당히 늘리고 줄이는 것이 실로 무방할 것이다.

3. 배의 선택

지금의 의견에 따르면 앞으로 아산(牙山)의 조세 운반선(漕船)[17]과 훈련도감의 배(訓局船)[18] 수십 척을 가져다가 강 복판에 쓰고 양쪽 가장자리에는 소금배로 충당해 쓰겠다고 하나, 대개 소금 배는 뱃전이 얕고 밑바닥이 좁아서 쓸모가 없다. 그러므로 5개 강의 배를 통괄하여 그 수용할 숫자를 헤아리고, 배의 높낮이의 순서를 갈라 그 완전하고 좋은 배를 골라 [모두 아래 보인다.] 일정한 기호를 정해놓고 훼손 될 때마다 보충하며 편리한 대로 참작 대처하는 것만 못할 것이다.

---

24 작정(酌定): 일을 헤아려 결정하다.

四日: 船數

욕지잡색 여종량 횡판 등 경비지용입 필선정
慾知雜色 [如縱梁 橫板 等.] 經費之容入, 必先定

선척 지수 욕정선척지수 필선량매선지광위
船隻之數; 欲定船隻之數 必先量每船之廣爲

기하 가여갑선광위삼십척 이오파론 즉을선
幾何. 假令甲船廣爲三十尺, [以五把論.] 則乙船

광위이십구척 병정선차제척량 분등연합 통
廣爲二十九尺, 丙丁船次第尺量, 分等聯合, 統

이계지 이응수광일천팔백척 이삼백파론 즉
以計之, 以應水廣一千八百尺, [以三百把論.] 則

가지선척용입위기허소 이잡색경비 역가이차
可知船隻容入爲幾許艘, 而雜色經費, 亦可以此

추정 즉금경강선광 통이삼십척 약유미만오
推定. 卽今京江船廣, 統以三十尺, [若有未滿五

파자 즉수기척수 당증선수 즉응수광삼백파
把者, 則隨其尺數, 當增船數.] 則應水廣三百把,

당입육십척의
當入六十隻矣.

4. 배의 수효

여러 가지 재료[종량(縱梁)과 횡판(橫板) 등]에 드는 경비를 알려면 반드시 배의 수효를 먼저 정해야 하고, 배의 수효를 정하려면 반드시 먼저 배 하나하나의 너비가 얼마인가를 헤아려야 한다. 가령 갑이란 배의 넓이가 30자가 된다면[5발로 계산한다＝약 9.35m] 을이란 배의 너비는 29자가 되며 병과 정의 배도 차례로 재어서 등급을 나누어 연결하고 통틀어 계산하여 강물의 넓이 1,800자에 맞춘다면[300발로 계산한다.] 선척이 얼마나 수용될 수 있을 것을 알 수 있고 각종 재료의 경비도 또한 이를 미루어 추정할 수 있다. 지금 경강(京江)에 있는 배의 너비를 일체 30자로 계산한다면[만약 5발에 차지 않는 것이 있으면 그 척수에 따라 배의 수를 더해주어야 한다.] 강물의 넓이 300발 안에 60척이 들어갈 수 있을 것이다.

보충설명

정조가 『주교지남』에서 제시하는 선박의 너비를 5발(把)인 30자로 정한 것은 조선(朝鮮) 각진(各鎭)에 준비된 일반전선(一般戰船)의 갑판 폭(甲板幅)의 30자를 기준으로 한 것으로 판단된다. 그러나 『경국대전』에 기록된 강선(江船)의 너비는 정조가 요구한 선박의 너비에 비해 1/3 정도 수준에 머물고 있어서 『주교지남』에 기술된 대로 한강의 배다리의 길이를 약 560m로 한다면 필요한 배의 수는 정조가 제시한 선척의 수보다 3배가 많은 약 180척이 필요하다.

부록 표 2.1 임난 후 전선의 주요 치수

단위: 자(尺)

전선	갑판(甲板) 길이	저판(底板) 길이	갑판(甲板) 너비	저판(底板) 너비	깊이(深)
통영상선(統營上船)*	105	90	39.7	18.4	11.3
각진전선(各鎭戰船)		65		15	8

* 여기서 통영상선은 3도수군통제사(三道水軍統制使)가 탑승하는 기함(旗艦)이다.

부록 표 2.2 경국대전(經國大典)에 규정된 해선과 강선의 크기

구분		길이(尺-寸)	너비(尺-寸)
해선 (海船)	대선(大船)	42(=15.4m) 이상	18-9(=6.82m) 이상
	중선(中船)	33-6(=9.35m) 이상	13-6(=4.19m) 이상
	소선(小船)	18-9(=5.82m) 이상	6-3(=1.94m) 이상
강선 (江船)	대선(大船)	50(=15.4m) 이상	10-3(=3.17m) 이상
	중선(中船)	46(=14.17cm) 이상	9(=2.77m) 이상
	소선(小船)	42(=12.94m) 이상	8(=2.46m) 이상

배다리에는 훈국선 외에도 조운선이 차출됐다는 기록이 있는데, 1800년경 도화서(圖畫署)에서 그린 전병각선도본(戰兵各船圖本)에 그려진 조선(漕船)의 주요치수는 아래의 부록 표 2.3과 같다.[19]

이 자료에 따르면 조운선의 폭은 24.7자(尺)로 정조가 요구한 배의 폭 30자에 못 미치므로 실제 배다리는 『주교지남』에서 제시한 내용대로는 실행되지 못했을 것이나, 실제로 배와 배를 연결하려면 배의 뱃전에서 밖으로 튀어나온 멍에의 길이까지 고려해야 하므로 조운선끼리 연결해도 배 한 척의 폭을 24.7자보다는 크게 계산해야 한다.

부록 표 2.3 조운선의 주요 치수[20]

제원	자(尺)	미터(m)	비고
저판 길이	57	18.2	각선도본 자료
저판 너비	13	4.2	각선도본 자료
배의 길이	74.1	23.7	추정계산 자료
배의 너비	24.7	7.9	추정계산 자료
배의 높이	11	3.5	각선도본 자료

五曰: 船高

蓋舟橋之制, 中隆而兩邊殺, 然後不惟觀美, 亦合
實用. [小船當淺, 大船當深.] 欲審隆殺之勢, 必先
定船體之高低. 假如中甲船高爲十二尺, [以二把
論.] 左右乙船高爲十一尺九寸, 左右丙丁船亦各
以分寸, 次次降等, 而漸以殺, 不事層級懸殊. 先
列每船之高爲幾許, 則可於一紙上, 鱗次分排,

5. 배의 높이

대개 배다리의 제도는 한복판이 높고 양면은 차차 낮아야만 미관상 좋을 뿐 아니라 실용에도 합당하다. [작은 배는 응당 얕아야 하고 큰 배는 응당 깊어야 한다.] 높고 낮은 형세를 살피려면 반드시 먼저 선체의 높고 낮음을 정해야 한다. 가령 중앙에 있는 갑이라는 배의 높이가 12자가 [2발로 따진다.] 된다면 좌우에 있는 을이라는 배의 높이는 11척 9치가 되며, 좌우에 있는 병과 정의 배 또한 각각 몇 푼 몇 치씩 점차 낮아지게 함으로써 층 차가 현저히 다르게 하지 말아야 한다. 우선 배 하나하나의 높이가 얼마라는 것을 배열해놓는다면 한 장의 종이 위에 차례로 분배할 수 있고

有如營陣擺列, 瞭然在目, 則不出戶, 而船橋已掌

上矣. 若不以分寸降殺, 而乍高乍低, 則不但有

欠觀美, 其層級交違處, 艱辛補空, 又鋪疤子而彌

縫之. 去年疤價直費逾千金, 每歲此費, 亦難之

當. 今用此法, 則不過以空石, 掩覆之而已, 又豈

非省費之一端? 但船之高廣, 預先錄置, 然後可

以臨時取用, 而三月以後, 各所船隻, 各自裝發, 隨

風飄泊, 莫可搜捕, 今宣令五江船主, 各自其船隻

所泊處, 列書成冊. 假如李船在湖南某邑, 金船在

湖西某邑, 一一該括然後, 另擇勤幹廉白者, [多人

廬或有弊, 只一二人亦可.] 徇行各所船隻止泊

處, 考成冊所載, 尺量其高廣爲幾許尺, 每某名

某船下, 一一懸錄以來, 而第其尺量高低, 便有

兩段, 一爲入水之高, 一爲出水之高, 此若不精

審, 則易致乖舛. 出水之高, 宜用垂線, 入水之高,

宜用曲尺, 其完不完, 亦須十分精審, 從公該錄.

然後且待其回來, 照閱成冊, 廣狹而定幾隻容入

之數, 高低而定鱗次分排之序, 完弊而定擇揀取

舍之宜, 則卽可定某甲船某乙船其許隻, 當爲

舟橋船矣. 各目旣定, 然後知委各其船主, 俾知被

抄之由, 發關各處, 督基發送之限, 則則有司一按簿,

而船可如期而集, 橋可不日而成矣.

그리하여 군영의 대오를 정렬한 것처럼 한눈에 들어오게 한다면 문밖을 나가지 않아도 배다리는 손바닥 위에 환하게 있게 되는 것이다. 만약 1푼 1치를 따져 조금씩 줄이지 않다가 갑자기 높아지거나 낮아지게 된다면 미관상 좋지 않을 뿐아니라 그 층 차가 나는 곳에는 메우기가 힘들고 또 대나무발을 쳐서 미봉해야 할 것이다. 지난해 대나무발의 비용이 천 냥이 넘었는데, 매년 이 비용 또한 감당하기 어렵다. 지금이 방법을 쓴다면 공석으로 덮는 정도에 불과하니 이 어찌 비용을 줄이는 한가지 방법이 되지 않겠는가. 다만 배의 높이와 넓이를 미리 기록해두어야제때에 가져다 쓸 수 있다. 3월 이후에는 각처의 배가 각자 떠나 바람을 따라 표박하다 보니 찾아 붙잡아 쓸 수 없으니 지금 마땅히 오강의 선주로 하여 금 각기 자기 선박이 정박해있는 곳을 알리라고 하여 그것을 열서하여 책을 만들어야 한다. 예를 들면, 이가의 배는 호남 어느 고을에 가 있고, 김가의 배는 호서 어느 고을에 가 있다 는 것을 일일이 파악한 후 특별히 근실하고 청백한 사람을 골라 [여러 사람이면 폐단이 있을 수 있으므로 한두 사람이 면 된다.] 배가 정박해있는 각처를 돌며 책에 기록된 것을 조사하여 그 배의 높이와 넓이의 척수를 재어 아무개의 배는 아무 배 아래라는 것을 일일이 적어서 오게 해야 한다. 그런 데 그 배의 높이를 재는 방법은 두 가지가 있다. 그 하나는 물 속에 들어간 높이고 하나는 물 밖에 나온 높이니, 이것을 만약 정밀하게 하지 않으면 어긋나기 쉽다. 물 밖에 나온 높이 는 수직선으로 재야 하고 물속에 들어간 높이는 곡척으로 재 야하며, 완전한가 완전하지 않은가에 대해서도 또한 충분히 살펴서 공정하게 기록해야 한다. 이렇게 한 다음에 그가 돌 아오기를 기다려서 그 만들어진 책을 대조 검열하여 넓고 좁 음을 헤아려 배가 몇 척이 필요한가를 정하고 높고 낮음을 헤아려 차례차례 배열할 순서를 정하며, 완전한가 낡았는가 를 가지고 취사선택의 표준을 정한다. 그리하면 곧 아무 갑 선과 아무 을 선이 몇 척이면 배다리를 놓을 수 있다는 것을 정할 수 있을 것이다. 명목이 이미 정해진 다음에는 각 선주 에게 알려서 배가 뽑힌 사유를 알게 하고 각처에 공문을 띄 워 발송기일을 독촉하면, 담당 관리가 한 번 장부를 상고함 으로써 배는 기일을 맞추어 모여들게 되고 다리는 하루도 걸 리지 않아 완성할 수 있다.

부록 표 2.4 선체의 깊이

단위: 자(尺)[21]

배의 종류	저판의 길이	깊이
통영상선(統營上船)	90	11.3
각진전선(各鎭戰船)	65	8.0
사신선(使臣船), 중선(中船)	67.5	10
조선(漕船)	57	11
통제영귀선(統制營龜船)	64.8	7.5

보충설명

김재근 교수의 연구 결과에 따르면 『주교지남』에서 제시한 선척의 높이 12자는 실현성이 떨어져 보인다. 즉, 배의 너비만 고려하면 강의 중앙부에는 배의 너비가 30자 이상이 되는 훈국선이 배치되고 다음으로 너비가 24.7자인 조운선이 배치되는 것이 합당하나 배의 높이의 관점에서 고찰하면 배다리의 중앙부에는 높이가 11자나 되는 조운선이 배치되고, 그 옆으로 높이가 8자 되는 훈국선이 배치되는 것이 합당하다. 이 두 종류의 배의 높이가 모두 12자가 되지 않기 때문에 『주교지남』에서 제시한 배다리의 형상을 무지개다리로 실현되기가 어려웠을 것이다. 실제로 어떻게 건설됐는지는 양력으로 1795년 2월 13일부터 2월 24일(12일)까지 시공을 마치고 1975년 윤 2월 4일(양력 3월 24일) 준공 검사를 한 주교도섭습의(舟橋渡涉習儀)와 준공보고서인 1795년 제작된 『원행을묘정리의궤』의 주교도(舟橋圖)를 면밀히 검토하면 알 수 있을 것이다. 그러나 불행하게도 주교도에서 실제 치수를 읽어내기가 쉽지 않아 보인다.[22]

六日: 縱梁[船上縱結者]

縱梁之用船竿, 有三弊, 蓋帆竿下豊上殺, 連結

之際, 自致輪困, 鋪板其上, 甚不平均一也. 帆竿

聯結橫亘多船, 一船有欠,[或破, 或沈] 傍船水

害, 改補不便二也. 帆竿卽商賈私物, 如或傷折,

亦係民弊三也.

6. 종량(縱梁)[배 위에 세로로 연결하는 들보]

종량을 돛대로 쓰면 세 가지 폐단이 있다. 대체로 돛대는 아래는 굵고 위는 가늘어서 연결할 때 자연히 울룩불룩하게 되고 판자를 그 위에 깔아놓을 때 매우 고르지 못한 것이 첫째 결함이다. 그리고 돛대를 연결할 때 많은 배를 쭉 펴놓기 때문에 1척의 배가 고장 나도[깨지거나 물에 잠기게 될 때이다.] 옆의 배가 지장을 받아 고쳐 보충하기 불편한 것이 둘째의 결함이다. 그리고 돛대는 곧 상인들의 개인 물건이므로 혹시 꺾어지기라도 하면 또한 백성들에게 폐단을 끼치게 되는 것이 셋째 결함이다.

금 의 별 작 장목 삭 이 용 지 위 편 호
今議別斲長木, 削而用之爲便好. 如此則雖捄其

이 폐 일선유흠 방선수해지폐 고자여의 차장
二弊, 一船有欠, 傍船受害之弊, 固自如矣. 且長

간 불가 타구 지가작취어호해도중 이해운지
竿不可他求, 只可斲取於湖海島中, 而海運之

제 막가여수상목지결벌표운 즉세장재지거
際, 莫可如水上木之結筏漂運, 則勢將載之巨

선 이횡궁일선목 불가 다재 혹색지선방 혹계
船, 而橫亘一船木, 不可多載. 或索之船傍, 或繫

지선두 매선다불과휴래수십간의 천리가해
之船頭, 每船多不過携來數十竿矣. 千里駕海,

이세난기 차어기간간폐층생 열읍소역 세소
利稅難其, 且於其間奸弊層生, 列邑騷繹, 勢所

필지 금불용장간 이연궁다선 지이매선용결
必至. 今不用長竿, 而聯亘多船, 只以每船用結

일간위준약 선광위오파 즉량장이칠파위준
一竿爲準約. 船廣爲五把, 則梁長以七把爲準,

사기이파지여장 분과선현지양계 즉갑선지종
使其二把之餘長, 分跨船舷之兩界, 即甲船之縱

량여을선지종량 상우상결자 위일파장 우여
梁與乙船之縱梁, 相遇相結者, 爲一把長, 又與

병선지종량 상우상결자 역일파장의 우기갑
丙船之縱梁, 相遇相結者, 亦一把長矣. 又其甲

선종량지진두처 정당을선지가룡목 즉주중
船縱梁之盡頭處, 正當乙船之駕龍木, [卽舟中

횡목 이탱선복 분위일간이간자 지상 이여
橫木, 以撑船腹, 分爲一間二間者.] 之上, 而與

을선종량상합 을선종량지진두처 정당갑선지
乙船縱梁相合, 乙船縱梁之盡頭處, 正當甲船之

가룡목 이여갑선종량상합 이갈람박지 이탱
駕龍木, 而與甲船縱梁相合, 以葛纜縛之, 以撑

강촉지 통일교차차용차법 즉만불유이의 연
杠促之. 通一橋次次用此法, 則萬不遊移矣. 然

의자유이위불여장간지완고운미 즉우어종량
議者猶以爲不如長竿之完固云彌, 則又於縱梁

상우처 상대착공 이탁잠삽지 즉우위만금의
相對處, 相對鑿孔, 以椓簪揷之, 則尤爲萬金矣.

연즉일선수유흠 지해기양변박람 즉개기해선
然則一船雖有欠, 只解其兩邊縛纜, 則改其該船

이이 우언유장간궁련 다선수해지폐재 차어
而已, 又焉有長竿亘聯, 多船受害之弊哉? [且於

출납 고사지제 역심경편
出納庫舍之際, 亦甚輕便.]

지금 논의에 따르면 별도로 긴 나무를 깎아서 쓰는 것이 편리하겠다고 한다. 그러나 이렇게 하는 경우 두 가지의 폐단은 구제할 수 있지만 1척의 배가 고장이 났을 때 곁의 배가 지장을 받는 폐단은 여전하다. 또 긴 장대는 다른 데서 구할 수 없고 오직 호남의 섬에서만 찍어 와야 하는데, 바다로 운반할 때는 강물과 같이 나무를 떼로 매어 물에 떠내 보낼 수 없으므로 부득이 큰 배에 싣게 된다. 그러나 1척의 배를 가로지르는 긴 나무라서 많이 실을 수 없다. 혹은 배의 옆에다 달아 끌기도 하고 혹은 배의 머리에 매게 되는데, 배 하나에 많아야 수십 주를 끌고 오는 것에 불과하다. 천리의 바닷길을 항해하여 무사히 도착한다는 것도 기대하기 어렵거니와 또 그 중간에 농간을 부리는 폐단이 속출하여 여러 고을이 소란스러울 것은 필연적인 형세이다.

이번에는 긴 장대를 쓰지 않고 많은 배를 연결할 때 다만 배마다 장대 1개씩 쓰는 것을 기준으로 삼아야 한다. 배의 넓이가 5발이 되면 종량의 길이는 7발로 기준을 삼아 그 2발의 나머지 길이가 뱃전의 양편을 걸치게 해야 하니, 곧 갑이란 배의 종량이 을이란 배의 종량과 서로 맞붙는 것이 1발씩 되게 하고, 병이란 배의 종량과 맞붙는 것도 1발씩 되게 한다. 또 그 갑이란 배의 종량 끝부분이 을이란 배의 가룡목(駕龍木) [곧 배 안에 가로지른 나무로서 배 안에 버텨놓아 한 간, 두 간으로 가르는 것이다.] 위에 맞닿아 을이란 배의 종량과 서로 합하게 하고 을이란 배의 종량 끝부분이 갑이란 배의 가룡목과 맞닿아 갑이란 배의 종량과 서로 합하게 한 다음 칡 줄로 동이고 탕개로 조인다. 모든 다리를 차례차례 이런 식으로 만든다면 건들건들 유동할 리가 만무하다. 그러나 논자들은 오히려 완고한 긴 장대만 못하다고 할 수 있을 것이다. 그렇다면 또 두 종량이 서로 맞닿는 곳에 구멍을 뚫고 빗장을 질러 놓으면 더욱 안전하게 될 것이다. 그렇게 되면 1척의 배가 고장 나더라도 양쪽에 동인 밧줄만 풀면 고장 난 배를 고칠 수 있으니, 또한 어찌 장대를 길게 놓아 많은 배가 지장을 받겠는가 [또 기구를 창고에 출납할 때에도 또한 매우 간편할 것이다.]

御路約廣四把，則每一把之間，當置一縱梁，然則

每船當入縱梁五箇，而六十艘所入爲三百箇矣.每

竿長不過七把，則一舶恰載百餘箇，三隻漕船可以

從容輸致，而無駕海掣肘之弊矣.縱梁之大小，則

削以四觚，每面以一尺爲準，足以中用矣.

어로(御路)의 넓이를 4발로 정했다면 1발 사이마다 1개의 종량을 놓아야 한다. 그렇게 되면 배마다 5개의 종량이 들 것이며 60척의 배에 들어가는 것은 300개가 될 것이다. 장대마다의 길이가 7발에 불과하므로 1척의 배에 1백 개는 충분히 실을 것이며, 따라서 3척의 운반선이면 충분히 실어 나를 수 있다. 그러므로 바다를 항해하느라 겪는 고난도 없게 된다. 종량의 크기는 네모로 깎되 면마다 1척으로 표준을 삼으면 쓰기에 알맞을 것이다.

보충설명

부록 2.2는 종량의 가설과정을 개념적으로 보여주고 있다.

『원행을묘정리의궤』에 따르면 횡량이 72주(柱) 사용되었다는 내용이 있으므로 종량은 횡량을 깐 후 그 위에 가설되었을 것으로 추측된다.

교량 엔지니어들은 배다리 종량의 연결방식에 더 많은 관심을 가질 것으로 생각되는데, 부록 그림 2.2에는 그 연결 작업이 뱃전 사이에서 이루어졌음을 보여준다.

행사보고서에 기록된 170개 탱주목의 용처는 종량의 연결부에 사용된 것인지? 또는 횡량 아래에 고인 것인지 아직까지 밝혀져 있지 않아 이 그림에는 표시하지 못했다.

부록 그림 2.2 종량의 가설 과정

七日: 橫板

御路之廣, 爲四把卽橫板之長, 亦四把矣. 廣則
以一尺[卽指尺, 尺樣比營造尺減八分, 比禮器
尺加二分.] 以上爲準, 厚則三寸 [營造尺.] 爲準.
應水廣一千八百尺, 橫板亦當入一千八百張矣.
其輪運之道, 一舶恰載三百箇, 不過六隻漕船,
足以從容輸致矣. 今議以爲縱梁橫板所入松木,
少不下五千柱, 計士及幹事輩, 猶以爲不足, 是
所謂分數不明, 奸弊層生者也. 就以上項排數者
計之, 則中松一株, 出縱梁二箇, 大松一株, 出
橫板四張, 則中松爲三百株, 大松爲四百五十
株. [此皆存剩磨鍊.] 合爲七百五十株, 而綽綽[25]
有裕矣, 五千株之說, 豈或近似? 縱梁木則雖
長山串可以取來, 而橫板木則當取於安眠島. 蓋
松之大者, 一株不唯四板而止也. 雖其體少者,
幹長足爲八九把, 截其半爲兩段, 又鋸其半, 則
一株四板, 恢恢有餘矣. 蓋斫松之際, 奸弊不一,
吏緣爲私, 商緣爲利. 嚴飭各該守令, 親自照檢,
另標烙印, 以爲日後摘奸時考數, 而橫板則必斫
用大松, 勤養幼松, 俾存用舊蓄新之方. 至於縱
梁木, 體不過小柱, 長不過七把, 株不過三百, 京山
閒漫處, 從便取用, 亦無不可.

....
25 작(綽): 여유로울 작

7. 횡판(橫板)

어로(御路)의 넓이가 4발이 된다면 횡판의 길이 또한 4발이다. 횡판의 넓이는 1자[곧 지척(指尺)]을 말한다. 자의 규격이 영조척(營造尺)에 비하면 8푼(分)이 적고 예기척(禮器尺)에 비하면 2푼이 많다.] 이상으로 표준을 삼고, 두께는 3치(寸)[23] [영조척으로 따진다.] 이상으로 표준을 삼는다. 그리고 강물의 넓이 1,800자에 맞추자면 횡판 또한 1,800장이 들어야 한다. 그 수송 방법은 배 1척이 300개를 충분히 실을 수 있다면 불과 6척의 운반선으로 넉넉히 실어 나를 수 있다. 그런데 지금의 논의에 따르면 종량과 횡판에 드는 소나무가 적어도 5,000주에 밑돌지 않는다 하고 계사(計士)들과 간사(幹事)들은 그것도 부족하다고 한다. 이것이 이른바 계산에 밝지 못하고 간교한 폐단이 속출하는 원인이다. 이상에서 배정한 숫자로 계산한다면 보통 소나무 1주당 종량 2개가 나오고, 큰 소나무 1주당 횡판 4장이 나오게 되니, 보통 소나무는 300주이며 큰 소나무는 4백50주다. [이는 모두 넉넉하게 잡은 것이다.] 합하여 750주면 충분히 여유가 있으니 5,000주가 든다는 말이 어찌 근사하기나 한 것인가. 종량에 쓸 나무는 장산곶(長山串)에서도 베어올 수 있고, 횡판에 쓸 나무는 안면도(安眠島)에서도 베어올 수 있다. 대개 큰 소나무는 주당 판자가 4개만 나오지는 않는다. 설사 몸통이 작은 것이라도 길이는 8, 9발은 넉넉히 되니, 그 절반을 잘라 두 토막으로 만들고 또 그 절반을 톱으로 켜면 1주에 횡판 4개는 나오고도 남음이 있다. 대개 소나무를 작벌할 때 농간을 부리는 폐단이 한두 가지가 아니다. 아전은 이를 기화로 사정을 쓰고 상인은 이를 계기로 이익을 본다. 그러므로 해당 수령을 엄중히 신칙하여 직접 검사하고 낙인(烙印)을 찍어서 훗날 적간할 때의 증거로 삼도록 해야 한다. 그리고 횡판은 반드시 큰 소나무를 베어 쓰고 어린 소나무는 잘 기름으로써 오래된 것을 쓰고 어린 것을 기르는 방법을 지켜야 한다. 종량에 쓰는 나무로 말하면 그 몸통은 작은 기둥에 불과하고 길이는 7발에 불과하며 나무는 300주에 불과하므로 서울 근교의 어느 산에서나 편리한 대로 얼마든지 베어다 써도 된다.

八日: 鋪莎

주교 방략 강마 이구 미상 이포 사위 우 차 심소 의
舟橋方略, 講劘已久, 未嘗以鋪莎爲憂, 此甚疎矣.

개사 초비 여타종 일년 채박 오년 불소 거년 지
蓋莎草非如他種, 一年採剝, 五年不蘇. 去年之

역 초일 취우오보지내 차일 취우십보지내 이차
役, 初日取于五步之內, 次日取于十步之內, 而次

일 역공지 소성 이반우초일 이차 추지 금년 취
日役功之所成, 已半于初日. 以此推之, 今年取

우백보지외 명년 취우수백보지외 즉기소역비
于百步之外, 明年取于數百步之外, 則其所役費

우당이차배사 차모군지법 본다낭비 황오합지
又當以次倍蓰. 且募軍之法, 本多浪費, 況烏合之

졸 불능일일 동독 이잡답홀요지중 리간자자
卒, 不能一一董督, 而雜遝忽擾之中, 吏奸自滋.

매년 주교지역 포사당위제일폐 기행일선일결
每年舟橋之役, 鋪莎當爲第一弊矣. 旣行一船一結

지제 즉각선미취회 미상결지전 즉령각선 각
之制, 則各船未聚會, 未相結之前, 卽令各船, 各

량기선상소포사초지용입위기허괴 예어역로
量其船上所鋪莎草之容入爲幾許塊, 預於歷路,

여 양화 서강 등 각기사격 공역채취 각재기선
[如揚花, 西江 等.] 各其沙格, 共力採取, 各載其船

각어취차결선지후 각기포복사 예위정식 비
各於就次結船之後, 各其鋪覆事, 預爲定式, 俾

령각기선주 지소 거행 즉소위만인제력 불일성지
令各其船主, 知所擧行, 則所謂萬人齊力, 不日成之

자야 의자 혹이위선인불가왕노 이기편기대 견
者也. 議者或以爲船人不可枉勞, 而旣編其隊, [見

하결대조 우몽소이 즉세소불사 약기분삽지
下結隊條.] 又蒙所利, 則勢所不辭. 若其畚鍤之

구 자관영조 분급각선 혹치해선체역 견하
具, 自官營造, 分給各船, 或値該船遞易, [見下

상벌조 즉령전수 영구장용 정이년한 여혹궐실
賞罰條.] 卽令傳授, 永久掌用, 定以年限, 如或闕失

어한내 즉각자징대 이작일정지규
於限內, 則各自徵代, 以作一定之規.

8. 잔디를 까는 일

배다리를 놓는 방법을 강구한 지 오래됐으나 아직까지 잔디를 까는 일을 걱정해본 적이 없으니 이는 몹시 소홀한 처사이다. 대개 잔디는 다른 풀과 달라서 한해에 몽땅 떼어내면 5년 동안은 되살아나지 않는다. 지난해의 공사에 첫날에는 5보 이내의 간격으로 떼어냈고 다음 날에는 10보 이내의 간격으로 떼어냈는데, 다음 날 공력의 성과가 첫날의 절반밖에 되지 않았다. 이런 식으로 미루어 금년에 100보 밖에서 떼어내고 명년에 수백 보 밖에서 떼어내면 그 공사비용도 따라서 몇 배로 늘어날 것이다. 또 역군을 모집하는 방법도 본디 낭비가 많다. 더구나 오합지졸(烏合之卒)을 일일이 통솔할 수 없는데다가 복잡하고 소란한 가운데 아전들의 농간이 늘어나게 된다. 매년 배다리의 부역에 잔디를 까는 일이 첫째의 폐단이 된다. 이미 각자의 배를 하나씩 연결하는 방법을 쓰는 이상 각 배가 모이기 전에, 또 서로 연결하기 전에 즉시 각 배로 하여금 각각 그 배 위에 깔 잔디가 몇 장이나 들겠는가를 계산하게 한 다음, 미리 지나는 길에 [양화(楊花)나 서강(西江) 같은 곳이다.] 각 배의 사공들이 힘을 합쳐 떼어내어 각기 자기 배에 싣고 갔다가 배를 연결한 후 각기 자기 배에 깔도록 미리 규정을 정해, 그 선주들이 거행할 줄을 알게 한다면 이른바 만인이 힘을 합치면 하루도 못 돼 완성한다는 격이 될 것이다. 어떤 사람은 배에 종사하는 사람들을 괴롭혀서는 안 된다고 하나 이미 대오를 편성한 [아래 대오를 결성한다는 조항에 보인다] 데다가 이 익까지 보게 됐으니 형편상 마다할 수 없는 일이다. 그리고 삼태기나 가래와 같은 도구는 관청에서 마련하여 각 배에 나누어주고 혹시 그 배가 바뀌면 [아래 상벌 조항에 보인다.] 즉시 인계하여 영구히 맡아서 사용하되 연한을 정해야 한다. 혹시 기한 내에 분실하는 경우 각자 변상 대치하도록 일정한 규정을 만들어야 한다.

부록 그림 2.3
바닥판(橫板)의 설치

부록 그림 2.4
사초(沙草)

부록 그림 2.5 난간 설치 과정

부록 그림 2.6 닻과 물레

九日: 欄干

<ruby>欄干<rt>난간</rt></ruby><ruby>當<rt>당</rt></ruby><ruby>於<rt>어</rt></ruby><ruby>御路<rt>어로</rt></ruby><ruby>邊<rt>변</rt></ruby><ruby>挿<rt>삽</rt></ruby><ruby>樏<rt>탁</rt></ruby><ruby>爲<rt>위</rt></ruby><ruby>之<rt>지</rt></ruby>. <ruby>每<rt>매</rt></ruby><ruby>一<rt>일</rt></ruby><ruby>把<rt>파</rt></ruby><ruby>挿<rt>삽</rt></ruby><ruby>一<rt>일</rt></ruby><ruby>樏<rt>탁</rt></ruby>, <ruby>則<rt>즉</rt></ruby>

<ruby>左右<rt>좌우</rt></ruby><ruby>所入<rt>소입</rt></ruby>, <ruby>幷<rt>병</rt></ruby><ruby>船<rt>선</rt></ruby><ruby>槍<rt>창</rt></ruby><ruby>不過<rt>불과</rt></ruby><ruby>七百<rt>칠백</rt></ruby><ruby>箇<rt>개</rt></ruby>. <ruby>以<rt>이</rt></ruby><ruby>小<rt>소</rt></ruby><ruby>笆<rt>파</rt></ruby><ruby>于<rt>우</rt></ruby><ruby>周<rt>주</rt></ruby><ruby>之<rt>지</rt></ruby>,

<ruby>而<rt>이</rt></ruby><ruby>每<rt>매</rt></ruby><ruby>笆<rt>파</rt></ruby><ruby>各<rt>각</rt></ruby><ruby>以<rt>이</rt></ruby><ruby>五<rt>오</rt></ruby><ruby>把<rt>파</rt></ruby><ruby>爲<rt>위</rt></ruby><ruby>準<rt>준</rt></ruby>, <ruby>則<rt>즉</rt></ruby><ruby>左右<rt>좌우</rt></ruby><ruby>所入<rt>소입</rt></ruby>, <ruby>幷<rt>병</rt></ruby><ruby>船<rt>선</rt></ruby><ruby>槍<rt>창</rt></ruby><ruby>不過<rt>불과</rt></ruby>

<ruby>一百五六十<rt>일백오육십</rt></ruby><ruby>浮<rt>부</rt></ruby><ruby>矣<rt>의</rt></ruby>.

9. 난간

난간은 어로(御路)의 가장자리에 말뚝을 세워 만드는 것이다. 1발마다 말뚝 1개씩 박는다면 좌우편에 드는 말뚝이 선창까지 700개에 불과하다. 그리고 작은 대발로 둘러치는데, 대발마다 각각 5발로 기준한다면 좌우편에 드는 대발이 선창까지 150~160(浮)에 불과하다.

十日: 下碇

<ruby>去年<rt>거년</rt></ruby><ruby>之<rt>지</rt></ruby><ruby>役<rt>역</rt></ruby>, <ruby>下碇<rt>하정</rt></ruby><ruby>雜亂<rt>잡란</rt></ruby>, <ruby>各<rt>각</rt></ruby><ruby>船<rt>선</rt></ruby><ruby>碇<rt>정</rt></ruby><ruby>纜<rt>람</rt></ruby>, <ruby>交結<rt>교결</rt></ruby><ruby>瓦<rt>와</rt></ruby><ruby>撕<rt>서</rt></ruby>, <ruby>而<rt>이</rt></ruby><ruby>如<rt>여</rt></ruby>

<ruby>當<rt>당</rt></ruby><ruby>風<rt>풍</rt></ruby><ruby>拍<rt>박</rt></ruby><ruby>波<rt>파</rt></ruby><ruby>陽<rt>양</rt></ruby><ruby>之<rt>지</rt></ruby><ruby>時<rt>시</rt></ruby>, <ruby>則<rt>즉</rt></ruby><ruby>易<rt>이</rt></ruby><ruby>致<rt>치</rt></ruby><ruby>傷損<rt>상손</rt></ruby>. <ruby>下碇<rt>하정</rt></ruby><ruby>當<rt>당</rt></ruby><ruby>使<rt>사</rt></ruby><ruby>甲<rt>갑</rt></ruby><ruby>纜<rt>람</rt></ruby><ruby>對<rt>대</rt></ruby>

<ruby>甲<rt>갑</rt></ruby><ruby>船<rt>선</rt></ruby><ruby>之<rt>지</rt></ruby><ruby>頭<rt>두</rt></ruby>, <ruby>乙<rt>을</rt></ruby><ruby>纜<rt>람</rt></ruby><ruby>對<rt>대</rt></ruby><ruby>乙<rt>을</rt></ruby><ruby>船<rt>선</rt></ruby><ruby>之<rt>지</rt></ruby><ruby>頭<rt>두</rt></ruby>, <ruby>無<rt>무</rt></ruby><ruby>相<rt>상</rt></ruby><ruby>交結<rt>교결</rt></ruby>, <ruby>井井<rt>정정</rt></ruby><ruby>有<rt>유</rt></ruby>

<ruby>間<rt>간</rt></ruby>, <ruby>則<rt>즉</rt></ruby><ruby>雖<rt>수</rt></ruby><ruby>有<rt>유</rt></ruby><ruby>風浪<rt>풍랑</rt></ruby>, <ruby>自<rt>자</rt></ruby><ruby>無<rt>무</rt></ruby><ruby>掣<rt>체</rt></ruby><ruby>鬪<rt>투</rt></ruby><ruby>之<rt>지</rt></ruby><ruby>患<rt>환</rt></ruby><ruby>矣<rt>의</rt></ruby>.

10. 닻을 내리는 일

지난해의 역사 때에는 닻을 내린 것이 난잡하여 각 배의 닻줄이 서로 엉켰는데, 만약 풍파가 일 때라도 당한다면 손성되기 쉽다. 닻을 내릴 때는 의당 갑의 닻줄은 갑의 뱃머리에 닿게 하고, 을의 닻줄은 을의 뱃머리에 닿게 해 서로 엉키지 않게 간격을 정연하게 한다면 설사 풍랑이 일더라도 자연 뒤엉키는 문제가 없을 것이다.

보충설명

정조는 『주교지남』에는 갑의 닻줄은 갑의 뱃머리에 닿게 하고, 을의 닻줄은 을의 뱃머리에 닿게 하라고 지시하고 있으나 『원행을묘정리의궤』의 주교도(舟橋圖)에는 모든 배의 선두와 선미에서 닻줄이 두 줄 강으로 내려진 것으로 그려졌다. 한겨울 한강의 수위는 높지 않고, 유속 또한 매우 느려 배의 구조상 선두에만 설치된 닻을 선미에 특별히 추가로 장착할 이유가 어디 있는지 의심스럽다. 행사의 그림을 담당한 화가가 배다리를 완전하게 이해하지 못한 데서 그 이유를 찾

부록 그림 2.7 배다리 닻 내려진 전경

을 수 있다고 생각한다. 실제로 배다리 공사에는 배를 고정하기 위해 닻 이외에 굵은 쇠줄을 사용하여 배들을 고정하는 것을 부록 그림 2.6에서 볼 수 있기 때문이다.

十一曰: 藏械

每船之廣狹, 旣相不同, 則各其器械, [如縱梁
等.] 亦當參差. 每當分授, 未易卞別, 宜於每械
之上, 銘刻某隊 [下見.] 第幾船某色. 第幾械,
各各類取, 區別藏弆于新建庫合, 別置一人, 掌
其出納. 于令各其隊, 統明其與受, 則自無闊失
混淆之弊矣.

11. 기구의 보관

배마다의 크기가 서로 같지 않으니 각 배의 기구 [종량 등 기구이다] 또한 일정하지 않다. 그러므로 나누어줄 때마다 쉽게 분별하지 못한다. 마땅히 기구마다 그 위에 대오의 [아래 보인다.] 몇 번째 배, 어떤 색깔, 몇 번째 도구라고 새겨서 각각 종류별로 모아 구별하여 새로 지은 창고에 간직하고 별도로 한 사람을 두어 그 출납을 맡아보게 하며, 각 대오로 하여금 인계인수를 명확히 하게 하면 자연 분실하거나 혼란한 폐단이 없을 것이다.

十二曰: 結隊

凡軍制, 若非編隊束伍, 挨次節制之法, 則號令
不可行矣, 賞罰不可明矣. 今夫十人共一舟, 尙
有篙師爲之節制, 矧玆百舟共一橋, 而獨無統領
以率之乎? 聚會不齊, 孰任其督; 班次相越, 孰任
其整; 力役不競, 孰任其董; 器械有失, 孰任其
徵; 破敗不補, 孰任其察, 一夫犯罪, 百夫互諉,
孰任其罰?

今宜先定船隻之數, 均分作隊. 假如六十艘爲一
橋, 宜令別立第一大舶於江心爲上船, 分而爲
六, 各以十船爲一隊, 而上船以北三十隻爲左部
三隊, 以南三十隻爲右部三隊. [第隨船隻之數,
均分立號, 從便作隊.]

12. 대오의 결성

대체로 군제에 있어 대오로 편성하여 질서 있게 통제하는 법이 없다면 호령을 시행할 수 없고 상벌을 밝힐 수 없다. 지금 10명이 한 배를 타도 오히려 사공이 있어 그 배를 지휘하는데, 하물며 100척의 배가 하나의 다리로 묶어진 상황에 도맡아 통솔하는 사람이 없어서 되겠는가. 모이는 시간이 일정하지 않을 때 누가 그 독촉을 맡으며, 반열이 서로 어그러질 때 누가 그 정돈을 맡으며, 공사가 부진할 때 누가 그 감독을 맡으며, 기구의 분실이 있을 때 누가 그 변상을 맡으며, 파괴된 것을 보수하지 않을 때 누가 그 규찰을 맡으며, 한 사람이 죄를 지고 백 사람이 서로 미룰 때 누가 그 책벌을 맡겠는가.

지금 마땅히 먼저 배의 수효를 정하고 고루 나누어 대오를 만들어야 한다. 가령 60척의 배로 하나의 다리를 만든다면 마땅히 제일 큰 배 1척을 강 복판에 높이 세워 상선(上船)으로 정하고 60척을 여섯으로 나누어 각 10척의 배로 1대를 만드는데, 상선 북쪽에 있는 30척을 좌부(左部)의 3대로 삼고, 상선 남쪽에 있는 30척을 우부(右部)의 3대로 삼는다. [배의 수효에 따라 고르게 나누어 명칭을 붙이고 편리하도록 대오를 묶는다.]

次於三隊之中, 立第一第二第三之號, 次於一隊
之中, 立第一第二, 至第九第十之號焉. 每一隊
定一隊長. [或篙工或船主擇人爲之.] 令統十船
之事, 每一部定一部長, [或軍校或閑散擇人爲
之.] 令統三隊之事. 別定都監官一人, [有履歷
幹事者爲之.] 令居上船, 統管一橋之事, 各令挨
次節制, 受其棍笞, 而每一船有欠(頉), 卽其隊長
任罪, 每一隊有欠, 卽其部將任罪, 或 一橋有欠,
卽都監官任罪, 則一橋之內, 自成軍制, 號令嚴
明 百工趨事, 幸行有命. 但當如法擧行, 朝家不
必更事申飭, 而詰朝鼓行, 虹橋已完矣. 復安
用囂囂聚議, 汲汲知委, 繹騷千人, 浪費萬錢之
爲裁?

다음에는 3대 중에서 제1, 2, 3의 번호를 붙일 것이며, 그다음에는 1대 중에서 제1, 2로부터 제9, 10까지 번호를 붙인다. 그리고 한 대마다 한 명의 대장(隊長)을 정하여[혹은 사공, 혹은 선주 가운데서 골라 정한다.] 10척을 통솔하게 하고, 한 부마다 한 명의 부장을 정하여[혹은 군교(軍校), 혹은 한산(閑散) 가운데서 골라 정한다.] 3개의 대를 통솔하게 하며, 따로 별감관(別監官) 1인을 정하여[경험이 있고 일을 맡아 처리할 수 있는 사람으로 정한다.] 상선에 자리 잡고 있으면서 배다리에 대한 전체의 일을 총괄하게 한다. 그리하여 각기 그들로 하여금 질서 있게 통제하게 하고 잘못하는 일이 있으면 그들에게서 곤장이나 태장을 맞게 한다. 1개의 배에 잘못이 있으면 곧 그 대장(隊長)이 책임을 지고, 1개의 대에 잘못이 있으면 곧 그 부장(部長)이 책임을 지며, 혹시 배다리 전체에 잘못이 있으면 곧 도감관(都監官)이 책임을 진다. 그리하면 배다리 안에는 자연 군사제도가 이루어져서 호령이 엄격하고 모든 사람이 자기 일을 열심히 할 것이다. 거동의 명이 있을 때는 법대로 거행할뿐 조정에서 다시 강조할 필요도 없다. 그리하여 하루아침에 북을 울리고 떠나기만 하면 무지개 같은 배다리는 이미 완성된다. 무엇 때문에 시끄럽게 모여 논의하며 알리기에 급급하여 수많은 사람을 소란하게 하고, 많은 돈을 낭비할 필요가 있겠는가.

十三日: 賞罰

船橋之役, 不輕而重, 千人赴焉, 萬人瞻焉. 不有
賞罰, 而勸徵之, 何以濟之裁? 今宜招集京江
船主, 詢問海舶生涯之所, 大願大利, 爭先趨取者
爲何事. 假如三南稅穀及海西販鹽等事, 擇其最
所欲者, 每船一入舟橋案, 而編於隊伍者, 成給帖
文, 許令專利, [宜酌定其界限, 無令藍縷.26 或有
怙勢踰越, 有所現發, 則分輕重抵罪.]

13. 상벌

배다리의 역사는 매우 중대한 일로서 많은 사람이 부역에 참가하고 많은 사람이 쳐다본다. 상벌이 있어 권장하고 징계하지 않는다면 어떻게 일을 추진해나갈 것인가. 지금 마땅히 서울 부근 포구의 선주(船主)들을 불러 모아놓고 선박 생활의 큰 소원과 큰 이익으로써 앞을 다투어 서로 쟁취하려는 것이 무엇인가를 물어야 한다. 가령 삼남(三南)의 세곡 운반선 및 해서(海西)의 소금 운반선 등에서 그가 가장하고 싶어 하는 일을 선택하게 하고 배마다 일단 주교안(舟橋案)에 들어가 대오에 편성될 경우 첩지를 만들어 주고 이권을 차지하도록 허락하면[한계를 정하여 그것을 벗어나지 않게 한다. 혹시라도 세력을 믿고 위반하는 일이 발각되면 경중을 나누어 처벌한다.]

則民自勸矣. 一有罪犯, 卽於船案, 除汰其名, 充

以他船, 則利之所在, 罰亦不少, 不湏刑杖, 徒流

而民自懲矣. 如是則五江船人, 將以編於舟橋,

奉爲華職, 未得之有惟恐不得, 旣得之惟恐或

失, 竭力趨事, 無敢或後. 惠而不費, 勞而不怨,

威而不猛者, 正爲是也. 又其部長隊長, 經過幾

番行幸, 許調爲邊將, 或屯監之岐, 定式施行, 則

尤爲激勸之方矣.

백성들이 자연 권장하게 될 것이며, 일단 범죄가 있는 경우즉시 그 명단에서 제거하고 다른 배로 대신하게 하면 이익이 있는 곳에 벌책 또한 적지 않으므로 형장과 도형·유형을 쓰지 않아도 백성들은 자연 징계하게 될 것이다. 이렇게 될 경우 오강(五江)의 뱃사람들은 배다리에 편성되는 것을 좋은 직분으로 받들게돼 그 기회를 얻지 못한 자는 오직 얻지 못할까 걱정하고 이미 얻은 자는 혹시라도 잃을까 걱정하면서 혹시라도 남에게 뒤질세라 죽을힘을 다해 일에 참가할 것이다. 은혜를 베풀면서도 낭비하지않고 수고롭게 하면서도 원망을 사지않고 위엄을 보여도 사나움이 되지않는다는 것이 바로이것을 두고한 말이다. 또그부장이나 대장은 몇 번의 행차만 겪은 다음 변장(邊將)이나 둔감(屯監)으로 기용하도록 규정을 정하여 시행하면 더욱 격려하고 권장하는 방법이 될 것이다.

十四日: 期會

京江船每於九十月間, 分往各處, 掛泊經冬, 以

待春漕者, 出於爭先取以也. 今以舟橋名目, 原

有定處, 許令專利, 則初無與人爭先, 安用經往

過冬? 春幸約在正晦二初, 而雖或至季春, 仍留

經過後, 從容駕海, 政値風和, 尙云早矣. [仍又

終歲行商 無所掣肘] 秋幸時則約於八月旬望,

一齊來待, 另立科條, 永久遵行.

14. 기한 내에 배를 모으는 일

서울 부근 포구의 배는 언제나 9, 10월 사이에 각처로 갈려 나가 정박하여 겨울을 지내면서 봄-조운[春漕]을 기다리는데, 이는 남보다 앞서 이익을 취하기 위해서다. 그런데 지금은 배다리의 문안에 원래 정해진 곳이 있어 이익을 차지하도록 허락했으므로 애당초 남과 이익을 경쟁할 일이 없다. 무엇 때문에 앞질러 가서 겨울을 지내겠는가. 봄-거동은 정월 그믐께나 2월 초순에 하도록 정해졌는데, 비록 3월이 되도록 그대로 머물러 있다가 행차가 지나간 뒤에 조용히 바다로 나간다 하더라도 바람이 순한 때를 만나는 것은 오히려 이르다 할 것이다. [그대로 1년 내 떠다니면서 장사해도 지장이 없다.] 가을-거동때는 8월 10일께나 보름께 일제히 와서 대기하도록 특별히 조항을 세워놓고 영구히 준행하게 해야 할 것이다.

---

26 남상(濫觴): 술잔에 겨우 넘칠 정도(程度)의 작은 물이라는 뜻
　　① 큰 강물도 그 근원(根源)은 술잔이 넘칠 정도(程度)의 작은 물에서 시작(始作)한다는 뜻
　　② 모든 사물(事物)이나 일의 시초(始初), 근원(根源)을 일컬음

十五日: 槍橋

今論船艙以橋代築爲上策, 然是法能令淺水, 疏
流橋下, 不致齧壤之患而已. 若新水忽至, 添波
數尺, 則舟橋爲水所負, 亦高數尺, 槍橋捲立
不動, 不能隨水高下, 則仰視舟橋, 若庭瞻屋, 將
奈何栽? 許不過拔出一船, 使槍橋之頭與舟橋之
頭稍遠, 而鋪跨長板, 以連其路, 使陞(=昇)降之
勢, 不至太急而已, 豈不悚且窘栽? 今旣以露梁
爲定, 則露梁之湖勢, 常常盛至, 幾爲三四尺之
高, 而朝夕進退, 倏高倏低, 應接不假, 其計亦無
所施矣. 今有一法, 人或爲之迂濶, 而實則萬全.
蓋其效能, 令槍橋隨水高下, 而與舟橋頡頏, 雖
波添一丈, 常與舟橋相守不離, 豈不美栽? 先編
長大厚板數十張, 以長栚隱簪以聯之. [如造船
底] 次以大木外帶, 上下以合之. [如造船扉] 次
以長板, 環舷各二層以圍之, [如造津舡.] 襦柳
以補罅隙, 使水不得漏, 一如船制. 次使其頭直
接舟橋之底, 而浮于水面, 其尾直過潮痕之界,
而着于岸上, 名之曰浮板. 次於浮板上, 如法作
橋, 其高廣以舟橋爲準, 使舟橋槍橋兩頭密接,
[不當如舊制之離開空隙] 作爲平面, 以聯其路,
則能隨水高下, 與船無間矣.

---

15. 선창다리

지금 논의에 선창은 다리로 대신하는 것이 상책이라고 한다. 그러나 이 방법은 얕은 물을 다리 밑으로 흘려보내어 그 물이 언덕을 핥아 무너뜨릴 우려가 없게 할 뿐이다. 만약 새로 불은 물이 갑자기 닥쳐와서 물결이 몇 자나 더 불어나면 배다리는 물에 떠서 역시 몇 자나 높아지고 선창 배는 그 자리에 박혀 움직이지 않은 채 물을 따라 오르내리지 못하므로 배다리를 쳐다보는 것이 마치 뜰에서 지붕을 쳐다보는 것 같을 것이니 이를 장차 어찌하겠는가. 그 대책으로는 하는 수 없이 배 1척을 뽑아내어 선창머리와 배다리의 머리 사이가 좀 떨어지게 한 다음 긴 판자를 깔아서 길을 연결하여 오르내리는데, 지나치게 급하지 않게 하는 정도에 불과하다. 이 어찌 위태롭고 군색하지 않겠는가. 지금 장소를 이미 노량(露梁)으로 정했는데, 노량의 밀물은 언제나 세차서 거의 3, 4척이나 높이 오르며 아침저녁으로 드나드는 바람에 갑자기 높아졌다 낮아졌다 하여 접응 시기를 예측할 수 없으므로 그 방법은 소용이 없다. 여기에 한 가지 방법이 있다. 사람들은 혹시 오활하다 하겠지만 실은 아주 안전하다. 대개 그 효능으로 말하면 선창다리가 물을 따라 오르내려 배다리와 서로 오르락내리락하게 하는 것이니, 물결이 1장이나 더 불어나더라도 항상 배다리와 떨어지지 않고 함께 서로 유지하는 것이다. 이 어찌 좋은 방법이 아니겠는가. 먼저 길고 두꺼운 판자 수십 장을 엮되 긴 빗장과 은잠(隱簪)으로 연결하고, [배의 밑창을 만들 듯하다.] 다음은 큰 나무를 둘러 아래위로 맞대고, [배의 문을 만들듯이 한다] 다음은 긴 판자로 뱃전을 각각 2층으로 둘러막은 다음에 [나룻배를 만들 듯이 한다] 헌 솜으로 틈을 막아 물이 새어들지 못하게 하여, 꼭 배를 만드는 것처럼 한다. 그런 뒤 그 머리를 배다리 밑에 닿게 하여 수면에 뜨게 하고, 그 꼬리는 곧바로 밀물의 흔적이 있는 경계를 지나서 언덕 위에 붙여놓는데, 이를 부판(浮板)이라 하고, 다음은 부판 위에 규정대로 다리를 만들되 그 높이와 너비는 배다리로 기준을 삼아 배다리와 선창다리의 두 머리가 꼭 맞게 하여 평면으로 만들어서 [이전 제도처럼 빈틈이 나게 해서는 안 된다.] 그 길을 연결해놓으면 물을 따라 높아졌다 낮아졌다 하여 배와 다름이 없을 것이다.

혹 왈　　　　주교 백주상유　　　　세력 상탱　　고 축답 이 부동
或曰: "舟橋百舟相維, 勢力相撑, 故蹴踏而不動.

금차 부판　　세 단 이 두경　　이 대교압지　　만마 답지
今此浮板, 勢單而頭輕, 以大橋壓之, 萬馬踏之,

능 불 사침 이 사부호　　운 이 이 시 즉불연　　범 부법
能不乍沈而乍浮乎?" 云爾而是則不然. 凡浮法,

기 저 유 대 이 수력 유 탱　　　　금차 부판　　　횡연 수십
其底愈大而水力愈撑.　　今次浮板,　橫聯數十

대판　부지 수상　　즉기 의 수력 야　불시 만 균　연 우
大板, 浮之水上, 則其倚水力也, 不啻萬勻. 然又

유일 법 지 교 연무 의 자　　선 취　두 대목 이 주　　삭 위
有一法之皎然無疑者, 先取Y頭大木二株, 削爲

양 주　　대립 견수 우창교 좌우 두 지 지　　이 대람 전지
兩柱, 對立堅樹于槍橋左右頭之地, 以大覽縛之

주교 선　　최변 선 여 창교 상접 자　　지 가룡목　　수 첨
舟橋船 [最邊船與槍橋相接者.] 之駕龍木, [水添

시　주교 선유 고하　　즉 역 당종 편 개전　　차 이 극대
時, 舟橋船有高下, 則亦當從便改縛.] 次以極大

람 계 부판 지 두　　좌우 각연　　상 괘 우 수주 처　차
纜繋浮板之頭, [左右各然.] 上掛于樹株Y處, 次

어 람 단 계 일대 망낭　　차 취 허 다 석괴　　성 우 낭중
於纜端繋一大網囊, 次取許多石塊, 盛于囊中,

용 작 수 추　　이 추지 중　　수 이 물 방 물 인 위 도　물 방
用作垂錘, 而錘之重, 須以勿放勿引爲度. 勿放

자 위 인 마 답 창　　이 부판 불능 침입 일분 야　물 인 자
者謂人馬踏槍, 而浮板不能沈入一分也, 勿引者

위 부판 불능 자 거 일분 야　　연 즉 시 판 야　능 유 시 호
謂浮板不能自擧一分也, 然則是板也. 能有時乎

부상　　위 수첨 시　　이 불능 유 시 호 침입　개 비 만전
浮上, [謂水添時.] 而不能有時乎沈入. 豈非萬全

지 만전 호　조수 소지지지　질 수 소첨지시　제 비 차
之萬全乎? 潮水所至之地, 疾水所添之時, 除非此

법　즉 창교 주교 지 유 시 고저 지 환　막 가 구 의　약 기
法, 則槍橋舟橋之有時高低之患, 莫可捄矣. 若其

부판 전운 지 도　　취 어 판저　　량 의 작 육륜 혹 팔륜
浮板轉運之道, 就於板底, 量宜作六輪或八輪,

즉 불과 오 육인 설 지　　가 이 등 안 의　　우 약 후 혁 대
則不過五六人挈之, 可以登岸矣. 又若體大,

장　지 불편 위 난　즉 분 위 양 척 혹 삼 척　여 후 혁
藏弃27之不便爲難, 則分爲兩隻或三隻, [如帳革

혁 분합　　임시 경합　　하 족 위 지 폐 야
帳分合] 臨時更合, 何足謂之弊也?

어떤 사람은 말하기를 "배다리는 많은 배를 서로 연결하여 그 세력이 서로 버티기 때문에 발로 차고 밟아도 움직이지 않지만, 지금 이 부판은 단순하고 머리가 가벼운 만큼 큰 다리로 내리누르고 많은 말이 밟으면 떴다 잠겼다 하지 않을 수 있겠는가." 하지만 이것은 그렇지 않다. 대개 물에 뜨는 이치는 물체의 밑창이 클수록 물의 압력을 많이 받는다. 지금 부판은 수십 개의 큰 판자를 가로로 연결하여 물에 띄워놓은 만큼 그 물의 힘을 받는 것은 몇만 근 정도가 아니다. 그러나 또 한 가지 명백하여 의심의 여지가 없는 방법이 있다. 먼저 악숭이 진(Y자형의) 큰 나무 두 그루를 베어다가 두 개의 기둥을 만들어 선창다리의 좌우 머리에 마주 세워놓고 굵은 밧줄로 항선의[가장 가에 있는 배로서 선창다리와 맞닿는 배] 가룡목(駕龍木)에다 동여맨다. [물이 불을 때 주교의 배가 높아졌다 낮아졌다 하면 역시 편리한 대로 고쳐 동여맨다.] 다음은 아주 굵은 밧줄로 부판(浮板) 머리를 매어 [좌우를 다 그렇게 한다.] 세워놓은 악숭이진 기둥 위에 올려 걸고 밧줄 끝에 큰 주머니를 달아매고 많은 돌덩이를 주머니 속에 채워서 늘어뜨려 추로 만든다. 그리고 추의 무게는 반드시 늦춰지지도 않고 끌어당기지도 않게 하는 것을 한도로 한다. 늦추어지지 않게 한다는 것은 사람과 말이 선창을 밟아도 부판이 조금도 잠기지 않음을 말함이고, 끌어당기지 않는다는 것은 부판이 조금도 저절로 들리지 않음을 말한다. 그렇다면 이 판자는 이따금 떠오를 때는 있어도 [물이 불을 때를 말한다.] 잠겨들 때는 없을 것이니, 이 어찌 안전하고 또 안전하지 않겠는가. 조수가 밀려오는 곳이나 세찬 물이 불어날 때 이 방법을 제외하고는 선창다리와 배다리가 수시로 높아졌다 낮아졌다 하는 걱정을 없앨 수 없을 것이다. 그리고 부판을 이동하는 방법은 부판의 밑창에다 바퀴를 여섯 개나 여덟 개쯤 달면 5, 6인이 끌어도 언덕에 올릴 수 있을 것이다. 또 물체가 커서 보관하기가 불편한 것이 문제라면 그것을 두 척, 혹은 세 척으로 나누었다가 [가죽 과녁을 나누었다 합쳤다 하는 것과 같이한다.] 필요할 때 다시 합친다면 무엇이 문제이겠는가.

右所論各樣事宜, 不過說其大摠, 優數存剩, 若
果臨事措置, 酌量分數, 則又當減其幾許數, 而
槍橋浮板所入之需, 亦當恢恢出其中矣.

이상에서 논의한 여러 가지 일은 넉넉히 여유를 두고 대충 말한 것에 불과하다. 만약 실지 일에 부닥쳐 조치하되 분수(分數)를 참작한다면 또 얼마간의 수를 줄일 수 있으며, 선창다리와 부판에 필요한 물건도 또한 충분히 그 속에서 나올 수 있다.

부록 그림 2.8 창교와 항선

1790년, 처음 의정부에서 제출한 『주교절목』 21개 항목은 정조의 명에 의해 『주교지남』에서 15항목으로 정리됐다. 그 후 주교사(舟橋司)는 정조 17년(1793) 1월 11일(乙巳)에 수정 보완된 『주교사진주교절목(舟橋司進舟橋節目)』[24]을 임금에게 올렸다.

  『주교절목』에 대한 번역은 『한국고전번역원』 번역본과 『서울 600년사』의 번역본 등 여러 가지 번역번이 나와 있는데, 여기서는 혼란을 피하기 위해 『조선왕조실록』 「태백산사고본」 37책 37권 3장 A면, 「국편영인본」 46책 371면의 내용을 옮긴 것이다.

一日: 舟橋制度

春秋 陵園展謁, 若値越津之時, 則船艙渡涉所用

大小船數, 不下四五百艘. 京外搜覓, 中間操縱,

船人, 受弊去而益甚. 園所移奉水原之後, 歲一

行幸, 當由津渡, 聖上深軫船人之弊, 特捌舟橋

之制, 捉船之事, 永爲革罷, 只取京江大船, 聯成

橋梁, 弊除而事簡, 工省而費小, 實是利濟之具,

仍作永久之法.

1. 주교제도

봄가을로 능원(陵園)을 배알할 적에 나루를 건너야 할 때를 만나면 선창에서 물을 건너는 데 쓰이는 크고 작은 선박의 숫자가 4, 5백 척에 달하므로, 서울과 지방에서 배를 찾아 구하다 보면 중간에서 농간을 부려 뱃사람들이 받는 폐단이 갈수록 더욱 심해졌다. 그런데 현륭원(顯隆園)을 수원으로 옮긴 뒤로는 해마다 한 번씩의 행행에 나루를 통해 건너야 했으므로, 이에 성상께서 뱃사람의 폐단을 깊이 진념하시어 특별히 배다리[舟橋]의 제도를 만듦으로써 배를 찾아다니는 일은 영원히 혁파하고 단지 경강(京江)의 큰 배들만을 가져다가 연결하여 교량을 만들어놓으니, 폐단은 사라지고 일은 간단해졌으며, 공력이 줄고 비용도 적어져서, 실로 이것이 강을 쉽게 건널 수 있는 도구인지라 이에 영구한 법으로 삼는 바다.

二日: 舟橋配置

舟橋排置, 當津路之形便, 自東湖以下, 水狹而
岸高, 難遠而流穩, 惟露梁爲最, 且輦路坦直而
不迂回, 津路而露梁爲定. 宣陵, 靖陵, 章陵,
顯隆園行幸時及溫幸時, 並用此路, 獻陵, 英陵,
寧陵 行幸時, 移設於廣津.

2. 배다리의 배치

배다리의 배치는 당연히 물길이 좋은 곳을 가려서 해야 한다. 동호(東湖)로부터 그 하류로 강폭이 좁고 양쪽 언덕은 높으며 여울진 곳과 멀어서 물의 흐름이 완만한 곳으로는 노량(露梁)이 제일이다. 또 연(輦, 임금의 가마)의 거동길도 평탄하고 곧아 우회됨이 없으므로 물길은 노량나루로 정한다. 선릉(宣陵)·정릉(靖陵)·장릉(章陵)·현륭원에 행행할 때와 온천에 행행할 때에도 모두 이 길을 이용하고, 현릉(獻陵)·영릉(英陵)·영릉(寧陵)을 행행할 때에는 광진(廣津)에 옮겨 설치한다.

三日: 船艙排設

船艙排設, 例以大船倚閣水邊, 而岸之左右,
排置長木, 中實沙土, 高與船平, 工役之費, 極其
浩大, 而事過則毀撤, 每年設此, 費不可支, 遂有
以石代築之敎. 收聚江邊雜石, 鱗此高築, 以
石灰塡補其隙, 完固堅實, 可以一築, 而爲永久
之用, 而此爲定.

3. 선창(부두)의 건실

선창의 배설은 으레 큰 배를 강가에 대놓고 언덕의 좌·우측에 긴 나무를 늘어세우고서, 그 안에는 모래와 흙으로 채워 배의 높이와 수평을 이루게 한다. 그 일에 드는 비용은 극히 많이 소요됐으나 행사를 치르고 나면 헐어버리고 매년 이를 다시 설치해야 하니 그 비용을 지탱할 수가 없다. 그래서 마침내 돌로 그것을 대신 쌓기로 하고 강가의 잡석을 모아 고기비늘 모양 가지런히 맞물려 높게 쌓아 올리고 석회로 그 빈틈을 메꾸면 그것이 완고하고 튼튼하여 한번 쌓아서 영구히 쓸 수 있게 되겠기에 이렇게 결정한다.

四日: 橋梁用 船隻

橋梁所用船隻, 南北船艙, 相距爲一百九十把,
則容入大船, 當爲三十六隻, 以京江使船及
訓局船擇用.

4. 교량에 쓰일 선척

교량에 쓰일 배에 대해서는 남북으로 선창 사이의 거리가 190발[把]이므로 여기에는 큰 배가 의당 36척이 소요될 것이니, 경강의 개인 배와 훈국(訓局)의 배를 택일하여 쓰기로 한다.

五日: 京江大船舶

京江大舶船，卽今見在者八十隻，橋梁所入，

新造完固者 三十六隻外，餘船並爲分立於舟橋

左右，以爲維繫衛護之地.

6. 배다리 제도

배다리의 제도는 배치하여 연결시킬 즈음에 먼저 여러 배 가운데서 몸체가 가장 크고 뱃전이 가장 높은 것을 골라 강 한복판에 정박시켜서 중심의 표적을 삼게 한다. 그리고 이어 크고 작고 높고 나직한 것들을 차례로 왼쪽과 오른쪽에 줄지어 연결시켜 선창에 닿게 함으로써 다리의 모양새를 가운데는 높고 양쪽은 낮은 것이 궁륭교(穹隆橋)의 모양이 되게 한다.

5. 경강의 큰 선박

경강의 큰 선박이 지금 도합 80척이니 교량에 소요될 새로 만든 완고한 배 36척 이외의 배들은 모두 배다리의 왼쪽과 오른쪽으로 나누어 세워서 배다리를 끈으로 잡아매거나 호위하는 구실에 쓰이도록 한다.

六日: 橋制

橋制，排聯之際，先擇諸船中體最大杉最高者，

碇住於江中，以表中央. 仍以大小高下，次第分

聯於左右，屬之船艙，使橋制中高，而兩端低下，

如穹橋之形.

七日: 編結之法

編結之法，船隻先向上流下碇，而駕龍木勿今兩

頭相接，錯排互進，直當彼此，杉板 有若犬牙相

制，畾得動退然後，南北船艙項船，先以大束索，

分繫船之頭尾，釘結於岸上，次結縱梁及撑柱，

次鋪橫板，次設欄干，弔橋紅門.

7. 배다리 가설 순서

(배를) 늘어세워 묶는 방법은 배를 먼저 상류를 향해 닻을 내리게 하고 가룡목(駕龍木)은 양쪽의 끝이 서로 닿지 않도록 어긋나게 배치하여 서로 끼어들게 해서 바로 이 배와 저 배의 뱃전 판자가 개 이빨처럼 서로 맞물려 틈새가 나지 않도록 한다. 그런 다음에 남쪽과 북쪽 선창의 항선(項船)을 먼저 큰 밧줄로 배의 이물과 고물을 나누어 묶어서 언덕 위의 못에 잡아매고, 다음에 종량(縱梁)과 버팀목을 묶고 다음에 가로로 판자를 깔고 다음에 난간과 조교(弔橋)와 홍살문을 설치한다.

보충설명

배다리의 가설 순서를 지시한 제7항목에도 횡량에 대한 언급이 없다. 가룡목을 이용하면 제7항목에서 지시한 대로 횡량이 특별히 필요하지 않을 것으로 생각되는데, 실제로 준공보고서에는 횡량이 언급돼있어 현장에 다른 사정이 있었던 것으로 판단된다.

八日: 縱梁

8. 종량

선척 배입 지후 재전 이범간 횡가선상 유계각
船隻排立之後, 在前而帆竿, 橫駕船上, 維繫各

선 이범간 하풍상살 횡결 불편 차태장이횡긍
船, 而帆竿下豊上殺, 橫結不便, 且太長而橫亘

다선 일반유경 해람역난 별취송목 어장산곶
多船, 一般有頃, 解纜亦難. 別取松木於長山串,

장삼십오척 사면광위일척 매선각이오주 작
長三十五尺, 四面廣爲一尺, 每船各以五柱, 酌

량포판지장 분배종결 이양두과출선현지외 양
量鋪板之長, 分排縱結, 而兩頭跨出船舷之外. 兩

선양두 호상대합 이탁잠삽지 잉이갈람긴속
船梁頭, 互相對合, 以椓簪揷之, 仍以葛纜緊束.

우 이탱주목항 긴어선판지상 비무유이지환
又以撑柱木項, 緊於船板之上, 俾無遊移之患.

배들을 늘어세운 뒤에 이전에는 돛대를 배 위에 가로로 놓고 각 배를 묶었는데, 돛대 기둥이 밑둥은 굵고 끝 쪽은 가늘어서 가로로 놓고 묶기에 불편했다. 그리고 또 크고 긴 것을 가로로 여러 배에 뻗쳐 잇게 함으로써 배 한 척에서 탈이 발생하면 묶은 줄을 풀기가 또한 어려웠다. 그러니 별도로 장산곶(長山串)에서 길이 35자 가로세로의 너비가 1자 되는 소나무를 구해다가, 배마다 각기 다섯 주(株) 씩을 배에 깔아놓은 판자의 길이를 헤아려 분배해서 세로로 묶되, 두 쪽 끝이 뱃전을 걸쳐 밖으로 나가게 한다. 그리고 두 배의 종량 머리는 서로 마주 잇닿게 하고 말목을 맞세워 박은 다음 칡 밧줄로 야무지게 묶는다. 또 버팀목을 배 위에다 세워 배가 흔들리는 걱정이 없게 한다.

보충설명

주교사에서 최종적으로 정리한 내용에 따르면 종량의 길이를 7발이 아닌 약 6발에 해당하는 35자로 정조가 제안한 종량의 길이보다 짧게 제시하고 있다. 그리고 종량의 연결은 뱃전 사이에서 이루어지도록 하였다. 연결 방법은 종량의 끝과 끝을 맞대는 '맞대기 이음'으로 규정했다. 이 규정을 충실하게 이행한다면 실제 정조 배다리에서는 36척의 배가 동원됐으므로 창교 길이를 뺀다면 배다리만의 순수 길이는 1255자, 즉 약 391m가 되는데, 제8목에서 "종량을 맞대게 한다"의 의미를 종량 연결부에서 이웃한 두 종량을 서로 마주 보게 한다는 뜻으로 해석하면 종전대로 전체 배다리의 길이는, 창교를 포함해서 (190+α)발이 된다. 여기서 α 값은 사용한 배의 폭이 5발이 안되는 경우[25]와 뱃전 밖으로 나온 멍에의 길이를 모두 고려해서 결정되는 값이다.

九日: 結鋪板

在前船上, 鋪以笆子, 實以沙土, 上鋪莎草, 非但

造撤之際, 功役甚鉅, 若值兩水, 則泥濘必甚, 易

致狼狽. 以兩湖分定長松板, 廣爲一尺, 厚爲三

寸長, 則限禦路四把之廣, 鱗次橫鋪於縱梁上,

而兩板相接處, 用掩釘對合. 又於下邊以牽馬鐵

跨釘, 兩板縫合處, 又於板之兩頭穿隱穴, 以麻

索貫連, 維結 於左右邊縱梁, 俾無動搖之獘.

十日: 欄杆

鋪板左右兩邊, 先設中方木, 次以短柱, 每一間

列立, 一柱以劈鍊木, 造成橫十字欄干, 連挿兩

柱之間, 而先於柱一面, 對穿邊鍚, 以爲欄杆, 合

接出入之地.

十一日: 浮板

露梁, 卽潮水往來之地, 潮盛則水高三四尺, 小

亦數尺, 舟橋爲水所負, 高出船艙, 隨潮之多少,

上下層斷, 不成路勢. 雖欲補築船艙, 朝夕進退,

煗高煗低, 有難隨時作轍, 略倣弔橋之制, 造成

板橋, 而縱排縱梁, 橫鋪廣板, 一如橋制.

9. 바닥판의 연결

이전에는 배 위에다 발[笆子]을 깔고서 모래와 흙을 채우고 그 위에 잔디를 깖으로써, 설치하고 철거할 때 일이 많을 뿐만 아니라 만일에 비라도 만나게 되면 언제나 매우 질척거려서 낭패를 보기가 십상이었다. 양호(兩湖＝영남과 호남)에 나누어 맡긴 장송판(長松板)으로 너비는 한 자, 두께는 세 치, 길이는 어가(御駕)의 길 너비 4발(把)의 폭에 한정된 것을 고기비늘처럼 나란히 종량 위에 가로로 깔고, 두 판자가 맞닿는 곳에는 드러나지 않게 못을 박아 서로 맞물리게 한다. 또 아래쪽에는 견마철(牽馬鐵)로 두 판자가 맞닿는 곳에 걸쳐 박고, 또 판자의 양쪽 끝에는 보이지 않게 구멍을 뚫어 삼밧줄을 꿰어서 왼쪽과 오른쪽의 종량에 묶어 움직이거나 노는 폐단이 없게 한다.

10. 난간

깔판의 좌우 양쪽에는 먼저 중방목을 설치하고 다음으로 짧은 기둥을 매양 한 칸에 한 개씩 늘어세우고, 벽련목(劈鍊木)을 가지고 가로로 열십자 모양의 난간을 만들어 두 기둥 사이에 연이어 박아 넣되, 먼저 기둥 한쪽에 서로 맞보게 변석(邊鍚)을 뚫어서 난간이 서로 맞붙고 드나들게 하는 뒷받침으로 삼는다.

11. 부판

노량나루는 바로 조수(潮水)가 드나드는 곳이라서 밀물이 많으면 수위(水位)가 3, 4자가 높아지고, 적어도 두어 자는 높아져 배다리가 물에 떠받치어 선창보다 높아지고, 조수의 많고 적음에 따라 위아래로 층이 갈라져 길의 형태를 이루지 못한다. 그런데 비록 선창을 더 쌓고자 하여도 밀물과 썰물의 출입으로 인해 수위가 갑자기 높아졌다 낮아졌다 하므로, 때에 따라 일하기도 하고, 중지하기도 하기에는 어려움이 있다. 대략 조교(吊橋)의 제도를 본떠 널다리를 만들되, 세로로는 종량를 배치하고 가로로는 넓은 널빤지를 깔아 다리 모양처럼 똑같이 만든다.

이 판교 종량 지두 접어항선종량지두 이삭 위요
以板橋縱梁之頭, 接於項船縱梁之頭, 而削爲凹

철 형 상접삽잠 여삼배목제양 이위원전굴신
凸形, 相接揷簪, 如三排目制樣, 以爲圓轉屈伸

지지 조 퇴 진주고 칙판교 일두 수주이거 략
之地. 潮(退)進舟高, 則板橋一頭, 隨舟而擧, 略

유 승 강지세 이불지준급 조퇴칙평포 선창 지상
有升降之勢 而不至峻急, 潮退則平鋪船艙之上,

연 성 도로
連成道路.

그리고 널다리의 종량 머리를 항선(項船)의 종량 머리에 연접시키되, 요철(凹凸) 모양으로 깎아 서로 잇대서 비녀장 지르는 것을 마치 삼배목(三排目) 궤도와 같이하여 자유자재로 구부러지고 펴지도록 한다. 그렇게 하면 조수가 밀려들어 다리가 높아지면 널다리의 한쪽 머리가 배를 따라 들려져서 한쪽은 약간 높고 한쪽은 낮아지는 형세가 되겠지만 경사가 가파르기까지는 않을 것이고, 조수가 밀려 나가면 평평해져서 선창의 위가 판판하게 도로와 연결이 될 것이다.

十二日: 紅箭門

남북 선창 각설홍전문 이표 주교 지계 중앙
南北船艙, 各設紅箭門, 以標舟橋之界, 中央

최고 선 역 수 홍전문 이표 강수 지 중앙
最高船, 亦竪紅箭門, 以標江水之中央.

12. 홍전문

남쪽과 북쪽의 선창에 각기 한 개의 홍살문을 설치하여 배다리의 경계를 표시하고 가운데의 가장 높은 배에도 홍살문을 세워 강물의 복판임을 표시한다.

十三日: 護衛軍

주교 지조 철 간수 동 가 시 배입 호위 불가 무 군졸
舟橋之造撤看守, 動駕時排立護衛, 不可無軍卒,

이 매 선 격군28위 십 이 명 도합 팔십 척 격군 태근
以每船格軍28爲 十二名, 都合八十隻, 格軍殆近

천 수 이차 작 대 수 군안29 유치 본사 주교 조 철
千數, 以此作隊, 修軍案,29 留置本司. 舟橋造撤

시 이차 격군 륜회 사용 동 가 시 주교 선 격군 매
時, 以此格軍, 輪回使用, 動駕時, 舟橋船格軍, 每

선 십 이 명 식 착 전건30 방색31호의32 배립 어
船十二名式, 着戰巾,30 防塞31號衣,32 排立於

좌 우 난간 외 선 두 협선 격군 배립 어 좌우 협선
左右欄杆外船頭, 挾船格軍, 排立於左右挾船,

이 위 호위 지지
以爲護衛之地.

13. 호위군

배다리를 놓고 철수하는 일을 보아 지키고, 거동이 있을 때 벌여 서서 호위하는 일에 군졸이 없을 수 없다. 배 한 척의 격군(格軍)이 12명으로 도합 80척의 격군이 거의 1,000명에 가까우니, 이들로 군대를 조직하고 군사 명부를 작성하여 본 주교사에 비치한다. 그리하여 배다리를 놓고 철수할 때는 이들 격군을 돌아가며 부리고, 거동 때는 주교사 소속의 배 한 척당 12명씩의 격군에게 전건(戰巾)을 씌우고 청·황·적·백·흑 빛깔의 더그레(號衣)를 입혀 좌우 난간 밖 뱃머리에 벌려 세우고, 협선(挾船)의 격군은 좌우 협선에 벌려 세워서 호위로 삼는다.

---

28 격군(格軍): 조선시대 사공(沙工) 일을 돕던 수부(水夫)
29 군안(軍案): 군인이란 신분이나 지위=군적
30 전건(戰巾): 병사들이 머리에 두르던 건
31 방색(防塞): 틀어막거나 가려서 막음
32 호의(號衣): 조선시대 각 영문의 군사들이 입던 세 자락 웃옷

十四日: 指揮

既設作隊軍, 則不可無領率之人, 自舟橋中央,
南爲前部, 北爲後部, 每三船作一艅,[33] 前後各
五艅, 略倣五司[34]之制, 而餘船屬之中央, 設協
總一人, 統領前後, 而以本司都廳[35]兼差,[36] 前後
部各置領將一人, 而舟橋監査官二人差定, 每艅
各置艅長一人, 而以舟橋領長十人差定, 以爲
團束儉飭之地.

14. 지휘

이미 창설하여 군대의 대오를 지었으면 영솔하는 사람이 없을 수 없다. 배다리의 중심에서 남쪽은 전부(前部)로, 북쪽은 후부(後部)로 삼아 배 세 척으로 1개의 선단(艅)을 구성해 전후 각기 다섯 개의 선단을 이루어서 오사(五司)의 제도를 대략 본뜨고, 나머지 배는 중앙에 배속시킨다. 협총(協總) 한 사람을 두어 전후를 통솔하게 하되, 본 주교사의 도청(都廳)으로 겸임시키고, 전후부에는 각기 영장(領將) 1명씩을 두되 주교사의 감관(監官) 두 사람으로 임명하며, 매 선단에는 각기 선단의 우두머리 1명씩을 두되 주교사의 영장 10명으로 임명해서 단속하고 통제하게 한다.

十五日: 旗幟

有軍卒之後, 當有標識之旗幟, 而此與行陣有
異, 不必用大旗幟. 宜象舟水之義, 以別於陸軍
之旗制. 中央紅箭門兩邊, 設二大旗, 一用黃色,
以標中央, 一用黑色, 以象水德.[37] 每船頭各竪
一旗, 而方色象五艅次第, 臺象中央, 脚象該部,
旗面書以某艅第幾船, 以標隊伍. 每船尾赤各竪
一旗, 而方色帶脚, 一依船頭之制, 旗面則, 畫以
鶬鷀以象古來畫船之制. 每船尾又各竪相風旗
一面, 以爲占風之地.

15. 깃발

군졸이 있는 다음에는 당연히 표시하는 깃발이 있어야 한다. 그러나 여기는 진영을 짜는 것과는 다름이 있으니 굳이 큰 깃발을 쓸 필요가 없다. 의당 배와 물의 의미를 상징하게 해서 육군(陸軍)의 깃발 제도와 구별 지어야할 것이다. 중앙의 홍살문 양쪽에는 큰 두 개의 깃발을 세우되, 하나는 황색으로 하여 중심을 표시하고 하나는 흑색을 써서 수덕(水德)을 상징한다. 배마다 이물에는 각기 한 개의 깃발을 세우되, 청·황·적·백·흑의 빛깔로 5개 선단의 차례를 상징한다. 그리고 깃발의 띠는 중앙을 상징하고, 기각(旗脚)은 해당 부(部)를 상징하며, 깃발 앞면에는 아무 선단의 몇째 배라는 것을 써서 대오를 표시한다. 배마다 고물에도 역시 각기의 깃발을 한 개씩 꽂되, 청·황·적·백·흑의 빛깔과 깃발의 띠와 기각은 이물의 제도를 그대로 따르고, 깃발의 앞면에는 새매나 물새를 그려 옛날부터 내려오는 화선(畫船)의 제도를 상징한다. 배마다 또한 각기 바람을 살필 수 있는 깃발(相風旗) 한 개씩을 세워 바람을 점칠 수 있게 한다.

---

33 종(艅): 선단 종, 싸움배
34 사(司): 조선 초기의 군사 편제 단위
35 도청(都廳): 조선시대 도감에 속하는 벼슬 또는 그 벼슬을 맡아보는 사람들이 일하던 곳
36 겸차(兼差): 관리의 본래 직무 이외에 다른 직무를 겸하는 일 또는 직무
37 수덕(水德): 오행 가운데 물에 상응하는 왕자의 덕

十六日: 總大將

大가 도섭 시　기설 장령　군졸　칙 불가 무 총찰 지
大駕渡涉時, 旣設將領, 軍卒, 則不可無總察之

대장　이 수가 외 유영 유진 대장　자 병조 삼망　　의
大將, 以隨駕外留營留陣大將, 自兵曹三望,[38] 擬

입 수점　　　약 치 해영 대장 별 수가 지 시　칙 무 이 비
入受點.[39] 若値該營大將別隨駕之時, 則無以備

원 의망　이 수　총 양사 임시 계청　　　통융 의입
員擬望, 以守, 摠兩司臨時啓請,[40] 通融擬入.

十七日: 資材保管

배설 주교 지 시 급 상시 선창 지 석축　고 장 지 목물
排設舟橋之時及常時船艙之石築, 庫藏之木物,

필 유 전관 검찰 지 인 연후　서무 소우 지 폐　노량진
必有專管檢察之人然後, 庶無疎虞之弊. 露梁津,

이 속 본사　이 자 본사 차출 별장　이 위 착실 구 검 지
移屬本司, 而自本司差出別將, 以爲着實句檢之

지　해 진 소재 조적　　　전곡　　일 병 의 전 잉 치 이
地. 該鎭所在糶糴,[41] 錢穀,[42] 一幷依前仍置, 以

위 접제　　지 지
爲接濟[43]之地.

十八日: 大次

진 로 도섭 시 예 유 진두　대차　　이 배설 지 제 미
津路渡涉時, 例有津頭[44]大次,[45] 而排設之際, 靡

비 불 사　이 노량진 사　정 위 본사 관해　이 잉 작
費不些. 以露梁津舍, 定爲本司官廨, 而仍作

행행 시 대차
幸行時大次.

16. 총대장

대가가 물을 건너는 때는 이미 장령(將領)과 군졸을 설치
했으니 총감독할 대장이 없을 수 없으므로, 대가를 수종
하는 이외에 군영에 남아있거나 부대에 남아있는 대장
을 병조에서 삼망(三望)을 갖추어 들여서 낙점을 받는다.
그러나 만일 해당 군영의 대장이 거가를 따라갈 때에는
인원을 갖추어 의망(擬望)할 수 없으니, 수어청(守禦廳)
과 총융청(摠戎廳)의 수어사나 총융사를 임시로 계청(啓
請)하여 합해서 의망해 들인다.

17. 자재보관

배다리를 놓을 때나 평상시에 선창의 석축(石築)과 창고
에 보관하는 목재들은 반드시 오로지 관장해서 살피는
사람이 있어야만 거의 소홀하게 되는 폐단이 없을 것이
다. 노량진(露梁鎭)을 본 주교사에 이속시키고 본 주교사
가 별장을 차출하여 착실히 관장하게 할 것이며, 해당 노
량진의 진영에 있는 환곡과 돈은 한결같이 옛날 그대로
유치시켜 모든 것을 꾸려갈 수 있도록 한다.

18. 왕의 숙소

나룻길을 건널 때에는 으레 나룻머리에 어가가 머물 처
소[大次]가 있어야 하나, 그것을 준비하려면 드는 비용
이 적지 않으니 노량진의 진영 막사를 본 주교사의 관사
로 정해서 행행하실 때에 어가의 처소로 삼는다.

....

38　망(望): 벼슬아치를 윗자리에 천거하는 일
39　수점(受點): 조선시대 2품 이상의 관원을 뽑을 때 3망을 올려 임금의 낙점을 받는 일
40　계청(啓請): 임금에게 청함
41　조적(糶糴): 쌀을 팔고 삼
42　전곡(錢穀): 돈과 곡식
43　접제(接濟): 살림살이에 필요한 물건을 차려서 살아갈 방도를 세우다.
44　진두(津頭): 나루
45　대차(大次): 나라에서 큰 행사나 의식이 있을 때 임금이 거동하여 임시로 머물던 장막(帳幕)

十九日: 木物保管

<ruby>舟橋所入<rt>주교 소입</rt></ruby><ruby>縱梁鋪板<rt>종량 포판</rt></ruby>, <ruby>欄干等木物<rt>난간 등 목물</rt></ruby>, <ruby>必有收藏之所<rt>필유 수장 지소</rt></ruby>

<ruby>然後<rt>연후</rt></ruby>, <ruby>可無朽傷之虞<rt>가 무오상지우</rt></ruby>. <ruby>露梁<rt>노량</rt></ruby> <ruby>本司傍近之地<rt>본사 방근 지지</rt></ruby>, <ruby>別作<rt>별작</rt></ruby>

<ruby>庫舍七十間<rt>고사 칠십 간</rt></ruby>, <ruby>藏置各項木物<rt>장치 각 항 목물</rt></ruby>.

19. 목물보관

배다리에 드는 종량·깔판·난간 등속의 나무로 된 물품들은 반드시 거두어 보관하는 곳이 있어야만 썩거나 손상될 걱정이 없다. 노량나루의 본 주교사 근방에 별도로 창고 70칸을 지어 각종의 나무로 된 물품들을 보관해두도록 한다.

二十日: 給料

<ruby>大次守直<rt>대차 수직</rt></ruby>, <ruby>修掃及點火等節<rt>수소급 점화 등절</rt></ruby>, <ruby>令該鎭主管擧行<rt>영 해 진 주관 거행</rt></ruby>,

<ruby>則自有料布費用之需<rt>칙 자유료포 비용 지 수</rt></ruby>. <ruby>禁衛營錢一千兩<rt>금위영 전 일천 양</rt></ruby>, <ruby>貸下<rt>대하</rt></ruby>46

<ruby>本鎭<rt>본진</rt></ruby>, <ruby>以爲取殖<rt>이 위 취식</rt></ruby>47<ruby>需用之地<rt>수용 지지</rt></ruby>.

20. 급료

어가의 처소를 지키고 수리하고 청소하고 군불을 지피는 등속의 일을 해당 노량진에서 주관해 거행하도록 하려면 자연 급료로 지급할 베[布]나 비용의 수요가 있어야 하니, 금위영(禁衛營)의 돈 1,000냥을 본 노량진에 대출해주어 이식을 받아 비용의 수요로 삼게 한다.

二十一日: 雜費

<ruby>舟橋排設撤去時<rt>주교 배설 철거 시</rt></ruby>, <ruby>以各船格軍輪回使用<rt>이 각 선 격군 윤회 사용</rt></ruby>, <ruby>則別無<rt>칙 별무</rt></ruby>

<ruby>財力之多入者<rt>재력 지 다 입자</rt></ruby>, <ruby>而亦不無如干雜費<rt>이 역 불무 여간 잡비</rt></ruby>. <ruby>湖南減額漕<rt>호남 감액 조</rt></ruby>

<ruby>需木6同26疋<rt>수 목 6동 26 필</rt></ruby>, <ruby>屬之本司<rt>속지 본사</rt></ruby>, <ruby>自戶曹捧上移送<rt>자 호조 봉상 이송</rt></ruby>, <ruby>以爲<rt>이 위</rt></ruby>

<ruby>需用之地<rt>수용 지지</rt></ruby>. <ruby>用餘者<rt>용 여자</rt></ruby>, <ruby>次次儲留<rt>차차 저류</rt></ruby>, <ruby>以爲不時之需<rt>이 위 불시 지 수</rt></ruby>.

21. 잡비

배다리를 놓거나 철거할 때에 각 선박의 격군(格軍)을 돌아가며 쓰기로 한다면 별로 재용이 많이 들어갈 것이 없겠지만 또한 어지간한 잡비는 들지 않을 수 없으니, 호남에 감해준 조세 운반비용의 무명 6동(同) 26필을 본 주교사에 소속시키고, 호조가 그것을 받아 넘겨주어 비용의 수요로 삼게 한다. 그리고 쓰고 남은 것은 차츰 저축해두어 불시의 비용에 쓰도록 한다.

二十二日 船匠

<ruby>露梁<rt>노량</rt></ruby> <ruby>南北岸近處居住船匠<rt>남 북 안 근처 거 주 선장</rt></ruby>, <ruby>一竝安付本司<rt>일 병 안부 본사</rt></ruby>, <ruby>制基<rt>제 기</rt></ruby>

<ruby>雜役<rt>잡역</rt></ruby>, <ruby>以爲造橋時事役之地<rt>이 위 조교 시 사역 지 지</rt></ruby>.

22. 선장

노량진 남쪽과 북쪽의 언덕 근처에 살면서 배를 만드는 장인들은 하나 같이 본 주교사의 대장에 올려 잡역을 면제해주고 다리를 놓을 때 부릴 수 있게 한다.

46　대하(貸下): 정부가 경제발전이나 국제수지 개선 등을 위해 민간에게 융자하도록 금융기관에 돈을 빌려주다.

47　식수(殖需): 식리 재물을 불리어 이익을 늘리다.

二十三日: 移屬

<ruby>既<rt>기</rt></ruby><ruby>定<rt>정</rt></ruby><ruby>舟<rt>주</rt></ruby><ruby>橋<rt>교</rt></ruby><ruby>之<rt>지</rt></ruby><ruby>後<rt>후</rt></ruby>, <ruby>工<rt>공</rt></ruby><ruby>曹<rt>조</rt></ruby><ruby>無<rt>무</rt></ruby><ruby>船<rt>선</rt></ruby><ruby>艙<rt>창</rt></ruby><ruby>擧<rt>거</rt></ruby><ruby>行<rt>행</rt></ruby><ruby>之<rt>지</rt></ruby><ruby>事<rt>사</rt></ruby>. <ruby>本<rt>본</rt></ruby><ruby>曹<rt>조</rt></ruby><ruby>所<rt>소</rt></ruby><ruby>屬<rt>속</rt></ruby>

<ruby>各<rt>각</rt></ruby><ruby>江<rt>강</rt></ruby><ruby>管<rt>관</rt></ruby><ruby>領<rt>령</rt></ruby>,[48] <ruby>幷<rt>병</rt></ruby><ruby>移<rt>이</rt></ruby><ruby>屬<rt>속</rt></ruby><ruby>本<rt>본</rt></ruby><ruby>司<rt>사</rt></ruby><ruby>使<rt>사</rt></ruby><ruby>役<rt>역</rt></ruby>.

二十四日: 監督官

<ruby>造<rt>조</rt></ruby><ruby>橋<rt>교</rt></ruby><ruby>撤<rt>철</rt></ruby><ruby>橋<rt>교</rt></ruby><ruby>時<rt>시</rt></ruby>, <ruby>當<rt>당</rt></ruby><ruby>有<rt>유</rt></ruby><ruby>監<rt>감</rt></ruby><ruby>董<rt>동</rt></ruby><ruby>之<rt>지</rt></ruby><ruby>人<rt>인</rt></ruby>, <ruby>各<rt>각</rt></ruby><ruby>軍<rt>군</rt></ruby><ruby>門<rt>문</rt></ruby><ruby>將<rt>장</rt></ruby><ruby>校<rt>교</rt></ruby><ruby>之<rt>지</rt></ruby><ruby>借<rt>차</rt></ruby><ruby>用<rt>용</rt></ruby>,

<ruby>不<rt>부</rt></ruby><ruby>但<rt>단</rt></ruby><ruby>有<rt>유</rt></ruby><ruby>弊<rt>폐</rt></ruby>, <ruby>船<rt>선</rt></ruby><ruby>上<rt>상</rt></ruby><ruby>看<rt>간</rt></ruby><ruby>役<rt>역</rt></ruby>,[49] <ruby>亦<rt>역</rt></ruby><ruby>不<rt>부</rt></ruby><ruby>如<rt>여</rt></ruby><ruby>船<rt>선</rt></ruby><ruby>人<rt>인</rt></ruby><ruby>之<rt>지</rt></ruby><ruby>嫺<rt>한</rt></ruby><ruby>熟<rt>숙</rt></ruby>.[50]

<ruby>着<rt>착</rt></ruby><ruby>實<rt>실</rt></ruby><ruby>監<rt>감</rt></ruby><ruby>董<rt>동</rt></ruby><ruby>之<rt>지</rt></ruby><ruby>地<rt>지</rt></ruby><ruby>以<rt>이</rt></ruby><ruby>船<rt>선</rt></ruby><ruby>主<rt>주</rt></ruby><ruby>中<rt>중</rt></ruby><ruby>勤<rt>근</rt></ruby><ruby>幹<rt>간</rt></ruby><ruby>解<rt>해</rt></ruby><ruby>事<rt>사</rt></ruby>[51]<ruby>人<rt>인</rt></ruby>, <ruby>擇<rt>택</rt></ruby><ruby>出<rt>출</rt></ruby>

<ruby>都<rt>도</rt></ruby><ruby>監<rt>감</rt></ruby><ruby>官<rt>관</rt></ruby><ruby>一<rt>일</rt></ruby><ruby>人<rt>인</rt></ruby>, <ruby>監<rt>감</rt></ruby><ruby>官<rt>관</rt></ruby><ruby>二<rt>이</rt></ruby><ruby>人<rt>인</rt></ruby>, <ruby>領<rt>령</rt></ruby><ruby>將<rt>장</rt></ruby><ruby>十<rt>십</rt></ruby><ruby>人<rt>인</rt></ruby>, <ruby>私<rt>사</rt></ruby><ruby>之<rt>지</rt></ruby><ruby>分<rt>분</rt></ruby><ruby>管<rt>관</rt></ruby>

<ruby>船<rt>선</rt></ruby><ruby>隻<rt>척</rt></ruby>, <ruby>統<rt>통</rt></ruby><ruby>率<rt>솔</rt></ruby><ruby>格<rt>격</rt></ruby><ruby>軍<rt>군</rt></ruby>.

二十五日; 旗手

<ruby>大<rt>대</rt></ruby><ruby>駕<rt>가</rt></ruby><ruby>渡<rt>도</rt></ruby><ruby>涉<rt>섭</rt></ruby><ruby>時<rt>시</rt></ruby>, <ruby>橋<rt>교</rt></ruby><ruby>上<rt>상</rt></ruby><ruby>點<rt>점</rt></ruby><ruby>旗<rt>기</rt></ruby>,[52] <ruby>當<rt>당</rt></ruby><ruby>以<rt>이</rt></ruby><ruby>船<rt>선</rt></ruby><ruby>上<rt>상</rt></ruby><ruby>所<rt>소</rt></ruby><ruby>竪<rt>수</rt></ruby><ruby>旗<rt>기</rt></ruby><ruby>之<rt>지</rt></ruby>

<ruby>擧<rt>거</rt></ruby><ruby>行<rt>행</rt></ruby>, <ruby>而<rt>이</rt></ruby><ruby>旗<rt>기</rt></ruby><ruby>手<rt>수</rt></ruby><ruby>則<rt>즉</rt></ruby><ruby>以<rt>이</rt></ruby><ruby>左<rt>좌</rt></ruby><ruby>右<rt>우</rt></ruby><ruby>排<rt>배</rt></ruby><ruby>立<rt>립</rt></ruby> <ruby>格<rt>격</rt></ruby><ruby>軍<rt>군</rt></ruby><ruby>使<rt>사</rt></ruby><ruby>用<rt>용</rt></ruby>.

二十六日: 旗幟保管

<ruby>旗<rt>기</rt></ruby><ruby>幟<rt>치</rt></ruby><ruby>則<rt>즉</rt></ruby><ruby>藏<rt>장</rt></ruby><ruby>置<rt>치</rt></ruby><ruby>于<rt>우</rt></ruby><ruby>露<rt>노</rt></ruby><ruby>梁<rt>량</rt></ruby><ruby>本<rt>본</rt></ruby><ruby>司<rt>사</rt></ruby>, <ruby>臨<rt>임</rt></ruby><ruby>時<rt>시</rt></ruby><ruby>出<rt>출</rt></ruby><ruby>用<rt>용</rt></ruby>, <ruby>而<rt>이</rt></ruby><ruby>修<rt>수</rt></ruby><ruby>補<rt>보</rt></ruby><ruby>改<rt>개</rt></ruby><ruby>備<rt>비</rt></ruby>

<ruby>等<rt>등</rt></ruby><ruby>節<rt>절</rt></ruby>, <ruby>自<rt>자</rt></ruby><ruby>本<rt>본</rt></ruby><ruby>司<rt>사</rt></ruby><ruby>擧<rt>거</rt></ruby><ruby>行<rt>행</rt></ruby>. <ruby>相<rt>상</rt></ruby><ruby>風<rt>풍</rt></ruby><ruby>旗<rt>기</rt></ruby><ruby>及<rt>급</rt></ruby><ruby>格<rt>격</rt></ruby><ruby>軍<rt>군</rt></ruby><ruby>所<rt>소</rt></ruby><ruby>着<rt>착</rt></ruby><ruby>戰<rt>전</rt></ruby><ruby>巾<rt>건</rt></ruby>

<ruby>好<rt>호</rt></ruby><ruby>衣<rt>의</rt></ruby><ruby>帶<rt>대</rt></ruby>, <ruby>則<rt>즉</rt></ruby><ruby>初<rt>초</rt></ruby><ruby>次<rt>차</rt></ruby><ruby>自<rt>자</rt></ruby><ruby>本<rt>본</rt></ruby><ruby>司<rt>사</rt></ruby><ruby>造<rt>조</rt></ruby><ruby>給<rt>급</rt></ruby>, <ruby>隨<rt>수</rt></ruby><ruby>後<rt>후</rt></ruby><ruby>修<rt>수</rt></ruby><ruby>補<rt>보</rt></ruby><ruby>改<rt>개</rt></ruby><ruby>備<rt>비</rt></ruby>, <ruby>令<rt>령</rt></ruby>

<ruby>各<rt>각</rt></ruby><ruby>基<rt>기</rt></ruby><ruby>船<rt>선</rt></ruby><ruby>主<rt>주</rt></ruby><ruby>擔<rt>담</rt></ruby><ruby>當<rt>당</rt></ruby><ruby>擧<rt>거</rt></ruby><ruby>行<rt>행</rt></ruby>.

....

48 관령(管領): 도맡아 관리함
49 간역(看役): 토목이나 건축의 공사를 돌봄
50 한숙(嫺熟): 단련되어 익숙함, 숙련됨≒연숙(鍊熟)
51 근간해사(勤幹解事): 사물을 밝혀 알다.
52 점기(點旗): 기를 위아래로 흔듦

23. 관리의 소속변경

배다리가 이미 정해진 뒤에 공조가 선창을 쌓는 일이 없으면 본조 소속의 각강(各江)의 관령(管領)들을 모두 본주교사에 이속시켜 부린다.

24. 감독관

다리를 놓거나 다리를 철거할 때에는 당연히 감독하는 사람이 있어야 할 것이나, 각 군문의 장교(將校)들을 빌려 쓰게 되면 폐단만 있을 뿐 아니라, 배 위에서 일하는 것을 살피는 것이 또한 익숙한 뱃사람들만 못할 것이다. 그러니 배의 주인 가운데 근간하고 사리를 아는 사람으로 도감관(都監官) 1명, 감관(監官) 2명, 영장(領將) 10명을 가려 뽑아 배를 분담해 관리하고 격군을 통솔하여 착실하게 감독하도록 한다.

25. 기수

대가가 나루를 건널 때에 다리 위에서 신호하는 깃발은 당연히 배 위에 꽂아둔 깃발을 사용하되, 깃발을 드는 사람은 좌우에 벌려 선 격군을 쓴다.

26. 깃발 보관

깃발은 노량나루의 본 주교사에 갈무리해두었다가 임시해서 내다 쓴다. 그리고 수리하거나 다른 것으로 바꾸는 등의 일은 본 주교사가 거행한다. 상풍기(相風旗)와 격군이 쓰고 입는 전건(戰巾)·더그레[號衣]와 띠는, 처음에는 본 주교사가 만들어 지급해주고, 뒤에 수리하거나 다른 것으로 바꾸는 일에 대해서는 배의 주인들이 담당해서 거행하도록 한다.

二十七日: 監官

^{감관}監官⁵³則領將中, 圈點⁵⁴差出, 領將則各船主中,

擇基勤幹解事者, 使渠輩⁵⁵從公論圈點差 而

監官則準二年遞改.⁵⁶

27. 감독관

감관(監官)은 영장(領將) 중에서 권점(圈點)으로 차출하고, 영장은 각배 주인 중에서 근간하고 사리를 아는 자를 가려, 그들로 하여금 공론에 따라 권점으로 차출하게 하되, 감관은 2년마다 바꾸기로 한다.

二十八日: 資材管理

鋪板, 縱梁, 欄干, 鐵物等屬, 着實句檢, 不致傷破

閪失,⁵⁷ 則可支十餘年, 而若干改備者, 以餘在者

取用, 或致多數改備之時, 則縱梁取用於 長山串

鋪板取用於三南風落松, 鐵物等屬, 自本司造備.

28. 자재관리

깔판자·종량·난간·철물(鐵物) 등속은 착실히 살펴서 손상을 입히거나 잃어버리지 않으면 10여 년은 지탱할 수 있을 것이다. 그러나 약간의 개비해야 할 것에 대해서는 남아있는 데서 가져다 쓰고, 혹 많은 수효를 개비해야 할 때는 종량은 장산곶(長山串)에서 가져다 쓰고, 깔 판자는 삼남의 바람에 쓰러진 소나무를 가져다 쓰며, 철물 등속은 본 주교사에서 마련한다.

二十九日: 代價

京江使船, 旣當橋役, 則不可無酬勞之道, 船業

專以兩湖稅穀之載運僞主, 而近來京外侵求之

弊轉甚, 未免失利, 各項弊端, 另加禁除, 別成

節目, 以爲遵行之地.

29. 대가

경강(京江)의 개인 배를 다리 공사에 동원 시켰으면 수고에 보답하는 도리가 없을 수 없다. 뱃사람의 일이란 오로지 양호(兩湖)의 세곡을 실어 나르는 것이 위주인데, 근래 서울과 지방에서 토색질하는 폐단이 갈수록 심해져서 이익을 잃게 됐으니, 각항의 폐단을 특별히 금하여 없애도록 따로 절목을 만들어서 이를 준행하도록 한다.

---

53 감관(監官): 궁궐이나 관청에서 돈이나 곡식을 간수하고 출납을 맡아보던 관리
54 권점(圈點): 조선시대 벼슬아치를 뽑을 때 후보자의 이름 밑에 둥근 점을 찍던 일 또는 점
55 거배(渠輩): 저희, 그들
56 체개(遞改): 사람을 갈아들임늑체역
57 서실(閪失): 잃어버림

三十日: 船價

船隻使役, 既有緊歇,[58] 各邑船價, 亦有厚薄,
不可無分等區別之擧. 監官, 領將, 身既任監董
之役, 船隻又爲編入於舟橋, 則勞役爲最爲一
等, 舟橋所入船隻爲二等, 左右挾船爲三等, 而
各邑亦從厚薄而分三等, 使從公抽籤以去, 各邑
分等, 使渠輩酌量[59]修成冊, 待後抽籤時, 堂上
句檢擧行, 訓局船隻, 亦依他船例抽籤, 無得如
前自擇之獘.

30. 뱃삯

배를 부림에 있어 요긴하거나 헐후할 때가 있고 각 고을의 배 삯에도 또한 후하고 박함이 있으니, 등급을 나누어 구별하는 일이 없을 수 없다. 감관과 영장은 그 자신은 이미 감독의 일을 맡았고 배도 또한 배다리에 편입됐으니, 노역이 가장 많은 그들을 1등으로, 배다리에 편입된 배를 2등으로, 좌우의 협선(挾船)을 3등으로 삼는다. 그리고 각 고을에는 그들 고을의 후하고 박함에 따라 세 등급으로 구분지어 공정하게 추첨하여 각 고을에서 등수 나눈 것을 버리게 하고, 그들로 하여금 스스로 헤아려 대장을 준비하게 했다가 다음번 추첨 때에는 당상관이 직접 관장해서 거행하도록 한다. 훈국의 배들도 역시 다른 배들의 규례에 따라 추첨하여 예전과 같이 스스로 가리는 폐단이 없게 한다.

三十一日: 期日嚴守

船隻之以載穀行商, 無常遠出, 猝難聚會, 春秋
陵幸, 自由元定之月, 趁期一齊來待之意, 預爲
申飭於各船主, 無敢失期, 如有違期不來者,
船主嚴懲後, 拔去抽籤中.

31. 기일엄수

배들이 곡식을 싣거나 행상을 위해 수시로 멀리 출행함으로 인해서 갑자기 모으기에 어려움이 있다. 봄·가을로 능에 행행하는 데는 본시 정해진 달이 있으니, 기한에 맞추어 일제히 와 기다리게 하라는 뜻을 미리 각 배 주인들에게 거듭 단속시켜 감히 기일을 놓치는 일이 없게 한다. 그래서 만일 기일을 어기고 오지 않은 자가 있으면 배 주인을 엄히 징계하고 추첨에서 제외시킨다.

三十二日: 都提調

舟橋司都提調, 三公例兼, 提調 三軍門大將例兼, 而
主官堂上一員 自備局別爲啓下兼管, 濬司同主管
堂上, 都廳一員, 三軍門[60]千別將[61]中抄擇啓下,[62] 赤
爲兼管濬司同都廳.

32. 도제조

주교사의 도제조는 삼공이 예겸(例兼)하고, 제조는 삼군문의 대장이 예겸한다. 그리고 주관 당상(主管堂上) 1원(員)은 비국에서 별도로 계하(啓下)를 받아서 준천사(濬川司)의 주관 당상까지 겸관(兼管)하게 하고, 도청(都廳) 1원은 삼군문의 천별장(千別將) 중에서 가려 계하를 받아서 역시 준천사의 도청까지 겸관하게 한다.

....

58 긴헐(緊歇): 필요함과 불필요함
59 작량(酌量): 짐작하여 헤아림

三十三日: 責任所在

造橋事役財力句檢,　本司主管堂上專管擧行,

例兼堂上, 則橋役時輪回力往來未, 看檢董飭.

33. 책임 소재

다리를 놓을 때 사람들을 부리고 재용(財用)을 관장하는 일은 본 주교사의 주관 당상이 모두 관장해서 거행하고, 예겸 당상은 다리를 놓을 때 번갈아 오가면서 일을 감독한다.

三十四日: 繫船

大束索分繫船之頭尾, 釘於岸上事, 有所論列於

上方, 而束索終欠堅實, 亦不無經年朽傷之弊.

鐵索十把,　五把者各四件,　分繫於南北項船

頭尾, 釘於岸上.

34. 배다리의 고정

큰 밧줄로 배의 이물과 고물을 나누어 묶어서 언덕 위의 못에 매어두는 일은 위에서 논한 바가 있으나, 밧줄이 끝내 튼튼하지는 못하고 또 해를 지내다 보면 썩어 상하게 되는 폐단이 없지 않다. 그러니 쇠줄 열 발[把]짜리와 다섯 발(把)짜리 쇠줄을 각각 네 개씩으로 남쪽과 북쪽 항선(項船)의 이물과 고물을 나누어 묶어서 언덕 위의 못에 걸어 매어 고정시킨다.

보충설명

부록 그림 2.8처럼 정조의 배다리는 횡방향으로 진동을 막기 위해 닻을 사용한 것에 추가적으로 길이가 10발(약 18.7m)과 5발(약 9.35m)되는 쇠줄을 각각 4개씩 남북 항선의 배 이물과 고물에 나누어 묶어 언덕 위에다 설치된 못에 매도록 했다.

그러나 『원행을묘정리의궤』 제4권 주교에 따르면 쇠줄(철삭)이 77사리 사용됐고, 대철삭은 8사리가 쓰였다고 기술돼있다. 여기서 1사리(巨里)가 10발(把)이므로 철삭(鐵索=쇠줄)의 길이가 약 770발이 되므로 배다리의 길이를 190발로 가정하면 배의 이물과 고물에 각각 2줄씩 4줄을 설치하고도 남는 길이다. 또한 대철삭(大鐵索)의 길이가 80발이면 10발 길이의 쇠줄을 각 항선에 4개씩 설치할 수 있는 길이다. 따라서 『원행을묘정리의궤』를 공사 준공보고서라고 보면 『주교사진주교절목』의 34항목의 내용이 실제 현장에서는 바로 적용되지 않았을 수도 있다.

60　삼군문(三軍門): 조선후기 중앙에 설치돼있던 5군영 가운데 국왕을 호위하는 도성 수비에서 주축을 이룬 훈련도감, 금위영, 어영청을 일컫는 말

61　별장(別將): 조선 시대 용호영(龍虎營)의 종이품 주장

62　계하(啓下): 임금에게 재가(裁可)를 받던 일

三十五日: 軍物之制

교 상 기치　유 대소 군물 지제　대 군물　즉 황 흑
橋上旗幟, 有大小軍物之制. 大軍物, 則黃黑

대기 각 일면　상 풍 기 칠십 이 면　종 선 기 삼십 육
大旗各一面, 相風旗七十二面, 艅船旗三十六

면　골익기 삼십 육면　소 군물　즉 황 흑 대기 상 풍
面, 鶻鷂旗三十六面. 小軍物, 則黃黑大旗, 相風

기　종선기　여 수 배립　골익기제지　대소 군물
旗, 艅船旗, 如數排立, 鶻鷂旗除之. 大小軍物,

즉 자 주사 영 임시 품 지　이 교상 군물　약 이 대군 물
則自舟師營臨時禀旨, 而橋上軍物, 若以大軍物

명 하　즉 주사 대장　해당 군물　역 이 대군 물 거행
命下, 則舟司大將, 該當軍物, 亦以大軍物擧行,

약 이 소 군물 명하　즉 해영 군물　역 이소 군물
若以小軍物命下, 則該營軍物, 亦以小軍物

거행　해영 대 군물　즉 주사 영 인기 일면　대중 소
擧行. 該營大軍物, 則舟師營認旗一面, 大中小

오방기 각 오 면　문기 십 면　각 기 팔면　청도기
五方旗各五面, 門旗十面, 角旗八面, 清道旗,

금고기 각 이 면　합 삼십 팔면　순 영수　뇌 자 각
金鼓旗各二面, 合三十八面. 巡令手, 牢子各

십오 쌍 취타수 삼십 삼 명　당보수　별파진　난
十五, 雙吹打手三十三名, 塘報手, 63 別破陣, 64 攔

후 아병　각 이십 명　소 군물　즉 치 주사 영 인기
後牙兵 各二十名. 小軍物, 則置舟師營認旗

일면　대 오방기 오 면　각기 사면　황문 청도
一面, 大五方旗五面, 角旗四面, 黃門, 清道,

금고기 각 이 면　합 십오 면　순령수　뇌 자 각 십 쌍
金鼓旗各二面, 合十五面, 巡令手, 牢子各十雙,

취타수 십 구 명　당보수　별파진　난 후 아병 각 십 명
吹打手十九名, 塘報手, 別破陣, 攔後牙兵各十名.

35. 군장비 사용제도

다리 위의 깃발에는 대군물(大軍物)의 제도와 소군물(小軍物)의 제도가 있는데, 대군물은 황색 대기(大旗)와 흑색 대기 각각 1개, 상풍기(相風旗) 72개, 종선기(艅船旗) 36개, 골익기(鶻鷂旗) 36개이고, 소군물은 황색 대기와 흑색 대기, 상풍기·종선기는 수대로 늘어세우고 골익기는 두지 않는다. 대군물과 소군물은 주사 진영으로부터 임시해서 지휘를 받는다. 그러나 다리 위의 군물이 만일 대군물로 명이 내리면 주사대장의 해당 영의 군물도 대군물로 거행하고, 만일 소군물로 명이 내리면 해당 영의 군물도 소군물로 거행한다. 해당 영의 대군물은 주사영의 인기(認旗) 1개, 대·중·소의 오방기(五方旗) 각 5개, 문기(門旗) 10개, 각기(角旗) 8개, 청도기(清道旗)·금고기(金鼓旗) 각 2개로 도합 38개이고 순령수(巡令手)·뇌자(牢子) 각 15쌍(雙), 취타수(吹打手) 33명, 당보수(塘報手)·별파진(別破陣)·난후아병(攔後牙兵) 각 20명이다. 그리고 소군물은 주사영의 인기 1개, 큰 오방기 5개, 각기 4개, 황문기(黃門旗)·청도기·금고기 각 2개로 도합 15개이고, 순령수·뇌자 각 10쌍, 취타수 19명, 당보수·별파진·난후아병이 각 10명이다.

63　당보수(塘報手): 척후의 임무를 맡아보던 군사
64　별파진(別破陣): 조선 후기 무관잡직으로 편성된 특수병종, 포병

선창 전면　혹 치 토사　거 두 선 현격　즉 수 기 형편
船艙全面, 或值土砂, 距頭船懸隔, 則隨其形便,

당 조 퇴 선창　전면　선 이 체 대 방 목 장 가 사 십 척 자
當造退船艙. 前面, 先以體大方木長可四十尺者

양 개　분배 오 혈　삽입 오 주목　주목 양단　각 직 탁
兩箇, 分排五穴, 挿入五株木, 株木兩端, 各植椓

잠 횡 착　유 약 오 층 제 자 양　하방목 안 하 어 수중
簪橫着, 有若五層梯者樣. 下方木案下於水中,

이 심 한 삼 척　주목 간간 사 처　각 이 소 말 목 각 양 개
而深限三尺, 株木間間四處, 各以小林木各兩箇

팔 구 척 자　상단 착 혈　협 식 어 하방목 좌우　횡 관
八九尺者, 上端鑿穴, 俠植於下方木左右, 橫貫

탁 잠 어 말 목 상단 착 혈 처　이 방 기 하방목 유 이 부
椓蠹於株木上端鑿穴處, 以防其下方木游移浮

용 지 폐　잉 이 사토 성 공 석　열 적 어 방 목 상
湧之弊, 仍以沙土盛空石, 列積於方木上兩傍,

사 지 안 압 석축 저 후면　직 수 주목　잉 모 가 량　사
使之按壓石築底 後面, 直竪株木, 仍冒架梁, 四

면 분 양 층　종 횡 관 삽 중방목　개 여 조 가 지 양
面分兩層, 縱橫貫挿中方木, 蓋如造家之樣,

탱 주　종 량　포 판　은 정　색 철　승 편　병 여 교 제 경
撑柱, 縱梁, 鋪板, 隱釘, 索鐵, 繩編, 竝如橋制, 更

이 최 대 가 목 최 장 자 양 개　압 진 어 좌우 포 판 변　사
以最大駕木最長者兩箇, 壓鎭於左右鋪板邊, 使

부 득 진퇴
不得進退.

36. 부두의 확장

선창머리에 혹시라도 모래가 쌓여 맨 머리에 있는 배와의 거리가 현격하여지면 그 형편에 따라 당연히 선창 앞쪽으로 물려 만들어야 한다. 전면에 먼저 몸체가 크고 길이가 40자 정도 되는 두 개의 방목(方木)에 다섯 개의 구멍을 나누어 뚫고 다섯 개의 기둥을 박되, 기둥 나무 양쪽 끝에는 각각 가로로 비녀장을 박아서 5층 사다리 모양처럼 되게 한다. 하방목(下方木)을 물속에 3자쯤 한정하여 내리되, 기둥나무 사이사이 네 곳에 각기 8, 9자쯤 되는 작은 말목 두 개의 위쪽에 구멍을 뚫어 하방목 좌우에 꽂고 비녀장을 말목 위쪽 구멍에 가로질러서, 하방목이 떠서 이동하거나 솟아오르는 폐단을 막는다. 그리고 이어 모래를 빈 가마에 담아 방목의 상단 양쪽에 늘어 쌓아서 석축(石築) 밑쪽을 누르고 있게 한다. 뒤쪽에는 기둥 나무를 곧게 세우고 이어 걸치는 종량을 얹고, 사면을 두 층으로 나누어 가로 세로로 중방목을 박아서 마치 집을 짓는 모양과 같게 한다. 버팀목과 종량과 깔 판자와 드러나지 않은 못과 견철(牽鐵)과 끈으로 얽는 것은 모두 배다리의 구조와 같게 한다. 그리고 다시 몸체가 큰 가름대의 가장 긴 것 두 개로 좌·우측에 깔 판자의 양쪽 가장자리에 덧대어 물러나지 않게 한다.

조선시대 영조척

우리나라의 도량형(度量衡)은 신라 때의 제도가 고려로 계승됐으며 고려 때의 제도는 조선으로 전래됐으나 척도표준(尺度標準)이 너무나 문란하여 세종 28년(1447)에 모든 도량형 제도 개혁[26]을 실시했다.[27]

세종 7년(1425)에 중국음악과 도량형의 관련성에 감탄한 세종은 국악(國樂)의 기본음과 중국음악의 그것과 일치시키기 위해 봉상사 판관(奉常司 判官) 박연(朴堧) 등을 시켜 황종관을 만들게 했다.

박연은 처음에는 해주산(海州産) 기장(巨黍)[28] 가운데 크기가 중간치인 것을 골라서 황종의 길이를 정했으나, 우리나라의 지역이 동쪽에 치우쳐 있어 중국 땅의 풍기와는 전연 달랐기 때문에 박연은 세종 9년(1427) 4월경[29] 밀납을 녹여 해주의 기장 모양의 큰 낱알을 만든 다음, 한 알을 1푼으로, 열 알을 1치(寸)로 하는 법을 만들어 9치를 황종관의 길이로 삼아 십이율(十二律)[30]을 정하는 척도로 삼았다. 즉, 황종관은 90개 낱알을 일렬로 세웠을 때의 길이와 같은데 황종척(黃鍾尺)의 길이 단위는 황종관의 길이에 1치를 더하여 정했다.[31] 조선 성종 2년(1471)에 완성된 『경국대전(經國大典)』에 따르면 조선시대 길이의 단위에는 황종척(黃鍾尺), 주척(周尺), 영조척(營造尺), 조예기척(造禮器尺) 및 포백척(布帛尺) 등이 있었다.[32] 박연이 만든 황종척은 조선시대 모든 길이 단위의 기준이 됐는데, '경국대전 공전 도량형'에 따르면 10리(釐)를 1푼(分)으로 하고, 10푼을 1치(寸)로 하고, 10치를 1자(尺)로 하고, 10자를 1장(丈)으로 한다. 주척 1자의 길이는 황종척으로 6치 6리로 하고, 영조척 1자의 길이는 황종척 길이의 8치 9푼 9리에 해당한다.

부록 그림 4.1 조선시대 길이의 단위[33]

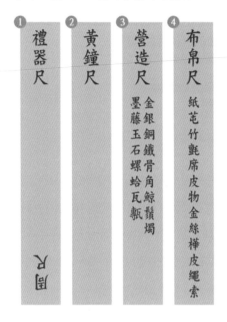

❶ 禮器尺예기척 : 각종 제사 도구를 만드는 기준
   周尺주척 : 과학 측량기구나 관측기구 제작에 사용

❷ 黃鐘尺황종척 : 악기를 제작하는 기준

❸ 營造尺영조척 : 건축이나 토지 측량 등에 사용

墨묵 : 먹	金금 : 금
藤등 : 등나무 줄기	銀은 : 은
玉石옥석 : 옥석	銅동 : 구리
螺蛤나합 : 조개껍데기	鐵철 : 철
瓦甎와전 : 기와와 벽돌	骨角골각 : 뼈와 뿔
	鯨鬚경수 : 고래 수염
	燭촉 : 초

❹ 布帛尺포백척 : 옷감의 길이를 재는데 사용

紙芚지둔 : 종이 방석
竹芘席죽전석 : 대나무와 융으로 만든 깔개
皮物피물 : 가죽제품
金絲금사 : 금실
樺皮화피 : 자작나무 껍질
繩索승삭 : 노끈

세종 때 박연에 의해 정해진 12개의 율관(부록 그림 4.2) 중 가장 길이가 긴 율관은 길이가 31.41cm, 내경이 0.99cm, 진동수가 269.1Hz다.[34]

부록 그림 4.2 난계국악박물관의 율관

현존하는 황종척은 2개가 있는데, 그 하나는 창덕궁 소장 사각(四角)으로 된 유척(鍮尺, 놋쇠자)으로 다른 면에 주척·조례기척·영조척·포백척 등이 새겨져 있는데, 이 황종척의 1자의 길이는 34.352cm다. 또 다른 하나

부록 그림 4.3 조선시대 척(尺)[35]

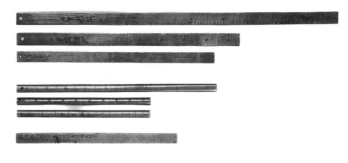

는 창덕궁 소장의 놋쇠로 만든 '호조(戶曹) 황종척'으로 그 길이는 34.608cm로 실측됐다.

주척(周尺)은 주공(周公)이 상고시대 손가락 길이를 기준으로 측정하는 방법인 지척(指尺)을 주나라 관척(官尺)으로 한 것에서 유래한다. 이때의 길이는 19.496cm에 해당했다.[36] 한반도까지 전래된 주척은 조선 세종 이후에는 도로(道路)나 활터의 거리(射場步數) 측정 단위로 사용됐다. 참고로 1보(步) = 주척 6자 = 124.86cm, 1리(里) = 360보 = 449.50m, 1식(息=참站) = 30리 = 13,484m. 세종 23년(1441)에는 호조에서 강우량을 정확하게 측정하기 위한 측우기(測雨器)(그림 4.4)와 표층수인 개천수(開川水)의 양을 정확하게 측정하기 위한 측우기와 수위계(水位計)(그림 4.6)를 발명했다. 이때 수위를 측정하기 위해 주척을 사용했다. 세종 때 주척의 1자는 20.81cm[37]에 해당했다.

부록 그림 4.4 세종대왕 기념관에 전시된 복원 측우기

부록 그림 4.5 금영 측우기와 대구 선화당 측우대

조예기척(造禮器尺)은 조선시대 예기(禮器)와 제물(祭物)을 법규에 맞게 만들기 위한 기준으로 만들어진 자로, 태종 때 허조(許稠)에 의해 제정돼 사용됐다. 세종 때 조례기척의 길이는 지금의 28.64cm에 해당한다.

부록 그림 4.6 세종대왕 기념관에 있는 수표교 수위계

포백척(布帛尺)은 섬유로 만든 옷감의 제단 도구로, 민간 혹은 국가에서 널리 사용됐다.『경국대전(經國大典)』에 포백척은 황종척(黃鐘尺)의 '1자(尺) 3치(寸) 4푼(分) 8리(釐)'라고 기록하고 있는데, 이를 통해 조선 전기 포백척은 약 46.66cm 내외 정도로 유추할 수 있다. 한편 조선 후기의 포백척은 창덕궁에 소장돼있는 사각 유척(49.236cm)과 유척(48.874cm) 등을 고려한다면 세종 때보다 다소 늘어났음을 알 수 있다. 특히 사각 유척은 조선이 만든 표준의 포백척이었다는 점에서 신빙성을 갖고 있다. 영조척(營造尺)은 목수들이 주로 사용했기 때문에 목공척(木工尺)이라고도 했다. 영조척은 축성, 교량, 도로, 건축, 선박, 차륜 등 현재 공학 분야에서 다루는 모든 제작품의 치수를 결정하는 기준 척이 됐다.

『경국대전』에 따르면, 영조척 1자는 황종척(黃鐘尺)으로 0.899자에 해당한다고 했다. 원래 조선 세종 때에는 영조척 1자는 31.24cm였다. 그러나 경국대전에서는 31.21cm로 됐다가 영조 16년에 교정된 영조척은 31.17cm가 됐다. 그러나 임진왜란 이전에 제작된 영조척은 모두 없어지고 현재 실제로 남아있는 영조척은 모두 31.17cm보다 짧다. 창덕궁 소장 유척은 반척으로 154.38mm인데 '영조척'이란 명문이 새겨져있고, 또 다른 영조척의 실측 길이는 151.41mm로 '호영조척(戶營造尺)'이란 명문이 새겨져있다. 따라서 조선 후기의 영조척 1자는 영조 시대의 길이 단위인 31.17cm보다 작은 30.3~30.9cm 사이로 실측됐다. 이에 따라『한국민족문화대백과사전』에서는 조선시대 영조척을 약 30.8cm 정도인 것으로 추정한다.

한선의 용어

아래 부록 표 5.1은 교량공학자들의 배에 대한 이해를 돕기 위해 김재근 교수가 정리한 옛 한선에 대한 용어를 정리해놓은 내용이다.[38]

부록 표 5.1 한선의 용어

한선 고유어		현대학술어	
한글	한자	한자	영어
배밑, 밑판, 바닥판	底板	底板	bottom plate
이물		船首部	
고물	高勿	船尾部	
(이물)비우	非雨, 鼻羽, 飛荷	船首材	stem
(고물)비우		船尾材	stern
현판, 삼판	衫, 衫板, 舷板	外板	shell plate
멍에	駕, 嘉木	梁, 橫梁	beam
개롱, 장쇠	加龍木		
가쇠	長槊(창삭)	底板用 長木釘	
피쇠	皮槊	外板用 木釘	
난간	女牆	船牆(담장)	bulkwark
돛대	帆竹	帆柱, 檣(돛대 장)	mast
키, 방향타	舵(치)	舵	rudder
닻	碇(닻정)	錨(닻묘)	anchor

조선시대 선박의 종류

6.1 군선

고려 말기 잠시 주춤했던 왜구의 침략이 조선왕조가 시작되면서부터 다시 고개를 들기 시작하여 조선은 고려 때와 마찬가지로 수군으로 왜구를 격파했다. 『세종실록지리지』에는 여말선초에 작전에 참여했던 주력 군함은 대선·중대선·중선(大船·中大船·中船)이었고, 세종대 이후 왜구가 사라지자 이들을 대맹선(大猛船)(정원 80명)·중맹선(정원 60명)·소맹선(30명) 등을 규격을 통일하여 맹선제도(猛船制度)가 확립됐다. 이 맹선을 본래 세조 때 군선과 조운선의 기능을 모두 갖춘 병조선(兵漕船)으로 개발된 것이나 이후 오히려 조운의 목적으로 더 많이 사용돼 군선으로서의 구실을 제대로 수행하지 못했기 때문에 그 결과 중종 5년(1510)의 삼포왜란(三浦倭亂), 중종 18년(1555)의 을미왜란(乙未倭亂)에 엄청난 국가적인 피해를 입었다. 다행히 명종 때 혁신적인 전선인 판옥선이 개발돼, 선조 25년(1592)에 발발한 임진왜란 동안 혁혁한 공을 세울 수 있었다.

판옥선은 임진왜란 때 정원이 125명 이상이었을 것으로 추정되며, 그 후 배가 점점 커져서 화포와 같은 무장도 강화되면서 일반전선은 정원이 164명에 이르러 통제사가 탑승하는 통영상선의 경우에는 정원이 194명에 이르렀다. 이 판옥선은 선체 위 전면에 걸쳐 판옥을 가설하여 갑판을 2층으로 만든 군선인데 이순신은 이 판옥선의 2층 갑판을 걷어내고 그 자리에 둥그런 덮개판(弓隆形蓋板)을 씌운 구조를 기본으로 하여 거북선(龜船)을 만들었다. 이 거북선에 대한 언급은 『태종실록』 13년 2월의 기록에서도 읽을 수 있다. 이는 임진왜란 180년 전 조선 초기에 이미 거북선이 존재했음을 의미한다. 그러나 태종 때의 거북선은 세조(1455~1468) 때 편찬된『경국대전』에 언급되지 않을 정도로 그 구조가 취약하고 선내 활동이 불편하여 군선 중에서 자취가 사라졌다. 이런 이유로 태종실록의 거북선과 이순신의 거북선은 그 배의 구조가 전혀 다른 별개의 군선으로 보아야 한다는 것이 김재근 서울대 명예교수의 주장이다.[39] 다음의 부록 표 6.1은 1800년대 전선의 주요 치수 비교표이다.[40]

부록 표 6.1 1800년대 전선 주요 치수

단위: 자(尺)

	주요 치수 요목(主要 値數 要目)	통영선전선(統營上戰船)	읍진전선(邑鎭戰船)
1	배밑 길이(本板長)	90.0	65
2	저판의 넓이(底板腰廣底板腰廣)	18.4	15
3	한판의 높이(元高)	11.3	8.0
4	비고(俾高)[41]	5.0	4.3*
5	이물의 넓이(船底頭廣)	15.0	12.5
6	고물의 넓이(船底尾廣)	12.7	(11.0) 7.5
7	판옥으로 치장한 길이(上粧長)	105.0	84.0*
8	판옥으로 치장한 넓이(上粧廣)	39.7	34.0*
9	멍에(駕木)	15개	13개
10	저판(底板)	15개	12개

* 자료: 각선도본(가정치임)

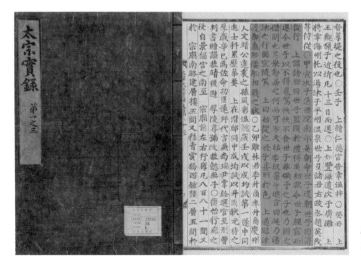

부록 그림 6.1
『태종실록』에 기록된 임진도 거북선

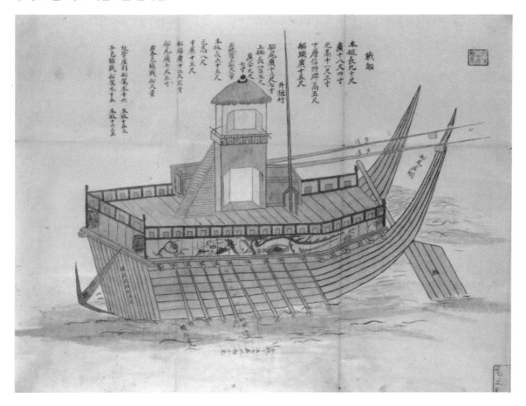

6.2 조운선

우리나라의 해로를 통한 조운 활동은 중국보다도 300년이나 앞섰기 때문에 한선의 뿌리는 조운선(漕運船)이라 할 수 있다.[42] 조선왕조 초기에는 조선은 고려 조운 제도를 그대로 답습했다가 세종대종의 즉위와 함께 조운 제도를 정비하기 시작했다. 세조대에 와서 군용과 조운을 겸용할 수 있는 병조선(兵漕船)을 개발하고, 그것이 곧 맹선으로 돼 본격적으로 조운에 활용됐다.

조선 후기에 들어 세곡과 조운이 이원화돼 종래의 조곡과 조창·조선은 종전대로 호조(戶曹)가 그대로 관할하고 모든 대동미(大同米)와 그 운송은 선혜청(宣惠廳)의 소관으로 됐다. 여기서 대동미란 종래에 조곡(漕穀) 외에 각 지방에서 공납하던 특산물 대신 미곡을 바치도록 했던 국세 제도이다.

호조에서 관할하는 조곡은 조선(漕船)을 사용한 반면에 대동미의 운송에는 훈련도감대변선(訓鍊都監待變船)과 강선사선(江船使船)이 전적으로 동원됐다. 여기서 '훈련도감대변선'이란 임진왜란 중에 수군(水軍)을 훈련시키기 위해 창설된 훈련도감이라는 군영이 유사시를 대비해서 강화도에 마련해두었던 몇십 척의 배를 말하고, 경선사선이란 조선 후기 마포와 서강에 발흥한 거상(巨商)들의 사유선(私有船)이다.

부록 그림 6.3 조선 전기의 조운

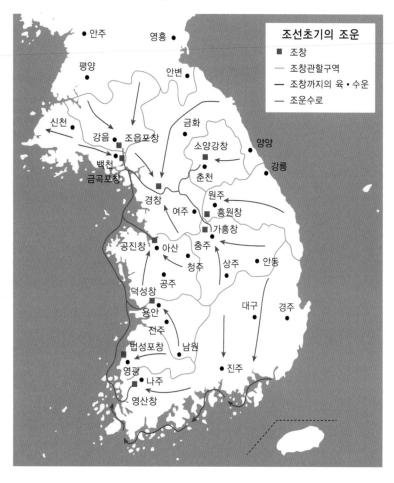

이들은 종래에도 일부 조운에 종사했지만 정조 때부터 본격적으로 세곡을 나르게 됐다. 정조 13년(1789) 임금이 강남으로 거동할 때 한강에 부교를 가설하는 일에 관장하는 주교사가 발족되고, 그 주교는 훈련도감대변선과 경강사선으로서 몸집이 튼 대형선 80여 척을 징발하여 꾸몄다. 그 대가로 이들에게는 대동미를 운반하는 특권이 부여됐다. 주교 가설에 동원되는 이들 훈련도감대변선과 경강사선은 주교사선(舟橋司船) 또는 주교사집주선(舟橋司執籌船)이라 부르며 19세기 후반 개화기가 이르기까지 대동미를 운송하는 특권을 누렸다.[43]

부록 그림 6.5와 부록 그림 6.6은 각각 각선도본에 실린 조선(漕船)과 함경도에서 활동하던 북조선(北漕船)의 그림이다.

부록 그림 6.4
복원된 조운선

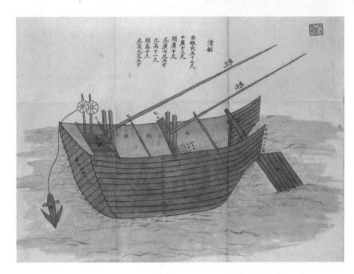

부록 그림 6.5
조선(漕船)

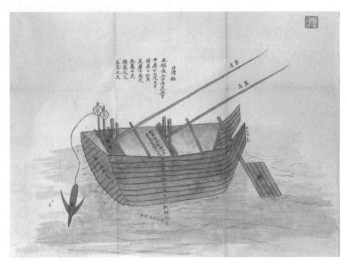

부록 그림 6.6
북조선(北漕船)

참고로 부록 표 6.2에 조운선의 크기를 나타냈다.

읍진 전선 바닥판 길이가 65자, 너비가 15자, 깊이가 8자인 것에 비하면 조선(漕船)은 군선에 비해 길이는 짧고 그 대신 깊이가 깊다(이것은 금일의 상선과 군함에서도 동일하다). 조선과 군선이 다른 점은 군선의 이물비우(선수재)의 판재를 세로로 세운 반면, 조선은 이물비우가 횡판으로 구성돼있다. 또한 멍에와 가룡목이 5개소만 설치돼있고 선체가 5구역으로만 나뉘어있다(부록 그림 6.4, 6.5). 주교사집주선(舟橋司執籌船)에 대동미를 실어 나른 훈련도감대변선과 경강사선은 본래 그다지 큰 배가 아니었다. 전자는 본래 군선의 일종으로 중형군선인 방선(防船)[44]만한 크기이고, 후자는 대소 잡다한 크기의 사유선이었다. 그러나 이들은 세곡 운반에 종사하고 나서부터 점차로 1,000석을 실을 수 있도록 커져서 관유조선(官有漕船)과 다름없는 배가 됐다. 그런데 이들의 척수는 그다지 많은 것이 아니고, 대형 경선사선 80척 가량과 훈련도감대변선을 합하여 100척 안팎이었다. 이들이 대동미의 수송을 독점했는데, 나중에는 배의 척수가 모자라서 1년에 두세 번씩 재운(再運)·삼운(三運)을 하지 않을 수 없었고, 적재 규제량을 지키지 않아 주교사선은 항상 논란의 대상이 됐다.

부록 표 6.2 조운선의 크기

단위: 자(尺)

구분	조선(漕船)	북조선(北漕船)
저판의 길이	57	27.3
저판의 너비	13	
깊이	11	

다음은 정조의 배다리 기술을 이해하기 위해 필요한 조선시대 배다리 관련 관청을 정리한 것이다.

- 5군영(5軍營): 삼군문에 총융청과 수어청을 합쳐서 5군영이라 했다.
- 공조(工曹): 조선시대에 육조(六曹) 가운데 산택(山澤), 공장(工匠), 영선(營繕), 도야(陶冶)를 맡아보던 정이품 아문(衙門)을 말한다.
- 균역청(均役廳): 조선시대 때 균역법(均役法) 실시(實施)에 따른 모든 사무(事務)를 맡아 보던 관청. 영조(英祖) 26년(1750)에 설치(設置)하여 영조 29년(1753)에 선혜청(宣惠廳)에 합병(合倂)됐다.
- 금위영(禁衛營): 조선시대 대궐의 수위와 수도방어의 임무를 맡았던 군영으로 숙종 8년(1682) 3월 설치됐다. 이것은 일찍이 설치돼있던 정초군(精抄軍)과 훈련도감의 급료병을 줄이기 위해 설치됐던 훈련별대를 합하여 금위영이라는 하나의 독립된 영으로 개편한 병조의 직속 기병(騎兵)으로 서울을 지키던 군영이었다. 지휘관으로 대장 1인, 중군 1인, 별장 1인 정총 4인, 기사장 3인, 파총 5인 등이 있었으며, 훈련도감, 어영청과 함께 삼군문이라 했다. 고종 18년에 장어영(壯御營)으로 통합됐다가 동왕 32년에 폐지됐다.
- 노량진(鷺梁鎭): 조선시대 숙종 29년에 설치한 군영. 금위영에 소속됐다가 조선 중기부터 수원부에 있던 장용영(壯勇營)에 소속된 일도 있다.
- 도제조(都提調): 승문원(承文院)·봉상사(奉常寺)·종부사(宗簿寺)·사옹원(司饔院), 내의원(內醫院)·군기사(軍器寺)·군자감(軍資監)·사역원(司譯院)·전함사(典艦司)·종묘서(宗廟署)·사직서(社稷署)·문소전(文昭殿)·경모궁(景慕宮)·영희전(永禧殿)·장생전(長生殿)·선혜청(宣惠廳), 준천사(濬川司)·훈련도감(訓鍊都監)·금위영(禁衛營)·어영청(御營廳)·

비변사(備邊司)·수성금화사(修城禁火司)·경리청(經理廳)에 각각(各各) 딸린 벼슬. 의정(議政)이나 또는 전(前)에 의정을 지닌 사람이 겸임(兼任)한다.

- 도청(道廳): 도(道)의 행정(行政)을 맡아 처리(處理)하는 지방 관청이다.
- 비변사(備邊司): 군국의 사무를 맡아보던 관아. 중종 12년(1517) 삼포왜란의 대책으로 설치된 뒤 전시에만 임시로 두었다가 명종 10년(1555)에 상설기관이 됐다. 임진왜란, 정유재란 이후 의정부를 대신하여 정치의 중추 기관이 됐으며, 고종 2년(1865)에는 의정부에 합해졌다.
- 삼군문(三軍門): 임진왜란 이후 새로 편성된 훈련도감(訓鍊都監), 금위영(禁衛營), 어영청(御營廳)을 말한다.
- 어영청(御營廳): 조선시대 삼군문 또는 오군영의 하나, 효종 8년(1653)에 베풀어 고종 18년(1888)에 총어청으로 고쳤는데, 고종 31(1894)년 갑오경장(甲午更張) 때 없앴다.
- 의정부(議政府): 백관(百官)을 통솔하고 서정(庶政)을 총리하던 조선시대의 최고의 행정기관이다.
- 제조(提調): 각 사(司) 또는 각 청(廳)의 관제(官制) 상(上)의 우두머리가 아닌 사람이 그 관아(官衙)의 일을 다스리게 하던 벼슬로서, 종1품(從一品) 또는 2품(二品)의 품질(品秩)을 가진 사람이 되는 경우(境遇)의 일컫는다. 정1품(正一品)이 되는 때는 도제조(都提調), 정3품(正三品)의 당상(堂上)이 되는 때는 부제조(副提調)라고 한다.
- 주교사(舟橋司): 조선시대 왕이 거동할 때 한강에 부교를 놓는 일과 영남과 호남 양호(兩湖)의 조운을 맡아보던 관청으로, 처음에는 정조 13년(1789) 12월 정조의 능행을 위해 마련한 관청이다. 관원은 도제조 3명, 제조 6명, 낭청 3명을 두었는데, 뒤에 준천사를 흡수했다. 왕이 강을 건널 때는 도성에 남은 장신(將臣) 중에서 주사대장(舟師大將)을 임명하여 이 일을 총지휘하게 했다.
- 준천사(濬川司): 조선시대 정1품 아문으로 영조 36년(1760)에 설치됐다. 당시 한성의 개천이 범람하는 등 홍수의 피해가 막심하여 조정에서는 대규모의 준천역사(濬川役事)를 실시하기로 하고 준천사를 신설했다. 그 후 준천사는 부속기관으로 주교사를 두어 선박, 교량, 조운 등의 사무도 관할하게 했다.
- 총융청(摠戎廳): 조선시대 16대 인조 2년(1624)에 이괄의 난을 계기로 설치된 군영이다. 내외 두 영으로 나누어 광주·양주·수원 등의 진(鎭)의 군무(軍務)를 맡았다가, 영조 23년(1747)에 경리청(經理廳)을 대신하여 북한산성의 수비를 맡았다. 헌종 2년(1846)에 총우영(총위영)으로 고쳐 일컫다가 철종 즉위년에 본 이름으로 회복했다.
- 훈련도감(訓鍊都監): 선조가 환도한 1593년 이후에 굶어 죽는 백성을 구제하고, 정예부대를 양성할 목적으로 설치하게 된 서울의 경비와 군사훈련을 맡았던 부대를 말한다.

부록 8

조선시대 건설 용어

다음은 우리나라 옛 다리 용어들을 쉽게 설명한 내용이다.

- 횡량(橫梁, 가로보): 배다리 선박의 길이 방향으로 놓인 들보
- 종량(縱梁, 세로보): 배다리의 길이 방향으로 놓인 들보
- 포판(鋪板): 배다리 나무 바닥판
- 탱주(撐柱): 짧은 기둥
- 회룡목(回龍木): 배다리 만드는 배의 앞부분이 서로 닿지 않도록 가로대는 나무. 용목
- 가룡목(加龍木): 멍에 아래 횡으로 설치하는 나무 들보
- 멍에(駕木): 배전 맨 위쪽에 횡으로 설치하는 나무 들보

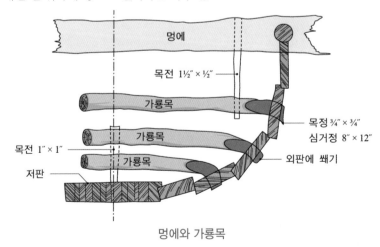

멍에와 가룡목

- 질목(蛭木): 나무 거멀 목
- 대질정(大蛭釘): 큰 거멀 못
- 차정목(叉釘木): 나무 비녀목
- 두정(頭釘): 대가리가 넓고 둥근 큰 못
- 곡정(曲釘): 대가리가 ㄱ자 모양으로 갈고리못
- 배목: 문고리를 거는 쇠
- 대차정(大叉釘): 큰 비녀못
- 견마철(牽馬鐵): 견마대철(牽馬臺鐵)의 준말= 안장쇠. 큰 보와 작은 보를 설치할 때 사용하는 안장 모양의 철물

거멀 못

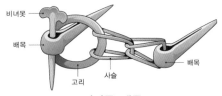

비녀못, 배목

감잡이쇠

ㄱ자 띠쇠

띠쇠

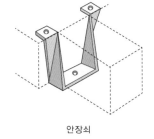

안장쇠

구석띠쇠

견마철

- 윤통(輪筒): 나무로 만든 통
- 대견철(大牽鐵): 견마철
- 철쇠(鐵索): 철사(鐵絲)로 꼬아 만든 줄
- 관철(觀鐵): 거멀장. 나무그릇 따위가 터지거나 벌어지지 못하게 잇대는 쇳조각

철쇠

관철

미주

[1] 『조선왕조실록』, 정조 14년 경술(1790, 건륭 55), 7월 1일 최종기사

[2] 『원행을묘정리의궤』 권4, 479쪽 상단

[3] 『주교사개정절목』 규장각도서 도서번호 11433 서울대학교

[4] 『조선왕조실록』 「태백산사고본」 30책 30권 65장 B면, 「국편영인본」 46책 149면

[5] 이 시절에는 건물 지을 때 사용했던 자와 선박을 제작할 때 쓰던 자의 치수가 일정치 않았던 모양이다. 예를 들면, 건물에서는 1발(把)을 6자(尺)로 사용했는데, 배를 제작할 때는 5자를 1발(把)로 사용했다.

[6] 바자(把子): 사리 따위로 발처럼 엮거나 결어서 만든 물건

[7] 개소(改槊): 배에 박은 나무못을 갈아 바꿈

[8] 주교사(舟橋司): 정조 13년(1789)에 설치 고종 19년(1882)에 폐지

[9] 서울특별시사편찬위원회, 2006, 『서울 600년사』 제2권, 508쪽

[10] 사기(史記): 전한(前漢)시대 (BC 90년경) 사마천(司馬遷)이 편찬

[11] 이 내용은 『조선왕조실록』 정조(14년) 7월 1일 기묘 기사에는 나오지 않는 내용으로 서울대학교 규장각도서 도서번호 11433번에 나오는 내용이다. 1893년(고종 30년) 『개정주교절목』을 만들면서 추가된 내용이다.

[12] 『주교지남』에 나오는 조선시대 관청에 대해서는 [부록 7] 참조

[13] 현 동호대교부터 한강대교까지

[14] 궁에서 나와 동호로 가려면 동대문(興仁門)을 지나 장충동, 약수동, 금호동을 지나야 하는데, 이 길은 남대문(崇禮門)을 나와 청파동을 지나 노량으로 가는 길보다 언덕이 많다.

[15] 빙호(氷湖): 지금의 동작대교 근처를 말하는 것으로 생각된다. 서빙고와 동작동 국군묘지 언덕으로 이어지는 교량의 건설을 생각할 수 있기 때문이다. 반포대교 근처도 생각할 수 있으나 한강의 지중보가 설치되기 전 반포대교의 양단에 언덕이 없어 강폭이 매우 넓었을 것으로 생각돼 부교를 놓기에 적합하지 않았을 것으로 생각된다. 옛날에는 과천이 교통의 중심이었음을 생각해보면 지금의 동작대교에서 사당동을 지나 남태령을 지나고 과천을 거친 후 판교를 거쳐 용인-이천-충주, 또는 용인-진천-문경의 길을 택했을 것을 생각하면 남대문에서 동작나루-과천으로 이어지는 도로가 합리적이라고 판단된다.

[16] 1발을 6자로 삼고, 1자를 현 덕수궁에 있는 영조척을 기준으로 하여 30.65cm로 계산하면 300발은 551.7m로 계산되고, 현존하는 창덕궁에 있는 황종척을 기준으로 1자=30.80cm로 계산하면 554.4m로 계산된다. 그러나 『경국대전』에 따르면 1자는 31.2cm였고, 영조시대에는 31.17cm였으므로 정조시대의 척도는 영조시대의 척도를 사용하는 것이 합리적이라고 판단된다. 그러므로 1,800발=561m가 되므로 주교지남에서 주교의 길이는 약 560m로 추정된다.

[17] 조선(漕船): 세곡(稅穀)을 실어 나르는 배

[18] 훈국선(訓局船): 훈련도감(訓鍊都監) 소속 배

[19] 민계식 외, 2012, 『한국전통선박 韓船』, 한림원, 193쪽 표 24

[20] 조선에서는 1척을 30.4cm로 계산한다.

[21] 김재근, 1994, 『한국의 배』, 서울대학교출판사, 240쪽 표 20

[22] 김평원, 2017, 『엔지니어 정약용』, 다산초당, 210쪽 표 VIII-5

[23] 1자=31.17cm. 1치(寸)=자/10=3.117cm ≈ 31mm, 1푼(分)=1치/10 ≈ 3mm

[24] 주교사진주교절목에 나오는 조선시대 관청에 대해서는 [부록 7] 참조

[25] 조운선의 너비는 24.7자로 4.1발(7.9m) 정도 된다.

[26] 『세종실록』 권 113 세종 28년 9월 임진(壬辰)

[27] 한국콘텐츠진흥원

[28] 기장(稷黍): 볏과의 한해살이풀

[29] 위영 국가기록원 학예연구원이 쓴 척(尺) 단위 이야기에는 같은 내용이 세종 15(1433)에 이루어졌다고 돼 있다.

[30] 12율은 1옥타브의 음역을 12개의 음정으로 구분하여 각 음 사이를 반음 정도의 음정 차로 율을 정한 것으로, 중국 주(周)나라 때부터 사용된 것이다. 이 12율은 음양의 원리에 따라 양성(陽聲)인 황종(黃鍾), 태주(太簇), 고선(姑洗), 유빈(蕤賓), 이칙(夷則), 무역(無射) 등 홀수의 여섯을 육률(六律)이라고 하고, 음(陰)을 상징하는 대려(大呂), 협종(夾鍾), 중려(仲呂), 임종(林鍾), 남려(南呂), 응종(應鍾) 등 짝수의 여섯을 육려(六呂)라고 한다.

[31] 한국고전용어사전, 2001. 3. 30, 세종대왕기념사업회, 세종실록 권59, 1장 앞쪽~뒤쪽, 세종 15년 1월 1일(乙卯)

[32] 『서울 600년사』 제2권, 457~474쪽, 박흥수, 1967, 「李朝尺度에 關한 硏究」, 『大東文化硏究』 4, 성균관대학교 출판부

[33] 국립고궁박물관

[34] 조선 전기의 음악과 국악의 기본음인 율관에 관한 연구 및 웹 애플리케이션 개발. 문화콘텐츠닷컴 디지털 악학궤범 및 악학궤범 원서

[35] 국립고궁박물관

[36] 구글, sillokwiki

[37] 서울특별시사편찬위원회, 2006, 『서울 600년사』, 464쪽 표 1 참조

[38] 김재근, 1994, 『한국의 배』, 서울대학교 출판사, 27쪽 제3표 한선의 용어

[39] 김재근, 1994, 『한국의 배』, 서울대학교 출판사, 188~192쪽

[40] 민계식 외, 2012, 『한국전통선박 韓船』, 한림원, 170쪽

[41] 비고: 신방(도리)에서 위의 패란(방패 위에 있는 도리를 말하며 언방(偃防)이라고도 함)

[42] 김재근, 1994, 『한국의 배』, 서울대학교 출판사, 334쪽

[43] 김재근, 1994, 『한국의 배』, 서울대학교 출판사, 338쪽

[44] 방선: 조선시대의 수군이 사용하던, 예순 명쯤 탈 수 있는 병선

참고문헌

역사서

『동국이상국집(東國李相國集)』 제10권 (이규보, 1241)

『삼국사기(三國史記)』

『삼국유사(三國遺事)』

『신증동국여지승람』

『원행을묘정리의궤』

『조선왕조실록』

단행본

Daid Bennett, 1999, *The Creation of BRIDGES*, Aurum Press Ltd.

Daid J. Brown, 1996, *BRIDGES (Three Thousand Years of Defying Nature)*, Reed International Books Ltd.

H.Max Irvine, 1981, *Cable Sructures*, MIT Press

김재근, 『한국의 배』 (서울대학교출판부, 1994)

김평원, 『엔지니어 정약용』 (다산초당, 2017)

김홍철, 『건설재료학』 (청문각, 2001)

대한토목학회, 『한국토목사』 (대한토목학회, 2001)

민계식 등, 『한국전통선박 韓船』 (한림원, 2012)

산업통상자원부, 한국공학한림원, 『한국산업기술 발전사: 건설』 (진한엠앤비, 2019)

유홍준, 『완당평전 2』 (학고재, 2002)

윤장섭, 『한국건축사』 (동명사, 1972)

이덕수, 『한강 개발사』 (한국건설산업연구원, 2016)

이해성, 『신뢰도기반 하중-저항계수』 (기문당, 2019)

정영호 감수, 『그림과 명칭으로 보는 한국의 문화유산』 (시공테크, 1999)

주종원 등, 『도시구조론』 (동명사, 1998)

진성규, 이인철, 『신라의 불교사원』 (백산자료원, 2003)

한국교량및구조공학회, 교량설계핵심기술연구단 저, 『도로교설계기준(한계상태설계법) 해설』 (한국교량 및 구조공학회, 2015)

연구보고서

경주문화재연구소, 1997, 경주 교동 귀교지 현장조사 『년보』 8호

경주시·한국전통문화학원, 2007, 월정교 복원 계획 최종보고서

국립경주문화재연구소, 2002, 경주 오릉 북편 교량지 발굴조사 보고서

국립경주문화재연구소, 2005, 춘양교지 발굴조사보고서

국립경주문화재연구소, 2011, 사천왕사지 발굴조사(6차)

국립문화재연구소, 2002, 창덕궁 금천교 발굴조사보고서

국토해양부, 익산지방국토관리청, 2010, 압해-암태(1공구) 도로건설공사 실시설계보고서

문화재청 국립강화문화재연구소, 2018, 경복궁 취향교지 발굴조사 보고서

문화재청, 2020, 경복궁 취향교 복원공사 보고서

서울특별시, 1995, 성수대교 정밀안전진단 보고서

서울특별시, 2005, 광통교 실측조사 보고서

서울특별시, 2005, 수표교 정밀 실측 및 기본설계 보고서

서울특별시, 2005, 오간수문 실측조사 보고서

서울특별시, 2006, 오간수문 복원방안 연구

성동구, 2003, 살곶이다리 안전진단 및 정밀실측용역

성동구, 2019, 서울 살곶이다리 북측 교대 일원 유적 발굴조사 보고서

성동구·한양대학교박물관, 2012, 서울 살곶이다리 발굴조사 보고서

청주시·청주대학교 박물관, 2005, 남석교 발굴조사 및 복원기본계획 수립을 위한 학술연구용역 보고서

한국전통문화연구소, 2006, 월정교 복원 기본계획 및 타당성조사 최종 보고서

함평군·문화재청, 2001, 고막천석교 실측조사 및 수리공사보고서

찾아보기

기타

저자소개

장승필

학력

서울대학교 공과대학 토목공학 학사

독일 슈투트가르트(Stuttgart) 공과대학교 토목공학 석사

독일 슈투트가르트(Stuttgart) 공과대학교 토목공학 박사

경력

서울대학교 공과대학 지구환경시스템 공학부 교수(1976.7.~2008.8.)

포항제철주식회사 석좌교수(1996.10.~2001.9.)

한국지진공학회 초대회장(1996.11.~2001.3.)

과학재단 한국지진공학 우수연구센터 소장(1997.7~2005.6.)

세계원자력구조역학학회 회장(1997.7.~1999.7.)

대한토목학회 회장(2001.5.~2002.4.)

원자력안전위원회 위원(2001.9.18.~2006.8.26.)

아시아-태평양 지진공학연구센터연합회 초대회장(2001.5.~2003.4.)

세계 교량 및 구조공학회 부회장(2005.10.~2013.9.)

인천대학교 토목환경공학부 석좌교수(2008.9.~2009.8.)

서울대학교 명예교수(2008.8.~현재)

한국공학한림원 명예회원(2008.9.~현재)

성균관대학교 초고층-초장대교량 학과 석좌교수(2009.9.~2012.8.)

VC 10, 초장대교량연구사업단 총괄자문위원(2009.12.~2015.12.)

한국과학기술한림원 종신회원(2014.1.~현재)

DM엔지니어링 기술고문(2016.9.~현재)

대한토목학회 건설 20·50 미래비전원 원장(2020.5.~2021.4.)

역사를잇다 우리 옛 다리

초판 발행 2023년 1월 12일
초판 2쇄 2023년 5월 10일

지은이 장승필
발행처 KSCEPRESS
등록 2017년 3월 10일(제2017-000040호)
주소 (05661) 서울 송파구 중대로25길 3-16, 토목회관 7층
전화 (02) 407-4115
팩스 (02) 407-3703
홈페이지 www.kscepress.com
인쇄 및 보급처 도서출판 씨아이알(Tel. 02-2275-8603)

ISBN 979-11-91771-15-2 (93530)
정가 40,000원